低品位余热的网络化利用

王如竹　何雅玲　编著

科学出版社

北京

内 容 简 介

　　低品位余热的有效利用是提高能源利用效率的重要手段,本书对低品位工业余热提出了网络化利用的概念,主要针对余热利用网络的节点技术和构建方法展开介绍与讨论:从余热条件和能量需求匹配出发,总结了低品位工业余热利用的电、热、冷、储、运技术,并且对热泵这种热能品位提升技术提出了广谱化利用的概念和方法;介绍了余热利用网络的构建方法,包括热力学优化和数学规划,以及基于负荷预测的余热利用网络柔性调节方法,并对低品位工业余热网络化利用的部分实际案例进行了介绍与分析。

　　本书旨在为低品位工业余热利用领域的研究人员和从业人员提供技术参考与借鉴。

图书在版编目(CIP)数据

低品位余热的网络化利用 / 王如竹,何雅玲编著. — 北京:科学出版社,2021.11
　ISBN 978-7-03-070392-7

Ⅰ.①低… Ⅱ.①王… ②何… Ⅲ.①互联网络－应用－余热利用－研究　Ⅳ.①TK115-39

中国版本图书馆 CIP 数据核字(2021)第 219628 号

责任编辑:王楠楠　范运年 / 责任校对:王　瑞
责任印制:赵　博 / 封面设计:蓝正设计

科 学 出 版 社 出版
北京东黄城根北街 16 号
邮政编码:100717
http://www.sciencep.com
三河市春园印刷有限公司印刷
科学出版社发行　各地新华书店经销
*

2021 年 11 月第 一 版　开本:720 × 1000 1/16
2025 年 2 月第三次印刷　印张:25 3/4
字数:516 000
定价:168.00 元
(如有印装质量问题,我社负责调换)

前　　言

中国是全球唯一拥有联合国产业分类目录中所有工业门类的工业大国，2018 年工业能源消费达到了 31.1 亿 t 标准煤。与此同时，工业生产也产生了大量的低品位余热，如果能将这部分余热回收利用，则可以大大提高能源利用效率，改善我国工业能源消费结构。在该背景下，"煤炭清洁高效利用和新型节能技术"重点专项立项，上海交通大学作为牵头单位，珠海格力电器股份有限公司、双良节能系统股份有限公司、中国科学院工程热物理研究所、合肥通用机械研究院和西安交通大学作为合作单位，承担了国家重点研发计划项目"低品位余能回收技术及热泵装备研发与示范"，开发了高效、大容量的压缩式热泵、吸收式热泵和化学热泵，并成功进行了示范，考核指标均达到了国际领先水平。该项目也系统地研究了高效的热能品位提升的热泵技术、余热制冷、余热发电及能量储运技术，热泵的广谱化利用方案，以及能量系统高质化集成的余热网络化利用方法，以上这些研究成果和示范不仅实现了工业余热的有效利用，也推动了工业热泵和余热利用装备产业的发展。在该项目研究中，除了成功进行大型工业热泵的研制及工程示范，我们也希望能提供一个共性的技术文献，为工业余热利用领域的研究人员和从业人员提供有价值的参考，以期对提升我国工业余热利用水平和先进余热利用装备制造技术有所助益。

本书共包括 8 章内容，以余热利用网络的节点技术、构建方法和调节方法为主线，介绍低品位工业余热的网络化利用方法。第 1 章介绍低品位工业余热的定义、来源、分类、特点、利用方式和利用现状等，提出通过工业余热网络化利用实现余热有效利用的基本思想；第 2~4 章详细介绍低品位余热利用的发电、热泵热能品位提升、余热制冷、余热储存和输运技术，通过匹配不同的余热条件和能量需求，实现能量的品位匹配转换；第 5 章介绍余热热泵技术的广谱化利用，能够通过温区匹配和经济性核算确定实际应用的热泵方案；第 6 章和第 7 章介绍余热利用网络的构建方法和调节方法，并附加示例以便于研究人员学习和应用；第 8 章介绍低品位工业余热网络化利用的部分实际案例，以期读者对余热利用方案有具体的认识。

感谢陶文铨院士为本书作序，以及对本书编著的大力支持。本书得到了"低品位余能回收技术及热泵装备研发与示范"项目组成员的大力支持，王如竹作为首席专家确定了书稿的总思路，规划了各章节布局，何雅玲院士对书稿内容做了总体把关。席奂、杜帅、李明佳、王紫璇参与撰写了余热发电技术的相关内容，徐震原撰写了吸收式制冷/热泵技术的相关内容，潘权稳参与撰写了吸附式制冷/热泵技术的相关内容，胡斌撰写了压缩式热泵技术的相关内容，张艳楠、仵斯和赵炳晨参与撰写了热储存与输运技术的相关内容，许闽参与撰写了化学热泵技术的相关内容，杜帅、徐圣知、张川、陈东文参与撰写了余热利用网络的构建方法和调节方法，杜帅负责了整本书的编写协调及修改，王如竹教授和何雅玲院士做了最后审定。王丽伟教授和李廷贤研究员参与了本书部分内容的初期构思，示范合作企业双良节能系统股份有限公司和珠海格力电器股份有限公司及项目实施过程中的合作企业上海汉钟精机股份有限公司、山东力诺瑞特新能源有限公司、江苏昂彼特堡能源集团有限公司等为本书提供了丰富的素材，在此谨向以上老师、项目组成员及合作企业表示衷心的感谢。

　　本书得到国家重点研发计划项目"低品位余能回收技术及热泵装备研发与示范"(2016YFB0601200)的资助，科技部高技术研究发展中心领导和专家组成员及我们项目聘用的课题责任专家在项目进行过程中实现了很好的过程管理和指导，在此深表谢意！

　　由于作者水平有限，书中不妥之处敬请读者批评指正。

王如竹

国家重点研发计划

"低品位余能回收技术及热泵装备研发与示范"项目团队

2021 年 7 月于上海交通大学

序

　　低品位余热的回收利用对提高能源利用水平有着重要意义，一般遵循的余热利用原则是温度对口、梯级利用、品位提升。目前在工业余热回收的实际应用中，多为"点对点"的利用方式，以吸收式制冷技术最为常见，未对余热进行统筹规划利用。近年来，余热利用的热泵、储热和发电技术也得到了越来越多的应用，工程中迫切需要根据余热供应条件和能量需求进行这些能量系统的集成，实现余热的深度利用。该书提出了低品位余热网络化利用的概念，主要针对能量网络系统性地介绍低品位工业余热的有效利用方法，为低品位工业余热利用领域的研究人员和工程人员提供了很好的参考。

　　该书介绍了低品位工业余热的特点，对余热利用的发电、制冷、热泵、储热和热输运技术进行了详细的分类介绍，提供了各种可行的余热利用网络的节点技术，指出了热泵技术是低品位余热品位提升利用的关键技术，并提出了工业热泵的广谱化利用；针对低品位工业余热的深度利用，提出了余热利用的能量网络概念，并提出了能量目标、经济目标等目标下余热利用网络的构建与调节方法。该书写作逻辑顺畅、技术总结全面、集成方法有效，能够在实际的低品位余热利用中给读者提供指导，实现余热的有效利用。

　　王如竹教授和何雅玲院士是低品位余热利用研究与应用的先行者。王如竹教授在余热制冷、热泵、储热、除湿等方面进行了出色的学术研究和工程应用，"十三五"期间主持的国家重点研发计划项目"低品位余能回收技术及热泵装备研发与示范"研发了高效、大温升、大容量的先进热泵系统，以及一系列的高效发电、热泵、制冷、储热技术，并提出了工业热泵的广谱化利用和低品位工业余热的网络化利用。何雅玲院士在传热强化新技术、余热利用新技术和能源高效利用方面成果斐然，"十二五"期间作为 973 计划项目首席科学家，主持了"工业余热高效综合利用的重大共性基础问题研究"项目，解决了工业余热"温度对口、梯级利用"科学用能原则的定量化问题；揭示了余热回收过程中热质传输强化、流动减阻和除尘除垢协同控制机制，发展了适用于工业余热利用的换热设备设计及高效储存的新方法；提出了中低品位余热高效热功转换及能级提升的集成优化理论，构建了利用余热的高效发电和热泵循环的调控新方法。王如竹教授和何雅玲院士结合双方研究形成了具有余热利用指导作用的该书，为余热利用领域做出了贡献。

　　该书面向的读者既包括本领域研究人员，也包括工程应用人员，希望读者能够从中受益，也希望读者能够结合研究和应用与作者互动，完善该书，为更多人提供有价值的应用指导。

陶文铨

中国科学院院士

2021 年 8 月 28 日于西安

目　　录

第1章

低品位工业余热利用

1.1 低品位工业余热

根据《中国统计年鉴2020》，中国能源消费总量为47.2亿t标准煤，其中工业能源消费达到了31.1亿t标准煤[1]，占比为65.9%，是国家能源消费的主要领域。一次能源的大量消耗引起了人们对能源危机和环境污染问题的重视。工业生产过程中，能源消耗大部分以燃料燃烧产生热能的方式进行能量的利用与转化，然而根据热力学定律，燃烧产生的热能无法全部转化为需求能量，并且受限于当前技术水平，工业生产过程产生了大量的低品位工业余热，以固态、液态、气态等形式排放到环境中，造成了能源的极大浪费。《工业余能资源评价方法》(GB/T 1028—2018)(以下简称GB/T 1028—2018)中对工业余热的定义：工业生产工艺系统消耗输入能源后输出可利用的热能[2]。具体来说，工业余热资源是二次能源，是生产过程中某种设备或系统所排出的可以以热能形式回收的能量，通常这种热能已无法用于本设备或系统的工艺生产过程。我国主要工业产品单位能耗平均比国际先进水平高出30%左右，除了生产工艺相对落后等因素之外，工业余热往往没有得到很好的利用，也是造成单位能耗高的重要原因。我国工业余热资源丰富，广泛存在于工业各行业生产过程中，余热资源占其燃料消耗总量17%~67%，节能潜力巨大，近年来余热回收和利用已经成为我国节能减排工作的重要内容。

1.1.1 工业余热的分类

工业余热来源广泛、温度范围广、存在形式多样，存在于冶金、化工、建材、机械、纺织、造纸、食品、电力等行业。其分类如下。

1)按余热温度划分

(1)高温余热：固态>700℃，液态>200℃，气态>400℃。

(2)中温余热：固态400~700℃，液态120~200℃，气态250~400℃。

(3)低温余热:固态<400℃,液态<120℃,气态<250℃。

2)按余热载体形式划分

固态载体余热资源:包括固态产品和固态中间产品的余热资源、排渣的余热资源及可燃性固态废料。

液态载体余热资源:包括液态产品和液态中间产品的余热资源、冷凝水和冷却水的余热资源、可燃性废液。

气态载体余热资源:包括烟气的余热资源、放散蒸汽的余热资源及可燃性废气。

3)按余热资源存在的行业划分

各个行业都会产生一定量的不同温度的余热,余热主要存在于以下几种行业。

(1)冶金行业,余热来源为轧钢加热炉、均热炉、平炉、转炉、高炉、焙烧窑等,占燃料消耗量33%以上。

(2)建材行业,余热来源为高温的烟气、窑顶冷却、高温产品,占燃料消耗量40%。

(3)化工行业,余热来源为化学反应热、可燃化学热等,占燃料消耗量15%以上。

(4)玻搪行业,余热来源为玻璃熔窑、搪瓷窑、坩埚窑等,占燃料消耗量20%。

(5)机械行业,余热来源为锻造加热炉、冲天炉、热处理炉等,占燃料消耗量15%。

(6)造纸行业,余热来源为烘缸、蒸锅、废气、黑液等,占燃料消耗量15%。

(7)纺织行业,余热来源为烘干机、浆纱机、蒸煮锅等,占燃料消耗量15%。

4)按余能资源等级划分

按工业余能资源的可用势、温度、压力可划分包括余热资源在内的余能资源等级,其划分如表1.1所示[2]。

表1.1　余能资源等级

余能资源种类		余能资源等级	可用势 $e/(kJ/kg)$	温度 $T/℃$	压力 p/MPa	回收技术选择推荐
工业烟气	水蒸气含量高、温度高	1级	>110	≥300		余热发电
	水蒸气含量低、温度高	2级	>80	≥300		余热发电或梯级利用供热
	水蒸气含量高、温度低	3级	≥30	<300		低沸点工质循环发电或热泵提质供热
	水蒸气含量低、温度低	4级	<30	<300		热泵提质供热
水蒸气	温度较高	1级	≥700	≥150		余热发电或梯级利用供热
	温度较低	2级	<700	<150		热泵提质供热

续表

余能资源种类		余能资源等级	可用势 e/(kJ/kg)	温度 T/℃	压力 p/MPa	回收技术选择推荐
余压气	表压高、温度高	1 级		≥300	≥0.1	余压发电或温度、压力梯级利用
	表压低、温度高	2 级		≥300	<0.1	梯级利用供热
	表压高、温度低	3 级		<300	≥0.1	余压发电或压力梯级利用
	表压低、温度低	4 级		<300	<0.1	热泵提质供热
液态	表压高、温度高	1 级		>200	≥4	余热余压发电
	表压中、温度中	2 级		95～200	1～4	梯级利用供热
	表压低、温度低	3 级		<95	<1	热泵提质供热
固态	温度高	1 级		>700		余热发电
	温度中	2 级		400～700		余热发电或梯级利用供热
	温度低	3 级		<400		热泵提质供热

以上对余热在温度、载体形式、行业及等级等方面的分类，可以提供对余热较为清晰的认识，在利用余热资源时可以进行有效的参考。

1.1.2　低品位工业余热的定义

工业余热可以划分为高品位工业余热和低品位工业余热。高品位工业余热可以直接回收用于其他生产工艺，以减少余热的回收和转换次数，提高一次能源利用率；也可以直接进行能量转换，满足冷、热、电等需求。由于驱动热源品位高，能量转换系统具有多种技术路线和较高的系统效率，有良好的技术可行性和经济性。

相对于高品位工业余热而言，低品位工业余热难以用于其他生产工艺过程，多种余热利用技术不再可行。如果能量转换系统的热效率过低，会导致低品位余热回收利用系统的收益低于系统的功耗，反而使低品位余热的回收利用得不偿失。因此，这种情况对低品位工业余热的利用提出了两点需求：一是需要低品位工业余热能量转换系统具有更高的工况适应性和系统热效率；二是需要低品位工业余热利用能够实现整体的规划或优化，获得最优的能量目标和经济目标。低品位工业余热的有效利用直接决定了工业生产的一次能源利用率。

对于低品位工业余热的定义有不同的观点，有研究者认为低于 100℃的液体和乏汽余热、低于 200℃的烟气余热、低于 400℃的固体余热属于低品位工业余热[3]，这里规定的低品位工业余热温度，比按温度划分的低温余热温度还要低，这是因为研究者在这里是针对利用工业余热实现集中供热而提出的余热载体和温度划分，并不能反映出广义的低品位工业余热的载体和温度划分。Papapetrou 等[4]在对欧盟各个国家钢铁、有色金属、化工、食品、印刷等行业余热进行评估后认为低于 100℃的余热体量最小，100～200℃的余热体量最大，而 200～500℃的余热体量也十分显著。这部分温区的余热基本属于中、低温余热，其温度低、体量大，难以全部回收用于工艺过程，需要能量系统进行回收利用。因此，结合余热资源的温度分类标准，本书中涉及的低品位工业余热是：工业生产过程中有利用价值但尚未充分或有效利用的中低温余热，包括低于700℃的固态显热余热、低于200℃的液体显热余热或蒸汽余热、低于400℃的气体余热。由于较低温度的余热可以通过热泵技术进行品位提升利用，也可以具有良好的经济性，这里的余热载体温度并没有设下限。事实上利用热泵可以把冷却塔的余热回收利用，提升30~40℃就可以用于集中供热，利用自然工质高温热泵甚至可以将空气源热能提升近100℃，从而使空气源热泵成为可以将水加热成高压蒸汽的装备。

1.1.3 集中式余热与分散式余热

根据低品位工业余热的载体形式以及余热"量"的集中程度，可以将低品位工业余热分为集中式余热和分散式余热，这对于选择何种余热利用的技术非常重要。

1.1.3.1 集中式余热

集中式余热是指发电厂、钢厂等工业单位在生产过程及排放中产生的大量余热，以国内某钢厂轧钢区域为例，有各类主要炉窑30余座，余热主要集中在烟气部分，另外还有蒸汽冷凝水余热、保护气余热、冷却水余热等，各类余热资源年累计量达到328万t标准煤。这种集中式余热可以根据余热资源的载体形式进行回收，产生蒸汽或者热水，可以卖出或自用，也可以通过余热转换技术满足冷、热、电等能源需求，实现余热的有效再利用，是提高工业一次能源利用效率的重要手段。集中式余热在回收利用时具有以下优点。

1) 清洁的余热载体

集中式余热大多来自废气、废渣、废水等介质以及各工艺的冷却过程，余热来源众多，需要集中回收利用，这需要载热媒介来实现。而且，余热介质通常性质恶劣，例如，烟气中含尘量大或含有腐蚀性物质，如果直接将烟气接入余热利用设备，对吸收式制冷机、有机朗肯循环(organic Rankine cycle，ORC)发电机组和热泵等余热利用设备的运行及维护十分不利。因此，通过热能采集设备产生清洁的蒸汽和热水作为余热载体，能够实现清洁的余热传输、利用和转换。

2) 余热的规模化利用

工业余热来源于多个生产工艺过程，但是余热回收利用不能点对点进行，而是需要规模化集中利用，这样可以减少余热利用设备以及辅助设备的数量、降低系统及管线的复杂度及成本、提高余热利用系统的空间利用率，实现冷、热、电的规模化输出。

3) 余热的规模化储能

工艺生产过程中存在周期性、间断性或生产波动，会导致余热量不稳定。集中式余热可以实现规模化的低成本储热，使余热温度、流量稳定，有利于余热利用系统的稳定运行和控制。

4）余热利用设备的可靠性与高效性

由于集中式余热载体的清洁性，以及余热载体能够保持温度、流量稳定，因此集中式余热利用系统的设备设计简单，制造工艺成熟，能够保障余热利用设备运行可靠。而且余热的规模化利用可以采用 ORC 发电机组、吸收式制冷机、吸收或压缩式升温热泵等大型的余热利用转换装置产生电能、冷能和热能，系统设备数量减少、辅助设备功耗降低，提高了余热利用系统的热效率。

1.1.3.2 分散式余热

相对于集中式余热，小型柴油发电机、小型锅炉、车船用发动机、空压机等能量转换装置产生了分散式余热，其余热利用率相比集中式装置大大降低，甚至余热没有得到任何利用。以船用小型柴油发电机为例，其余热占能量消耗值的比例可达65%。分散式余热分布广泛，虽然没有集中式余热体量大，但是由于余热没有得到有效利用，余热量也相当可观。分散式余热的有效利用是工业余热利用的重要补充。然而分散式余热相比集中式余热更加难以利用，原因如下。

1）显热余热载体

分散式余热体量小，其载体是气体和液体等显热余热载体。这种余热载体具有比热容小、温度滑移大、部分情况有腐蚀性等特点，因此带来了余热利用系统的复杂性和适应性问题。集中式余热通常以蒸汽和热水为余热载体，其温度、流量可以相对稳定，因此集中式余热利用系统制造工艺成熟，运行稳定可靠。相比之下，分散式余热利用系统对换热器等提出了更高的要求，比如，需采用微通道换热器实现系统的紧凑性等。

2）余热资源的不稳定性

对于分散式装置，如柴油发电机、车船用发动机等，其输出功率和工况有关，相应的余热输出也随之变化。以车用发动机为例，发动机的功率随汽车的加速、减速、怠速等工况变化，尾气的温度和余热热量的大小也随之变化，这给余热的利用带来了极大的挑战，热输入的急剧变化会影响余热利用系统的运行稳定性，对余热利用系统的设计、制造和控制提出了更高的要求。

3）热效率需要足够高

对于分散式余热，其体量相对较小，如果系统热效率不够高，余热利用系统的散热会引起辅助设备耗电增加，从而使余热利用的经济性变差，甚至得不偿失。因此提高分散式余热利用系统的热效率是必须考虑的。

4）设备安装空间较小

分散式余热利用系统的安装空间通常较小，这对余热利用系统的设备体积提出了要求，系统的传热传质部件需要进行有效的强化和设计，实现高体积热流密度。分散式余热利用系统的部件和系统与集中式余热利用系统相比，需要更加高效紧凑的传热传质部件设计与系统优化。

从分散式余热利用的特点可以看出，分散式余热利用系统并不是仅将集中式余热利用系统小型化利用，而是在系统效率、体积、可靠性和稳定性上都提出了更高的要求。分散式余热的利用作为集中式余热利用的补充，其利用系统必须考虑以上特点进行设计和研发。

1.2　低品位余热的采集、品位提升与储存技术

要对余热进行利用首先要对余热进行采集，采集到的余热可以直接使用，也可以经过品位提升后再进行利用。下面对余热的采集和品位提升方式以及相关过程的能量储存进行简单的介绍。

1.2.1　余热采集技术

各种温度区间和不同类型的余热，所使用的余热采集方式也是不一样的。余热采集过程只是将余热传递给余热能量系统，在采集过程中余热的品位会由于传递而降低，但采集过程并不改变余热的能量形式。余热采集采用热交换技术，这是回收工业余热最直接、效率较高的经济方法，相对应的设备是各种换热器。

1.2.1.1　间壁式换热器

间壁式换热是指热流体和冷流体被固体壁面隔开、不直接接触的热交换过程。间壁式换热可采用多种换热器形式，如管式换热器、板式换热器、同流换热器等。管式换热器的热流体和冷流体在管壳内进行换热，管程易于清洗，通常设置为非洁净流体通道。管式换热器虽然传热效率较低，紧凑性和金属耗材等方面也逊色于其他类型换热器，但它具有结构坚固、适用弹性大和材料范围广的特点，是工业余热回收中应用最广泛的热交换设备，冶金企业 40%的换热器设备为管式换热器。板式换热器有翅片板式、螺旋板式和板壳式等，其传热系数约为管式换热器的两倍，传热效率高、结构紧凑、节省材料。但板式换热器由于使用温度、压力比管式换热器小，应用范围受限。同流换热器主要用于气体和气体之间的换热，有辐射式和对流式两种，体积较小，多用在均热炉、加热炉等设备上回收烟气余热，预热助燃空气或燃料，降低排烟量和烟气排放温度。

通常，工业废气废液是具有腐蚀性的，在采用间壁式换热器时需要充分考虑材料的耐腐蚀性，如采用双相不锈钢、钛合金等材料，以提高换热器的可靠性和寿命，

但是其价格昂贵。近年来，氟塑料换热器在含酸烟气余热回收上得到了越来越多的应用，由于其热导率较低，通常是采用小管径薄壁氟塑料管换热器，以降低导热热阻和提高传热比表面积。但是其耐温通常低于 190℃，而且是软管，在高温或高压工况时难以应用。另一种耐腐蚀换热器是碳纤维管换热器，其耐温性与氟塑料相近，但是其强度和热导率远高于氟塑料，并且可以承受一定压差，是一种可替代氟塑料的耐腐蚀换热器。另外，陶瓷换热器由于良好的耐腐蚀性也得到了应用，陶瓷换热器主要成分为碳化硅，其导热性能好且强度高、寿命长，允许高达 1500℃的废热进入换热器。

1.2.1.2　蓄热式换热器

蓄热式换热是指冷流体和热流体交替流入蓄热元件进行热交换，属于间歇操作的换热形式，适宜回收间歇排放的余热资源，多用于高温气体介质间的热交换，如加热空气或物料等。根据蓄热介质和热能储存形式的不同，蓄热式热交换系统可分为显热储能和相变潜热储能。

显热储能的系统在工业中应用已久，简单换热设备有常见的回转式换热器，复杂设备有炼铁高炉的蓄热式热风炉、玻璃熔炉的蓄热室。显热储能热交换设备具有储能密度低、体积庞大、蓄热不能恒温等缺点，在工业余热回收中具有局限性。

相变潜热储能换热设备利用蓄热材料固有热容和相变潜热储存传递热量，其具有高出显热储能设备至少一个数量级的储能密度。相变潜热储能换热设备热量输出温度和换热介质温度恒定，能够使得换热系统运行状态稳定。相变储能材料根据其相变温度大致分为高温相变材料和中低温相变材料，前者相变温度高、相变潜热大，主要是由一些无机盐及其混合物、碱、金属及合金、氧化物等和陶瓷基体或金属基体复合制成[5]，适合 450℃及以上的高品位余热回收；后者主要是结晶水合盐或有机物，适合用于低品位工业余热回收。

1.2.1.3　接触式换热器

接触式换热是指两种介质直接接触进行热交换的过程，常见于工业生产中的回转式气气换热器、喷淋塔、吸收塔等，其优点是换热介质直接接触，传热传质面积大，传质过程强化了传热，系统结构紧凑。烟气余热回收装置中会采用接触式换热，将水喷淋至高温烟气中进行直接接触，将烟气温度降低到露点以下，以达到吸收烟气显热和水蒸气潜热的目的。直接接触的冷凝式烟气余热回收技术相对早期烟气余热回收技术增加了对潜热的利用，提高了烟气余热回收的效率。然而，换热介质的直接接触会造成介质的污染，如果一种介质含有杂质或者具有腐蚀性，则另一种介质换热后会受到污染，在实际余热回收利用中受到限制。例如，采用湿法脱硫的燃煤电厂早期应用回转式气气换热器，将脱硫塔前端烟气与后端烟气混合，以提高进入烟囱的烟气的温度，从而提高烟气的扩散高度，但是直接的烟气混合会造成排放烟气含硫量超标。

1.2.1.4　余热锅炉

余热锅炉可以利用高温烟气余热、化学反应余热、可燃气体余热等，是通过余热加热锅炉产生蒸汽或热水的装置。余热锅炉可以视为一种复杂的间壁式换热器，燃烧设备出来的高温烟气经烟道输送至余热锅炉入口，再流经过热器、蒸发器和省煤器，最后经烟囱排入大气，烟气温度从高温降到排烟温度所释放出的热量用来产生蒸汽或热水，蒸汽或热水可用于工艺流程或并入供热管网。余热锅炉的各个换热部件可以分散安装在工艺流程的各个部位，从而节省安装控件。余热锅炉是烟气余热回收中应用最广泛的成熟技术，是提高能源利用率的重要手段，冶金行业近80%的烟气余热通过余热锅炉回收，节能效果显著。而且余热锅炉是低温汽轮机发电系统中的重要设备，为汽轮机等动力机械提供做功蒸汽。在实际应用中，利用350～1000℃高温烟气的余热锅炉居多，和燃煤锅炉的运行温度相比，属于低温炉，效率较低。余热烟气含尘量大，含有较多腐蚀性物质，更易造成锅炉积灰、腐蚀、磨损等问题，因此防积灰、耐磨损是设计余热锅炉的关键。但对于气体或液体燃料而言则无这方面问题，因此余热锅炉非常适合气体及液体燃料的烟气余热回收。

1.2.1.5　热管

热管是一种高效的传热结构，通过在全封闭真空管内工质的蒸发和冷凝相变过程，以及二次间壁换热实现传热。热管是一种高热导率的间壁式换热器，可视为储热和换热二者结合的换热装置，具有热导率高、等温性良好、热量输送能力强、蒸发和冷凝两端传热面积可任意改变、传热距离远等优点。按照工作温度，热管可分为低温热管(−200～50℃)、常温热管(50～250℃)、中温热管(250～600℃)和高温热管(>600℃)，在低品位工业余热回收中，通常可利用常温和中温热管，根据不同的使用温度选定相应的管材和工质，其中碳钢-水重力热管由于结构简单、价格低廉、制造方便等优点得到了广泛应用。

1.2.2　余热品位提升技术

热交换技术通过降低温度品位仍以热能的形式回收余热资源直接用于生产工艺过程，是一种降级利用，对于大量存在的低品位工业余热，回收的热量无法全部用于工艺流程，因此，通过热能品位提升技术将低品位热能转化为高品位热能或其他形式的高品位能量，是低品位工业余热回收利用的重要方式。

1.2.2.1　热功/电转换

热功转换将低品位工业余热转换为机械能,进而可以转变成电能,由于余热品位较低,可以通过低温水蒸气朗肯循环、ORC、氨水动力循环等方式实现。

1) 低温水蒸气朗肯循环

低温水蒸气朗肯循环是汽轮机驱动蒸汽温度较低的朗肯循环,相比热电厂广泛采用的朗肯循环,其利用的余热温度低、功率小,在行业内多被称为低温汽轮机发电技术。低温汽轮机发电可以利用高于 350℃的烟气,如烧结窑炉烟气,玻璃、水泥等建材行业炉窑烟气,单机功率在几兆瓦到几十兆瓦。纯低温余热发电技术目前广泛应用于水泥炉窑的节能改造,并且成为水泥炉窑节能技术方面的创新亮点。现有纯低温余热发电技术的发电效率一般在 20%左右,具有比较高的产出效益。但是低温汽轮机发电的蒸汽温度通常在 300℃以上,这会使得低品位工业余热的利用率过低。

2) ORC

ORC 是指以有机工质为做功介质的朗肯循环。在低品位工业余热驱动时,有机工质具有更好的热力特性,如有机工质沸点低、低温下能形成过热蒸气等,系统也更简单紧凑。这种循环比蒸汽透平发电技术对低品位工业余热有更高的利用效率。在 ORC 中,工质的选择是重要环节,循环的换热部件均为常规部件,仅膨胀机的选型以及密封技术需要与常规技术区别对待,这种膨胀机相对于传统汽轮机简单得多,额定功率小,适合作为低焓能源利用的动力机。ORC 目前发电效率为 5%~15%,依低温热源温度情况而异。不同工质可用于不同场合的余热回收发电,高至 300℃的烟气余热、低至 90℃的废水余热,都能通过 ORC 实现余热发电。

3) 氨水动力循环

在纯工质的 ORC 中,等温蒸发和低温热源的传热不可逆损失大,而混合工质循环具有变温蒸发特性,能够有效减少吸热过程传热的不可逆损失。以 Kalina 循环为代表的氨水动力循环是以氨水混合物为工质的循环系统,其蒸发过程是变温的,理论上其效率可以比纯工质的 ORC 高出 15%以上。相对于水蒸气透平和有机工质透平,氨水透平制造要求高、成本高,这制约了 Kalina 循环发电的应用。

4) 热电材料发电

热电材料发电可以直接将热能转换为电能,它是基于热电材料的 Seebeck 效应发展起来的一种热电直接转换技术。其原理是将 P 型和 N 型两种不同类型的热电材料(P 型是富空穴材料,N 型是富电子材料)一端相连形成一个 PN 结,一端置于高温状态,另一端置于低温状态,则由于热激发作用,P(N)型材料高温端空穴(电子)浓度高于低温端,在这种浓度梯度的驱动下,空穴和电子就开始向另一端扩散,从而形成电动势,这样热电材料就通过高低温端间的温差完成了将高温端输入的热能直接转化成电能的过程,也就是将作用于半导体的温差转换为电势差。温差发电的效率低,但温差发电技术具有结构简单、坚固耐用、无运动部件、无噪声、使用寿命长等优点,可以合理利用低品位工业余热并将其转化成电能,实现小发电量的应用。目前温差发电的效率一般为 5%~7%,在推广应用时需要解决高性能的热电材料、材料的寿命、系统的可靠性、发电效率等方面的关键问题。

除了以上提到的一些传统余热热功/电转换技术,还有一些可行的工业余热热功/电转换技术,如斯特林发动机、热声发动机等,但其规模化应用尚不成熟。

1.2.2.2 热冷转换

工业生产和人们的日常生活中都有制冷需求,而其可以通过热驱动制冷技术实现,使得低品位工业余热直接转换为冷量输出。常见的热驱动制冷技术包括吸收式制冷、吸附式制冷以及喷射式制冷等。

1) 吸收式制冷

吸收式制冷以包含吸收剂和制冷剂的溶液为工质对,由于溶液在不同浓度和不同温度下的平衡压力不同,制冷剂可实现低压蒸发和高压冷凝,从而满足制冷需求。相比于压缩式制冷系统,吸收式制冷系统采用溶液的吸收和解吸实现制冷剂的"吸气"和"排气",吸收过程放热,发生过程吸热,因此吸收式制冷系统可由低品位工业余热驱动,通常需要 90℃ 以上的热源进行驱动。吸收过程和发生过程之间通过基础溶液实现循环,通常由溶液泵输送。溶液加热解吸的制冷剂蒸气冷凝为制冷剂液体,在预冷后节流蒸发产生制冷效果,蒸发气体预热后被溶液吸收。常用的工质对包括溴化锂-水和氨-水,单效溴化锂-水吸收式机组的效率在 0.7 左右。吸收式制冷适用于大规模的余热回收,制冷量在几十千瓦到几兆瓦,其技术成熟、产品的规格和种类齐全,在余热利用领域已获得大规模应用。

2) 吸附式制冷

吸附式制冷以固体吸附剂-制冷剂为工质对,其原理与吸收式制冷相似,系统同样依靠热能驱动运行。吸附式制冷与吸收式制冷的最大不同点在于吸附床内吸附剂是固体,不能像吸收式溶液那样流动,因而其工作属于间歇性的,即吸附床在热源的驱动下其吸附的工质发生解吸逸出,进入冷凝器冷凝后经节流降温再进入蒸发器;当吸附床内工质解吸到一定程度后,热源撤除,换用冷却介质进行冷却,此时蒸发器内工质蒸发制冷,蒸发后的工质被吸附床重新吸附,由此完成一个解吸—吸附循环。要实现连续的制冷,需要多吸附床系统,常见的为双床吸附式制冷系统,通过两床切换实现连续制冷运行。相比吸收式制冷机,吸附式制冷机的制冷工质对种类很多,包括物理吸附工质对、化学吸附工质对和复合吸附工质对,适用的热源温度范围大,可利用低至 50℃ 的热源,而且不需要溶液泵和精馏装置,也不存在盐溶液结晶等问题。吸附式制冷系统结构简单,无噪声,无污染,可用于颠簸振荡场合,如汽车、船舶,但制冷效率相对较低,常用的制冷系统性能系数多在 0.6 以下,受限于制造工艺和吸附材料的吸附性能以及热动力学特性和吸附反应动力学特性，单位质量吸附剂的制冷量小，因而吸附式制冷机一般体积比较大，制冷机的制冷量一般设计在几千瓦到几百千瓦之间，更适合小容量的余热回收。

3) 喷射式制冷

喷射式制冷是一种依靠蒸气喷射器的作用完成制冷的技术，蒸气喷射器包括喷嘴、混合室和扩压段。制冷剂加热成为高压蒸气，高压蒸气在喷嘴中绝热膨胀迅速降压，形成高速蒸气；蒸发器中制冷剂蒸发，蒸气被引入混合室中，与高速蒸气混合进入扩压段，混合气动压下降，静压上升，在冷凝器中冷凝；冷凝液被加热成高压蒸气完成制冷剂循环。喷射式制冷系统结构简单、金属耗量少、造价低廉、使用寿命长、易于维护，是低品位工业余热利用的有效技术，但是其工况适应能力差，需要较高压力的蒸气进行驱动。喷射式制冷系统常用工质为水，氨水和有机制冷剂的应用尚待拓展。喷射器与压缩式制冷结合提高系统能效是一个较为有效的方法。

1.2.2.3　热品位转换

热泵技术是一种在余热回收利用中常见的技术，该技术可以改变余热品位，从而满足不同系统的需求。热泵与制冷就循环工作原理看是一致的，都是逆卡诺循环，所不同的是用户端。如果将蒸发器的制冷输出作为目标，就是制冷机，如果将冷凝器的制热输出作为目标，就是热泵。

1) 压缩式热泵

压缩式热泵主要由压缩机、蒸发器、冷凝器、节流阀四大部件组成，可以将低品位的热能(蒸发器吸热)升温转换为高品位的热能输出(冷凝器放热)。工业生产中存在大量略高于环境温度的废热(30~60℃)，如冷却废水、火电厂循环水、油田废水、低温烟气等，温度很低但是余热量大，压缩式热泵技术常用于回收此类余热资源。目前，根据不同的应用工况，压缩式热泵的供热系数在 3~6，即消耗 1kW 电能，可制得 3~6kW 的热能，是可行的低品位工业余热利用技术。在低品位工业余热回收中，以水源压缩式热泵的应用最为广泛，可用于火电厂/核电厂循环水余热，以及印染、油田、制药等行业余热的回收。例如，电厂以循环水作为低温热源(35~40℃)，通过压缩式热泵升温至 80℃，提供采暖热水和居民生活热水。

2) 第一类吸收/吸附式热泵

第一类吸收式热泵与吸收式制冷系统相似，由一个制冷剂循环和一个溶液循环组成，溶液循环实现制冷剂的吸气和排气，制冷剂循环实现冷凝和蒸发。与吸收式制冷循环不同的是，发生器输入驱动热源，制冷剂蒸发不再是为了制冷，而是吸收低品位余热或者环境热量，将其提升品位后在冷凝器和吸收器中输出。其可利用的低品位余热一般为 10~70℃的废水、单组分或多组分气体或液体，可提供比低品位余热温度高 40℃左右、不超过 100℃的热媒。这个过程的实现依赖驱动热源的输入，一般是 0.1～0.8MPa 蒸汽、燃烧天然气或高温烟气，其中蒸汽或者高温烟气也可以是工业余热。总体来说，第一类吸收式热泵是降低驱动热能品位、提升低品位余热品位并增加热能输出量的技术。蒸汽型第一类单效吸收式热泵的性能系数一般在 1.4～1.7，也就是说，消耗 10kW 的驱动热源热量，可以吸收 4～7kW 的低品位热量，输出 14～17kW 所需温度的热量。例如，燃煤电厂汽轮机中间抽汽(0.8MPa)，用来驱动第一类吸收式热泵，从凝汽器冷却水(40℃)吸热，输出供暖热水(80℃)。

第一类吸附式热泵原理与第一类吸收式热泵类似，其区别在于固体吸附床间歇地进行加热和冷却，连续运行需要双吸附床实现。第一类吸附式热泵更适合于小容量机组，由于制造成本高，当前尚没有成熟的商用化产品。

3) 第二类吸收/吸附式热泵

第二类吸收式热泵同样是由一个溶液循环和一个制冷剂循环组成，是指在蒸发器和发生器中通入低品位余热(热水、蒸汽或其他介质)，在冷凝器中通入冷却水，由吸收器产生高品位热媒(蒸汽或热水)的设备。第二类吸收式热泵制取的高温热媒的温度高于低品位余热的温度，它以提升低温余热的品位为目的，主要应用对象是有大量低品位余热存在，而又需要更高品位热媒的用户。第二类吸附式热泵与第二类吸收式热泵有相似的原理，区别在于无溶液泵进行循环，而是固体吸附床间歇进行热输入和热输出，连续运行需要双吸附床实现。第二类吸收/吸附式热泵的性能系数一般在 0.4～0.5，也就是说，在不消耗高品位热源(如蒸汽、燃料、电等)的情况下，低品位余热有 40%～50%的热量被第二类吸收/吸附式热泵提升到所需要的温度，节能效果显著。一般情况下，低品位余热的温度越高，能制取的高温热媒的品位越高；冷却水的温度越低，能制取的高温热媒与低品位余热间的温差也越大。第二类吸收式热泵能提供的高温热媒与低品位余热间的温差一般不超过 45℃。第二类吸附式热泵机组由于固体吸附传热传质的特点更适合小型化机组，当前未有商业化机组。

1.2.3　余热储存技术

低品位工业余热在一些场合是需要储存以进行延时利用的。热能的储存有以下三种方式。

(1) 显热储存：这是一种比较常规的热能储存方式，例如，用水箱进行蓄热就是简单的显热储存方式。其特征是热能储存及释放的温度不恒定，在对热能品位变化不敏感的系统中可以使用。一般要求显热储存的材料比热容高、密度大、价格低。

(2) 潜热储存：这种热能储存方式利用工质的相变进行蓄热，能量密度较显热储存高，并且热能品位释放恒定，但针对不同的储热温度可能需要不同的相变材料(PCM)。相变材料的相变潜热往往在 100～300kJ/kg。

(3) 化学能储存：基于对吸收吸附系统的原理考虑，可以将热能转换为溶液或者固体吸附工质对的化学势能储存起来，也可以通过分解与合成的化学反应实现热能的储存与释放。当把储存的化学势能释放出来时，可以产生供热、制冷及除湿等多种效果。由于化学势能储存常常包含相变或反应过程，因此这种技术比潜热储存的能量密度更高，往往可以达到 500～2500kJ/kg 的水平。

1.3　低品位工业余热利用现状和问题

　　国内外对于低品位工业余热的研究以及利用已经比较丰富，形成了大量的论文、专利、设备、工程等，这里不对各项技术和各项工程进行综述，而是概括性地分析低品位工业余热的利用现状。当前对于各行业不同类型的工业余热，其主要的余热采集、转换及利用方式如图 1.1 所示，余热采集后直接用于工艺过程的应用并未显示，而是突出了低品位工业余热的转换应用。

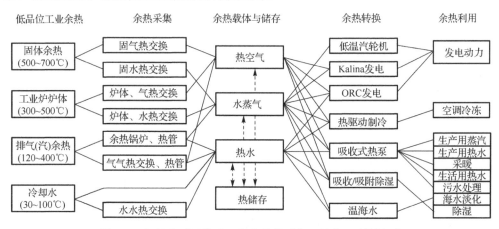

图 1.1　各行业不同类型工业余热的采集、转换及利用方式

　　低品位工业余热量大面广，根据不同的余热形式、余热品位和能量需求，存在不同的余热利用技术路线。当前各个行业对余热资源的开发越来越重视，但是存在分散的点对点式的局部利用现状。

1.3.1　各行业余热利用现状

1) 钢铁工业

钢铁工业是高能耗工业，同时排放了大量的余热，主要来源于固体显热以及焦炭及烧结、转炉、加热炉的烟气。我国钢铁工业余热资源平均回收率仅为 30%～50%，其中回收最多的是高温余热资源，其次是中温余热，而低温余热资源的回收率极低。高温余热通常直接用于产生水蒸气，通过汽轮机发电；而中低温余热将热能传递给工作介质根据需求加以利用。除了余热的直接利用，如预热空气和煤气、生产工艺蒸汽和生活热水等，当前在钢铁工业中采用的余热转换技术还包括以下内容。

(1)高温余热:高温余热产生过热水蒸气,进行朗肯循环发电,包括干熄焦余热回收发电、烧结矿显热余热回收发电、高炉煤气余热透平发电、钢铁烧结余热发电。

(2)中低温余热:中低温余热产生饱和水蒸气,用于驱动蒸汽型溴化锂-水吸收式空调进行制冷,也用于 ORC 发电。另外,80~95℃的冲渣水等余热也用于驱动单效溴化锂-水吸收式空调和 ORC 发电机组。还可以采用水源热泵回收循环冷却水余热,用于加热工业炉窑补水[6]。

2)水泥工业

水泥工业是高能耗产业,水泥窑排放出大量的温度在 350℃左右的废气,占燃料总输入热量的 30%左右。当前主要应用低温余热发电技术回收废气余热,包括采用带补燃锅炉的低温发电系统和纯低温发电系统。国外已成功采用 Kalina 循环发电技术,国内尚未有规模化的应用。

3)玻璃工业

玻璃窑蓄热室排出的烟气温度为 430~500℃,当前主要通过余热锅炉的换热,产生 310~420℃的过热蒸汽,使用水蒸气朗肯循环发电。在低温余热利用方面,使用水源热泵将熔窑、锡槽以及氮氢站需要的冷却水余热提升品位,用于冬季供热[7]。

4)电解铝工业

电解铝同样是高能耗工业,产生低温烟气(100~200℃),占总能量的 20%~35%。当前主要利用方式有 ORC 发电、小体量的半导体温差发电。另外,电解槽侧部温度可达 300℃,有利用这部分余热进行热声发电的研究,但并未规模化应用。

5)火电厂

燃煤电厂锅炉排烟温度通常为 120~150℃,排烟热损失占锅炉热损失的 70%~80%,这部分原烟气的余热通常没有经过转换利用,而是直接生产热水或者通过热媒式烟气换热器(MGGH)加热净烟气。凝汽器冷却水温度为 30~50℃,这部分余热温度低、体量大,当前已有电厂采用压缩式和吸收式热泵,回收凝汽器冷却水低品位余热,生产高品位热水作采暖或工艺热水用。

6)石油行业

常规油田采水温度为 38~43℃,稠油油田出水温度为 60~65℃,当前余热利用的主要技术是采用热泵技术生产工艺热水,用于油水分离及原油输送过程的加热。

7)印染业

印染业是湿加工和热加工的行业,印染工序中所需的 45℃以上的热水占整个工序的 90%左右,60℃以上的热水占整个工序的 45%左右,90℃以上的热水占整个工序的 10%左右。印染厂的废水温度在 35~40℃,当前主要是利用热泵技术将废水余热回收提升温位,生产工艺热水。印染生产工序中高温定型机产生的油烟废气温度在 120℃以上，蒸汽锅炉的烟气温度在 220℃以上，这部分余热回收可用于低温余热发电或热驱动制冷。

8）船舶业

船舶航行时，主机的排烟温度可达 400℃，通常采用余热锅炉进行余热回收，用于预热柴油、生产热水和淡化海水等；除此之外，烟气余热也可直接用于制冰满足有冷量需求的船舶用户，如渔船。主机的缸套水可达 90℃，可用于 ORC 发电和溴化锂-水吸收式空调，但是由于船舶摇摆和海上腐蚀，ORC 发电和溴化锂-水吸收式空调都未能广泛应用。

9）化工工业

化工工业高温、高能耗的生产特点决定了企业具有丰富的余热资源，包括高温废气余热、冷却介质余热、废汽废水余热、高温产品和炉渣余热、化学反应热、可燃废气液和废料余热等。这些余热资源占其燃料消耗总量的 17%～67%，可回收利用的余热资源约为余热总资源的 60%。化工工业产品丰富、工序复杂多样，余热资源同样根据余热的形式和温位进行利用，如煤化工生产过程中产生大量的 80～150℃的余热进行排放，当前部分余热用于发电，仍存在可观的余热利用潜力，可利用热泵技术提升余热品位用于精馏塔釜加热等工艺加热过程，也可利用制冷技术产生制冷量用于工艺冷却过程。

1.3.2　各行业余热利用问题

通过对工业领域各行业部分余热利用的分析可知，当前各行业的工业余热利用存在下面几个问题。

1）余热利用率低

当前各行业对于产生的大量余热进行了点对点的局部利用，主要是利用低温余热发电技术、溴化锂-水吸收式制冷技术、热泵技术满足单一的能量需求，但是规模小、能量转换形式单一。而且高温余热经回收利用后，仍然具有较高的温度，没有得到深度利用。同时，仍有大量的余热没有得到有效利用，因此实际余热利用率较低，未能充分发掘低品位工业余热的利用潜力。

2）厂区能量需求单一

各工业厂区点对点的局部余热利用主要是因为能量需求单一，未能将余热利用扩展到工业园区和居民区。例如，对于具有大量余热的厂区而言，其自身主要需求是高温热能和电能，冷量需求小，低温的热能需求可以通过直接换热供给，即使热泵技术可以节能，由于经济性问题，也会较难考虑到采用热泵技术供热。

3）余热利用收益低

目前各行业发展比较成熟，大多厂区的余热利用属于改造项目。由于当前成熟的余热利用技术有限，加上供给和需求的不对称，低品位工业余热利用的收益少，而且在工艺流程中增加的余热采集设备带来了影响工艺过程稳定运行的风险，这都阻碍了工业余热的广泛回收利用。

通过厂区自用必然不能充分利用如此大体量的余热，采用余热转换技术满足商用和民用的冷、热需求，需要与市政工程一同协作，而且通常厂区距离商业区和居民区较远，需要采用有效的能量远距离输送技术，因此余热的有效利用是一个系统工程。

1.4　余热利用网络

低品位工业余热的有效利用需要进行余热的整体性规划，即形成余热利用的能量网络和市政网络，本书讨论的余热利用网络为余热利用的能量网络。

1.4.1　余热利用网络的定义

余热利用网络是指结合余热供应端和能量需求端统筹规划，以能量利用效率和经济性为目标，实现多种能量系统的高质化集成，从而实现低品位工业余热的高效利用。可以认为余热利用网络是各种余热利用能量系统集成的表现形式，是集热、电、冷、储、运于一体的余热网络化利用系统，同时具有自适应和自调节功能。

从系统设计层面分析，余热利用网络是根据余热供应和能量需求，通过不同的工业余热利用技术，辅以时间和空间维度的调度，并通过能量效率和经济性优化，实现各种余热利用技术的有效集成。

从系统运行层面分析，余热利用网络能够通过余热供应和能量需求的参数反馈，进行网络中各能量系统的自动调控，实现余热利用网络的自适应和高鲁棒性。

从系统功能层面分析，余热利用网络是从生产和供应角度实现区域内能源的高效利用和有效调配。

从系统定位和服务对象的层面分析，余热利用网络形成一个扁平化的能量站，实现区域内余热的高效利用，同时和电网系统进行互补，构成广义能源互联网，服务更为广泛的区域。

1.4.2　余热利用网络的实现方式

余热利用网络从实现方式上可以分为四个层级：①物理基础；②网络构建；③信息手段；④价值实现。

1.4.2.1　物理基础：管网与能量系统

余热利用网络的物理基础是热输运管网和余热利用能量系统。热输运管网连接各余热利用能量系统，形成了余热利用网络的框架。余热利用的热、电、冷、储、运转换技术直接涉及能量转化，形成了余热利用网络的能量节点。为解决余热利用的空间不匹配性问题，热输运技术在余热利用网络中有着不可替代的作用，可通过管网和非连续汽运实现余热的传输。由于工业余热本身具有时效性，同时用户侧对冷、热、电的需求往往具有季节性，蓄热技术在余热利用网络中也非常重要，解决了余热利用的时间不匹配性问题。因此，热输运管网和余热利用的热、电、冷、储、运的能量系统构成了余热利用网络的物理基础，如图 1.2 所示[8]。

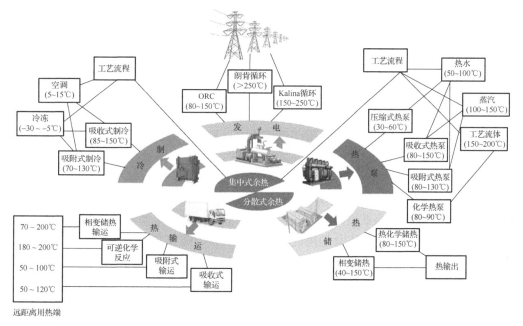

图 1.2　工业余热利用的热、电、冷、储、运的技术路线[8]

1.4.2.2　网络构建：能量效率和经济性最优

由于余热供应和能量需求不同，余热利用技术多种多样，余热利用网络必将形态各异，若要实现高能量效率、高经济性，就需要对管网和能量系统进行规划和优化，形成优化的余热利用网络，这需要网络构建的手段。

余热利用网络的构建是采用不同的余热利用技术，根据余热供应和能量需求的条件，按照最优能量目标和经济目标设计余热利用网络。也就是说，设计的余热利用网络能够实现设计工况下能量效率最优或经济性最优，从而实现低品位工业余热的有效利用。余热利用网络在设计时，应当考虑余热利用的空间和时间的不匹配性，支持余热利用技术的定制化处理，具有负荷预测、可扩展的能力。还应当允许能量系统在偏离初始设计值时，仍然具有可接受的能量效率和经济性。

1.4.2.3　信息手段：信息反馈与控制

余热利用网络整体效能的最大化离不开信息系统的融合，物联网、大数据、移动互联网等信息技术的飞速发展，为余热利用网络的实现提供了有力的支撑。与智能电网相似，余热利用网络需要在信息手段与能量系统上做有效的整合，使得信息手段和物理基础相辅相成，从而使余热利用网络始终工作在高效状态。信息系统和物理系统的融合将带来极高的价值，在第一阶段，其价值体现在信息的获取上，余热的地理位置、介质类型、季节分布、温度区间和容量大小，用户的地理位置、需能类型和季节分布，都是余热利用网络必不可少的价值信息；在第二阶段，其价值体现在调节和调度优化上，从整个余热利用的角度上实现热力学、经济和环境性能的最优化，从而实现区域余热供给模型的效益最大化；在第三阶段，其价值体现在新型能源交易模式上，余热利用网络使得工业余热成为新型的交易单位，通过信息的透明和公开，创新商业模式，带动市场活力，建立新型的市场平台。

1.4.2.4　价值实现：新型能源交易

传统的余热利用一般是点对点的服务，节能服务公司针对某一个余热热源厂家，通过合同能源管理等商业模式，为其自身的余热利用需求定制与其要求适配的余热回收机组，从而满足厂家本身的用能需求。在传统的能源交易中，一般存在"自给自用，专属定制"的特性，余热厂家和用户为同一对象，对冷、热、电等不同形式的能源往往需求单一，从综合利用的角度而言，一般不会达到热力学、经济性的最优，存在较大比例的能源浪费现象；同时，由于缺乏标准化的余热利用准则和技术指导，节能服务公司针对用户的需求需要进行机组的精确定制，从而提高了服务成本，其经济性因此大大降低。在传统的余热利用节能服务模式下，"单点改造"的弊端造成了不必要的能源浪费和经济支出，这对现有的资源利用模式提出了挑战。

余热利用网络下的新型能源交易模式，可以很好地解决传统节能改造模式中的能源浪费和支出费用高昂的问题。在余热利用网络中，余热热源提供商与用户相分离，余热热源厂家可以根据其介质类型、温区、品位和季节稳定性，对自己的余热热源进行标价售卖；用户可以根据自己的需求，通过节能服务公司的技术指导，来购买不同的余热热源；同时，节能服务公司可以为热源厂商和用户提供咨询服务，提出不同的改造建议和分级售卖策略；设备提供商可以通过制定的标准化余热利用服务准则，生产标准化的余热利用机组；平台管理公司可以对整个区域内部的余热热源进行输运和管理的规划。在这种新型的交易模式下，用户、余热热源厂家、节能服务公司、设备提供商、平台管理公司、能源交易中介平台均可从中受益，同时大大降低了单位余热节能改造的费用，提高了单位余热的能源利用率。

1.4.3　余热利用网络的特征

1）余热利用高效化

余热利用网络打破了传统余热点对点利用的缺点，实现余热的综合利用，使得余热利用系统的热力学、经济性和环境性能最优。热力学的最优保证了余热能够得到最高效的利用，不会造成能源损失过大；经济性的最优保证了余热利用过程的经济效益最大化，是余热利用网络构建和回收改造的动力；环境性能的最优符合当下节能减排的要求，在促进经济发展的前提下尽可能减少对环境造成的负担。

2）需求侧参与互动

由于余热利用网络的搭建是为用户提供能源服务，加强需求侧与余热利用网络的互动不仅能够降低需求侧本身的用能成本，还能够对系统的运行状态做出改善，从而对供需关系做出更好的匹配，最终实现余热利用网络中所有节点获利。需求侧参与余热利用网络互动体现在三个层面上：需求侧管理、需求侧响应和供给侧响应。需求侧管理相对而言面对的是局部，要求用户对自身的能源需求(冷、热、电)进行有效的管理，减少不必要的能源消耗，并且对用能设备进行实时的动态调节；需求侧响应则是指通过管理平台进行信息流数据传递，同时根据数据分析、计算产生经济高效的管理控制策略，从而实现用户侧能源的优化管理。

3）余热信息化和虚拟化

余热信息化是指在物理上将余热进行离散化，进而通过计算能力赋予余热信息属性，使得对余热能够进行灵活的管理和调控，实现灵活高效的余热调配、输运与存释。

余热虚拟化是指借鉴能源互联网领域的虚拟化技术，通过软件方式将余热利用节点技术抽象成虚拟资源，有效地整合各种形态和特性的余热基础设施，提升余热资源利用率。

4）余热商品化

余热商品化指的是赋予余热商品的特征，通过市场化激发余热供应端、余热转换端和能量需求端的所有参与者的动力，进行能量交易和碳排放交易等，探索余热利用的新模式，形成一系列新的商业模式，从而促进余热利用生态体系的建设。

必须指出，提高余热资源利用效率、降低能源使用成本本身也是有代价的。在社会生产率不断提高使得提高能源利用效率的效益不断凸显的背景下，相关余热利用技术的成本却依然居高不下，在某种程度上也阻碍了余热资源交易的进程。培养能源服务的商业模式、促进专业力量提供能源服务、发挥规模效益、推动能源生产与消费的革命，是实现能源转型、提高能效、降低成本的重要途径。一旦余热利用的成本降低到临界点以下，巨大的效益就会被释放出来。

1.5　低品位工业余热利用的研究热点与展望

我国具有完整的产业链结构，是拥有联合国产业分类目录中所有工业门类的工业大国。工业余热资源量大面广，各主要工业部门的余热资源回收率仅为35%左右，余热回收潜力巨大。低品位工业余热由于品位较低，其回收利用困难、经济性差，因此低品位工业余热的回收利用策略与技术是工业余热深度利用的研究热点。

在低品位工业余热回收利用策略上，研究热点有以下几点。

(1)以温度对口、梯级利用、品位提升为原则，研究余热利用网络构建的有效方法，包括热力学方法和数学方法等。

(2)研究低品位工业余热深度利用的热、电、冷、储、运能量系统的高质化集成[8]，基于供应端能量条件和需求端负荷建立柔性余热利用网络，使之具有动态高效性和高鲁棒性。

(3)基于物联网技术，减少能量匹配的弛豫时间，达到能量匹配的智能控制，从而实现余热利用网络的智慧调节。

(4)建立低品位工业余热回收利用的评估指标，包括余热利用网络热效率、㶲效率、一次能源利用率、CO_2减排量和投资回收期等，有效评估低品位工业余热的利用情况。

(5)研究低品位工业余热的商品交易方法，形成行业标准，对工业余热的规模化利用进行指导。

在低品位工业余热回收利用技术上，研究热点有以下几点。

(1)研究大容量高效低品位余热发电技术，包括新型环保工质 ORC、混合工质 ORC、多工质集成发电系统、外热式发电系统、高效热电系统等。

(2)研究采用新型环保工质和天然工质的压缩式热泵系统、高速离心式压缩式热泵系统，形成温升大、效率高、热适应性好、可靠性强的压缩式热泵系统。研究先进的吸收式热泵循环和化学热泵循环，针对不同余热和需求，形成大温升、大容量、高能效、强热适应性的吸收式热泵和化学热泵系统。

(3)研究采用天然工质的高效吸收式制冷循环，提高系统内部回热，提高余热利用率，形成驱动热源范围广、工况适应性强、不同工况能够最优运行的吸收式制冷系统。

(4)研究高储能密度相变材料，开发高储能密度的余热储存系统，实现 60~300℃的相变储热。研究化学能储热技术，形成常温储热技术，提高单位质量储能密度和单位体积储能密度。

(5)研究无损或低损的余热远距离输送技术，包括相变储热技术、热化学储热技术、吸收式热能远距离输送技术。

(6)根据余热条件和需求，研究多参数耦合、多能量形式输出的集成系统，实现高余热利用率、高系统效率和高碳减排量等能量目标。

低品位工业余热的深度利用是提高一次能源利用率的重要手段，是能源可持续发展的战略性技术。由于当前工业余热资源利用率仍然处于较低水平，余热利用的相关研究和技术将形成一个庞大的产业，创造大量的就业岗位和显著的应用价值。掌握余热利用的前沿核心技术，提高先进能量系统的研发制造能力，能够形成核心竞争力，引领产业良性发展，为世界范围内节能减排的发展做出贡献。

参 考 文 献

[1] 国家统计局.中国统计年鉴 2020[EB/OL]. [2021-03-03]. http://www.stats.gov.cn/tjsj/ndsj/2020/indexch.htm.

[2] 国家市场监督管理总局，国家标准化管理委员会. 工业余能资源评价方法: GB/T 1028—2018[S]. 北京: 中国标准出版社, 2018.

[3] Huang F, Zheng J, Baleynaud J M, et al. Heat recovery potentials and technologies in industrial zones[J]. Journal of the Energy Institute, 2017, 90: 951-961.

[4] Papapetrou M, Kosmadakis G, Cipollina A, et al. Industrial waste heat: Estimation of the technically available resource in the EU per industrial sector, temperature level and country[J]. Applied Thermal Engineering, 2018, 138: 207-216.

[5] 赵钦新, 王宇峰, 王学斌, 等. 我国余热利用现状与技术进展[J]. 工业锅炉, 2009, 5: 929-935.

[6] 闫晓燕. 采用热泵技术回收工业循环水余热[J]. 冶金动力, 2014, 2: 31-33.

[7] 龙德忠, 黄建斌. 玻璃工业中余热资源的充分利用[J]. 玻璃, 2010, 37(8): 3-5.

[8] 王如竹, 王丽伟, 蔡军, 等. 工业余热热泵及余热网络化利用的研究现状与发展趋势[J]. 制冷学报, 2017, 38(2): 1-10.

第 2 章

低品位余热发电技术

2.1 余 热 发 电

电能是最灵活的高品位能量形式，其转换利用最为广泛，因此将余热转换为电能加以回收利用，是低品位工业余热利用的重要途径，尤其是在余热供应端附近无其他能量需求时，更是优先选择余热发电。而且，电网覆盖范围广阔，发电并网可以灵活解决余热供应端和能量需求端在空间和时间上的不匹配性，实现余热的有效利用。现有的余热发电技术主要有低温水蒸气朗肯循环、ORC 及氨水动力循环等。其中，低温水蒸气朗肯循环以水为工质，由于在低蒸发温度时，水蒸气蒸发压力较低、比体积较大，低温水蒸气朗肯循环更适合高温余热发电，通常其蒸发温度大于300℃；ORC 是以低沸点的有机流体作为工质的朗肯循环，在中低温余热发电应用时，具有系统结构简单、工作压力适宜、余热回收效率高等优点，通常在蒸发温度大于 90℃时即可运行；氨水动力循环是基于朗肯循环、以氨水为工质的另外一种动力循环，利用氨水混合物的变温蒸发过程与变温热源具有良好的热匹配性的特点，在变温热源条件下氨水动力循环理论上具有较高的热效率，通常其蒸发温度大于 90℃。然而氨水的腐蚀性和更高的系统压力对氨水发电系统的构建提出了更高的要求。另外，斯特林发动机、热声发动机和热电材料温差发电等技术也适用于余热发电，但缺乏大容量、规模化的工业应用。

低品位工业余热存在温度低、余热可利用温区小等局限，余热发电存在发电效率较低、经济性较差等问题。因此，一方面需要对余热发电系统进行有效的优化，提高发电效率；另一方面需要结合其他余热利用技术，扩大余热可利用温区，提高余热利用的经济性。针对本书所定义的低品位工业余热，本章主要对上述低温余热发电技术中最适合规模化应用的 ORC 及氨水动力循环发电技术进行介绍。

2.2　低品位余热发电循环

2.2.1　ORC

2.2.1.1　ORC 的工作原理

ORC 具有与传统水蒸气朗肯循环类似的循环结构。不同的是，ORC 采用低沸点的有机物(如碳氢化合物、卤代烃)代替传统朗肯循环中的水作为循环工质，能够在较低的温度下蒸发产生较高的压力，推动膨胀机做功。基本有机朗肯循环(basic organic Rankine cycle，BORC)的系统原理图如图 2.1 所示，包含过热、过冷过程的亚临界 BORC 温-熵图(T-s 图)如图 2.2 所示。该系统主要由四个核心设备组成：蒸发器、膨胀机、冷凝器、工质泵。理想状态下系统的工作过程如下：有机工质首先在蒸发器内吸收低温热源的热量(蒸发温度为 T_e)，经"过冷—两相区—过热"的过程后变为高压蒸气(状态点 1)，随后在膨胀机内膨胀做功并带动发电机发电；做功后的工质乏气(状态点 2)经过冷凝器向冷源(冷却水或空气)释放热量(冷凝温度为 T_c)，变为饱和(或过冷)液体(状态点 4)；低压工质冷凝液经过工质泵增压后(状态点 5)，重新返回蒸发器，完成一次循环。状态点 2a 和 5a 为膨胀机出口和工质泵出口的实际状态点。7—9 和 10—12 过程分别表示热源和冷源的降温和升温过程。

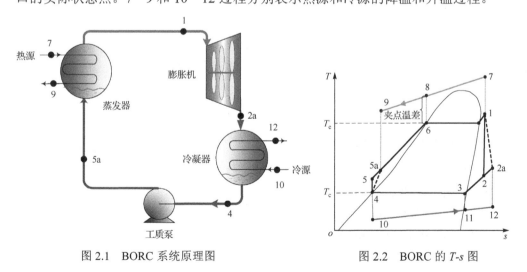

图 2.1　BORC 系统原理图　　　　　　图 2.2　BORC 的 T-s 图

2.2.1.2　ORC 的热力学模型

基于质量和能量守恒方程建立 ORC 的热力学模型。建立模型时做如下假定。

(1)系统处于稳定运行工况。

(2)换热设备及管路中的压力损失忽略不计。

(3)系统运行过程中的热量损失忽略不计。

对于理想循环，工质热力学状态变化过程为 1—2—3—4—5—6—1(图 2.2)，如果考虑膨胀机和工质泵的不可逆损失，则工质状态变化过程为 1—2a—3—4—5a—6—1。

1. 膨胀机

1)理想过程

膨胀机入口的工质处于过热气态(1 点)，假定膨胀机入口的过热度为 ΔT_e，则 1 点压力对应的饱和温度(6 点温度)可由式(2-1)求出，由于 6 点为饱和状态，其对应的饱和压力如式(2-2)所示。

$$T_6 = T_8 - \Delta T_e \tag{2-1}$$

$$p_1 = p_6 = p_{sat,e} \tag{2-2}$$

式中，T 为温度；p 为压力；下标数字表示状态点，sat 和 e 分别表示饱和状态和蒸发过程，1 点的其他状态参数均可表示为已知状态参数的函数：

$$h_1 = h(T_1, p_1) \tag{2-3}$$

$$s_1 = s(T_1, p_1) \tag{2-4}$$

式中，h 为焓值；s 为熵值。由于 1—2 为等熵过程，因此有

$$s_2 = s_1 \tag{2-5}$$

$$p_2 = p_{sat,c} \tag{2-6}$$

式中，下标 c 表示冷凝过程，则 2 点的其他状态参数可以确定：

$$T_2 = T(p_2, s_2) \tag{2-7}$$

$$h_2 = h(p_2, s_2) \tag{2-8}$$

此时膨胀机的输出功为

$$W_t = m(h_1 - h_2) \tag{2-9}$$

式中，m 为工质的质量流量。

2)实际过程(1—2a)

假设膨胀机的等熵效率为 η_t，则有

$$\eta_t = (h_1 - h_{2a}) / (h_1 - h_2) \tag{2-10}$$

因此有

$$h_{2a} = h_1 - (h_1 - h_2)\eta_t \tag{2-11}$$

且由于

$$p_{2a} = p_{\mathrm{sat,c}} \tag{2-12}$$

则 2a 点的其余状态参数可由状态方程确定:

$$T_{2a} = T(p_{2a}, h_{2a}) \tag{2-13}$$

$$s_{2a} = s(p_{2a}, h_{2a}) \tag{2-14}$$

此时膨胀机的输出功为

$$W_{\mathrm{t\_a}} = m(h_1 - h_{2a}) \tag{2-15}$$

2. 工质泵

1)理想过程

工质泵入口的工质处于饱和液态(4 点),且其对应的饱和压力为

$$p_4 = p_2 = p_{\mathrm{sat,c}} \tag{2-16}$$

4 点温度为该压力对应的饱和温度。据此,可以得到 4 点的其他参数:

$$h_4 = h(T_4, p_4) \tag{2-17}$$

$$s_4 = s(T_4, p_4) \tag{2-18}$$

由于 4—5 为等熵过程,因此有

$$s_5 = s_4 \tag{2-19}$$

$$p_5 = p_{\mathrm{sat,e}} \tag{2-20}$$

则 5 点的其他状态参数可以确定:

$$T_5 = T(p_5, s_5) \tag{2-21}$$

$$h_5 = h(p_5, s_5) \tag{2-22}$$

此时工质泵的功耗为

$$W_{\mathrm{p}} = m(h_5 - h_4) \tag{2-23}$$

2)实际过程

假设工质泵的等熵效率为 η_{p},则有

$$\eta_{\mathrm{p}} = \frac{h_5 - h_4}{h_{5a} - h_4} \tag{2-24}$$

因此有

$$h_{5a} = h_4 + \frac{h_5 - h_4}{\eta_{\mathrm{p}}} \tag{2-25}$$

且由于

$$p_{5a} = p_{\mathrm{sat,e}} \tag{2-26}$$

则 5a 点的其余状态参数可由状态方程确定：

$$T_{5a} = T(p_{5a}, h_{5a}) \tag{2-27}$$

$$s_{5a} = s(p_{5a}, h_{5a}) \tag{2-28}$$

此时工质泵的功耗为

$$W_{p\_a} = m(h_{5a} - h_4) \tag{2-29}$$

3. 蒸发器

蒸发过程 5a—1 为定压蒸发过程，其蒸发器换热量可表示为

$$Q_{eva} = m(h_1 - h_{5a}) \tag{2-30}$$

式中，下标 eva 表示蒸发器。

由蒸发器能量守恒方程，有

$$m(h_1 - h_{5a}) = m_{hs} c_{p,hs} (T_7 - T_9) \tag{2-31}$$

式中，c_p 为比定压热容；下标 hs 表示热源流体。

4. 冷凝器

冷凝过程 2a—4 为定压冷凝过程，其冷凝器换热量可表示为

$$Q_{con} = m(h_{2a} - h_4) \tag{2-32}$$

式中，下标 con 表示冷凝器。

由冷凝器能量守恒方程，又有

$$m(h_{2a} - h_4) = m_{cs} c_{p,cs} (T_{12} - T_{10}) \tag{2-33}$$

式中，下标 cs 表示冷源流体。

5. 系统性能指标

对于图 2.2 所示的 BORC 系统，其系统净输出功可以表示为

$$W_{net} = W_{t\_a} - W_{p\_a} \tag{2-34}$$

循环热效率定义为循环净输出功与蒸发器换热量的比值：

$$\eta_{BORC} = \frac{W_{net}}{Q_{eva}} = \frac{h_1 - h_{2a} - (h_{5a} - h_4)}{h_1 - h_{5a}} \tag{2-35}$$

2.2.1.3　ORC 衍生系统

1) 跨/超临界 ORC

跨/超临界 ORC 的组成与 BORC 相同，其 *T-s* 图如图 2.3 所示。从图中可以看出跨/超临界 ORC 的工质蒸发过程不经过两相区，因此其实际蒸发过程曲线（5a—1）

不存在等温蒸发阶段，相比于亚临界循环，能够与热源降温线(7—9)有更好的匹配性，减小了蒸发换热过程的不可逆损失，提高了系统的效率。为了使工质的蒸发升温曲线与热源温度相匹配，跨临界循环宜采用临界温度较低的工质[1]。已有研究人员对 R1234ze(E)[2]、R125[3]等一系列有机物作为循环工质的跨/超临界 ORC 进行了研究。在所研究的热源温度范围内，采用混合工质的跨/超临界 ORC 均具有相对更高的热效率[4]。

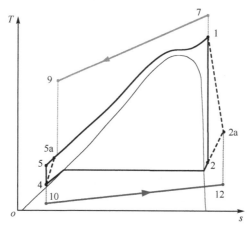

图 2.3　跨/超临界 ORC 的 T-s 图

2) 具有内部回热器的 ORC

具有内部回热器的 ORC(regenerator organic Rankine cycle，RORC)的原理图如图 2.4 所示，其 T-s 图如图 2.5 所示，其中 4ia 和 2ia 分别是回热器热侧和冷侧的工质出口。其初衷是对膨胀机出口处的余热进行再利用，在内部回热器中，使得膨胀机出口处具有一定温度的乏气对工质泵出口/蒸发器入口处的工质进行预热；同样

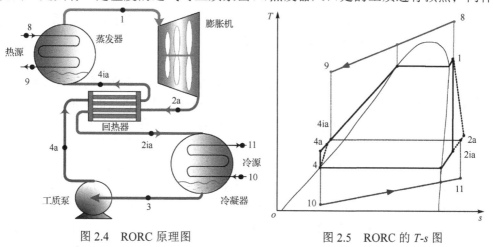

图 2.4　RORC 原理图　　　　　　　　　　图 2.5　RORC 的 T-s 图

地，工质在内部回热器中流动的过程也可以看作通过工质泵出口/蒸发器入口处的工质对膨胀机出口处的工质进行预冷的过程。有研究对 RORC 与 BORC 进行了对比，结果显示与 BORC 相比，RORC 具有较好的热力学性能，但是由于增加了部件及流动阻力，其经济性在大多数情况下略逊于 BORC[5,6]。

　　3）三角循环

　　三角循环的系统结构与 BORC 相同，其 *T-s* 图如图 2.6 所示。与跨/超临界 ORC 相似，由于三角循环中的工质蒸发器出口处于饱和液态，因此其蒸发过程（5a—1）也不存在等温过程，也能够实现与热源降温线（7—9）的匹配。但是三角循环的膨胀机工作在两相区内（1—2a），这是其面临的主要挑战。

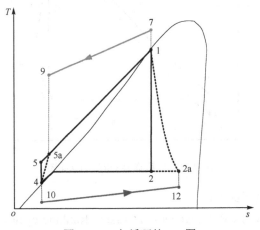

图 2.6　三角循环的 *T-s* 图

　　总体来说，相对于 BORC，三角循环在系统性能方面并没有明显优势[7-9]。有研究表明，在较高温度下运行时，采用水作为工质的三角循环性能优于 RORC 系统，但是，在较低的热源温度下三角循环膨胀机出口体积流量远大于 RORC 系统，这是限制三角循环实际应用的主要原因之一[10]。

　　4）抽气回热 ORC

　　借鉴传统水蒸气朗肯循环采用抽气回热的方式提升系统效率的运行经验，在 BORC 的基础上进行改进及衍生，得到抽气回热 ORC。其从膨胀机中抽取一定温度的蒸气（2c1a），来加热工质泵出口的低温工质（4a），提高蒸发器进口工质温度，减少蒸发器中工质与热源之间的传热温差造成的不可逆损失和蒸发负荷，从而提高循环的系统效率。一级抽气回热 ORC（single-stage regenerative organic Rankine cycle，SRORC）的原理图及 *T-s* 图分别如图 2.7、图 2.8 所示。二级抽气回热 ORC（double-stage regenerative organic Rankine cycle，DRORC）的原理图及 *T-s* 图分别如图 2.9、图 2.10 所示。图 2.8、图 2.10 中 2、2c1、2c2、4、4c1、4c2 为理想过程对应的状态点，2a、2c1a、2c2a、4a、4c1a、4c2a 分别为与之对应的实际过程的状态点。

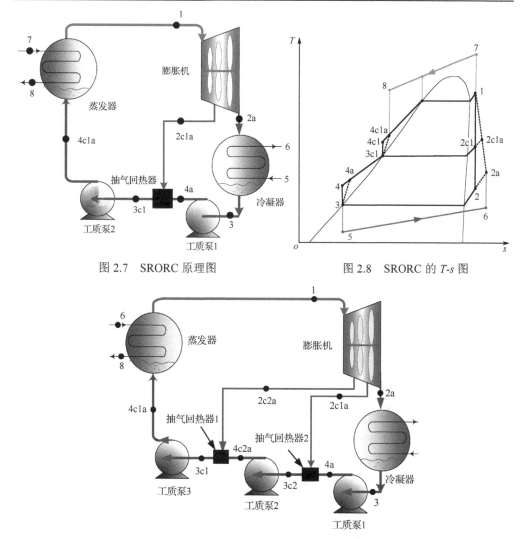

图 2.7　SRORC 原理图　　　　　　　　　图 2.8　SRORC 的 T-s 图

图 2.9　DRORC 原理图

抽气回热有助于提高系统的热力学性能,然而抽取部带有一定温度和压力的蒸汽,对系统的输出功会造成一定的影响。对 BORC 和抽气回热进行对比研究[11],结果显示抽气回热 ORC 具有较高的热效率,且在产生相同系统净输出功的前提下,具有较低的㶲损失。在以㶲效率最大化为目标时,对 BORC、SRORC、DRORC 的热力学性能进行综合对比,结果显示 SRORC 和 DRORC 具有比 BORC 更高的热源出口温度、系统㶲效率及热效率,较低的蒸发器及冷凝器热负荷、工质流量及系统净输出功[12,13]。

5) 有机闪蒸循环

有机闪蒸循环(organic flash cycle,OFC)的原理图及 T-s 图分别如图 2.11、图 2.12

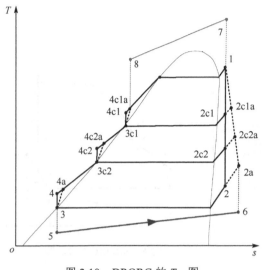

图 2.10　DRORC 的 *T-s* 图

所示。与三角循环相似，蒸发器出口工质为饱和态(1 点)，因此在蒸发器出口添加了闪蒸器，工质经过闪蒸器后分为两股流体，其中饱和气态工质进入膨胀机做功(3—4a)；饱和液态流体经过节流阀等焓降压后(5—6)，与膨胀机出口气态工质混合，随后进入冷凝器。虽然 OFC 系统减少了蒸发器换热过程的不可逆损失，但是闪蒸过程增加的不可逆损失使得 OFC 系统并不优于 ORC 系统，导致单级 OFC 系统具有和 ORC 系统相近的能量利用率[14,15]。也有研究表明，在较低的蒸发温度下，OFC 系统具有较高的净输出功和热效率，而 ORC 系统在较高的蒸发温度下性能较好[16,17]。

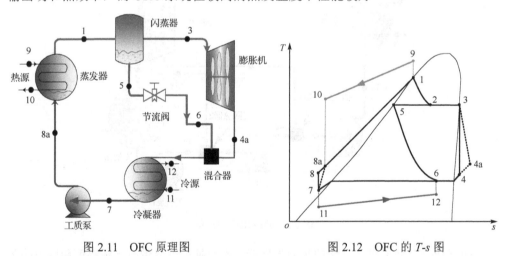

图 2.11　OFC 原理图　　　　　　　　　　　图 2.12　OFC 的 *T-s* 图

6) 引射式 ORC

引射式 ORC(ejector organic Rankine cycle，EORC)是 ORC 的另外一种常见衍生形式。其基本原理是在传统 ORC 结构上增设了引射器和二级蒸发器，使得冷凝器出口的液态工质分为两路：一部分工质经过工质泵加压后进入一级蒸发器，在蒸发器内产生高压蒸气(1 点)，经膨胀机做功后进入引射器作为引射流体(3 点)；另外一部分工质经工质泵加压后经过二级蒸发器吸收部分能量，产生的蒸气作为引射器的工作蒸气(2 点)。EORC 的原理图及 *T-s* 图分别如图 2.13、图 2.14 所示。

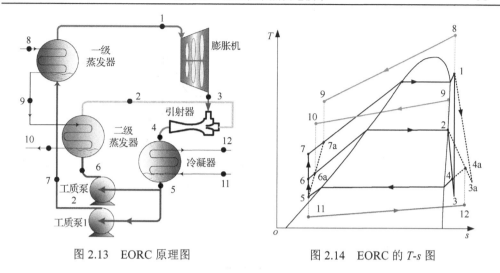

图 2.13 EORC 原理图　　　　　　　　图 2.14 EORC 的 *T-s* 图

与传统 ORC 相比，EORC 有如下两个优点：①增加引射器，降低了膨胀机出口压力，提高膨胀机的做功能力；②二级蒸发器对热源进行了二次利用，增加了系统的能量回收效率。有大量研究认为，总体上 EORC 具有明显优于 BORC 的热力学性能[18,19]；也有研究结果表明，只有当泵的效率较低或者蒸发温度较高时，EORC 系统才具有相对较高的系统效率[20]。

7) 双级 ORC

双级 ORC(double-stage organic Rankine cycle，DORC)的原理图及 *T-s* 图分别如图 2.15 及图 2.16 所示。图 2.16 中，ΔT_d 表示蒸发器 2 中冷热流体之间的夹点温度。由于采用了两级蒸发的形式，第一级可用湿工质对温度较高的热源进行利用(4a—1—2a—3—4a)；第二级一般采用干工质 ORC，对低温热源的热量进行进一步回收利用。对 DORC 的研究大都停留在理论层面，且与 BORC 相比，上述系统虽然具有

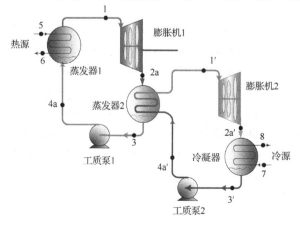

图 2.15 DORC 原理图

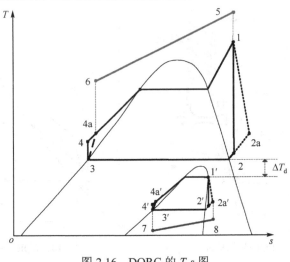

图 2.16　DORC 的 *T-s* 图

较高的能量利用效率，但是由于其系统结构较为复杂，在实际运行过程中控制难度较大，距离商业化实际应用仍然有一定的距离。

2.2.2　氨水动力循环

2.2.2.1　氨水动力循环的工作原理

氨水动力循环同样是在朗肯循环基础上发展起来的，其循环工质为氨水混合物（以下简称氨水）。纯工质在蒸发时恒温，热水和烟气等变温热源与工质吸热过程的平均传热温差较大，温度匹配性较差，导致工质的平均吸热温度较低，进而导致发电效率较低。氨水为非共沸工质，在吸热过程中能与变温热源有更佳的温度匹配性，能够提高发电效率。

典型的氨水动力循环为 Kalina 循环，根据应用条件的不同存在多种结构，其中一种基本的 Kalina 循环为 KCS 34（Kalina cycle system 34），其工作流程如图 2.17 所示。该循环适合温度较低（<120℃）的热源，其工作过程为：氨水溶液进入蒸发器受热蒸发，形成气液两相流体（1 点），然后进入分离器，分离的富氨饱和蒸气（2 点）进入膨胀机做功；分离的贫氨饱和溶液（3 点）进入回热器释放热量后（5 点）经过降压阀减压（6 点），与完成做功的富氨饱和蒸气乏气（4 点）一起进入冷凝器，冷凝形成氨水溶液（7 点），氨水溶液经过增压泵升压（8 点），进入回热器吸收热量后（9 点），最后再次进入蒸发器，完成循环。在该循环中，蒸发过程中工质变温蒸发，能够与变温热源实现更好的热匹配，降低工质吸热过程的不可逆性。冷凝过程中的基本工质含氨较少，能够实现较低压力下的工质冷凝。此外，通过调节氨水浓度可改变膨胀机的排气压力和功率输出，运行方式较为灵活。

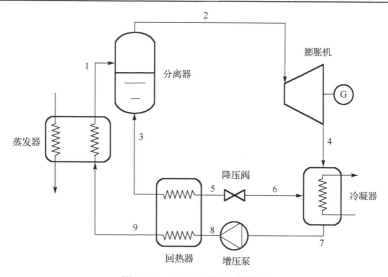

图 2.17　KCS 34 的工作流程

2.2.2.2　氨水动力循环的热力学模型

氨水动力循环的热力学建模同样基于质量和能量守恒方程。这里针对图 2.17 所示的 KCS 34 进行说明。在模型建立过程中做如下假设。

(1) 系统稳态运行。

(2) 系统内流动压力损失忽略不计。

(3) 系统与环境换热损失忽略不计。

(4) 节流阀前后流体焓值不变。

1) 蒸发器

氨水溶液进入蒸发器吸热蒸发后成为气液两相状态，能量和质量守恒方程为

$$Q_H + m_9 h_9 = m_1 h_1 \tag{2-36}$$

$$m_9 = m_1 \tag{2-37}$$

$$m_9 x_9 = m_1 x_1 \tag{2-38}$$

式中，Q_H 为蒸发器吸收的热量；m_9、h_9、x_9 分别为蒸发器入口溶液质量流量、焓值及氨质量分数；m_1、h_1、x_1 分别为蒸发器出口溶液质量流量、焓值以及氨质量分数。

2) 分离器

蒸发生成的气液两相流体进入分离器分离为富氨饱和蒸气和贫氨饱和溶液，其能量和质量守恒方程为

$$m_1 h_1 = m_2 h_2 + m_3 h_3 \tag{2-39}$$

$$m_1 = m_2 + m_3 \tag{2-40}$$

$$m_1 x_1 = m_2 x_2 + m_3 x_3 \tag{2-41}$$

式中，m_2、h_2、x_2 为富氨饱和蒸气质量流量、焓值及氨质量分数；m_3、h_3、x_3 为贫氨饱和溶液质量流量、焓值以及氨质量分数。

3) 膨胀机

富氨饱和蒸气驱动膨胀机做功并不是等熵过程，而是熵增过程，此时膨胀机的输出功计算如下：

$$m_2(h_2 - h_4) = m_2(h_2 - h_{4s})\eta_{is.t} \tag{2-42}$$

$$W_t = m_2(h_2 - h_4)\eta_{m.t} \tag{2-43}$$

式中，W_t 为膨胀机的输出功；h_4 为膨胀机出口焓；h_{4s} 为等熵膨胀机出口焓；$\eta_{is.t}$ 为膨胀机等熵效率；$\eta_{m.t}$ 为膨胀机的机械效率。

4) 冷凝器

低温低压贫氨饱和溶液与做功后的富氨饱和蒸气乏气一起进入冷凝器，冷凝成氨水溶液。其能量守恒、质量守恒以及氨组分守恒方程分别为

$$m_7 h_7 = m_4 h_4 + m_6 h_6 - Q_L \tag{2-44}$$

$$m_7 = m_4 + m_6 \tag{2-45}$$

$$m_7 x_7 = m_4 x_4 + m_6 x_6 \tag{2-46}$$

式中，Q_L 为冷凝器释放的热量；下标 4、6 和 7 分别表示冷凝器的气体进口、液体进口和出口。

5) 增压泵

冷凝器出口的溶液流入增压泵中升压，该过程同样不是等熵过程，而是熵增过程。此时增压泵功耗计算如下：

$$m_7(h_8 - h_7) = \frac{m_7(h_{8s} - h_7)}{\eta_{is.p}} \tag{2-47}$$

$$W_P = \frac{m_7(h_8 - h_7)}{\eta_{m.p}} \tag{2-48}$$

式中，W_P 为增压泵功耗；h_8 为增压泵出口焓；h_{8s} 为等熵增压泵出口焓；$\eta_{is.p}$ 为增压泵等熵效率；$\eta_{m.p}$ 为增压泵机械效率。

6) 回热器

高温贫氨饱和溶液进入回热器释放热量，增压泵出口低温富氨溶液进入回热器吸收热量。能量守恒方程为

$$m_3(h_3 - h_5)\varepsilon = m_8(h_9 - h_8) \tag{2-49}$$

式中，ε 为回热效率；h_5 和 h_9 分别为贫氨溶液和富氨溶液经过回热器后的焓值。

7) 系统性能指标

对于图 2.17 所示的 KCS 34，系统净输出功可以表示为

$$W_{\text{net}} = W_{\text{t}} - W_{\text{P}} \tag{2-50}$$

循环热效率定义为系统净输出功与蒸发器吸收的热量的比值:

$$\eta = \frac{W_{\text{net}}}{Q_{\text{H}}} \tag{2-51}$$

2.2.2.3　氨水动力循环衍生系统

1) KCS 11

与 KCS 34 相比,KCS 11 的主要特点是系统没有分离器,如图 2.18 所示。系统在冷凝器和膨胀机之间设置回热器 1 和回热器 2,膨胀后气体热量在回热器 1 和回热器 2 中进行了回热(3—4 和 4—5)。冷凝后的溶液(6 点)经增压泵增压和回热器 2 后(8 点)分流为两股:一股在回热器 1 中由膨胀后的工质预热(9—10),另一股在蒸发器 2 中预热(11—12),然后两股溶液合流后在蒸发器 1 中吸热蒸发(1—2)。在实际设计时,蒸发器 1 和蒸发器 2 可合并设计。因为溶液蒸发后没有分离过程且浓度不可调,所以 KCS 11 适合较高温度的热源,使蒸发器出口工质处于过热状态,但其适用热源温度范围比较窄(121~204℃)。KCS 11 存在着多自由度的设计参数,如膨胀机进气压、排气压和浓度等。

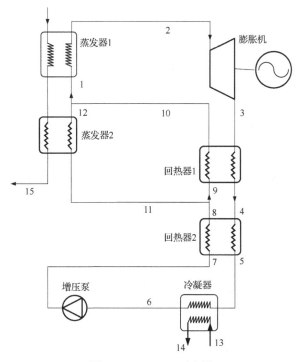

图 2.18　KCS 11 示意图

2) 三级压力 Kalina 循环

在中高温余热温度下(200～400℃),KCS 11 循环不能保证良好的热力学性能,因此不再适用。为了解决上述问题,需要重新布置分离器的位置,研究人员提出了三级压力 Kalina 循环,如图 2.19 所示,分离器的压力处于系统中压,该压力对循环热力学性能影响显著,一方面是为了保证进入分离器的工质处于气液两相状态,另一方面是其选值确定了系统内各部件中的氨质量分数。该循环有两次冷凝过程(17—1 和18—19),冷凝器 1 出口的低压贫氨溶液由增压泵 1 提升至中间压力后(1—2)分流为两股,其中一股溶液经过低压回热器 2(12—15)和低压回热器 1(15—11)后进入分离器,其中分离后的液体经过低压回热器 2(6—7)、阀门(7—8)后进入冷凝器 1;而分离后的气体经过高压回热器(14—16)与另一股溶液(13)混合进入冷凝器 2 冷凝为富氨溶液(18—19)。富氨溶液经过增压泵 2 提升至高压并在高压回热器中预热(3—4)进入蒸发器吸热蒸发(4—5)。蒸发气体进入膨胀机膨胀(5—9),经低压回热器 1(9—10)后与分离器节流溶液(8)混合进入冷凝器 1 冷凝,完成循环。

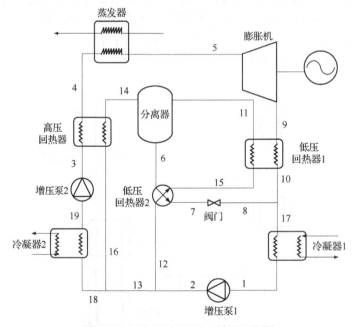

图 2.19　三级压力 Kalina 循环示意图

KCS 11、KCS 34 和三级压力 Kalina 循环都具有各自适宜的热源温度范围,除了热力学性能的提升,其工况适用性也必须纳入考虑范畴,这对于氨水动力循环在实际中的应用有着重要的意义。

3) 两级膨胀中间再热 Kalina 系统

为了通过提高进气平均温度提升氨水动力循环的热力学性能,研究者在 KCS 11

的基础上，采用了两级膨胀中间再热的方法，提出了一种基于 KCS 11 的两级膨胀中间再热 Kalina 系统，中间再热过程能够提高膨胀机进口工质的平均温度，从而提高净输出功。系统示意图如图 2.20 所示，循环流程：从蒸发器出来的过热蒸气进入膨胀机 1(1—2)，膨胀做功后分流为两股，一股再次进入蒸发器再热成过热蒸气(3—5)进入膨胀机 2，膨胀做功后(5—6)进入回热器被增压泵 2 出口的过冷氨水溶液预冷(6—7)，再流经冷凝器向环境排热(7—8)，经增压泵 1 升压后(9)在绝热混合器中与另一股分流的蒸气(4)混合后，再经增压泵 2 升压进入回热器预热(11—12)，最后进入蒸发器加热完成循环(12—1)。在绝热混合器中，状态点 4 为过热或两相状态，9 为过冷状态，分流比 y 定义为状态点 4 和状态点 2 的流量比，分流比必须满足状态点 10 为饱和溶液或过冷状态的条件。13 为热源流体出口，14 为热源流体入口。研究表明，运行参数优化后，相比 KCS 11，两级膨胀中间再热 Kalina 系统净输出功提高 24.8%，热效率比 KCS 11 提高了 12%[21]。

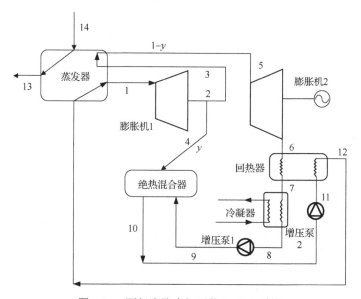

图 2.20 两级膨胀中间再热 Kalina 系统

4)带提馏结构的氨水动力系统

增加进入膨胀机的蒸气量，同时对系统内部的能量匹配进行优化，可以提高氨水动力循环的性能。研究人员基于此提出了带提馏结构的氨水动力系统[22]，其示意图见图 2.21。

系统的外部热源并联进入过热器和提馏结构放热(A—B 和 A—C)，混合后(D)进入蒸发器放热(D—E)。冷凝器出口溶液经增压泵提升压力后(2—3)进入回热器 4预热(3—17)，接着分流为两股溶液，分别在回热器 3 和回热器 2 中预热后(19—20

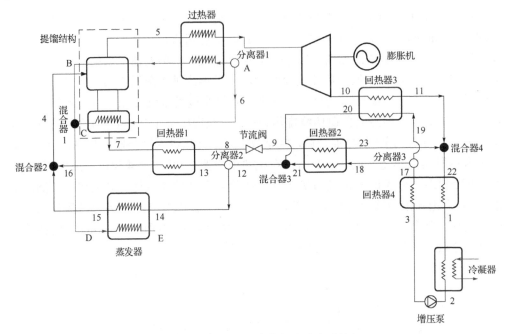

图 2.21　带提馏结构的氨水动力系统

和 18—21)进入混合器 3；然后再次分流，分别在回热器 1 和蒸发器中预热(13—16 和 14—15)后再次混合进入提馏结构：提馏后的气体进入过热器吸热成为过热气体 (5—6)，然后进入膨胀机膨胀(6—10)，经回热器 3 后(10—11)进入混合器 4；提馏后的溶液经回热器 1(7—8)、节流阀(8—9)和回热器 2(9—23)后进入混合器 4。混合后的气体和溶液经回热器 4(22—1)进入冷凝器冷凝(1—2)，循环封闭。

　　图 2.21 中虚线框内为提馏结构，与气液分离器不同，提馏结构因为有外部供热，进入膨胀机的蒸气量得以增加，从而提高净输出功；在底部流出的饱和氨水溶液氨浓度更低，使得在吸热过程中氨水溶液氨浓度降低，冷凝压力降低，从而提高净输出功。系统在不同位置布置了回热器，合理地实现了内部热回收。内部热集成通过分流-合流的方式完成，目的是使内部/外部换热过程中冷热流温度的匹配性更好。经运行参数优化后，该系统在热源温度为 346℃时，净输出功比三级压力 Kalina 循环高 9%，而在热源温度为 146℃时，净输出功比 KCS 34 高 8%[21]。

　　5)氨水功冷并产系统

　　如果进入膨胀机的氨气纯度较高，则膨胀机出口温度可低于环境温度，产生冷效应。因此基于氨水吸收式制冷系统，若精馏氨气经过热后膨胀而非冷凝，则可实现功冷并产。最典型的为 Goswami 循环系统[23]，如图 2.22 所示，吸收器出口的溶液经溶液泵提升压力后(1—2)分流为两股，分别进入精馏器和溶液换热器预热(2—3 和 2—4)，然后与精馏的回流液体混合进入发生器(6 点)。发生终了的溶液经过溶液换热器(12—13)和节流阀(13—14)进入吸收器；发生的气体经精馏后(7—8)进入过热器成为过热气体(8—9)，然后通过膨胀机向外做功(9—10)，氨气降温至环境温度以下，在制冷换热器中吸热(10—11)可以对外产生冷量，然后气体进入吸收器吸收，循环封闭。但是由于冷量的产生并非潜热，而是气体的显热，其制冷量较小，在实际应用时收益有限。也有研究人员提出制冷和发电并联的系统，可灵活应对制冷需求和发电需求，其原理简单，这里不再赘述。

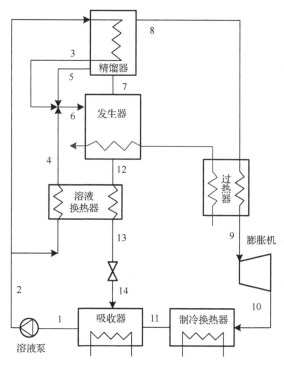

图 2.22　典型的 Goswami 循环系统

6) 氨水动力循环的选择

对于不同的余热热源工况，存在多种氨水动力循环可供选择。不同氨水动力循环适宜的热源温区如图 2.23 所示。由图 2.23 可以发现，热源在 200℃以上时，三级压力 Kalina 循环和带提馏结构的氨水动力系统较为适用；而热源在 200℃以下时，KCS 34、KCS 11、两级膨胀中间再热 Kalina 系统和带提馏结构的氨水动力系统是适合采用的系统。

对于低品位工业余热利用而言，大多数热源在 200℃以下，同时考虑到系统的可靠性和成本，普遍认为 KCS 34 和 KCS 11 是最常采用的氨水动力系统，大致对应的适用温区：KCS 34 为 90～120℃；KCS 11 为 120～200℃。

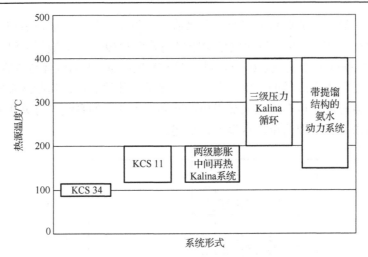

图 2.23　不同氨水动力循环适宜的热源温区

2.2.3　其他余热发电技术

2.2.3.1　斯特林循环

1)斯特林循环的基本原理

斯特林循环是一种热力学理论上最完善的闭式卡诺循环,由英国工程师罗伯特·斯特林(Robert Stirling)于 1816 年首先提出。斯特林循环是由两个等容过程和两个等温过程组成的可逆循环,而且等容放热过程放出的热量恰好被等容吸热过程所吸收。

斯特林循环的理论过程如图 2.24 所示,可分为 4 个过程。

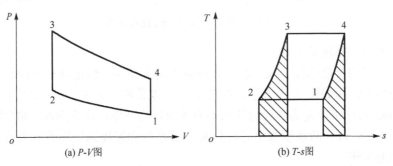

(a) P-V图　　　　　　　　　　(b) T-s图

图 2.24　斯特林循环的理论过程

(1)等温压缩过程(1—2):压缩起始,压缩活塞位于远止点(下死点),膨胀活塞位于近止点(上死点),此时全部工质都存于压缩腔内,工质的压力和温度都处于最小值(状态点 1)。压缩过程中,压缩活塞向近止点移动,膨胀活塞位置不变,压缩腔内工质被压缩，气体压力升高，热量 Q_L 通过气缸被传到环境中。

(2) 等容吸热过程(2—3)：达到额定压力后，膨胀活塞和压缩活塞同时移动，压缩活塞继续向近止点方向移动直到达到近止点，膨胀活塞则开始由近止点向远止点方向移动。在此过程中，膨胀活塞和压缩活塞间的容积不变，工质经过蓄热式回热器从压缩腔转移到膨胀腔，其温度从 T_C 升到 T_H，蓄热式回热器内沿程温度梯度不变。

(3) 等温膨胀过程(3—4)：膨胀活塞继续向远止点方向移动，并最终达到远止点，压缩活塞保持不动。膨胀过程中，气体压力降低，从外部吸收热量 Q_H。

(4) 等容放热过程(4—1)：压缩活塞和膨胀活塞同时运动，压缩活塞向远止点移动并最终抵达远止点，膨胀活塞则由远止点向近止点移动且最终达到近止点。在此过程中，工质经过蓄热式回热器回到压缩腔内，温度从 T_H 降到 T_C，蓄热式回热器内沿程温度梯度不变。

理想斯特林循环是在高温热源 T_H 所提供的热量和低温热源 T_C 所提供的热量下完成的等温循环过程。卡诺循环效率是热力学第二定律中循环效率最高的，而理想斯特林循环热效率和卡诺循环效率是等值的，依据热效率的一般定义，斯特林循环的热效率 η_c 为

$$\eta_c = W/Q_H = 1 - T_C/T_H \tag{2-52}$$

式中，W 为对外输出的功率。

2) 斯特林发动机

斯特林发动机主要由换热系统和传动系统两大部分组成，内部工质通过热胀冷缩效应不断地将热能转为机械能[24]。工作过程如图 2.25 所示。

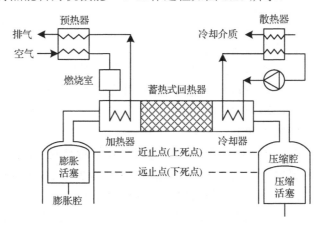

图 2.25　斯特林发动机工作过程

系统由膨胀气缸-活塞系统和压缩气缸-活塞系统组成，分别对应高温吸热过程和低温放热过程。两个气缸内的工质气体通过蓄热式回热器连通，假定两个气缸缸

套保持良好的等温传热能力，缸内气体温度各自始终不变。稳态工作状况下，蓄热式回热器已经建立了从高温到低温的稳定温度梯度。定义两个气缸-活塞系统中活塞靠近蓄热式回热器的行程止点为近止点，远离蓄热式回热器的行程止点为远止点。选取循环开始时压缩活塞位于远止点，膨胀活塞位于近止点。假定理想情况下蓄热式回热器内不存储气体，此时工质气体完全处于压缩气缸中。

循环开始后，压缩活塞向近止点运动，膨胀活塞不动，气体压力升高，比体积缩小，为等温压缩放热过程；当缸内气体压力达到额定压力后，膨胀活塞开始离开近止点向远止点运动，工质气体经蓄热式回热器流入膨胀气缸，假设蓄热式回热器蓄热能力无限大且传热良好，从压缩缸到膨胀缸沿程各点温度保持稳定，工质经过蓄热式回热器时沿程各点均为等容吸热；当压缩活塞到达近止点后，全部工质通过蓄热式回热器到达膨胀气缸，而后压缩活塞保持不动，膨胀活塞继续向远止点运动，工质从膨胀气缸缸套等温吸热，压力降低、比体积增大，当膨胀活塞到达远止点后，过程完成，为等温膨胀吸热过程；然后膨胀活塞从远止点出发，压缩活塞从近止点出发，分别在同一时刻到达近止点和远止点，其间工质气体全部通过蓄热式回热器进入压缩气缸，同时在蓄热式回热器内沿程各点等温散发之前吸收的热能，为等容放热过程。

斯特林发动机的优点如下。

(1)燃料来源广。除了天然气、石油、煤气等，还能利用太阳能、工业余热等。

(2)运转特性好、噪声低。由于没有来自燃烧的爆震和排气波，斯特林发动机运行平稳、噪声低。

(3)排气污染小。连续的燃烧过程对发动机功率和效率的影响较小，斯特林发动机能够在充足的空气环境中运作，燃烧充分，和内燃机相比能有效降低废气中的一氧化碳、碳氢化合物等有害气体的含量。

(4)工作可靠，维护成本低。与内燃机相比，斯特林发动机的结构比较简单，它的零部件数量约为内燃机的60%。同时，斯特林发动机是封闭式循环，不会产生由于使用润滑油而产生的污垢和积炭问题。

斯特林发动机的缺点如下。

(1)对材料要求高。内燃机的燃气最高温度要比斯特林发动机高得多，但内燃机依靠散热把气缸的温度控制在90℃左右，而斯特林发动机的加热器和膨胀腔需要长时间保持在较高的温度下，这对材料提出了较高的要求。

(2)热量损失大。因为长时间保持高温，很多热量通过直接传递和热辐射的形式损失了。

(3)体积大。这是由减少热损失的一系列措施导致的。

(4)反应慢。这是针对常规结构的斯特林发动机而言的。由于热源来自外部，传热需要时间，所以斯特林发动机需要经过一段时间才能使气缸的温度发生变化。这意味着在提供有效动力之前需要时间暖机，不能快速改变动力输出。

由于高低温热源的等温吸热和等温放热难以实现、蓄热式回热器回热难以实现、蓄热式回热器内部工质气体残留、蓄热式回热器阻力损失等问题，斯特林发动机的实际效率较低，未能得到广泛应用。

2.2.3.2　热电材料温差发电

1821 年德国科学家 Seebeck 发现了温差电的第一个效应：Seebeck 效应，即两种不同材料构成闭合回路，当两端接触点温度不同时，在回路中存在电动势。

1. 温差电效应的基本原理

半导体和金属产生 Seebeck 效应的机理是不相同的。

1）金属 Seebeck 效应

金属 Seebeck 效应由电子的平均自由程决定，金属中虽然存在许多自由电子，但对导电有贡献的主要是费米能级附近 $2k_BT$（k_B 为玻尔兹曼常量，T 为热力学温度）范围内的传导电子，而这些电子的平均自由程与遭受散射（声子散射、杂质和缺陷散射）的状况和能态密度随能量的变化情况有关。

如果热端自由电子的平均自由程随温度的上升而增大，则热端自由电子向冷端移动，此时 Seebeck 系数为负，金属 Al、Mg、Pd、Pt 等即如此。相反，如果热端自由电子的平均自由程随温度的上升而减小，则冷端自由电子向热端输运，此时 Seebeck 系数为正，金属 Cu、Au、Li 等即如此。

Seebeck 效应电势差的计算公式如式（2-53）所示：

$$V = \int_{T_1}^{T_2} [S_B(T) - S_A(T)]dT \tag{2-53}$$

式中，S_A 与 S_B 分别为两种材料的 Seebeck 系数；T_1、T_2 为冷端和热端温度。如果 S_A 与 S_B 不随温度的变化而变化，式（2-53）即可表示成式（2-54）：

$$V = (S_B - S_A)(T_2 - T_1) \tag{2-54}$$

Seebeck 后来还对一些金属材料做了测量，并将 35 种金属排成一个序列（即 Bi-Ni-Co-Pd-U-Cu-Mn-Ti-Hg-Pb-Sn-Cr-Mo-Rb-Ir-Au-Ag-Zn-W-Cd-Fe-As-Sb-Te-···），当序列中的任意两种金属构成闭合回路时，电流将从排序较前的金属经热接头流向排序较后的金属。因为金属的载流子浓度和费米能级的位置几乎都不随温度而变化，所以金属的 Seebeck 效应很小，一般 Seebeck 系数为 0～10 μV/K。

2）半导体 Seebeck 效应

半导体 Seebeck 效应产生的主要原因是热端的载流子往冷端扩散。例如，对于 P 型半导体，由于热端空穴的浓度较高，空穴便从高温端向低温端扩散；在开路情况下，就在 P 型半导体的两端形成空间电荷（热端有负电荷，冷端有正电荷），同时在半导体内部出现电场；当扩散作用与电场的漂移作用相互抵消，即达到稳定状态时，在半导体的两端就出现了温度梯度所引起的电动势——温差电动势。N 型半导体的温差电动势的方向是从低温端指向高温端（Seebeck 系数为负），P 型半导体的温差电动势的方向是高温端指向低温端（Seebeck 系数为正），因此利用温差电动势的方向即可判断半导体的导电类型。有温度差的半导体中的能带是倾斜的，其中的费米能级也是倾斜的，两端能级的差等于温差电动势。

影响 Seebeck 效应的因素还有两个。第一个因素是载流子的能量和速度。由于热端和冷端的载流子能量不同，半导体费米能级在两端存在差异，这种作用会增强 Seebeck 效应。第二个因素是声子。由于热端的声子数多于冷端，声子也要从高温端向低温端扩散，并在扩散过程中可与载流子碰撞，把能量传递给载流子，从而加速了载流子的运动，这种作用会增加载流子在冷端的积累，增强 Seebeck 效应。半导体的 Seebeck 效应较显著，一般地，半导体的 Seebeck 系数为数百微伏每开尔文，比金属高得多。

2. 评价指标

热电材料的热电性能可由热电优值 ZT 来评估，如式(2-55)所示：

$$ZT = S^2 T \sigma / \kappa \tag{2-55}$$

式中，Z 为材料的热电系数；T 为热力学温度；S 为 Seebeck 系数；σ 为电导率；κ 为热传导系数。为了有一个较高的热电优值 ZT，材料必须有高的 Seebeck 系数、高的电导率与低的热传导系数。ZT 乘积表示热电性能的高低（ZT 值越高，热电性能越好）是因为热电材料的性能不仅与材料有关，还与材料的温度有关。

提升热电材料 ZT 值的方法一般有两种：提高其功率因子（$S^2\sigma$）或降低其热传导系数。影响功率因子的物理机制包括散射参数、能态密度、载流子迁移率及费米能级四项。前三项一般被认为是材料的本质性质，只能依靠更好更纯的样品来改进，而实验上控制功率因子可通过改变掺杂浓度来调整费米能级以达到最大的 $S^2\sigma$ 值。固体材料热传导系数包括了晶格热传导系数（κ_L）及电子热传导系数（κ_e），即 $\kappa = \kappa_L + \kappa_e$。热电材料的热传导大部分是通过晶格实现的，晶格热传导系数（κ_L）正比于样品比定容热容、声速及平均自由程三个物理量。同样，前两个物理量是材料的本质，无法改变。而平均自由程则随材料中杂质或晶界的多寡而改变，纳米结构的热电材料具有纳米层级或具有部分纳米层级的微结构，当晶粒大小减小到纳米尺寸时就会产生新的界面，此界面上的局部原子排列短程有序，有异于一般均质晶体的长程有序状态或是玻璃物质的无序状态，因此材料的性质不再仅仅由晶格上原子间的作用来决定，而必须考虑界面的贡献。用热电材料制成纳米线、薄膜与超晶格，确实能提升热电势与热电效率，而且理论或实验方面均已证实，具有纳米结构的热电材料要比块材有更好的热电性质。

3. 几种典型的热电材料及其应用

(1) Bi_2Te_3 及其合金：这是被广为使用于热电制冷器的材料，也可用于小功率的温差发电，如心脏起搏器，其最佳运作温度小于 450℃。热电材料的转换效率一般为 3%～4%。以 Bi_2Te_3 为基的热电材料具有最佳的热电优值和最大的温度降。

(2) PbTe、GeTe、$AgSbTe_2$ 或其合金[25]：这是被广泛使用的热电材料，其最佳运作温度大约为 1000℃。PbTe 早已用于工业生产，是较成熟的材料，它的制备工艺较简单，且可制成 N 型和 P 型材料。$AgSbTe_2$ 具有极低的晶格热导率。中温材料可用于温差制冷(如 PbTe 等)，主要用于温差发电机和级联温差发电机的中温段，工作温度的上限由材料的化学稳定性决定，材料的转换效率一般为 5%左右。

(3) SiGe、$MnSi_2$、CeS 或其合金：此类材料亦常作为热电材料，其最佳运作温度为 900～1000℃，虽然制备工艺有一定难度，但机械强度大，工作温度范围宽，SiGe 合金材料的理论转换效率可达 10%。

(4) 聚乙炔、聚苯胺、聚吡咯、聚噻吩等导电聚合物[25]：此类材料相比于上述无机热电材料具有价格低廉、易合成、易加工，且热导率低等优点。但是未掺杂的聚合物热电优值太低，不能达到实用要求，其中聚乙炔虽然有较好的热电性能，但常温下热稳定性差，而其他几类聚合物在高温下易分解。除了聚乙炔之外，其他聚合物都表现出能量因子较低、导电性能差等缺点，掺杂之后导电性能虽有所提高，但 Seebeck 系数明显降低。未来的研究方向可能为有机-无机复合热电材料。

热电材料发电在医疗、航天、机器人和集成电路等行业已有广泛应用。然而，由于热电材料发电效率较低、成本较高，其大容量利用尚未得到推广[26]。

2.3　低品位余热发电工质

2.3.1　ORC 工质

2.3.1.1　ORC 工质筛选

在既定系统形式、热源和冷源条件下，选取合适的有机物作为工质，是 ORC 构建的首要任务，对系统的热力学性能及经济性具有极大的影响。对工质的选择，需要充分考虑以下几个方面。

1) 工质的“干湿性”

根据 T-s 图中的工质饱和蒸气线斜率将工质分为 3 类，分别为干工质(饱和蒸气线斜率大于 0 的工质，如戊烷)、等熵工质(饱和蒸气线斜率无穷大的工质，如 R11)及湿工质(饱和蒸气线斜率小于 0 的工质，如水)，工质分类示意图如图 2.26 所示[27]。

其中，采用湿工质使得膨胀机出口工质易进入两相区，可能会造成透平末级叶片受液滴冲击，因此通常采用干工质和等熵工质作为 ORC 的备选工质。

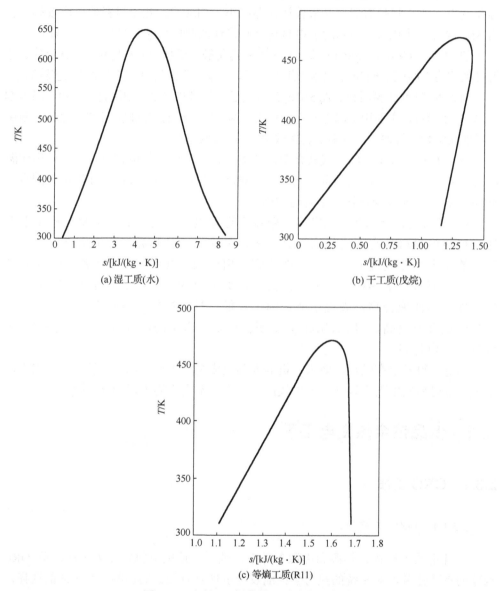

(a) 湿工质(水)　　　　　　　　　　　(b) 干工质(戊烷)

(c) 等熵工质(R11)

图 2.26　文献[27]提供的工质分类示意图

2)潜热、密度和比热容

研究表明，高密度、低比热容、高潜热的工质对应较高的膨胀机输出功率。因此，在工质筛选过程中，工质的潜热、密度、比热容也是评估指标。

3）临界温度

若工质的临界温度过低（如甲烷），则工质在常规冷却手段下难以冷凝至液态，循环条件苛刻。因此，备选工质的临界温度需要适当高于环境温度。

4）热稳定性及与设备的化学相容性

在设计运行温度及压力下，备选工质需要具有稳定性及与设备的化学相容性，以保证系统的安全运行。

5）环保性能

工质的环保性能包括消耗臭氧潜能值（ozone depleting potential，ODP）、全球变暖潜能值（global warming potential，GWP）及大气生命周期（atmospheric lifetime，ALT），分别标志着工质对大气层的破坏程度、对全球变暖的促进程度以及在大气中以分子形态存在的平均生命周期。ORC 是一种绿色循环，采用对环境破坏程度小甚至零破坏的工质是大势所趋。

6）其他因素

安全性能：一般情况下，不可燃、无毒或低毒、无腐蚀是 ORC 工质选择的重要参照标准。其他方面，如价格因素，逐渐用低价有机物代替昂贵工质，使得系统的经济性能得到进一步提升，也是当前 ORC 的发展走向之一。

最初 ORC 工质筛选方面的研究大都集中在纯工质的筛选上，以往研究中对纯工质筛选的代表性研究见表 2.1。

表 2.1　纯工质筛选的代表性研究

文献	热源温度/℃	评估指标	研究工质
[28]	67～287	热效率	氨、苯、R11、R134a、R113
[29]	80～110	热效率	R22 等 16 种纯工质、R401A 等 9 种混合工质
[30]	145	㶲效率	R113、R123、R245ca、异丁烷等 10 种工质
[31]	470	热效率	R11、R134a、苯
[32]	100～225	热效率	氨、丙烷、异戊烷、苯和正庚烷
[33]	277	热效率、㶲效率、循环净输出功	R12、R123、R134a、R717
[34]	<327	热效率、各部件㶲损失	R245fa、R2454ca、R236ea、R141b 等 9 种工质
[35]	100	热效率	R32、R41、R125、R134a 等 31 种工质
[36]	250～350	热效率	二甲基硅氧烷、甲苯、乙苯、丙基苯、丁基苯
[37]	170、200	热效率	乙醇、R123、R141b 等 20 种工质
[38]	90	热效率、㶲效率、总㶲损失、压比、工质流量、可燃性、毒性、环保性	R318、R600a、R114、R600 等 20 种工质
[39]	120～150	热效率	正戊烷、SES36、R245fa、R134a
[40]	100（蒸发温度）	热效率、㶲效率	RC318、R236fa、R-245fa 等 12 种工质
[41]	120	循环净输出功	苯、R113、R123、R141b 等 16 种工质

除了纯工质的研究以外，近年来非共沸混合工质已经成为该领域的研究热点。其基本原理为利用混合工质在相变过程中的温度滑移，来增加工质与冷热源之间的匹配程度，以增加系统的能量利用效率。

现有针对混合工质的研究已经涉及多种组合形式的混合工质，如异丁烷/异戊烷、R227ea/R245fa[42]、异戊烷/R245fa[43]、SF_6/CO_2[44]、R245fa/戊烷[45]、R236ea/己烷、R245fa/己烷[46]。研究主要集中在混合工质与纯工质对比、混合工质不同组分配比对系统性能的影响等方面。大部分研究认为在热力学及经济性方面，混合工质均有明显的优势；然而也有研究表明，在特定工况下运行时，纯工质反而具有比混合工质更加优异的经济性[46]。此外，针对同种工况下的既定循环进行工质筛选，如果所选用的目标函数不同，必然会有选取结果的不同，针对工质筛选的研究，同样存在缺乏定量化评估方法的问题。此外，现有研究中针对采用混合工质的 ORC 的优化计算，均在一个或者若干个固定的工质配比下进行；对混合工质最佳配比的确定，往往也是采用离散处理的方法，所得到的结果本质上是一个区间，而非一个确定的数值，不仅需要较多的计算次数，而且获得的结果精度有限。

2.3.1.2 ORC 工质筛选案例

鉴于上述研究现状，这里选取典型案例对混合工质的研究进行实例展示[47]。以 4 种非共沸混合工质及其 5 种组分共 9 种工质为研究对象，建立 ORC 热力学模型及详细的经济性模型；以电力生产成本(electricity production cost，EPC)为目标函数，将膨胀机入口温度、压力及混合工质的配比作为待优化变量，采用遗传算法实现系统性能参数的综合优化，获得不同热源温度下非共沸混合工质的最佳配比；对相同热源工况下非共沸混合工质及其组分对应的系统性能进行对比分析，选择不同热源温度对应的最佳工质，为混合工质的选择提供参考。

1) 混合工质的选择

R245fa 作为一种阻燃性较好的工质而被广泛使用，其低毒不可燃的特性，增强了系统的安全性能，但是由于具有较高的 GWP 而环保性能较低，这是限制其未来长期使用的潜在因素。对于烃类工质，虽然也能够获得较为理想的系统性能，但是大多具有可燃性，使得其在实际工业推广应用过程中受到限制。鉴于此，选取目前普遍认为综合性能较好的循环工质 R245fa、正戊烷(*n*-pentane)、异戊烷(isopentane)、正丁烯(*n*-butene)以及顺丁烯(*cis*-butene)为混合工质的基本组分(其物性参数如表 2.2 所示)。考虑到 R245fa 具有突出的阻燃特性及相对于其他 4 种工质较差的环保性能，以 R245fa 为阻燃剂，与其他 4 种工质分别组成 4 种非共沸混合工质。所组成的 4 种非共沸混合工质同时具有相对于组分较低的可燃性以及比 R245fa 更好的环保性能。

表 2.2　所选工质的物性参数

工质（分子式）	临界温度/℃	临界压力/MPa	可燃性
R245fa（$C_3H_3F_5$）	154.01	3.6510	不可燃
顺丁烯（C_4H_8）	144.94	4.0098	可燃
正丁烯（C_4H_8）	146.14	4.0051	可燃
异戊烷（C_5H_{12}）	187.20	3.3780	可燃
正戊烷（C_5H_{12}）	196.55	3.3700	可燃

2）模型介绍

热力学模型的建立参考 2.2.1.2 小节，常规参数见表 2.3。

表 2.3　常规参数

参数	数值
废气温度/℃	$100\sim180$
废气流量/(kg/s)	15.0
废气组分（$N_2/CO_2/H_2O$）/%	76/13/11
环境温度/℃	25
环境压力/kPa	101.0
冷凝温度/℃	35
膨胀机等熵效率	0.80
工质泵效率	0.70
蒸发器夹点温差/℃	8.0
冷凝器夹点温差/℃	8.0

需要说明的是，在计算过程中，冷凝温度被假设为 35℃；如果工质在常压下对应的饱和温度大于 35℃，则默认将冷凝温度提升至常压下对应的饱和温度，避免系统负压运行。

3）优化算法参数

计算程序使用 FORTRAN 语言自主编程，各个状态点的热力学参数通过调用 NIST Refprop 标准据库提供的子程序计算。算法具体参数见表 2.4。

待优化参数的定义域分别如下：

$$x \in [0.05,\ 0.95] \tag{2-56}$$

$$T_1 \in [333.15\text{K}, T_{\max}],\quad T_{\max}=\min\{(T_{\text{crit}}-10),\ (T_g-8)\} \tag{2-57}$$

$$p_1 \in [200\text{kPa}, p_{\text{sat}\_T}] \tag{2-58}$$

式中，x 为 R245fa 在混合工质中的摩尔分数；T_1 为膨胀机入口温度；T_{crit} 为工质的临界温度；T_g 为热源温度；p_{sat_T} 为温度 T_1 对应的饱和压力。

表 2.4　算法具体参数设置

参数	数值
种群大小/个	200
目标函数	电力生产成本
基因序列	$[T_1, p_1, x]$
交叉概率/%	90
变异概率/%	30
精英保留数量/个	10
遗传代数/次	100

4) 优化结果

为了方便工质之间的对比，以 R245fa 作为参比工质。定义系数 R 表示工质与 R245fa 之间的相对优劣性：

$$R = (EPC_{R245fa} - EPC) / EPC_{R245fa} \tag{2-59}$$

由式 (2-59) 可知，工质的 R 值与其对应的 EPC 值成反比，意味着 R 值越大的工质对应着越小的 EPC 值，即有越好的经济性能。根据定义，由于 R245fa 是参比工质，因此其 R 值为 0。

图 2.27 为不同工质在不同热源温度下的 R 值。混合工质普遍具有比纯工质更高的 R 值 (即更好的经济性能)。多数纯工质的 R 值是负值，说明其经济性比参比工质 (R245fa) 差。

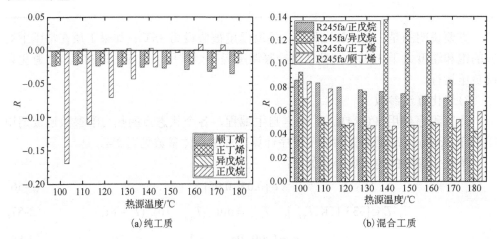

(a) 纯工质　　　　　　　　　　(b) 混合工质

图 2.27　不同工质在不同热源温度下的 R 值

对于混合工质来说：在热源温度为 110～130℃时，R245fa/正戊烷具有最高的经济性，被认为是上述热源工况下的最佳工质；当热源温度为 100℃、140～180℃时，最佳工质为 R245fa/异戊烷。对于纯工质来说：异戊烷和正戊烷分别为热源温度为 $100\sim150℃$、$160\sim180℃$ 范围内对应的最佳工质。

综合上述结果来看，上述 4 种混合工质均具有比 R245fa 更好的经济性，与此同时，由于其中添加了环保性能较好的工质，因此也具有比 R245fa 更好的环保性能。与可燃组分单独作为纯工质相比，混合工质由于增加了 R245fa 作为不可燃组分（阻燃剂），因此降低了可燃性，使得系统的安全性能得以提升。

根据计算结果，拟合出 4 种混合工质对应的热源温度-最佳工质配比经验关联式，分别如式(2-60)~式(2-63)所示。

R245fa/正戊烷：

$$x_{R245fa} = (844.89 - 0.9216T_g)/1000, \qquad R = 0.9209 \qquad (2\text{-}60)$$

R245fa/异戊烷：

$$x_{R245fa} = (751.69 + 0.7844T_g)/1000, \qquad R = 0.8769 \qquad (2\text{-}61)$$

R245fa/正丁烯：

$$x_{R245fa} = (12.5 + 2.72T_g)/1000, \qquad R = 0.8947 \qquad (2\text{-}62)$$

R245fa/顺丁烯：

$$x_{R245fa} = (-172.93 + 5.27T_g)/1000, \qquad R = 0.9698 \qquad (2\text{-}63)$$

式中，x_{R245fa} 为混合工质中 R245fa 的物质的量浓度。

上述公式可为上述 4 种混合工质在不同热源温度下最佳工质配比的选取提供参考。

2.3.2　氨水动力循环工质

2.3.2.1　氨水混合物特性

氨水动力循环是基于氨水工质提出的动力循环，采用的工质为氨水。氨和水是非共沸的，常压下氨的沸点和冰点分别为 $-33.4℃$ 和 $-77.7℃$，水的沸点和冰点分别是 $100℃$ 和 $0℃$。由于氨水存在分压力差，当氨水溶液受热后，氨先挥发出来；当氨水蒸气被冷却时，水先凝结下来。但是氨和水的分压力差并不大，因此若要得到浓度更高的氨气，需要一个精馏过程。在同一压力条件下，氨水混合物开始沸腾的温度（泡点）和开始凝结的温度（露点）与氨水混合物的浓度相关，氨水混合物的露点和泡点温度不同，因此在蒸发过程表现为变温蒸发，在冷凝过程变现为变温冷凝。

氨水动力循环的出发点是从氨水混合物的变温过程获益，即在给定的压力条件下，氨水混合物的变温蒸发和变温冷凝过程能够与变温热源和冷源实现更好的热匹配，提高平均吸热温度，降低平均放热温度，从而提高氨水动力循环的热力性能。

图 2.28 是在压力为 552kPa 时，氨水混合物中氨的质量分数和对应的温度之间的关系。

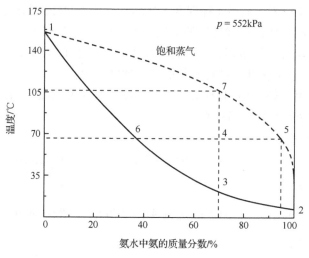

图 2.28　氨水混合物的相图

点 1 是纯水的饱和点，即当压力为 552kPa 时，水的饱和温度为 155.6℃；类似地，点 2 是该压力下纯氨的饱和点，饱和温度为 6.91℃。

由于泡点和露点温度在不同氨水浓度条件下具有不同的值，将这些饱和点连接，便在 1 点和 2 点之间形成两条曲线。下方曲线表示饱和液态，曲线之下表示过冷液态；上方曲线表示饱和气态，曲线之上表示过热蒸气；饱和液态曲线和饱和气态曲线之间的区域为气液两相态。以含液氨量为 70% 的氨水混合物为例：当处于过冷状态下的氨水混合物被加热至泡点时 (3 点) 开始蒸发，随着温度的升高，更多的混合物被蒸发，加热至 4 点温度时，该混合物实际上存在着气态和液态两种分离的状态，其中点 5 表示该混合物的气态，氨的质量分数约为 97%，点 6 表示该混合物的液态，氨的质量分数约为 36%。混合物继续加热达到 7 点时，全部混合物达到饱和气态。如果继续加热，该混合物蒸气将变成过热状态。当氨水混合物蒸气冷却时，上述过程逆向进行。

2.3.2.2　氨水混合物热匹配案例

对于变温热源，随着向工质释放热量，其温度会不断下降。由于氨水混合物在蒸发时的变温特性，其在逆流式热交换器中的上升曲线会更靠近热源温度下降的曲线，因此可实现良好的热匹配，减小平均换热温差。

图 2.29 表示了氨水混合物被烟气加热时的温度分布情况。该含 70% 氨的氨水混合物在工作压力为 3447kPa 时，从 38℃ 开始被加热到 260℃，达到过热状态。具体

来说，氨水混合物从 38℃首先被加热到 91℃的饱和温度，然后达到蒸气的饱和温度 183℃，最后被过热 76℃，达到终温 260℃。随着将自身的热能释放给氨水混合物，烟气从初始温度的 288℃被冷却到 97℃，如图中虚线所示。氨水混合物在沸腾过程中温度一直在上升，与热源温度有很好的匹配性。

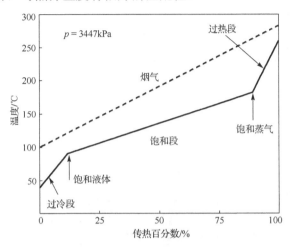

图 2.29　氨水混合物与烟气的热交换过程

在大型燃气-蒸汽循环机组中，为了提高循环效率，设计人员往往通过采用双压，甚至三压的设计，使工质吸热过程呈阶梯状进行。在该设计中，高压水从高温废气中吸热，低压水从低温废气中吸热。这既提高了余热锅炉中工质的平均温度，也增加了该锅炉从烟气侧吸取的总热量。与此同时，通往汽轮机的高压蒸汽保持设计状态，低压蒸汽则通过不同的进汽点进入汽轮机。若采用氨水混合物作为工质，则因为其吸热曲线与烟气的放热曲线相匹配，可以避免上述多压的系统结构。

2.4　低品位余热发电系统关键部件

ORC 和氨水动力循环发电系统商业化成熟，这两类系统均由膨胀机、工质泵和各种换热器组成，其中动设备为系统的关键部件，直接决定系统是否能够正常运行，主要包括膨胀机和工质泵。

2.4.1　膨胀机

膨胀机是工质膨胀产生机械能的原动机，其原理是高温高压的工质进入膨胀机，在膨胀机内部经过等熵膨胀(实际过程以等熵效率表征)，压力温度降低，气体的焓降转换为机械能，带动发电机发电或其他制动设备做功。

膨胀机一般分为两大类：速度式膨胀机及容积式膨胀机，速度式膨胀机主要为涡轮式透平，容积式膨胀机分为旋转式和往复式两种。涡轮式透平更适合用于大型余热发电系统，而容积式膨胀机更适合用于中小型余热发电系统，原因是小型涡轮式透平的转速非常高，为其设计及系统运行带来较大的困难。可应用于低品位余热发电系统的膨胀机分类如图 2.30 所示。

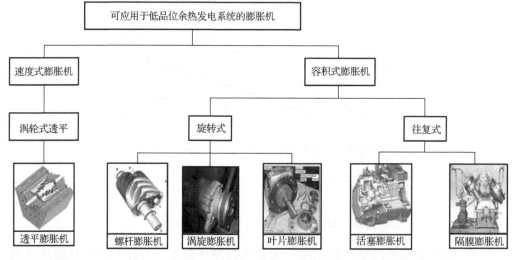

图 2.30　可应用于低品位余热发电系统的膨胀机分类

其中，透平膨胀机、活塞膨胀机、螺杆膨胀机和涡旋膨胀机是低品位余热发电系统中较为常见的膨胀机类型。

2.4.1.1　透平膨胀机

透平膨胀机的主要组成有膨胀机(蜗壳、喷嘴、工作轮、扩压器)、制动器、传动设备、润滑系统和冷却系统、气封系统、安全保护设备和仪控系统等。

1)蜗壳

蜗壳是为了使气流顺利改变方向并均匀分配给喷嘴，原则上保证气流在出口内圆上呈轴对称流动。实际上由于结构需求以及管路排布的需要，存在单蜗室、半蜗室和双蜗室等几种基本的蜗壳型式。图 2.31(a)中的单蜗室型蜗壳比较符合流动规律，具有良好的气流分配性能，气体能够顺利地进入喷嘴，而且结构简单；图 2.31(b)是半蜗室型蜗壳，气流在这种蜗室中被分配至左右两路，其中一半能够顺利地进入喷嘴，另一半气流则无法顺利地进入喷嘴，因而会有非常大的流动损失；图 2.31(c)为双蜗室型蜗壳，这种型式的蜗壳相比之前两种更加紧凑，外形尺寸较小，与半蜗室相比解决了气流分配不顺利、流动损失大的问题。

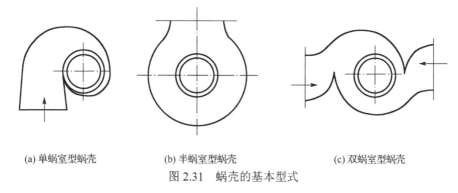

(a) 单蜗室型蜗壳　　　　　(b) 半蜗室型蜗壳　　　　　(c) 双蜗室型蜗壳

图 2.31　蜗壳的基本型式

2) 喷嘴

喷嘴是进行能量转换的主要部件，为了使工作轮获得尽可能大的动量矩，喷嘴总是需要有一定的倾斜角。叶片式喷嘴由三部分组成，进口段、主体段和出口段，进口段把蜗壳出来的气体导入喷嘴主体，因此希望叶片进口段具有较大的圆弧角，以适应导入气流方向的变化。进口段气流速度较低，能量转换较少。主体段是气体膨胀的主要部分，根据膨胀比的大小可以是收缩型通道，也可以是缩放型通道。出口段是由出口正截面、单侧的叶型面和出口圆弧面组成的一个近似三角形部分。整体上，高温高压的气体在喷嘴中膨胀，气体压力、温度和焓值降低，气体的内能在这个过程中转换成了气体的动能，因此喷嘴流道中的流动损失是影响膨胀机效率的一大因素。喷嘴主要解决的问题是如何保持合理的形状以减小各种损失，在喷嘴设计时还要考虑制造工艺、叶片的表面粗糙度和耐磨性。

3) 工作轮

工作轮是透平膨胀机中另一个重要的能量转换部件，很大程度上决定了膨胀机的工作性能。从喷嘴出来的高速气体在叶轮流道内继续膨胀，气体驱动叶轮高速旋转，气体的压力、温度和焓值进一步降低，把气体动能传递给主轴转换成机械能输出轴功。

根据气体在工作轮中膨胀的程度，工作轮又有冲动式和反作用式的区别[48]。在冲动式工作轮中，机械能全部由喷嘴出来的气流动能转换而得，因此膨胀机的总焓降几乎全部在喷嘴中膨胀完成，此时工作轮中气体的流速和密度变化不大。反作用式工作轮除去一部分焓降在喷嘴中完成外，还有一部分气体在工作轮中继续膨胀。因此冲动式工作轮动叶通道内切圆直径相同，而反作式工作轮的动叶通道内切圆是渐缩的。定义气体在工作轮中的等熵焓降占膨胀机总等熵焓降的比值为反作用度。当反作用度>0.1 时，为反作用式膨胀机；当 0<反作用度≤0.1 时，为带小反作用度的冲动式膨胀机；当反作用度=0 时，为纯冲动式膨胀机。由于纯冲动式膨胀机工作轮排出的气体流速较高，形成较大的流动损失，在低品位余热发电系统中应用时，多采用反作用式膨胀机。

4)扩压器

扩压器的结构比较简单,由于离开叶轮的气流速度仍然比较大,会有较大的摩擦损失,产生多余热能。因此采用扩压器进一步降低气体速度。经过扩压器的气体,压力、温度、焓值都会有所升高。

5)制动器

制动器的主要作用是将膨胀机输出的机械能转换成其他形式的能量。在低品位余热发电系统中,制动器就是发电机,将机械能转换成电能。

常用的透平膨胀机有轴流式透平膨胀机和径流式透平膨胀机。轴流式透平膨胀机方便设计为多级叶片,适合大流量工质,通常用作大型汽轮机和燃气轮机。径流式透平膨胀机相对适合小流量工质,根据工作轮中气体的流向,径流式透平膨胀机分为向心式透平膨胀机和离心式透平膨胀机,离心式透平膨胀机工作轮出口处的圆周速度很大,导致余速损失大、涡轮效率低、叶轮强度低,当前很少应用,因此径流式透平膨胀机一般是指向心式膨胀机。相比于轴流式透平膨胀机,径流式透平膨胀机单级膨胀比大,叶片数少,许用转速高。图 2.32 显示了径流式透平膨胀机的工作轮,其可分为主体段和导流段,主体段使气流由外圆向中心径向流动,导流段使气流由径向转为轴向。

相对于其他种类的膨胀机,透平膨胀机的特点是转速高、体积小、重量轻、结构简单、易损件少,适合大流量、中高压力的工况。透平膨胀机的工作性能主要取决于工作轮,而小型系统的

图 2.32　径流式透平膨胀机工作轮

气体流量较小,同时工作轮超高速旋转,这较难实现,因此透平膨胀机更适用于大中型低品位余热发电系统。

2.4.1.2　活塞膨胀机

活塞膨胀机是最典型的容积式膨胀机,气体膨胀推动活塞向外界输出功,在输出机械能的同时其内能降低。其工作过程如图 2.33 所示。0—1 为进气过程,进气的体积为 V_1,压力为 $P_{进口}$;1—2 为绝热膨胀过程,膨胀后的体积为 V_2;2—2′为膨胀机内工质与冷凝器工质连通的过程;2′—3 为排气过程。如果膨胀机出口压力($P_{出口}$)大于冷凝器端压力($P_{冷凝}$),就会出现欠膨胀,即不完全膨胀的情况,如图 2.33(b)所示;如果膨胀机出口压力小于冷凝器端压力,就会出现过膨胀(较少发生)的情况,如图 2.33(c)所示。欠膨胀和过膨胀都会导致工质在膨胀机中的能量损失,从而降低了单位工质在膨胀机内的输出功,影响膨胀机的效率与最终的发电量。因此需要尽可能控制膨胀机出口压力等于冷凝器端压力,使膨胀机在最佳膨胀比下运行(理想膨胀),从而最大化地利用高压工质的能量。

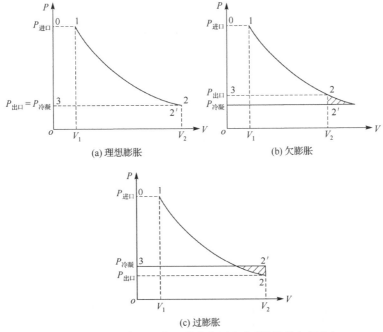

图 2.33　不同冷凝温度下的膨胀过程(不计进排气损失)

除了膨胀过程的损失之外，由于进排气过程存在阻力，且活塞需要往复运动，进排气过程不是等压过程，因此活塞膨胀机还会产生进、排气损失，各类损失大致为：进气损失 7%、排气损失 5.5%、不完全膨胀损失 4%、传热损失 2.5%[49]。

活塞膨胀机的结构是一个典型的曲柄滑块机构，结构比较简单，由曲轴、连杆、十字头等运动件共同组成。高压气体从进气阀进入气缸，此时排气阀关闭。接着，高压气体推动活塞做功，活塞通过活塞杆、十字头、连杆、曲轴将功传递到主轴，然后带动发电机进行发电。

与透平膨胀机不同，活塞膨胀机的气体流动是不连续的，有吸气、排气的过程，工质流量的范围也要远小于透平膨胀机，具体流量由气缸大小决定。而由于活塞膨胀机有着良好的密闭性，其所能承载的压力相对来说也比较大。活塞膨胀机中的活塞-气缸机构在工作过程中会由于发热、活塞往复运动的机械能损耗而导致整体效率略低，表 2.5 给出了不同型式活塞膨胀机的效率。

表 2.5　不同型式活塞膨胀机的效率

膨胀机型式	压比	入口温度/℃	效率/%
高压膨胀机	2.0~4.0	300 230	68~80 64~76
中压膨胀机	1.6~2.0	200 150	62~68 55~60
低压膨胀机	1.4~1.6	130	68~70

　　活塞膨胀机的流量受限于气缸尺寸等因素，其排气流量范围为 1.25～75.00L/s，并且气缸尺寸对膨胀机效率影响较大，因此更适用于中小型余热发电系统。而由于在中小型余热发电系统中，螺杆膨胀机和涡旋膨胀机具有各自的应用优势，活塞膨胀机的应用并不常见。

2.4.1.3　螺杆膨胀机

　　螺杆膨胀机主要由一对螺杆转子、机体、轴承等极少的零件组成，结构很简单，其气缸呈两圆相交的"∞"字形，两根按一定传动比反向旋转相互啮合的螺旋形阴、阳转子平行地置于气缸中，如图 2.34 所示。螺杆膨胀机与活塞膨胀机一样，也是一种容积式膨胀机。因此，其热力学原理与活塞膨胀机相同，热力学过程同样分为吸气、膨胀、排气，这里不再赘述。

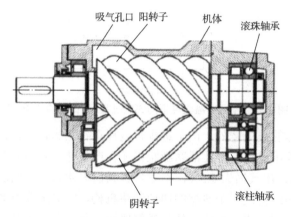

图 2.34　螺杆膨胀机结构图

　　螺杆膨胀机的工作周期是由齿间容积中的吸气、膨胀和排气三个过程组成的。如图 2.35 所示，吸气过程中，高压工质直接从吸气口的轴向或径向进入阴、阳转子之间的"V"字形齿间容积 A，高压工质不断推动阴、阳转子向背离方向旋转，齿间容积不断增大，于是持续吸气。当下一个齿转动至吸气口时，齿间容积处于封闭状态，不再吸气，进入了膨胀过程。由于气体在推动转子旋转时也在膨胀，因此前一个齿间容积 C 的压力要小于后一个齿间容积 B 的压力，这两者的压力差将形成一定转矩，进一步使阴、阳转子背向旋转。在这个膨胀过程中，工质的能量转换成了阴、阳转子的机械能。最后当阴、阳转子之间的齿间容积 D 脱离齿的约束之后，工质与排气孔接通，旋转的阴、阳转子将工质排出缸体，排气过程结束。由转子啮合形成的齿间容积的工质周而复始地经过上述过程，所以转子便不停地旋转。

　　螺杆膨胀机的容积式膨胀原理与转子结构使其同时具有了透平膨胀机和活塞膨胀机两者的特点：既能用于小工质流量的小型余热发电系统，又能承受高转速用于大工质流量的余热发电系统。除此之外，螺杆膨胀机支持多相混输。螺杆转子齿间留有间隙，因而能耐液体冲击，可输送含液气体，适合用于湿工质余热发电系统。

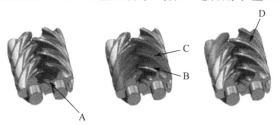

图 2.35　螺杆膨胀机工作过程

相较于透平膨胀机，螺杆膨胀机零部件少，没有易损件，寿命较长，无须经常维护；相较于活塞膨胀机，螺杆膨胀机没有不平衡惯性力，可以像透平膨胀机一样平稳高速工作，因此其效率也要比活塞膨胀机要高，一般在 75% 左右，随着制造工艺与精度的提升，效率最高可达 85%。螺杆膨胀机也存在着不足之处。由于受到转子刚度和轴承等方面的影响，当前大多螺杆膨胀机适用于中、低压范围(<2MPa)，适用压比为 2～4。与此同时，螺杆膨胀机的制造相对来说比较复杂，对制造工艺的要求很高，价格也相对来说比较昂贵。

2.4.1.4　涡旋膨胀机

涡旋膨胀机也是容积式膨胀机的一种，最初由涡旋压缩机改造而得，膨胀与压缩互为可逆过程，因此可以预见涡旋膨胀机也将具有涡旋压缩机所具有的高效率、高可靠性、低噪声、结构紧凑等突出优点，从而能适用于某些特殊场合并较其他结构类型的膨胀机取得更好的效果。

涡旋膨胀机结构较为简单，主体部分由动涡旋体(动涡盘)和静涡旋体(静涡盘)两部分组成的，如图 2.36 所示。动涡旋体和静涡旋体形状完全相同，但是相位相差180°，如图 2.37 所示。

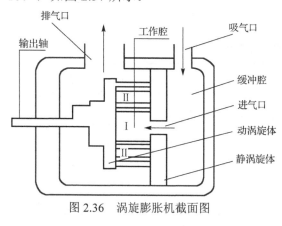

图 2.36　涡旋膨胀机截面图

图 2.37　动涡旋体与静涡旋体实物图

　　涡旋体的型线为圆的渐开线,动涡旋体与静涡旋体恰好相互啮合,形成工作腔。工作时,高压工质首先从吸气口进入缓冲腔,然后通过轴向的进气口进入涡旋体之间的工作腔。进入工作腔后,气体开始膨胀并且推动动涡旋体围绕着静涡旋体的圆心做偏心运动,带动连接在动涡旋体上的轴,输出机械能。而其工作腔随着偏心运动逐渐从中心向外扩张,容积逐渐增大,最终将工质排出膨胀机。

　　由于动涡旋体与静涡旋体之间有相对运动,两者之间的结合就必定不会十分紧密。在实际工作过程中,除了常规的传热损失之外,还有轴向间隙、径向间隙导致的高压气体向低压工作腔泄漏。

　　作为容积式膨胀机的一种,涡旋膨胀机同样适用于小流量、高膨胀比的余热发电系统。与螺杆膨胀机类似,涡旋膨胀机虽然是容积式膨胀机,但是吸气排气的过程也是连续的,但是因为存在由偏心旋转造成的不平衡惯性力,涡旋膨胀机无法像螺杆膨胀机一样适应非常高的转速。

　　涡旋膨胀机结构简单,对制造工艺要求不高,因而便于加工,造价低廉,相比于其他几类膨胀机更适合用于小型实验用的余热发电系统。另外,涡旋膨胀机虽然在理想情况下有着高效率的特点,但实际上由于内部泄漏大,其效率反而成了它最大的一个缺陷,一般的涡旋膨胀机效率在65%左右,因此在实际的余热发电系统中,目前较少用到涡旋膨胀机。一般有三种方法可提升涡旋膨胀机的效率:①优化涡旋体之间的密闭性,让外壳、动涡旋体和静涡旋体之间的配合更加紧密,减少间隙所产生的泄漏;②调整进口面积,当吸气容积与转速一定时,尽可能地增大进气口的面积可以有效降低进气口功率损失;③对涡旋体的型线进行修正,让其更加符合流体流动的规律,从而减少工质能量损失。

2.4.1.5　膨胀机选择

　　低品位余热发电系统在选择膨胀机时,应当综合考虑系统和工质的特性,如工况范围内工质的热物性、热力性质等,根据这些特性选择合适的膨胀机。适合余热发电系统的膨胀机的功率、转速等参数如表 2.6 所示。

表 2.6　适合余热发电系统的膨胀机[50,51]

膨胀机型式	功率/kW	转速/(r/min)	成本	优点	缺点
径流式透平膨胀机	50～500	8000～80000	高	重量轻、制造技术成熟、效率高	成本高、非设计工况效率低、不能承受两相
涡旋膨胀机	1～10	<6000	低	效率高、制造简单、重量轻、转速低、可承受两相	功率低、需要润滑和改造
螺杆膨胀机	15～200	<6000	中	可承受两相、非设计工况具有低转速和高效率	制造和密封困难
活塞膨胀机	20～100	—	中	高压比、制造成熟	运动部件多、重量轻、有阀门和扭矩冲量

续表

膨胀机型式	功率/kW	转速/(r/min)	成本	优点	缺点
滑片膨胀机	1～10	<6000	低	可承受两相、扭矩稳定、结构简单、噪声低	功率低、需要润滑

注：单台径流式透平膨胀机功率可达兆瓦级，单台螺杆膨胀机功率可达 500kW。

ORC 发电系统商业化成熟，对于兆瓦级 ORC 发电系统，通常采用透平膨胀机；中型系统中螺杆膨胀机较为常见，单台机组发电量在 15～200kW；小型的 ORC 机组通常采用涡旋膨胀机或滑片膨胀机，发电功率在 10kW 以内。

氨水发电系统的商业化程度远低于 ORC 发电系统，受限于氨水工质的高压、腐蚀、对润滑油乳化等特性，氨水透平是最常见的膨胀机。当前投入使用的氨水发电系统有 50kW 级，也有兆瓦级，绝大多数采用透平膨胀机。

2.4.2　工质泵

工质泵是低品位余热发电系统中的另一个关键部件，使流体从低压端流至高压端，其适应性和可靠性是余热发电系统稳定运行的关键。泵的种类非常多，主要分为叶轮式和容积式。叶轮式泵通过工作叶轮带动液体高速转动，把机械能传递给液体。容积式泵是通过活塞、柱塞、浮球、隔膜等工作件在泵体内做往复运动，或者通过齿轮、螺杆、叶形转子或滑片等在泵体内做回转运动，使泵体内若干个工作腔的容积周期性地变化，从而交替地吸入和排出液体的一种泵。

选择工质泵时，主要考察泵的流量、扬程、功率、允许吸上真空高度等。大型余热发电系统工质泵的流量和扬程都较高，大型离心泵可满足要求。对于中小型余热发电系统，小流量、高扬程是工质泵的主要特点，因此仅有多级离心泵、高速离心泵、液压隔膜泵、齿轮泵和螺杆泵适用，其中多级离心泵和高速离心泵属于叶轮式泵，液压隔膜泵、齿轮泵和螺杆泵属于容积式泵。

2.4.2.1　多级离心泵

离心泵主要由叶轮、泵轴、泵壳、轴封及密封环等组成。一般离心泵启动前泵壳内要灌满液体，当原动机带动泵轴和叶轮旋转时，液体一方面随叶轮做圆周运动，另一方面在离心力的作用下自叶轮中心向外周抛出，液体从叶轮获得了压力能和动能。当液体流经蜗壳到排液口时，部分动能将转变为静压力能。在液体自叶轮中抛出时，叶轮中心部分形成低压区，与吸入液面的压力形成压力差，于是液体不断地被吸入。

液体进入叶轮受到叶片推动而增加能量，建立叶轮对液体做功与液体运动状态之间关系的能量方程，即离心泵的基本方程式——欧拉方程，可以由动量矩定理导出：

$$H_T = \frac{1}{g}(c_{2u}u_2 - c_{1u}u_1) \tag{2-64}$$

式中，H_T 为离心泵的理论扬程；g 为重力加速度；c_{2u} 为叶轮出口处液流绝对速度在圆周方向的分速度；c_{1u} 为叶轮进口处液流绝对速度在圆周方向的分速度；u_2 为叶轮出口处的圆周速度（$u_2 = R_2\omega$，R_2 为叶轮出口半径，ω 为角速度）；u_1 为叶轮进口处的圆周速度（$u_1 = R_1\omega$，R_1 为叶轮进口半径）。

当液流无预旋进入叶轮时，$c_{1u} = 0$，欧拉方程也可简写成

$$H_T = \frac{1}{g}c_{2u}u_2 \tag{2-65}$$

从欧拉方程可以看出，离心泵的理论扬程 H_T 取决于泵的叶轮几何尺寸和工作转速，而与输送介质的特性及密度无关。因此同一台泵在同样转速和流量下工作时，无论输送何种液体（如水和水银），叶轮给出的理论扬程均是相同的。

多级离心泵是将具有同样功能的两个以上的离心泵集合在一起，流体通道结构上表现为第一级的介质泄压口与第二级的进口相通，第二级的介质泄压口与第三级的进口相通，各级以串联的方式相连。当泵串联时，流量不变，扬程增加，即

$$H_R = H_A + H_B + H_C + \cdots \tag{2-66}$$

式中，H_R 为多级离心泵理论扬程；H_A、H_B、H_C 为各级离心泵的理论扬程。

因此，多级离心泵可以大幅度地提高泵的扬程，用于 Kalina 循环中的多级离心泵通常需要 10～30 级。多级离心泵的优点在于立式结构占地面积小、级数可调、扬程范围广且密封可靠无泄漏，其缺点在于小流量高扬程使用时，效率较低，在更小的流量条件下（<1m³/h），无法实现高扬程。

2.4.2.2　高速离心泵

高速离心泵的基本工作原理与普通离心泵类似，所不同的是其利用增速箱（一级增速或二级增速）的增速作用使工作叶轮获得数倍于普通离心泵叶轮的工作转速，它通过提高叶轮转速，从而加大叶轮外沿的流体线速度以达到提高扬程的目的，消除了大部分多级离心泵不够稳定的问题（泵组中任意一个泵发生故障，整个多级离心泵则无法工作）。

高速离心泵的扬程表达式为

$$H = 0.002\psi\left(\frac{nD_2}{d_t}\right)^{\frac{4}{3}}\left(\frac{q_V}{\varphi}\right)^{\frac{2}{3}} \tag{2-67}$$

式中，H 为扬程；n 为转速；D_2 为叶轮外径；q_V 为体积流量；d_t 为蜗室喉部直径；ψ 为扬程系数，一般取 $\psi = 0.65\sim0.85$；φ 为流量系数，一般取 $\varphi = 0.60\sim0.85$。

高速离心泵具有高扬程、耐腐蚀的优点，缺点在于叶片转速高，制造难度大、制造成本高，在更小的流量条件下（<1m³/h），无法实现高扬程。

2.4.2.3　液压隔膜泵

隔膜泵属于可变容积的往复式泵，主要分为液压隔膜泵和机械隔膜泵两种。机械隔膜泵的隔膜与柱塞机构连接，无液压油系统，柱塞的前后移动直接带动隔膜前后挠曲变形，其隔膜承受介质侧的压力，机械隔膜泵的最大排出压力一般不超过1.2MPa，只适用于少数余热发电系统。

液压隔膜泵将液压油充满于隔膜与泵的柱塞或活塞之间，由泵的动力结构带动泵的柱塞或活塞做交替往复直线运动，由此形成隔膜的周期性挠性运动。由于隔膜在泵头的介质室内形成密闭空间，隔膜的周期性挠性运动使介质室内交替形成局部真空或高压，进液阀和排液阀做出相应的开启或关闭动作，从而实现介质的吸入与排出的泵送过程。

液压隔膜泵有单隔膜泵和双隔膜泵两种。单隔膜泵的隔膜一旦破裂，被输送的液体就与液压油混合，对于某些介质来说，容易引起事故发生。双隔膜泵在两层隔膜之间填充惰性液体，如软水、酒精、芳香烃及脂肪烃等，并要求惰性液体与被输送的介质或液压油混合时不会引起有害的反应。当其中一片隔膜破裂时可以通过压力表、声光装置或化学检验等方法及时报警。当不允许输送液体与任何惰性液体接触时，两层隔膜之间一般可采用抽真空的方式。

通常液压隔膜泵进出口压差可达几兆帕至几十兆帕，常见流量范围为 0~1m³/h，容积效率高，密封性好，可实现小流量高扬程的输运，其缺点在于成本较高、膜片易损。

2.4.2.4　齿轮泵

齿轮泵是依靠泵缸与啮合齿轮间所形成的工作容积变化和移动来输送液体或使之增压的回转泵，齿轮泵的排出口的压力完全取决于泵出口处阻力的大小。齿轮泵又分为外啮合齿轮泵和内啮合齿轮泵。外啮合齿轮泵转速高、压力高，但不能输送含颗粒的液体。内啮合齿轮泵的自吸能力强、出口平稳无脉动且可双向运转，但其输出压力不高、转速不快并且在轴上有悬臂载荷。

齿轮泵结构可靠、工作稳定、造价低，可输送无腐蚀的油类等黏性介质，由于其兼具速度式泵和容积式泵的优点，流体自吸性能好、转速范围大，可用于中小型余热发电系统。然而，齿轮泵的缺点也很明显：①轴和轴承上承受的压力不平衡，径向负载大，限制了压力的提升，主要用在中低压系统；②由于齿轮泵的端面泄漏大，容积效率较低；③流量脉动大，噪声大；④长期运行时泵内的齿轮容易磨损，在小流量高扬程应用时，泵的效率较低。

2.4.2.5　螺杆泵

螺杆泵是一种容积式转子泵，通过由螺杆和衬套形成的密封腔的容积变化可实现液体的吸入和排出。螺杆泵依靠螺杆与螺杆、螺杆与衬套啮合形成的工作腔容积的变化输送液体。当与泵吸入室接通的工作腔容积增大时，泵吸入室的压力降低，泵进行吸液。随着螺杆的转动，充满液体的工作腔沿轴向逐渐向泵排出室方向移动，最后与泵排出室接通，其容积减小，压力增大，从而实现排液。

螺杆泵按其螺杆根数，可分为单螺杆泵、双螺杆泵、三螺杆泵和五螺杆泵；按螺杆的导程个数，可分为单级螺杆泵和多级螺杆泵；按泵的高低压工作腔被螺杆啮合线分隔开的严密程度，可分为密闭式螺杆泵和非密闭式螺杆泵。

螺杆泵的特点在于流量波动小、效率高、适用液体的种类范围广，其适用的液体流量范围通常在 $1\sim100\text{m}^3/\text{h}$。螺杆泵尤其适合高黏性和非牛顿流体，压力可达几兆帕至几十兆帕，当流体黏度较小时，也可达到 1MPa 以上。但是螺杆泵的加工制造要求高，工作特性对黏度敏感。

2.4.2.6　工质泵选择

在理论研究工作中，大多数情况下认为泵功耗占系统输出电量的比重微乎其微。因此，在理论计算中对泵效率的选取也较为随意，如 0.65[50]、0.7[51]、0.75[52-54]、0.8[55-57]、0.85[58]，变化区间比较大。在现有大部分实验研究过程中，对泵功耗的处理，往往仅考虑了泵的轴功[59, 60]（等熵效率）。而在实际运行过程中，工质泵往往由电机进行驱动，这样的处理方式忽略了泵的机械效率及电机效率，因而使得结果与实际过程有所差别。在低品位余热发电系统中，由于系统驱动温度低，发电效率低，工质泵与冷却设备的耗电使发电系统实际运行效率远低于理论值。

在大型的余热发电系统中，大型工质泵的扬程和流量匹配得较为合理，泵的用电效率（实际作用于工质的泵轴功与电机功耗之比）较高，泵的选择相对简单。中小型低品位余热发电系统所用工质泵要求流量较小、扬程较高，仅有多级离心泵、高速离心泵、液压隔膜泵、齿轮泵和螺杆泵较为合适。另外，ORC 系统中有机工质分子具有较强的渗透性，极易泄漏，对泵的密封性要求也较高；而在以 Kalina 系统为代表的氨水发电系统中，氨水的毒性和腐蚀性对泵的密封性和防腐性也提出了很高的要求。

虽然高速离心泵、齿轮泵和螺杆泵也适用于中小型余热发电系统，但是当前中小型余热发电系统大多采用液压隔膜泵（流量<$1\text{m}^3/\text{h}$）或多级离心泵（流量>$2\text{m}^3/\text{h}$），具有较好的小流量、高扬程的匹配能力以及密封性。然而，实验表明其用电效率仅为 10%~30%[61,62]，因此小型余热发电系统的经济性较差。

2.5 低品位余热发电系统案例

2.5.1 ORC 发电系统案例

国外对于 ORC 的应用研究开展得较早，其中美国、以色列、德国、日本、法国等国家均已有成熟的设备生产厂商。其设计的机组容量最大可达几十兆瓦，最小可达几千瓦，覆盖的应用领域包括地热能、生物质能、工业余热、太阳能等包含中低温热能的工业场景。其中美国的 Ormat 公司、意大利的 Turboden 公司、德国的 Maxxtec 公司等在 ORC 方面有大量的应用实例。表 2.7 给出了部分国外的 ORC 生产厂商及其所生产设备的技术参数。

表 2.7　部分国外的 ORC 生产厂商及其所生产设备的技术参数

生产厂商/国家	热源类型	温度范围/℃	机组容量/MW	膨胀机	工质	机组效率/%
Ormat/美国	地热、余热、太阳能	150～300	0.2～100.0	透平膨胀机	正戊烷	/
Turboden(三菱重工收购)/意大利	生物质能、地热、余热、太阳能	100～315	0.35～18.00	透平膨胀机	HCs、HFCs、HFOs	15～26
UTC/美国	地热、工业余热	90～180	0.28	透平膨胀机	R245fa	>8
GMK/德国	地热、工业余热	120～350	0.05～2.00	透平膨胀机	GL160	9
Maxxtec/德国	生物质能	300～330	0.3～3.0	透平膨胀机	/	18.6
Triogen/荷兰	发动机余热、生物质能、工业余热	350～530	0.10～0.17	透平膨胀机	甲苯	15.9～17.2
ElectraTherm/美国	生物质能、工业余热、地热	77～132	0.035～0.120	螺杆膨胀机	R245fa	7.1～7.6
Freepower/英国	生物质能、太阳能、工业余热	180～225	0.085～0.120	透平膨胀机	/	17.6
Infinity Turbine/美国	余热	>80	0.03～0.25	透平膨胀机	R245fa, R134a	7～8
Access Energy/美国	工业余热、舰船柴油机缸套水余热	80～130	0.125	透平膨胀机	R245fa	6.5

国内 ORC 的研究起步较晚，同时面临膨胀机等主要设备的设计生产问题，因此现有的具有 ORC 制造能力的厂商多为压缩机制造或者制冷系统生产厂商，如浙江开山集团股份有限公司、江西华电电力有限责任公司、上海汉钟精机股份有限公司、福建雪人股份有限公司、陕西博尔能源科技有限公司等，此外，南京天加环境科技有限公司从美国 UTC 公司引入了 PureCycle 系统。

1. 案例 1：日本熊本县生物质能 ORC 热电联产系统(Turboden)

日本熊本县生物质能 ORC 热电联产系统旨在实现竹子资源的循环利用。Bamboo

Frontier 有限公司从周边地区收集竹子，没有枝叶的部分交给 Bamboo Material 有限公司加工成建筑材料，枝叶和木片（和雪松皮）交给 Bamboo Energy 有限公司用作燃料，为 ORC 系统提供热源。该工厂的核心流程是竹板的生产，不适合板材生产的物质会作为废料，同时，整个流程中需要热能来干燥原材料。给出的 ORC 热电联产系统原理图如图 2.38 所示。由图 2.38 可知，除了产生电能以外，该系统还产生不同品位的热量，通过不同的载体进行输送：高温（约 310℃）、低温（约 250℃）热油携带的热量[1]通常送回工艺流程中，用来干燥原材料；产生的 80℃左右的热水则用于供热。

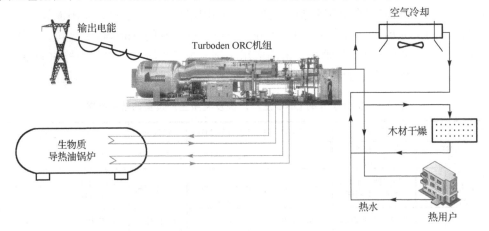

图 2.38　日本熊本县生物质能 ORC 热电联产系统原理图[2]

最终交付的系统可提供 995kW 的电力、含有 4051kW 热量的热油以及含有 2800kW 热量的温水。其结果是利用废竹和树皮建立了生物质能源热电联产模型，运行良好。图 2.39 为运行中的日本熊本县生物质能 ORC 热电联产系统[64]。表 2.8 为该热电联产系统的详细信息。

图 2.39　日本熊本县生物质能 ORC 热电联产系统现场图

① http://cemendocino.ucanr.edu/files/17549.pdf

② https://www.turboden.com/case-histories/2460/bamboo-energy

表 2.8 日本熊本县生物质能 ORC 热电联产系统详细信息

信息条目	内容
地理位置	日本熊本县南干町
运行状态	自 2019 年 9 月开始运行
应用场景	生物质能
终端用户	Bamboo Energy 有限公司
类型说明	木材工业(木屑、竹材)
型号	Turboden 10CHP
功率/MW	1
入口/出口水温/℃	60~80

2. 案例 2：荷兰厌氧消化池沼气场余热利用系统(Triogen)

位于荷兰的 Kloosterman 沼气厂，主要实现生物质(主要是玉米)向绿色气体和绿色电力的转化，采用的方式为将发酵罐产生的沼气送入两台发电机组，从而产生 836kW 的电力。发电机组产生的余热排出的热量，通过 Triogen 公司提供的 ORC 方案进行余热回收。通过余热回收，产生 155kW 的电能。上述 ORC 系统的参数如表 2.9 所示，系统设计的投资回收期为 3 年。

表 2.9 案例 2 中 ORC 系统参数设置[①]

参数	数值
功率/kW	155
安装时间	2009 年 3 月
电网保证功率/kW	150
热源入口温度/℃	500
热源出口温度/℃	180
蒸发器热负荷/kW	900
冷却水入口/出口温度/℃	35/55
2015 年 9 月 30 日前累计发电量/(kW·h)	8.3×10^6
容量因数/%	94

3. 案例 3：锯木厂余热利用系统(Triogen)

该方案将锯木厂中剩余的生物质(以锯末的形式存在)在焚化炉中燃烧，产生的热量通过 ORC 系统进行余热利用，产生的热量用于干燥窑的供热和办公室的供暖，所产生的电能被锯木厂自己利用。使用的焚烧炉及 ORC 系统现场图片见图 2.40 及图 2.41。ORC 系统参数设置见表 2.10。

---

① http://www.triogen.nl/upload/file/Triogen%20Case%20Study%20Engine%20Application%20Kloosterman.pdf

图 2.40 生物质焚烧炉[66]

图 2.41 生物质热利用 ORC 系统现场图①

表 2.10 案例 3 中 ORC 系统具体参数

参数	数值
调试完成时间	2014 年 8 月 1 日
进入蒸发器的温度/℃	530
蒸发器外烟气温度/℃	200
吸热功率/kW	900
系统功率/kW	130
电网保证功率/kW	119
2014 年 8 月 1 日～2015 年 10 月 13 日发电量/(kW·h)	1150177
容量因数/%	93
热水温度/℃	75
回水温度/℃	62
供热量/kW	600

4. 案例 4: 中国石化海南炼油化工有限公司化工余热利用系统

浙江开山集团股份有限公司针对中国石化海南炼油化工有限公司的化工余热, 提出了复叠式 ORC 的余热利用方案, 其系统原理图如图 2.42 所示。现场安装照片见图 2.43。海南地区的平均环境温度约为 25℃, 为中国平均环境温度较高的省份之一, 尤其是七月, 月平均环境温度可达 34℃。ORC 余热利用方案的具体参数见表 2.11。

表 2.12 为平均环境温度为 34℃时实测数据与设计数据的对比。由表 2.12 可知,

---

① http://www.triogen.nl/upload/file/Triogen%20Case%20Study%20Propopulo.pdf

系统的实测净输出功与设计值之间有 2.8%的误差,产生此偏差的主要原因是自用电率较高。尽管使用了高效率的电机,但实际效率仍然相对较低。通过运行结果可知,当环境温度较高时,系统采用的螺杆膨胀机压比降低了,但是仍然处于较好的运行状态,具有较高的等熵效率。

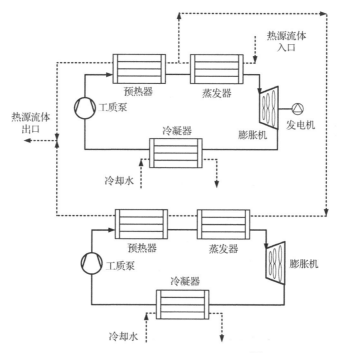

图 2.42　复叠式 ORC 系统原理图[63]

图 2.43　复叠式 ORC 系统现场图

表 2.11　复叠式 ORC 系统参数

参数	数值
热水流量/(t/h)	200
热水温度/℃	118.0～121.7
要求回水温度/℃	70.0～73.4
高温回路额定功率/kW	710
低温回路额定功率/kW	630
发电机电压/V	6300
发电机类型	感应式电机
膨胀机模块	Kaishan SKYe297
设计净输出功(环境温度 25℃)/kW	907
设计净输出功(环境温度 34℃)/kW	789

表 2.12　实测数据与设计数据对比

参数	实测数据	设计数据
环境温度/℃	34.0	34.0
热水流量/(t/h)	200	200
中间回水温度/℃	120.0	121.7
回水温度/℃	72.5	73.4
中间回水进出口温差/℃	47.5	48.3
净输出功/kW	767	789

2.5.2　氨水动力循环发电系统案例

1. 案例 1：冰岛胡萨维克 Kalina 循环发电厂

2000 年冰岛胡萨维克针对地热利用建立了 2MW 的 Kalina 循环发电厂[64]，该厂是欧洲也是世界上首个利用 Kalina 循环建立的地热电厂。电厂距离地热井 20km，地热卤水温度为 124℃，流量为 324t/h。电厂采用了 KCS 34，系统示意图如图 2.44 所示，设计装机容量为 2MW，实际发电量为 1.83MW，扣除自用电后，净输出电量约 1.7MW，机组热效率为 10.7%。发电后热水温度为 80℃，进入市政热网系统，用于采暖、融雪等。电厂冷却水为河水，水温为 5℃，冷却水出水温度为 25℃。

表 2.13 总结了两个测试周期的结果，所测得的净电力分别为 1696kW 和 1719kW。

该发电机组采用的膨胀机是一台由 KUHNLE KOPP KOUSCH 生产的 CFR5G5A 单级径流式透平膨胀机，蒸气径向进入叶轮，轴向离开叶轮，转速为 11266r/min，机组密封采用干气密封。发电机组的氨水工质泵为立式管道泵，其机械密封为有压双封。

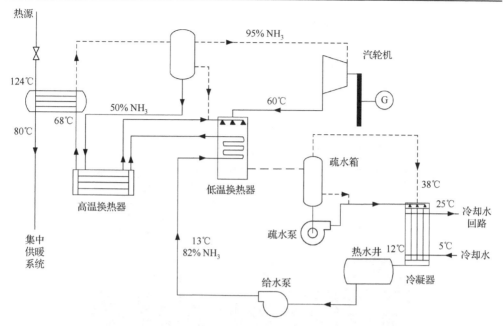

图 2.44　冰岛胡萨维克 Kalina 循环示意图

表 2.13　冰岛胡萨维克 Kalina 循环发电厂性能测试结果

参数	满负荷试验	最大产量试验
卤水流量/(t/h)	324	324
卤水进口温度/℃	122	121
冷却水流量/(m³/h)	655	727
冷却水进口温度/℃	5	5
总电力/kW	1823	1836
辅助电力/kW	127	127
净电力/kW	1696	1709
校正净输出功/kW	1959	2060

　　发电机组的换热器多为板式换热器，采用碳钢和不锈钢材料耐氨水腐蚀。与氨液、氨气排放有关的全部排气口、疏水口、安全阀均通往氨吸收扩容水箱，水箱容积为 16.1m³。水箱有逆止阀，保持水箱微正压，防止氨排往大气。

　　然而，该电厂 2001 年通过性能考核后发电功率不断降低，2006～2007 年因汽机腐蚀停机，调查后结论为：氨水混合物中的补水应采用除盐水，而业主用的是当地河水，造成铬的晶间腐蚀，表现为叶片及汽道表面坑状腐蚀。2006～2007 年，业主将汽机转子改为钛合金材料，由通用电气公司重新加工叶片。

2. 案例 2: 德国下哈兴 Kalina 循环发电厂

德国下哈兴市采用 Kalina 循环建立了 3MW 地热电厂,如图 2.45 所示。该电厂是德国西门子公司从美国引进 Kalina 循环技术后自行设计和建造的首座 Kalina 循环电厂[65]。该地热电厂以 122℃ 地下温泉水为热源,地热水源深度约 4000m。热水经泵抽出后分为两路,一路作为市政采暖,另一路采用 Kalina 循环发电,采用的是 KCS 34。两路温泉水在利用后合并重新注入地下水。发电部分主要设备有蒸发器、分离器、饱和蒸汽汽轮机发电机组、凝汽器、回热器和给水泵等。

图 2.45　德国下哈兴 Kalina 循环地热电厂

该电厂 2009 年投入运行,总投资 2600 万美元。电厂热水流量为 450m³/h,温度为 122℃,热水泵出口压力为 9bar(1bar=10⁵Pa),设计装机容量为 3.5MW,平均发电量为 3.4MW,扣除发电部分设备耗电 400kW(冷却塔风机、循环水泵、工质泵等),净输出电量为 3MW,实测热效率为 11.4%。发电后排往热网的热水温度为 80℃。电厂建有凉水塔,循环水温度为 9~25℃。

Kalina 发电机组的氨蒸气汽轮机及发电机由西门子公司配套供应,氨水透平采用西门子透平技术,由法国 CRYO STAR 公司生产,密封采用干气密封。透平通过齿轮箱减速后与发电机连接,整个发电机组采用单层布置,撬装结构,带有封闭式隔音罩,设有透平、齿轮箱、发电机和润滑系统。

2.6　低品位余热发电技术的发展趋势和展望

ORC 和氨水动力循环是低品位余热发电的主要技术,其商业化成熟,在低品位工业的余热利用方面具有很大的潜力。

自 ORC 技术被提出以来，我国以及美国、日本、以色列、意大利、德国、法国等国开发出了多种 ORC 机组，广泛应用到各种余热利用项目中。而以 Kalina 循环为代表的氨水动力循环的项目远少于 ORC。除了针对不同应用工况的热力系统设计，ORC 工质、膨胀机以及换热设备仍然是低品位余热发电技术发展需要优化的方向。

（1）ORC 工质：R245fa 工质由于应用于 ORC 系统中具有较好的热力性能，且不具有臭氧层破坏能力、性质稳定，因此被多数的商业系统大规模采用。但是由于 R245fa 这类氟代烷烃类工质通常具有较高的温室效应指数，正在逐渐被禁止或者限制使用。因此，有必要寻找 R245fa 等有机物的替代品或更为合适的工质。此外，应用于 ORC 系统中的工质还应该具有低于热源温度的临界温度，以保证系统在亚临界状态运行；同时其工质蒸发压力不应过高，且冷凝压力不应过低，避免系统压力过高造成系统成本的提升和不凝气体进入系统造成的系统效率降低；大部分的碳氢工质具有可燃性，因此在使用碳氢工质时应该严格注意采取合理的防护措施和操作条件，这类工质在石油化工领域中使用的经验可以被进一步应用于 ORC 系统。

（2）膨胀机：大多数 ORC 的实验研究工作是对现有的成熟商品改造后进行使用，例如，将汽车空调压缩机中采用的涡旋压缩机改造为涡旋膨胀机；将制冷系统或空气压缩系统常用的螺杆式压缩机改造后作为膨胀机使用等。国内的 ORC 厂商也大多数是制冷或者压缩机的厂商，其积累了大量的螺杆式压缩机生产经验，因此在 ORC 系统中大多采用螺杆膨胀机。然而，对于较大规模的系统，采用速度型透平膨胀机是国际主流技术，在相应的透平膨胀机的研发方面，国内还有很大的研究空间。氨水动力循环中主要应用的是透平膨胀机，小型 Kalina 发电系统的膨胀机具有高压比、高转速（可达 80000r/min）的特点，设计难度较大，造价较高，可以尝试螺杆膨胀机的应用。此外，无论是对于有机工质还是对于氨水工质，膨胀机的润滑、密封等问题需要得到可靠的解决。

（3）换热设备：在换热设备方面，主要的研究方向在于气液两相流动的换热机理，并针对适用的有机工质，对蒸发冷凝等换热设备进行合理的设计，减少换热过程的不可逆损失，减小换热面积，提高系统的热力性能和经济性。板式换热器具有很高的比表面积，在 ORC 系统和氨水发电系统中得到了广泛应用。高承压的板式换热器对于氨水发电系统具有显著的应用潜力。

参 考 文 献

[1]　Maraver D, Royo J, Lemort V, et al. Systematic optimization of subcritical and transcritical organic Rankine cycles（ORCs）constrained by technical parameters in multiple applications[J]. Applied Energy, 2014, 117: 11-29.

[2]　Zhi L H, Hu P, Chen L X, et al. Multiple parametric analysis, optimization and efficiency

prediction of transcritical organic Rankine cycle using trans-1,3,3,3-tetrafluoropropene（R1234ze（E））for low grade waste heat recovery[J]. Energy Conversion and Management, 2019, 180: 44-59.

[3]　Zhang S J, Wang H X, Guo T. Performance comparison and parametric optimization of subcritical organic Rankine cycle （ORC）and transcritical power cycle system for low-temperature geothermal power generation[J]. Applied Energy, 2011, 88（8）: 2740-2754.

[4]　Chen H, Goswami D Y, Rahman M M, et al. A supercritical Rankine cycle using zeotropic mixture working fluids for the conversion of low-grade heat into power[J]. Energy, 2011, 36（1）: 549-555.

[5]　Imran M, Usman M, Park B S, et al. Comparative assessment of organic Rankine cycle integration for low temperature geothermal heat source applications[J]. Energy, 2016, 102: 473-490.

[6]　Zare V. A comparative exergoeconomic analysis of different ORC configurations for binary geothermal power plants[J]. Energy Conversion and Management, 2015, 105: 127-138.

[7]　Zeynali A, Akbari A, Khalilian M. Investigation of the performance of modified organic Rankine cycles （ORCs）and modified trilateral flash cycles （TFCs）assisted by a solar pond[J]. Solar Energy, 2019, 182: 361-381.

[8]　Yamada N, Mohamad M N A, Kien T T. Study on thermal efficiency of low-to medium-temperature organic Rankine cycles using HFO-1234yf[J]. Renewable Energy, 2012, 41: 368-375.

[9]　Bianchi G, McGinty R, Oliver D, et al. Development and analysis of a packaged trilateral flash cycle system for low grade heat to power conversion applications[J]. Thermal Science and Engineering Progress, 2017, 4: 113-121.

[10]　Fischer J. Comparison of trilateral cycles and organic Rankine cycles[J]. Energy, 2011, 36（10）: 6208-6219.

[11]　Mago P J, Chamra L M, Srinivasan K, et al. An examination of regenerative organic Rankine cycles using dry fluids[J]. Applied Thermal Engineering, 2008, 28 （8）: 998-1007.

[12]　席奂. 低温余热利用有机朗肯循环系统参数优化及实验研究[D]. 西安: 西安交通大学, 2017.

[13]　Xi H, Li M J, Xu C, et al. Parametric optimization of regenerative organic Rankine cycle （ORC）for low grade waste heat recovery using genetic algorithm[J]. Energy, 2013, 58: 473-482.

[14]　Ho T, Mao S S, Greif R. Comparison of the organic flash cycle （OFC）to other advanced vapor cycles for intermediate and high temperature waste heat reclamation and solar thermal energy[J]. Energy, 2012, 42（1）: 213-223.

[15]　Ho T, Mao S S, Greif R. Increased power production through enhancements to the organic flash cycle （OFC） [J]. Energy, 2012, 45（1）: 686-695.

[16] Lee H Y, Park S H, Kim K H. Comparative analysis of thermodynamic performance and optimization of organic flash cycle（OFC）and organic Rankine cycle（ORC）[J]. Applied Thermal Engineering, 2016, 100: 680-690.

[17] Mondal S, De S. Power by waste heat recovery from low temperature industrial flue gas by Organic flash cycle（OFC）and transcritical-CO_2 power cycle: A comparative study through combined thermodynamic and economic analysis[J]. Energy, 2017, 121: 832-840.

[18] 胡晓辰. 喷射式有机朗肯循环的热力学分析[D]. 天津: 天津大学, 2012.

[19] Kheiri R, Ghaebi H, Ebadollahi M, et al. Thermodynamic modeling and performance analysis of four new integrated organic Rankine cycles（a comparative study）[J]. Applied Thermal Engineering, 2017, 122: 103-117.

[20] Chen J, Huang Y, Niu Z, et al. Performance analysis of a novel organic Rankine cycle with a vapor-liquid ejector[J]. Energy Conversion and Management, 2018, 157: 382-395.

[21] 陈昕. 氨水吸收式制冷/动力系统的热力学性能提升方法[D]. 上海: 上海交通大学, 2020.

[22] Chen X, Wang R Z, Wang L W, et al. A modified ammonia-water power cycle using a distillation stage for more efficient power generation[J]. Energy, 2017, 138: 1-11.

[23] Padilla R V, Demirkaya G, Goswami D Y, et al. Analysis of power and cooling cogeneration using ammonia-water mixture[J]. Energy, 2010, 35: 4649-4657.

[24] 张营, 姜昱祥. 斯特林发动机的工作原理及应用前景[J]. 科技视界, 2013, 31: 103-131.

[25] 曾辉, 曾琪. 塞贝克效应及其应用[J]. 嘉应学院学报, 2004, 22（3）: 52-54.

[26] 刘宏, 王继扬. 半导体热电材料研究进展[J]. 功能材料, 2000, 31（2）: 116-118.

[27] Chen H, Goswami D Y, Stefanakos E K. A review of thermodynamic cycles and working fluids for the conversion of low-grade heat[J]. Renewable & Sustainable Energy Reviews, 2010, 14（9）: 3059-3067.

[28] Hung T C, Shai T Y, Wang S K. A review of organic Rankine cycles（ORCs）for the recovery of low-grade waste heat[J]. Energy, 1997, 22（7）: 661-667.

[29] Maizza V, Maizza A. Unconventional working fluids in organic Rankine-cycles for waste energy recovery systems[J]. Applied Thermal Engineering, 2001, 21（3）: 381-390.

[30] Dai Y, Wang J, Gao L. Parametric optimization and comparative study of organic Rankine cycle（ORC）for low grade waste heat recovery[J]. Energy Conversion Management, 2009, 50（3）: 576-582.

[31] Vaja I, Gambarotta A. Internal combustion engine（ICE）bottoming with organic Rankine cycles（ORCs）[J]. Energy, 2010, 35（2）: 1084-1093.

[32] Nguyen T Q, Slawnwhite J D, Boulama K G. Power generation from residual industrial heat[J]. Energy Conversion & Management, 2010, 51（11）: 2220-2229.

[33] Roy J P, Mishra M K, Misra A. Performance analysis of an organic Rankine cycle with

superheating under different heat source temperature conditions[J]. Applied Energy, 2011, 88 (9): 2995-3004.

[34] Wang E H, Zhang H G, Fan B Y, et al. Study of working fluid selection of organic Rankine cycle (ORC) for engine waste heat recovery[J]. Energy, 2011, 36 (5): 3406-3418.

[35] Saleh B, Koglbauer G, Wendland M, et al. Working fluids for low-temperature organic Rankine cycles[J]. Energy, 2007, 32 (7): 1210-1221.

[36] Drescher U, Brüggemann D. Fluid selection for the organic Rankine cycle (ORC) in biomass power and heat plants[J]. Applied Thermal Engineering, 2007, 27 (1): 223-228.

[37] Mikielewicz D, Mikielewicz J. A thermodynamic criterion for selection of working fluid for subcritical and supercritical domestic micro CHP[J]. Applied Thermal Engineering, 2010, 30 (16): 2357-2362.

[38] Tchanche B F, Papadakis G, Lambrinos G, et al. Fluid selection for a low-temperature solar organic Rankine cycle[J]. Applied Thermal Engineering, 2009, 29 (11-12): 2468-2476.

[39] Quoilin S, Orosz M, Hemond H, et al. Performance and design optimization of a low-cost solar organic Rankine cycle for remote power generation[J]. Solar Energy, 2011, 85 (5): 955-966.

[40] Aljundi I H. Effect of dry hydrocarbons and critical point temperature on the efficiencies of organic Rankine cycle[J]. Renewable Energy, 2011, 36 (4): 1196-1202.

[41] Desai N B, Bandyopadhyay S. Process integration of organic Rankine cycle[J]. Energy, 2009, 34 (10): 1674-1686.

[42] Heberle F, Preißinger M, Brüggemann D. Zeotropic mixtures as working fluids in organic Rankine cycles for low-enthalpy geothermal resources[J]. Renewable Energy, 2012, 37 (1): 364-370.

[43] Garg P, Kumar P, Srinivasan K, et al. Evaluation of isopentane, R-245fa and their mixtures as working fluids for organic Rankine cycles[J]. Applied Thermal Engineering, 2013, 51 (s1-2): 292-300.

[44] Yin H, Sabau A S, Conklin J C, et al. Mixtures of SF_6-CO_2 as working fluids for geothermal power plants[J]. Applied Energy, 2013, 106 (11): 243-253.

[45] Kolahi M, Yari M, Mahmoudi S M S, et al. Thermodynamic and economic performance improvement of ORCs through using zeotropic mixtures: Case of waste heat recovery in an offshore platform[J]. Case Studies in Thermal Engineering, 2016, 8: 51-70.

[46] Le V L, Kheiri A, Feidt M, et al. Thermodynamic and economic optimizations of a waste heat to power plant driven by a subcritical ORC (organic Rankine cycle) using pure or zeotropic working fluid[J]. Energy, 2014, 78: 622-638.

[47] Xi H, Li M J, He Y L, et al. Economical evaluation and optimization of organic Rankine cycle with mixture working fluids using R245fa as flame retardant[J]. Applied Thermal Engineering,

2017, 113: 1056-1070.

[48] 计光华. 透平膨胀机[M]. 北京: 机械工业出版社, 1982.

[49] 冯黎明, 高文志, 秦浩, 等. 用于发动机余热回收的往复活塞式膨胀机热力学分析[J]. 天津
大学学报, 2011, 44(8): 665-670.

[50] Bao J, Zhao L. A review of working fluid and expander selections for organic Rankine cycle[J].
Renewable and Sustainable Energy Reviews, 2013, 24: 325-342.

[51] Yang M H, Yeh R H. Economic performances optimization of an organic Rankine cycle system
with lower global warming potential working fluids in geothermal application[J]. Renewable
Energy, 2016, 85: 1201-1213.

[52] Wang X, Liu X, Zhang C. Parametric optimization and range analysis of organic Rankine cycle
for binary-cycle geothermal plant[J]. Energy Conversion and Management, 2014, 80: 256-265.

[53] Liao G L, E J Q, Zhang F, et al. Advanced exergy analysis for organic Rankine cycle-based layout
to recover waste heat of flue gas[J]. Applied Energy, 2020, 266: 114891.

[54] Meinel D, Wieland C, Spliethoff H. Effect and comparison of different working fluids on a
two-stage organic rankine cycle (ORC) concept[J]. Applied Thermal Engineering, 2014, 63 (1):
246-253.

[55] Delgado-Torres A M, García-Rodríguez L. Analysis and optimization of the low-temperature
solar organic Rankine cycle (ORC)[J]. Energy Conversion & Management, 2010, 51 (12):
2846-2856.

[56] Shu G, Yu G, Hua T, et al. Multi-approach evaluations of a cascade-organic Rankine cycle
(C-ORC) system driven by diesel engine waste heat: Part B—Techno-economicevaluation[J].
Energy Conversion & Management, 2016, 108: 596-608.

[57] Shu G, Yu G, Hua T, et al. Multi-approach evaluations of a cascade-organic Rankine cycle
(C-ORC) system driven by diesel engine waste heat: Part A—Thermodynamic evaluations[J].
Energy Conversion & Management, 2016, 108: 579-595.

[58] Gu W, Weng Y, Wang Y, et al. Theoretical and experimental investigation of an organic Rankine
cycle for a waste heat recovery system[J]. Proceedings of the Institution of Mechanical Engineers
Part A Journal of Power & Energy, 2009, 223 (5): 523-533.

[59] Gao P, Jiang L, Wang L W, et al. Simulation and experiments on an ORC system with different
scroll expanders based on energy and exergy analysis[J]. Applied Thermal Engineering, 2015, 75:
880-888.

[60] Zhou N, Wang X, Chen Z, et al. Experimental study on organic Rankine cycle for waste heat
recovery from low-temperature flue gas[J]. Energy, 2013, 55 (1): 216-225.

[61] Bala E J, O'Callaghan P W, Probert S D. Influence of organic working fluids on the performance
of a positive-displacement pump with sliding vanes[J]. Applied Energy, 1985, 20 (2): 153-159.

[62] Melotte N. Development and optimization of organic Rankine cycle control strategies[D]. Liège: University of Liège, 2012.

[63] Tang Y. Single stage and cascaded organic Rankine cycles with screw expanders used for hot fluids in oil refineries and chemical plants[C]. 16th International Refrigeration and Air Conditioning Conference at Purdue, Indiana, 2016.

[64] Ogriseck S. Integration of Kalina cycle in a combined heat and power plant, a case study[J]. Applied Thermal Engineering, 2019, 29(14-15): 2843-2848.

[65] 王维福. 卡琳娜动力循环发电技术在芳烃联合装置中的应用[D]. 广州: 华南理工大学, 2014.

第 3 章

低品位余热利用的制冷/热泵技术

3.1 概述

　　工业生产过程排放了大量余热，造成了严重的能源浪费。我国水泥、钢铁和玻璃三个行业存在 1.44EJ 的余热排放量，其中近 50% 的余热温度低于 150℃[1]；美国的玻璃、水泥、钢铁、铝、铸造和乙烯工业等行业中每年存在 1.56EJ 的余热排放，其中约 60% 的余热温度低于 230℃[2]；欧盟的钢铁、有色金属、化学品、食品、饮料、香烟和造纸等行业每年存在 1.08EJ 的余热排放，其中约 30% 的余热低于 200℃[3]。针对该温度范围的余热，通过热泵和制冷技术进行余热驱动的冷量输出或温度品位转换是现阶段效率最高的技术方式[4]。余热利用的制冷/热泵技术主要包括压缩式热泵技术和热驱动制冷/热泵技术：压缩式热泵技术无法采用热能直接驱动，需要消耗电能，因此主要用于低品位热能的提升；包括吸收式系统和吸附式系统在内的热驱动制冷/热泵技术可以由低品位热能直接驱动，并产生冷量或热能品位提升效果。本章将会以余热利用的制冷/热泵技术为主题，分别对提升余热品位的压缩式热泵技术、余热利用的吸收式制冷/热泵技术和余热利用的吸附式制冷/热泵技术展开详细讨论。

3.2 提升余热品位的压缩式热泵技术

3.2.1 压缩式热泵技术

3.2.1.1 压缩式热泵技术介绍

　　现代生产生活中存在大量的热量需求，区域供暖、生活热水供应需要热能，工业生产的浓缩、干燥和蒸汽供应等也需要热能。传统热能供应主要是通过化石燃料的燃烧或直接电加热实现，不但需要消耗大量能源，而且化石燃料的燃烧将产生烟尘等污染物并对生态环境产生负面影响。热泵技术可通过消耗少量的电能，从低温热源中提取热能,以热泵工质为载体,将热能温度提高并供给用户侧;相比于传统的加热方法,热泵可以节约大量的能量。就余热回收式热泵而言,其主要将生产生活中产生的废热作为低温热源,部分系统也会将空气、土壤、水源作为辅助低温热源,通过选取合适的热泵循环实现热能品质的大幅度提升。最常见的热泵系统为蒸气压缩式热泵系统[5]。

蒸气压缩式热泵系统主要包含蒸发器、压缩机、冷凝器和节流阀(膨胀阀)四个核心部件。以最常见的单级蒸气压缩式热泵系统为例,这四个部件依次连接形成封闭回路,热泵工质在部件内依次经历吸热蒸发、压缩升温、放热冷凝和降压膨胀等过程。首先热泵工质在蒸发器中被温度为$T_{热源}$的低温热源加热,吸收热量$Q_{吸}$并在恒定温度$T_{蒸发}$($T_{热源}>T_{蒸发}$)下蒸发相变产生低温蒸气;之后低温低压蒸气被吸入压缩机中,通过消耗外部功输入W被压缩机增压,并成为高温高压蒸气;高温蒸气从压缩机出口排出后进入冷凝器中,将蒸发、压缩中吸收的能量传递到高温侧,在冷凝器中以$T_{冷凝}$的温度进行冷凝热$Q_{放}$释放,并得到温度为$T_{供热}$($T_{冷凝}>T_{供热}$)的热输出供用户使用;最后冷凝液通过膨胀阀回流入蒸发器中,完成整个循环。压缩式热泵系统与压缩式制冷系统的基本循环相同,但是因为所应用的能量不同,所以针对供热的性能系数(COP)的定义与制冷系统有所差异:

$$COP_{制热}=Q_{放}/W \tag{3-1}$$

系统的温升ΔT一般是指冷凝温度和蒸发温度之差:

$$\Delta T = T_{冷凝} - T_{蒸发} \tag{3-2}$$

蒸气压缩式热泵的(低温)热源温度和(高温)供热温度没有明显限制,低至-20℃的空气源,高至100℃的工业余热,都可以通过热泵技术进行温度提升,用于满足不同的用热需求。热泵可以以热源温度、热输出温度进行分类,根据热泵所需热源温度和热输出温度的不同[6-10],热泵可分为低温热泵(LTHP)、中温热泵(MTHP)、高温热泵(HTHP)和超高温热泵(VHTHP)。图 3.1 显示了热泵根据温度层级进行划分的情况。热泵系统可应用于民用领域和工业领域,就工业热泵而言,其主要用于工业过程的余热回收,温度水平较高,往往属于高温热泵[5]。

在实际应用中,由于存在热源温度较低和用热温度高等问题,常常要对热泵系统循环进行一些改进,由此形成了喷射压缩式、双级压缩等热泵循环。根据实际的热源情况,还可以对系统进行进一步的耦合优化,如结合吸收式机组或采用多水回路/复叠式系统构建复合循环。

3.2.1.2 工业余热与压缩式热泵的匹配特性

工业余热种类丰富,也具有不同的温度。一般 300℃以上的高温余热(300~600℃)

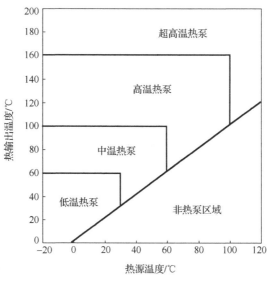

图 3.1　压缩式热泵的分类

可直接用于驱动蒸汽轮机或者燃气轮机进行发电；而 150℃以下的低温余热一般难以高效地转换为电能。考虑到低温余热的来源更为广泛，因而其回收意义同样重大，且更适合采用压缩式热泵技术进行余热回收。

　　图 3.2 展示了不同热源温度和供热温度下，基于逆卡诺循环计算的压缩式热泵系统的制热 COP。在恒定的温升下(如 40℃和 70℃)，热源温度越高，系统的制热COP 越高。由于工业余热的温度通常处于 30～70℃，明显高于室外空气、土壤或地下水的温度，因而余热回收式高温热泵相比空气源热泵、地源热泵和废水源热泵在

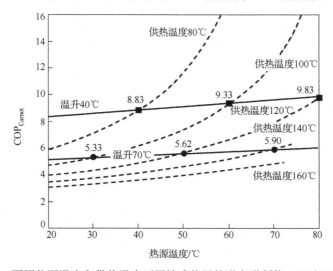

图 3.2　不同热源温度和供热温度下压缩式热泵的逆卡诺制热 COP(COP$_{\text{Carnot}}$)

应用上具有明显的优势，使用压缩式热泵技术对工业和生活中产生的大量废热进行热回收，可以极大地提高热能品位，同时有效减少 CO_2 排放，具有很重要的研究和应用意义。

在民用的区域性采暖和热水制备需求以外，工业生产中也有大量的用热需求，如产品的加工至成型过程中往往都需要较多的热量。相比于生活中的供热温度需求，工业用热的供热温度往往较高，在 80℃ 以上，涉及精馏等特殊工艺时往往需要更高的供热温度，因此评估各个工业过程中的热量需求和供热温度需求意义重大，可以直接指导压缩式高温热泵的系统设计。

3.2.1.3　存在的问题

尽管具有广阔的应用前景，工业用压缩式高温热泵的推广仍然存在着一些阻碍[7,11]，主要包括如下几方面。

(1)压缩式热泵产品的初始投资成本往往较高，导致其成本回收期较长，往往超过 3 年，超过了燃气或燃油锅炉的回收期(回收期<3 年)。

(2)相比于制冷与空调系统，压缩式高温热泵目前缺乏公认的环保、安全制冷剂。

(3)较高的运行温度对系统中各部件材料的性能要求进一步提高。

(4)热泵机组往往具有较大的容量和较高的压缩机排气温度，对压缩机等部件的设计也提出了更高的要求。

3.2.2　压缩式热泵工质

3.2.2.1　热泵工质性能要求

热泵循环工质是压缩式热泵的"血液"，蒸气压缩循环关键工况点的设计与热泵工质的选择直接相关，而压缩机的选型与设计也需要首先确定热泵工质。热泵工质往往从制冷剂中选取，而制冷剂到目前为止已经经历了 100 多年的发展，由于不同时期的需求不同，制冷剂的选型要求也一直在发生变化。

在热泵系统中，对制冷剂的选型要求大多也符合对热泵工质的要求，但是高温热泵工质的压力、温度往往更高，对热泵工质的热物理性质要求更高。此外，余热回收的热泵系统与制冷系统相比也往往具有更高的容量，因而对工质的环保特性和经济性要求相应也会更高。表 3.1 总结了压缩式高温热泵工质的选择标准，分为热适应性、环境兼容性、安全性、效率、可用性和其他因素。

表 3.2 比较了一系列压缩式高温热泵工质的特性，主要包含化学组分、临界压力(p_c)和临界温度(T_c)、ODP、GWP、常压沸点(NBP)、安全组别分类(SG)、分子质量(M)，以及相对于 R744 的价格。

表 3.1　压缩式高温热泵工质的选择标准

类别	所需特性
热适应性	高临界温度(>150℃)允许亚临界状态的热泵循环 低临界压力(<30bar)(1bar=100kPa) 停运时的压力>1atm(1atm=1.01325×10⁵Pa) 低压力比
环境兼容性	ODP=0(无臭氧消耗) GWP<150 国际法规确定的未来发展趋势
安全性	无毒性 无可燃性或低可燃性
效率	高温升下的高效率 防止湿压缩的最小过热度 高体积制热能力
可用性	可商用 低价
其他因素	适当的润滑油溶解度 制冷剂-润滑油混合物的热稳定性 高温下的润滑性能 与铝、钢和铜的材料兼容性

表 3.2　压缩式高温热泵工质的特性比较

工质	临界温度 T_c/℃	临界压力 p_c/bar	ODP	GWP	SG	NBP/℃	M/(g/mol)	相对价格(R744 基准)
氟氯烃类(CFCs)								
R113	214.0	33.9	0.85	5820	A1	47.6	187.4	《蒙特利尔议定书》中被禁止使用
R114	145.7	32.6	0.58	8590	A1	3.8	170.9	
氢氯氟烃类(HCFCs)								
R123	183.7	36.6	0.03	79	B1	27.8	152.9	《蒙特利尔议定书》中被禁止使用
R21	178.5	51.7	0.04	148	B1	8.9	102.9	
R142b	137.1	40.6	0.065	782	A2	−10.0	100.5	
R124	126.7	37.2	0.03	527	A1	−12.0	136.5	
氢氟烃类(HFCs)								
R365mfc	186.9	32.7	0	804	A2	40.2	148.1	暂无报价
SES36	177.6	28.5	0	3126	A2	35.6	184.1	暂无报价
R245ca	174.4	39.3	0	716	—	25.1	134.0	暂无报价
R245fa	154.0	36.5	0	858	B1	14.9	134.0	6.6
R236fa	124.9	32.0	0	8060	A1	−1.4	152.0	10.2
R152a	113.3	45.2	0	138	A2	−24.0	66.1	暂无报价
R227ea	101.8	29.3	0	3350	A1	−15.6	170.0	6.9
R134a	101.1	40.6	0	1300	A1	−26.1	102.0	1.2
R410A	72.6	49.0	0	2088	A1	−51.5	72.6	2.9

续表

工质	临界温度 $T_c/℃$	临界压力 p_c/bar	ODP	GWP	SG	NBP/℃	$M/(\text{g/mol})$	相对价格 (R744 基准)
氢氟烯烃类（HFOs）								
R1234ze(Z)	150.1	35.3	0	1	A2	9.8	114.0	暂无报价
R1234ze(E)	109.4	36.4	0	7	A2L	−19.0	114.0	5.6
R1234yf	94.7	33.8	0	4	A2L	−29.5	114.0	11.8
R1336mzz(Z)	171.3	29.0	0	2	A1	33.4	164.1	暂无报价
R1336mzz(E)	137.7	31.5	0	18	A1	7.5	164.1	暂无报价
氢氯氟烯烃类（HCFOs）								
R1233zd(E)	166.5	36.2	0.0003	1	A1	18.0	130.5	6.3
R1224yd(Z)	155.5	33.3	0.00012	<1	A1	14.0	148.5	暂无报价
碳氢化合物类（HCs）								
R290	96.7	42.5	0	3	A3	−42.1	44.1	1.1
R1270	91.1	45.6	0	2	A3	−47.6	42.1	1.0
R600	152.0	38.0	0	20	A3	−0.5	58.1	1.8
R600a	134.7	36.3	0	3	A3	−11.8	58.1	1.0
R601	196.6	33.7	0	20	A3	36.1	72.2	4.9
自然工质								
R717	132.3	113.3	0	0	B2L	−33.3	17.0	27
R718	373.9	220.6	0	0	A1	100.0	18.0	5.6
R744	31.1	73.8	0	1	A1	−78.5	44.0	1.0

对于以下几种性质的工质，由于其性质应用于压缩式高温热泵系统中可能存在某些短板，因而用灰色进行标记，如表 3.2 所示。

（1）GWP 高于 150：GWP 是物质产生温室效应的指数，即在 100 年的时间框架内，各种温室气体的温室效应与相同效应的 CO_2 的质量比值（CO_2 的 GWP 为 1）。GWP 值较高的工质，对红外线的吸收能力很强，且在大气中的寿命也很长，这类工质逐渐将被限制使用。

（2）ODP 非零：ODP 用于考察气体物质散逸到大气中对臭氧破坏的潜在影响程度。具有 ODP 非零的工质对臭氧层有破坏作用，已经被限制使用（R1233zd(E) 和 R1224yd(Z) 除外）。

（3）临界温度低于 150℃：这部分工质的临界温度比较低，在高温工况下，系统的表现可能欠佳，或需要进行跨临界、超临界循环。跨临界热泵循环的温度上限由制冷剂的临界温度决定。冷凝温度越接近临界点，冷凝焓变和制热 COP 越小[12,13]。热泵系统中跨临界或超临界热泵循环也有着广泛的应用，如 R744 的跨临界循环。在这些过程中，传递给热沉的热量是显热，并且需要很大的温度滑移，适用于水的加热。热泵系统的压力水平决定了设备的材料效果。尽管压缩机可承受高达 50bar 的压力，但实际系统设计时压力最好还是保持在 25bar(1bar=0.1MPa)以下。此外，系统最低压力最好不低于 1atm，以防止空气泄入[14]。压缩比应尽可能小，以降低压缩功。

(4)安全组别(SG)位于 A3：采用这类工质需要考虑到安全性，应用场景受到一定限制。出于安全考虑，应避免或尽可能降低可燃性与毒性。国际安全标准(如 EN 378)规定了填充易燃工质的热泵系统的使用场合。允许的排放限制取决于地理位置类型、人群种类与房间容量等几个方面。根据(EC)No 1272/2008，如果流体表现出至少以下一种危害，则该流体被称为有毒物质：刺激皮肤或眼睛、急性毒性、致癌性、生殖细胞突变性或吸入危害。较低可燃性和不可燃(A1 或 A2)的制冷剂降低了安全装置的复杂性，并因此降低了成本。

工质与润滑油混合后的热稳定性也是系统设计中需要重点考虑的因素：工质与润滑油混合物的性质将进一步限制压缩机的排气温度，对制冷润滑油适当选型可以有效确保系统的密封性、润滑性和温度稳定性。以目前的技术水平而言，压缩端(如活塞头部)温度最好不应超过 150℃，因为过高的压缩机排气温度不仅会对压缩机的冷却和热量管理能力提出更高的要求，而且也大大限制了设备结构中润滑剂和聚合物材料的选择范围。因为在过高的排气温度下，润滑油在润滑性和油密性上都可能有一定程度的损失，与此同时，过高的温度有可能引起润滑油和系统其他部件材料的化学分解或焦化[15]。

此外，热泵工质需要与金属材料或其他化学材料具有良好的相容性，避免在运行过程中降解。

3.2.2.2　常见热泵工质介绍

1)R134a、R123 和 R245fa

在当前的技术体系中，R134a、R123 和 R245fa 具有相对优异的热力学性能，已经在热泵系统中广泛应用[16]。

R134a 的临界温度为 101.1℃，对蒸气压缩式热泵而言，当冷凝温度低于 70℃时 R134a 往往是比较合适的选择，但 R134a 具有一定的毒性。R123 的临界温度为 183.7℃，当冷凝温度大于 100℃时 R123 是目前比较合适且已经被广泛应用的工质。综上，R123 和 R134a 基本覆盖了合适的热泵温度工区，然而它们的 GWP 都相对较高，出于环境保护的考虑，已经被各国逐渐限制使用。

R245fa 的临界温度更高，在冷凝温度低于 130℃时，往往选用 R245fa 工质。R245fa 具有较高的热稳定性和水解稳定性。但 R245fa 的 GWP 值也很高，目前被认为是中间过渡的热泵工质，也将面临后续的替代和淘汰。

由此可见，新一代制冷剂应该具有更好的环保特性，因此零 ODP 和极低的 GWP

是重要的筛选标准,目前符合这一标准的制冷剂可以分为自然工质和人造工质两类。自然工质以水、CO_2、氨和碳氢化合物(R290、R600、R600a 等)为代表,人造工质以 HFOs 和 HCFOs 为主,此外混合制冷剂在保证较好的环境特性的同时,可以大致维持原有系统的性能,也受到了很多学者的研究关注。

2)水

水(R718)在高温热泵中的优势明显,作为天然工质,它具有如下特点。

(1)水的热泵稳定性和化学稳定性都比较好,无毒,不可燃。

(2)水具有很高的比热容,热导率也比较大。

(3)水的相变潜热值高,单位质量制热量高。

在高温工况下,水工质表现优异。然而水蒸气压缩机和机组润滑系统都需要相应定制,且热源温度不能过低,停机时不能让机组任何部位的温度低于 0℃,且有杂质时可能对金属材料造成腐蚀。

就系统效率而言,水在高温热泵的相应工况下的理论表现极佳。然而受到较小的容积制热量影响,其系统初始运营成本较高,目前相关产品很少。上海交通大学开发了第一台采用水工质的高温工业热泵[17],该机组可以在热源温度为 80~90℃时制取 120~130℃的高温热水,并保持 COP 在 4 以上,可以用于热电厂、冶金工业和食品加工等行业的余热回收。

3)二氧化碳

二氧化碳(R744)的临界温度只有 31.1℃,在热泵循环中的冷凝温度总是超过其临界温度,因而二氧化碳的冷凝过程将发生在超临界区,其放热过程不再是普通的相变过程,而是单相的变温放热过程,工作压力也超过其临界压力(73.8bar)。采用二氧化碳的热泵系统主要有以下优点:①热导率和比定压热容高,有利于提高换热系数;②动力黏度小,管内压降小;③气体密度高,容积制热量高,相应管道压缩机等尺寸较小,机组重量相对较小,同时结构也可以更为紧凑,体积可以进一步减小;④表面张力较小,蒸发器中沸腾区的换热强度高,换热性能较好;⑤压缩机的压比较低,系统更接近等熵压缩,系统的效率相对较高。

二氧化碳作为自然工质,也具有来源广泛和价格低廉等优势,目前充注二氧化碳的大型制冷系统已经在欧洲和日本得到广泛应用。在热泵系统中,二氧化碳需要进行跨临界循环,放热端存在温度滑移,在热泵热水器中的优势较为明显且已经得到广泛应用;而其他应用场景下,尤其是在超高温供热条件下,二氧化碳热泵相关研究较少。欧盟认为自然工质二氧化碳是未来替代 R134a 的主要制冷工质,但二氧化碳临界温度为 31.1℃,因此在应用过程中如何高效运行,在接近或超过临界温度时仍能高效运行是研究的关键。目前针对二氧化碳制冷热泵系统的压缩机,如亚临界涡旋压缩机、跨临界活塞式压缩机和半封闭螺杆式压缩机都已问世,高性能膨胀机、降膜式冷凝器和气体冷却器的研发也使得二氧化碳系统性能得到提升。二氧化碳系统可采用并行压缩技术、喷射技术和过冷技术等进一步提高系统性能。

4) 氨

氨(R717)作为天然存在的自然工质，已经有 100 多年的使用历史，除了自然工质通常具有的环保、来源广泛、易获得等优势，氨在系统应用中还具有如下优点：①循环效率高；②相变换热系数高；③泄漏时易发现；④与油不互溶，在油中的溶解度极小，与润滑油易于分离。

氨具有一定毒性和可燃性，与空气混合时可能发生燃烧和爆炸，同时氨热泵系统压缩机的排气温度比较高，在系统设计中需要格外注意。此外，当氨中存在杂质时会对金属造成一定的腐蚀，如氨水对铜、锡、锌等金属就具有较大的腐蚀性；氨对绝缘材料也有破坏作用，因而在封闭式压缩机中使用氨具有一定的难度。就应用而言，氨往往用于非密集型区域的集中供热，机组容量也相对较大。小型的氨热泵系统机组初始成本较高，同时受到安全性影响，目前应用得相对较少。氨系统主要用于蒸发温度在−65℃以上的大中型单级和双级制冷机中。氨的临界温度高达 132.3℃，也可作为高温热泵的工质，由于氨的压力也会随着温度的上升而上升，需对压缩机重新设计，针对氨系统也已开发出专用的电子膨胀阀、板式换热器、微通道换热器和高压螺杆式压缩机等。

5) 碳氢化合物类

碳氢化合物类(HCs)的制冷剂主要以丙烷(R290)、丙烯(R1270)和异丁烷(R600a)为代表。碳氢化合物的环保性能和热力学性能往往较为优异，然而其具有可燃性，对系统的安全性提出了很高的要求，同时其充注量也受到了一定限制，机组容量相对较小。目前应用丙烷的干衣机和除湿机等小家电已经有一定的市场，采用异丁烷的冰箱也逐渐形成规模。但考虑到碳氢化合物的可燃性，尽管实验性能优异，碳氢化合物在高温热泵系统中的应用仍然进展缓慢。碳氢化合物类制冷剂的研究重点集中在新型压缩机的开发和系统优化上，相比 R22 压缩机，丙烷压缩机内部制冷剂和润滑油的含量更少，小型化的设计配合高性能换热器使结构更紧凑，充注量更低。但碳氢化合物类制冷剂具有可燃性，要特别注意安全性设计。

6) 氢氟烯烃类

对于氢氟烯烃类(HFOs)的制冷剂，其往往具有零 ODP 值和极低的 GWP (GWP<1)，性能也相对安全可靠。下面将介绍两种目前比较受关注的氢氟烯烃类制冷剂，分别是 R1234ze 和 R1234yf。它们的物性参数相对接近 R134a，因而有许多替代性研究。R1234yf 作为 R134a 在汽车空调中的替代品时，系统不需要做过多改造，如今已将 R1234yf 扩展到其他领域，如家用冰箱、小型制冷、热泵系统和冷水机组。R1234yf 的汽化潜热和蒸发温度较低，相比于 R134a，其系统性能较差，在

冰箱、热泵系统中应用时并不理想。此外，氢氟烯烃类制冷剂生产的关键工艺均由国外公司专利保护，价格相对昂贵，经济性差，因此并不适合于商业和工业领域。R1234ze(E)价格比 R1234yf 便宜，可用于贩卖机和干衣机等小型机组，同时由于具有较高的临界温度，可用于冷水机组中和亚临界中高温热泵及热水器中。相比于R134a，R1234ze(E)和 R1234ze(Z)在热泵系统中的表现相对较好，可用于余热回收及商业和工业领域的供暖。

　　7)氢氯氟烯烃类

对于氢氯氟烯烃类(HCFOs)制冷剂，尽管从分子组成来看，其将引起对臭氧层的破坏，然而其大气寿命较短导致 ODP 值很低，例如，R1233zd(E)的 ODP 值仅有0.0003，大气寿命仅有 26 天。由于 R1233zd(E)的物性与 R245fa 接近，且无毒不可燃，目前作为 R245fa 的替代工质，R1233zd(E)已经在双级变频离心式冷水机组、低温热回收系统、高温热泵系统和热泵热水器中有应用。

　　8)混合工质

混合工质是两种或两种以上互溶的工质按照一定比例混合而成的，根据工质的相溶性等可分为非共沸混合工质和共沸混合工质。混合工质可以提高工质的热力学性能，不仅可以在较低的蒸发温度下运行，还能降低压缩机的排气温度，对系统能效的提高和安全稳定运行都有促进作用。

美国空调供热与制冷协会对以 R1234yf 和 R1234ze(E)作为主要组元的混合工质进行了评估。他们发现，作为 R410A 的替代物，R446A 和 R447A 的容积制冷量和效率均与 R410A 接近，同时它们的临界温度比 R410A 高，在高温工况下的性能更佳，在热泵应用中更具优势。

R450A 是由霍尼韦尔公司开发的混合工质，相比于 R134a，它具有更低的 GWP和更高的安全性，然而就制冷性能而言，其表现略逊于 R134a。但当 R450A 在冷水机组中作为 R134a 的替代品和在二氧化碳复叠系统中作为中温工质时，其均表现出非常好的性能。R513A 是 R134a 和 R1234yf 的二元混合物，低毒不可燃，制冷能力略低于 R134a，可直接应用于 R134a 离心式冷水机组中。R516A 也属于共沸工质，可兼容 R134a 系统，适用于水冷式和风冷式冷水机组及中温冷冻机组。

在国内，对现有循环工质的替代性研究主要也是围绕着混合工质展开的，清华大学相继开发了以 R124/R142b/R600a 为组分的混合工质 HTR01、HTR02、HTR03和 HTR04[18,19]，可覆盖 60～90℃的温度要求范围。上海交通大学利用混合工质R22/R141b 将冷凝水从 70℃加热到 80℃[20]。天津大学也进行了一系列高温工质研究[21,22]，包括以 R21/R152a/R22 和 R123/R290/R600a 为组分的混合工质，最高制热温度达到 88℃；开发的新型混合制冷剂 BY-3 被用于复叠式热泵的高温级，可以实现 140℃以上的出水。

由于非共沸混合工质存在相变温度滑移的问题，在冷凝过程中混合工质中的组分会随冷凝过程而发生变化,对换热有一定的影响;同时混合工质发生泄漏以后,其组分比例很容易随之改变,从而导致系统性能恶化。考虑到以上因素,目前对于混合工质的研究主要集中在理论层面,在大型压缩式高温热泵上应用混合工质的案例还很少。此外混合工质往往仍保留着各组分工质的一些不利特性,如具有一定的 GWP 等,这类具有较高 GWP 的混合冷媒也终将被替代。值得注意的是,自然工质与环保型人造工质的混合工质,往往可以避免两方的不足,虽然研究相对较少,但将具有一定的应用前景。

3.2.3 压缩式热泵系统

3.2.3.1 单级压缩热泵系统

单级压缩是最常见的蒸气压缩式热泵的系统循环形式。如图 3.3 所示,单级压缩热泵系统由压缩机、冷凝器、膨胀阀和蒸发器组成,这些部件之间通过管道连接形成一个闭合回路,热泵工质在管道和部件间循环流动。

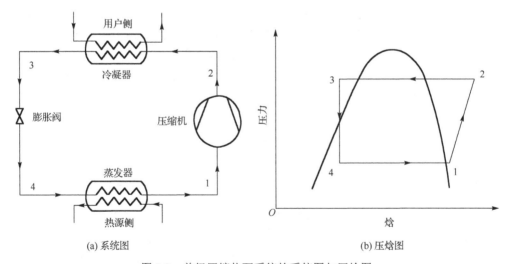

(a) 系统图   (b) 压焓图

图 3.3 单级压缩热泵系统的系统图与压焓图

单级压缩热泵系统具体的工作过程是:4—1 过程在蒸发器中,热泵工质吸收低温热源的热量,蒸发形成低温低压的工质蒸气;1—2 过程表示工质蒸气被吸入压缩机中,在压缩机的压缩过程下增压升温,形成的高温高压蒸气进一步流入冷凝器中;2—3 过程在冷凝器中,高温高压热泵工质蒸气通过冷凝将蒸发过程和压缩过程提取的能量传递给用户;3—4 过程表示冷凝后的热泵工质经过膨胀阀降压,变成低温低压的液态工质并进入蒸发器内。单级压缩热泵系统重复以上循环,不断提取热源热量,满足高温侧的需求。

对于单级压缩热泵系统，在余热热源温度较低的情况下，如果想要维持较高的冷凝温度，就要提高压缩机的功率，增大压比，提高压缩机的排气温度。这种方法不仅要消耗大量的电能，造成系统能效比大幅度下降，也对压缩机的性能提出了更高的要求，不利于系统的长时间稳定运行。多级压缩系统被认为是有效的解决措施。

3.2.3.2　多级压缩热泵系统

多级压缩热泵系统中来自蒸发器的热泵工质需要经过低压与高压等多级压缩机的压缩之后再进入冷凝器。常见的多级压缩热泵系统有双级压缩热泵系统、准双级压缩热泵系统和三级压缩热泵系统等，它可以有效提高热泵系统装置的制热能力，同时如果采用中间冷却器或闪蒸装置，还可以提高系统的能源利用效率。

1)准双级压缩热泵系统

准双级压缩热泵系统采用的方法又称为补气增焓或喷气增焓，该系统使用的压缩机多了一个吸气口，可以用于补入低温的工质蒸气。低温的工质蒸气与处于压缩过程中的中温蒸气混合，可以增大系统流量，同时降低压缩机最终的排气温度和过热度，提高冷凝器的换热效率。而用于补气的工质预先通过中间换热器或闪蒸罐升温，并使得流入蒸发器的工质的过冷度增加，使其可以在蒸发器中吸收更多的热量，从而增加了系统的制热量(即蒸发过程中工质的焓值变化)。补气增焓技术有效地降低了压缩机的排气温度，使得压缩过程更接近等温压缩，有利于系统能效比的提高。图 3.4 为某典型的准双级压缩热泵系统。

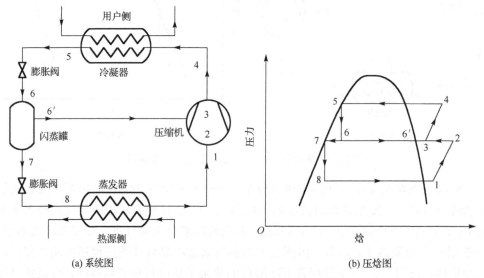

(a) 系统图　　　　　　　　　　　　　　(b) 压焓图

图 3.4　准双级压缩热泵系统的系统图与压焓图

准双级压缩热泵系统具体的工作过程是：8—1 过程在蒸发器中，热泵工质吸收低温热源的热量，蒸发形成低温低压的工质蒸气；1—2 过程和 3—4 过程表示工质蒸气被吸入压缩机中，在压缩机的压缩过程下升温增压，形成的高温高压蒸气进一步流入冷凝器中，与单级压缩热泵系统不同的是，工质在压缩过程混入了来自闪蒸罐的中温中压蒸气；4—5 过程在冷凝器中，高温高压热泵工质蒸气通过冷凝将蒸发过程和压缩过程提取的能量传递给用户；5—6 过程表示冷凝后的热泵工质经过第一级膨胀阀降压，变成湿蒸气；6—6′和 6—7 过程了显示了湿蒸气工质的闪蒸分离过程，6—6′过程中，一部分工质流体变为饱和蒸气补入第二级压缩前，6—7 过程中，另一部分工质流体变为饱和工质液体；7—8 过程表示冷凝后的热泵工质还需经过膨胀阀降压，变成低温低压的液态工质。低温低压的液态工质进入蒸发器内，再重复以上循环，不断提取热源热量，满足高温侧的需求。

相比于单级压缩热泵系统和后面提到的多级压缩热泵系统，补气增焓有以下优点。

(1)补气增焓有效降低了压缩机的排气温度，使得压缩机和系统管路的运行更为安全。

(2)补入的工质在一定程度上增加了系统的工质流量，这也就增加了系统的制热量。

(3)补气量调节相对于压缩机控制更为灵活，系统调节更为方便。

(4)补气增焓装置设置的中间换热装置使流入蒸发器的工质焓值降低,系统因而可以从低温热源中提取更多的热量。

此外，将中间换热器引入准双级压缩热泵系统后，系统的制热量将随着补气压力的增加而逐渐增大，但系统的 COP 先增大后减小，因此存在一个最优补气压力[23]。

2) 双级压缩热泵系统

双级压缩热泵系统主要应用于温度提升较大的场景，采用两级压缩机对热泵工质进行两次压缩，使其充分升温增压。然而，热泵工质的压缩过程可以被近似认为是等熵绝热压缩，为了在压缩过程中达到相应的压比，往往会造成排气温度过高。为了降低排气温度，双级压缩热泵系统往往采用向第二级压缩机补气的方法来降低单级压缩机的排气温度。这样还可以增大系统流量，同时利用回热器或闪蒸罐等中间换热系统，可以使流入蒸发器的工质焓值降低，使得系统可以从热源提取更多的热量，提高系统循环效率。图 3.5 所示为采用了闪蒸罐进行工质分离并向第二级压缩机补气的双级压缩热泵系统。

其具体工作流程如下：9—1 过程中，工质流体进入蒸发器在低温热源的加热下变为低温低压的蒸气，用于第一级压缩机的压缩；1—2 过程表示主流工质蒸气经过第一级压缩机预先压缩成为中温中压的工质蒸气；2—3 过程表示主流工质蒸气与补入的低温工质蒸气混合，与之相对地，7′—3 过程显示了低温工质饱和蒸气补入主流蒸气中被加热增焓的过程；3—4 过程表示混合工质进入第二级压缩机进一步压缩为高温高压的热泵工质蒸气；4—5—6 过程中，高温高压的混合工质经过冷凝器和过冷器，冷凝为 6 点状态的过冷液态；6—7 过程表示过冷液态工质进一步经过膨胀阀

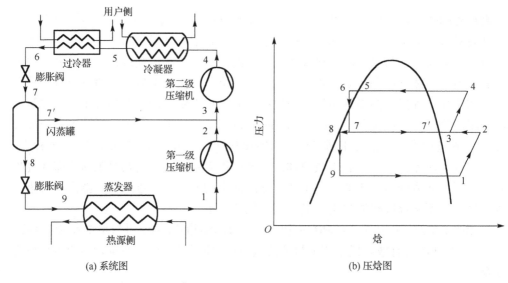

(a) 系统图　　　　　　　　　　　　　　(b) 压焓图

图 3.5　闪蒸罐补气双级压缩热泵系统的系统图与压焓图

变为湿蒸气；7—7′和 7—8 过程显示了湿蒸气工质的闪蒸分离过程，7—7′过程中，一部分工质流体变为饱和蒸气补入第二级压缩机前，7—8 过程中，另一部分工质流体变为饱和工质液体；8—9 过程中饱和工质液体经过膨胀阀变为湿蒸气流入蒸发器中。如此构成闪蒸分离的双级循环。

相比于单级压缩热泵系统，双级压缩热泵系统有如下优点。

(1) 双级压缩热泵系统使用两台压缩机，并且往往配备了中间级补气回路，系统运行更加稳定，调节能力更强。

(2) 双级压缩热泵系统采用两级压缩，减轻了压缩机的负担，有利于压缩机和整个机组的长时间运行。

(3) 双级压缩热泵系统往往有着更高的温升和压缩效率，如果系统优化合理，也有可能获得更高的 COP。

对于双级压缩热泵系统，主要通过系统中间压力等参数和级间结构的优化设计提高其系统能效。

对于采用闪蒸罐或中间换热器的双级压缩热泵系统，需要进一步确定两级压缩机之间的最优中间压力 p_m。中间压力直接影响着热泵系统的效能，有学者进一步研究了影响双级压缩热泵系统最优中间压力 p_m 的相关系统因素[24]。他们发现，除了冷凝和蒸发的压力温度的相关参数外，级间冷却系数 ε 对于最优中间压力的确定也有着重要影响。级间冷却系数越高，进入蒸发器的工质的过冷度越高。由此，他们给出了包含冷凝蒸发温度和级间冷却系数等参数的最优中间压力的表达式。

对于中间换热装置，通常情况下，使用闪蒸分离时，补气系统结构简单，系统运行时稳定性较好，同时能效比往往更优。然而闪蒸分离并不适用于混合工质，因为存在的温度滑移将导致气体比例的改变。同时，相比于采用中间换热器的补气形式可以调节换热面积，闪蒸分离仅可以调节补气压力，补气压力变化范围较小。

3）多级压缩热泵系统

某些需要较高温度的应用场合，往往需要采用多级压缩热泵系统来进一步增大温升。如图 3.6 所示，多级压缩热泵系统与双级压缩热泵系统的运行流程相似，但增加了一级压缩机后，其压缩过程和膨胀过程的压差进一步减小，更贴近等温压缩，系统的不可逆损失进一步减少。

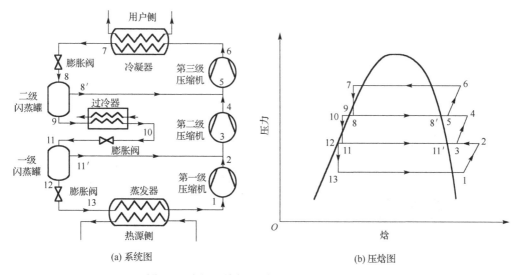

图 3.6　多级压缩热泵系统的系统图与压焓图

其具体工作流程如下：13—1 过程中，工质流体进入蒸发器在低温热源的加热下变为低温低压的蒸气，用于第一级压缩机的压缩；1—2 过程、3—4 过程、5—6 过程表示主流工质蒸气经过第一级、第二级、第三级压缩机压缩成高温高压的工质蒸气；2—3 过程和 4—5 过程表示主流工质蒸气与经过一级闪蒸和二级闪蒸的饱和蒸气进行混合，进一步降低温度；6—7 过程表示高温高压的混合工质经过冷凝器，冷凝放热传递给用户侧；7—8 过程表示工质液体经过第二级膨胀阀变为湿蒸气；8—8′和 8—9 过程湿蒸气进入二级闪蒸罐闪蒸分离成饱和蒸气和饱和液体；9—10 过程表示饱和液体进入过冷器进一步过冷；10—11 过程表示工质液体经过第一级膨胀阀变为湿蒸气；11—11′和 11—12 过程湿蒸气进入一级闪蒸罐闪蒸分离成饱和蒸气和饱和液体；12—13 过程湿蒸气流经膨胀阀后流入蒸发器。如此构成闪蒸分离的多级循环。Kondou 和 Koyama[25]对采用包括 R1234ze(Z)、R1234ze(E) 在内的新型环保工质的多级压缩系统进行了探索性的探究。通过计算分析，他们发现采用多级压缩热泵系统不仅可以降低冷凝器和膨胀阀中的不可逆损失，也可以进一步提高热泵系统的温度提升能力，最高可以供应160℃的热量，拓展了热泵的应用范围。

3.2.3.3　复叠式热泵系统

在需要较大温度提升的场景中，单一工质的适用温度范围往往不能覆盖整个实验工况条件，此时可以采用双级工质，利用复叠式热泵系统实现较大的温度提升。如图 3.7 所示，复叠式热泵系统包括低温级循环与高温级循环，低温级循环的冷凝器同时充当高温级循环的蒸发器，在系统中称为复叠换热器。

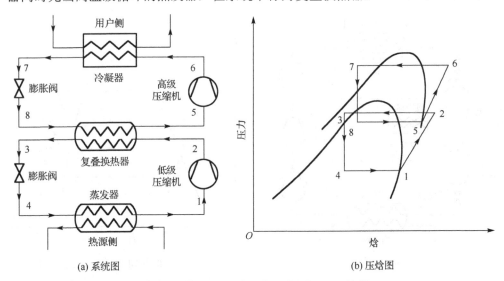

(a) 系统图　　　　　　　　　　　　　　　(b) 压焓图

图 3.7　复叠式热泵系统的系统图与压焓图

复叠式热泵的具体工作流程，可分为低温级循环和高温级循环。

(1) 低温级循环：4—1 过程表示低温级工质在蒸发器中吸收来自低温热源的热量蒸发为气态；1—2 过程表示气态工质被吸入低级压缩机，升温增压成高温高压的工质蒸气；2—3 过程表示工质蒸气后进入复叠换热器中冷凝，将热量传递给高温级循环；3—4 过程表示冷凝后的高温高压下的液态工质经过膨胀阀降压后再次变成低温低压的气液混合态，接着进入蒸发器中吸热构成低温级循环。

(2) 高温级循环：8—5 过程与低温级循环类似，高温工质在复叠换热器中吸收热量，低温低压的气液混合工质蒸发成低温蒸气；5—6 过程表示低温蒸气进入高级压缩机中升温增压；6—7 过程表示高温高压的其他工质在冷凝器中凝结成饱和液体，将热量传递给用户侧；7—8 过程表示冷凝后的液体工质经膨胀阀节流后再次变成低温低压气液混合物，继续进入复叠换热器吸收来自低温级循环的热量，构成高温级循环。

复叠式热泵系统的关键问题在于低温级循环与高温级循环的连接和匹配。复叠换热器的性能直接影响着复叠式热泵系统的换热效果，而低温级、高温级工质的合理选型，也可以使复叠式热泵系统更好地发挥作用。同时有学者研究发现，制冷剂的流量影响各个换热器的传热性能，也将对复叠式热泵系统的性能产生影响[26]。

3.2.3.4　多热源热泵系统

多热源热泵系统中往往存在着两个或两个以上的热源，与之相对地，在多热源热泵系统中也往往配备了两个或两个以上的压缩机。图 3.8 所示为某一典型的多热源热泵系统。

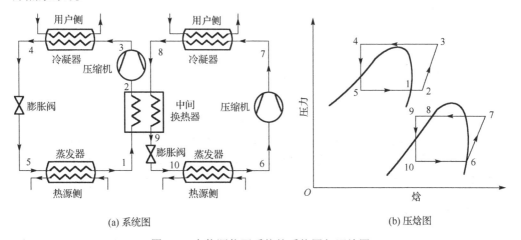

(a) 系统图　　　　　　　　　　　　　(b) 压焓图

图 3.8　多热源热泵系统的系统图与压焓图

该系统与复叠式热泵系统类似，采用了中间换热器用于两级热泵系统的连接，但同时各级系统中均包含一个蒸发器，分别用于提取包括来自空气和废热源的热量。

多热源热泵系统具体工作流程如下：5—1 过程表示低温级工质（目前二氧化碳广泛应用于低温级热泵中，将涉及超临界状态）在低温级蒸发器中吸收来自低温热源的热量蒸发为气态；1—2 过程表示低温蒸气流过中间换热器被加热形成低温过热蒸气；2—3 过程表示低温过热蒸气被吸入低温级压缩机中升温加压，成为高温高压的状态；3—4 过程表示高温蒸气经过冷凝器冷却，将热量传递给冷水，冷水由此得到了第一步加热；4—5 过程表示被冷却的工质流入膨胀阀，节流为低温低压的液态流入低温级蒸发器。

与之相对应地，高温级工质（后面以 R1234ze(Z) 指代）的循环过程如下：10—6 过程表示低温低压的 R1234ze(Z) 进入蒸发器，吸收废热源的热量汽化，汽化后的 R1234ze(Z) 将用于高温级压缩；6—7 过程表示 R1234ze(Z) 的压缩过程，在高温级压缩机中，低温低压的 R1234ze(Z) 气体被压缩为高温高压气体；7—8 过程表示高温高压的 R1234ze(Z) 气体进入冷凝器冷凝的过程，在这个过程中，经由第一级加热的冷却水，进一步被加热形成高温水；8—9 过程表示冷凝后的 R1234ze(Z)进入中间换热器进一步被冷却，将热量传递给低温级的工质；9—10 过程表示被冷却的 R1234ze(Z)流入膨胀阀，节流为低温低压的液态流入高温级蒸发器，由此完成多热源热泵系统的循环过程。

多热源热泵系统可从不同温度的热源中提取热量，极大地拓宽了热源范围，两级同时加热也可以进一步增加温度提升能力，并可通过合理的优化提高系统能效比。以空气和废热水为两级热源并以二氧化碳和 R1234ze(Z)为两级工质的多热源热泵系统中，当 R1234ze(Z)冷凝温度为 100℃时可以比相同工况下的单热源热泵提升 24.8%的 COP[27]。

在多热源热泵机组中，中间换热器和中间压力工况设定对系统能效影响很大。当冷凝温度为 100℃时，最大 COP 为 4.26，对应的最佳中间二氧化碳的排气压力为 86.5bar。随着二氧化碳排气压力的增加，系统效率出现了大幅度提高后保持相对稳定的情况。同时中间换热器也对整机的能效有着很大的影响。在中间换热器中，为防止二氧化碳过热度过高，R1234ze(Z)的过冷度也受到了限制。在 100℃的冷凝温度下，如果 R1234ze(Z)的过冷度保持在 20~30℃，COP 可维持在 4.2 以上。

相比于单级压缩热泵系统，多热源热泵系统的调节能力更强，但同时其前期投资成本也较大。由于多热源热泵可以提取更多的热量，并实现更高的温度提升，在系统长期运行的角度下，仍然具有很强的优势。除此之外，由于存在两级热源，多热源热泵系统可以根据环境或需求的变化及时切换相应的循环回路，实现多级调控。

3.2.3.5　跨临界循环系统

除了以上的各类常规的热泵循环和相应的循环优化形式，跨临界循环形式在高温热泵中也有着较多的研究和应用。对跨临界循环而言，其在低温侧与常规的液体工质气化吸热相同，而在高温侧，由于高温热泵所需的供热温度已经超过了循环工质的临界温度，其只有气相传热。这类工质在高温热泵中应用时必须采用跨临界循环，如图 3.9 所示。跨临界循环的工作流程如下：4—1 过程表示在蒸发器中，热泵工质吸收低温热源的热量，蒸发形成低温低压的工质蒸气；1—2 过程表示工质蒸气被吸入压缩机中，在压缩机的压缩过程下升温增压，形成的高温高压蒸气进一步流入气体冷却器中；2—3 过程表示在气体冷却器中，高温高压热泵工质蒸气在临界温度上等压冷却；3—4 过程表示冷却后的热泵工质经过膨胀阀降压，变成低温低压的液态工质。

跨临界循环中最常见的工质就是自然工质二氧化碳，目前已经在热泵热水器和列车空调等场景下得到广泛应用。此外，常规的工质也可以设计成跨临界循环方式实现高温供热，如东京电力公司研制开发了一台采用以 R134a 为工质的离心式高温热泵[28]，该热泵采用了跨临界多级循环流程，可以制取 130℃的高温高压水及高温空气，系统 COP 可以达到 3.0。西安交通大学开发了采用 R290/R32 混合工质的跨临界循环热泵系统[29]，最终实现 90℃的出水。

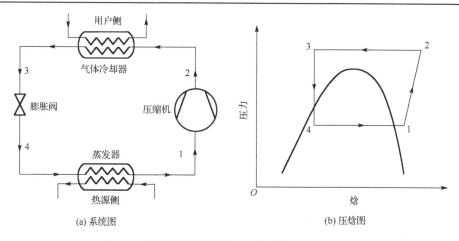

图 3.9 跨临界循环系统的系统图和压焓图

3.2.4 余热回收热泵系统案例介绍

3.2.4.1 热泵相关产品

近年来,热泵产品在市场上愈发受到关注,具有高供热量、高供热温度的热泵产品逐渐增多。表 3.3 整理了国外 13 家制造商的 20 多个热泵产品型号,它们能提供 90℃以上的供热温度,制热量大都也在几十千瓦至几十兆瓦的范围,采用的压缩机主要是活塞式、螺杆式,以及离心式等型式。

表 3.3 供热温度高于 90℃的工业用高温热泵装备

装备制造商	产品型号	工质	最大供热温度/℃	制热量	压缩机种类
神户钢铁公司	SGH 165	R134a/R245fa	165	70~660kW	双螺杆式[7]
	SGH 120	R245fa	120	70~370kW	
	HEM-HR90,HEM-90A	R134a/R245fa	90	70~230kW	
Vicking Heating Engines AS	HeatBooster S4	R1336mzz(Z) R245fa	150	28~188kW	活塞式[30]
Ochsner Energie Technik GmbH	IWWDSS R2R3b	R134a/ÖKO1	130	170~750kW	螺杆式
	IWWDS ER3b	ÖKO (R245fa)	130	170~750kW	
	IWWHS ER3b	ÖKO (R245fa)	95	60~850kW	
Hybrid Energy AS	Hybrid Heat Pump	R717 (NH₃)	120	0.25~2.5MW	活塞式
前川制作所株式会社	Eco Sirocco	R744 (CO₂)	120	65~90kW	螺杆式[7]
	Eco Cute Unimo	R744 (CO₂)	90	45~110kW	
Combitherm	HWW R245fa	R245fa	120	62~252kW	活塞式
	HWW R1234ze	R1234ze(E)	95	85~1301kW	
Dürr thermea	thermeCO₂	R744 (CO₂)	110	51~2200kW	活塞式[7]

装备制造商	产品型号	工质	最大供热温度/℃	制热量	压缩机种类
Friotherm	Unitop 22	R1234ze(E)	95	0.6～3.6MW	两级离心式
	Unitop 50	R134a	90	9～20MW	
Star Refrigeration	Neatpump	R717(NH₃)	90	0.35～15MW	螺杆式
GEA Refrigeration	GEA Grasso FX P 63bar	R717(NH₃)	90	2～4.5MW	双螺杆式
江森自控	HeatPAC HPX	R717(NH₃)	90	326～1324kW	活塞式
	HeatPAC Screw	R717(NH₃)	90	230～1315kW	螺杆式
	Titan OM	R134a	90	5～20MW	离心式
三菱	ETW-L	R134a	90	340～600kW	两级离心式[7]
菲斯曼	Vitocal 350-HT Pro	R1234ze(E)	90	148～390kW	活塞式

可以看出，就高温热泵而言，相关产品主要集中在神户钢铁公司、Vicking Heating Engines AS、Ochsner Energie Technik GmbH、前川制作所株式会社、Hybrid Energy AS、Combitherm 和 Dürr thermea 等公司，制热量的变化范围为 20kW～20MW，供热温度从 90℃变化到 165℃。在 110～150℃的供热温度范围区间，SGH 120、HeatBooster S4、Eco Sirocco、IWWDS ER3b、HWW R245fa 和 thermeCO₂ 等产品均可以满足相应的供热温度要求。最大供热温度主要受到制冷剂的选型、系统循环流程设计以及压缩机的类型等条件的影响。在较高的供热温度情况下，系统往往也具有较高的温度提升能力。此时系统采用的压缩机必须能够在高压比条件下稳定运行。因此，大部分压缩机制造商都为高温、高压比工作下的压缩机进行了优化设计。从表 3.2 中可以看出，在高温工况下，采用的压缩机类型主要为单螺杆式压缩机(Ochsner Energie Technik GmbH)或双螺杆式压缩机(GEA Refrigeration，神户钢铁公司)、两级离心式压缩机(Friotherm，三菱)和活塞式压缩机(Combitherm，菲斯曼，Dürr thermea)。同时，考虑到工业用高温热泵的容量和规模往往较大，在大多数情况下，10MW 以上也通常考虑采用离心式压缩机和螺杆式压缩机。下面将对几种典型的热泵产品的运行流程系统和应用情况进行介绍。

神户钢铁公司旗下 Kobelco 品牌的蒸汽生成热泵 SGH 120 和 SGH 165 自 2001 年以来进入市场后就得到了广泛的关注与应用，其中 SGH 165 型号能够产生 165℃的蒸汽，在食品和饮料的消毒，液体和果汁的浓缩、干燥过程以及酒精的蒸馏中有着很好的表现。具体而言，SGH 165 蒸汽生成式热泵通过吸收 35～70℃的工艺余热，可以产生 120℃的蒸汽，并进一步通过压缩机将蒸汽再压缩至 165℃(6bar)[7]。为了更好地提高系统性能，神户钢铁公司专门开发了一款适用于高温高压工况的半封闭双螺杆式压缩机。当使用 70℃的余热时，系统的制热 COP 可以达到 2.5，同时可以产生 89kg/h 的 165℃的蒸汽[7]。

Vicking Heating Engines AS 与 AVL Schrick 公司合作开发了一款高供热温度的

热泵机组 HeatBooster[7]。这款热泵机组可以回收工业余热，并最终供给高达 150℃ 的供热温度，其制热量约为 200kW。由于该款热泵的供热温度相对较高，为了保证系统性能，其采用了活塞式压缩机。实验表明，在高达 200℃ 的排气温度下，该系统可以运行 40000h。同时为了保证具有较好的性能表现，该系统采用 R1336mzz(Z) 作为工质，同时选用了合适的润滑油——多元醇酯(POE)。为了实现更高的供热温度，并且进一步优化系统性能，该款热泵还将进行进一步的优化。

Ochsner Energie Technik GmbH 公司使用螺杆式压缩机搭载了高温热泵，可以提供 95～130℃ 的宽供热温区[31]。IWWDS ER3b 热泵可以利用 35～55℃（用于带经济器的单级压缩循环）或 8～25℃（用于两级复叠式循环）的余热，并提供 170～750kW 的制热量。同时，通过多台热泵机组的并联，还可以实现更高的制热量。

Hybrid Energy AS 基于 Osenbrück 循环开发了一款混合热泵[7]。该混合热泵结合了吸收与压缩两种类型，又称吸收压缩式热泵。该热泵采用氨水混合物为工质。由于氨水混合物是非共沸工质，在沸腾与冷凝过程中将发生温度滑移。标准工况下，该热泵机组提供 120℃ 的供热温度，在 40℃ 蒸发、100℃ 冷凝的运行工况下，系统 COP 可以达到约 4.5。

在跨临界二氧化碳(R744)热泵机组的研究和应用上，日本一直处于领先地位[5,32]。前川制作所株式会社生产的 Eco Sirocco 热泵机组采用 R744 工质，能够提供 100～120℃ 的热风[7]，在 25℃ 的废热源条件下，可提供 120℃ 热风（进风温度为 20℃），系统在跨临界条件下运行的 COP 可以达到为 2.9，热泵制热量可以达到约 90kW[7]。

Dürr thermea 公司生产的 thermeCO$_2$ 系列热泵机组采用二氧化碳为制冷剂，可以利用 8～40℃ 的余热，最终的供热温度可以达到 110℃。该产品的制热量可以通过压缩机的并联进行灵活调节，最多可以并联 6 个活塞式压缩机，并提供 51kW～2.2MW 的宽制热量范围。当供热温度为 80℃（入口 20℃）、热源温度为 20℃ 时（60K 的温升），thermeCO$_2$ HHR1000 热泵可以达到 3.9 的 COP[7]。

Kobelco 推出的 HEM-90A 热泵机组，采用了半密封变频双螺杆式压缩机，可以使用空气源来产生 90℃ 的热水，适用于食品、饮料、汽车和化工行业[33]。其使用的制冷剂是 R134a 和 R245fa 的混合物，当使用–10～40℃ 的空气作为热源时，可以达到 70～230kW 的制热量，同时系统 COP 也从 1.7 增长到 3.0。

Combitherm 公司与 DürrEcocleanGmbH 公司合作设计了一种使用 R245fa 制冷剂的高温热泵，该高温热泵可以利用工件清洗厂的废水作为低温热源，实现 45kW 的制热量[34]。同时在水源温度为 50℃、供热温度为 100℃（50℃ 的温升）的工况下，该高温热泵的系统 COP 达到了 3.4。

受政策和环境需求的影响，国内的高温热泵产品目前以集成化产品为主，也形成了配套政府实施"煤改电"工程的高温热水热泵系统,热泵产品的容量往往较大,热回收效率和系统耦合程度也相应较高,下面将简单介绍目前国内几家企业的高温热泵产品的相关情况。

烟台冰轮环境技术股份有限公司设计了采用新型环保工质 R1336mzz(Z)的高温水汽一体机,充分利用了制冷系统的冷凝废热,用于回收低品位热能,可以直接产出温度达到 128℃的高温蒸汽或高温热水。整机能效比相比 R245fa 提高了 5%～10%。

山东格瑞德集团有限公司采用 R134a 双螺杆式压缩机,结合喷气增焓系统设计,开发了超低环境温度下(最低可在−35℃下运行)最高出水温度可达 85℃的高温热泵产品。该公司同时使用新环保工质 R1234ze(E),机组采用四级压缩技术和高效降膜技术,在 12℃进水 7℃回水的标准工况下,可以供给 70℃以上的热水,同时系统的 COP 保持在 4 以上。

大连冰山集团有限公司设计了一台污水热回收专用的热泵机组,采用 R410A 热泵工质,利用 31℃污水余热,15℃进水,最高可以产出 60℃以上的热水,整机 COP 超过 6。

上海柯茂机械有限公司采用 R134a 工质,利用热源侧 18～38℃的低品位热源,制取 60～80℃的高温热水,COP 可达到 4.12(热源进水温度 38℃,出水温度 70℃)。

济南大森制冷设备有限公司采用 R245fa 工质,利用制冷系统的冷凝热源,最终可以产生 70～100℃的热水,COP 超过 3.5,同时该系统配备了对接的机械蒸气再压缩系统(MVR),最终可以直接产生 0.4MPa 的蒸汽。

综上可以看出,与欧洲、日本相对成熟的产业化热泵产品相比,国内市场规模化和系统化的热泵产品还相对较少。同时值得注意的是,目前广泛应用的热泵机组往往采用以 R134a 和 R245fa 为代表的传统冷媒或是 R410A 等混合工质,而对包括 R1234ze 和 R1233mzz 的新型环保低 GWP 工质应用相对较少,因此这一系列新型环保工质的应用将成为后续高温热泵行业发展的重点。

3.2.4.2　离心式工业热泵

图 3.10 所示是某一款余热回收离心式工业热泵[35],采用了两台双级离心式压缩机,通过两个独立双系统的串联加热,可以实现 30℃以上的温度提升,并且保证系统 COP 在 6 以上,制热量达到了 9000kW 以上。其具体的工作原理图如图 3.10 所示,系统形成了独立双热泵机组,串联起来对水侧进行梯级加热。

为了进一步提高机组效率,该系统采用了中间闪发的方法,类似前面提到的补气增焓手段,对离心式压缩机进行中间补气。该工业热泵的两个冷凝器布置在同一个壳管式换热器中,采用换热管全程贯通、壳体中间由隔板隔开的形式,以区分高温、低温级制冷循环系统,总换热面积为 1532m²。冷却水由系统 1 的冷凝器流入、从系统 2 的冷凝器流出。热泵机组采用满液式蒸发器,内部的布置方式与冷凝器类似,换热器管侧连通,壳侧隔开,冷冻水由系统 2 的蒸发器流入、从系统 1 的蒸发器流出,总换热面积为 1305m²。两个制冷循环系统中的压缩机规格相同,均为永磁

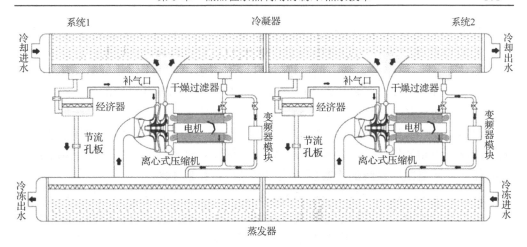

(a) 独立双系统流程图

(b) 独立双系统热泵机组

图 3.10 余热回收离心式工业热泵

同步变频双级离心式压缩机,额定功率为 880kW;高、低温级循环系统中的节流装置均为节流孔板并联电子膨胀阀,制冷剂为 R134a。

目前工业余热的应用温度区间多在 30~160℃,污水处理厂中的水、城市地下水、海水、湖水等也可以提供 10~20℃的热源,因而该系统的应用场景较广。对该系统搭建样机并进行性能测试,随着冷凝器出水温度由 60℃提高到 70℃,系统 COP 逐渐降低,由 7.0 降到了 5.5。

进一步研究系统其他参数的影响,可得到如下结论。

(1)冷凝器出水温度显著影响独立双系统热泵的性能。当冷凝器出水温度从 60℃ 升至 68℃时,模拟计算的制热量减小 8.9%,压缩机功率增加 14.2%,实测结果制热量减小 6.8%,压缩机功率增加 11.6%。

(2)独立双系统这一系统形式可以使热泵机组在实现 30℃温升的工况条件下,

保证 COP≥6。热泵 COP 随着冷凝器出水温度的升高而减小。 当冷凝器出水温度从 60℃升至 68℃时，模拟计算 COP 减小 19.7%，实测 COP 减小 18.4%。

(3)冷凝器出水温度影响压缩机排气温度，但是独立双系统中，低温循环系统能够有效降低排气温度。在温升为 30℃的工况条件下，低温循环系统的排气温度在理论模拟中平均比高温循环系统低 5.5℃，在实际测试中平均比高温循环系统低 4.1℃。

(4)随着冷凝器出水温度的升高，冷凝压力和补气压力升高；低温循环系统中较低的冷凝压力和补气压力，有效提升了独立双系统的整体性能。在温升为 30℃的工况条件下，低温循环系统的冷凝压力比高温循环系统低 14%。

该大容量离心式工业热泵应用在鞍山钢铁集团有限公司的余热回收过程中，经过品位提升后的输出热将用于小区集中供暖，为厂区 18 万 m^2 的居民提供区域供暖热源，改造原有的城市热网供暖方案，2016 年该小区采用了独立双系统离心式热泵机组，供暖量 9100kW。现场测试结果表明：当使用侧进/出水温度分别为 50.7℃/62.6℃且热源侧进/出水温度为 32.4℃/25.9℃时，机组实际制热量为 9675kW，消耗功率 1451.6kW，采用双循环并联系统的热泵 COP 为 6.67，具有效率高、容量大等优点，在工业供暖应用中具有良好的应用前景。离心式工业热泵为居民提供 18 万 m^2 的区域供暖(按 50W/m^2 计算)。采暖价格为 22 元/m^2，改造前总供热费用为 396 万元。项目实施后首个采暖季(2017 年 12 月~2018 年 3 月)共消耗电能 242.9 万 kW·h，电费 145.7 万元，年净收益达到 250 万元左右，供水热量达 4.5 万 GJ，节省 3500 余吨标准煤，减排二氧化碳 9450 余吨；在第二个采暖季(2018 年 11 月~2019 年 3 月)，共消耗电能 296.8 万 kW·h，电费 178.1 万元，节省 4200 余吨标准煤，减排二氧化碳 11500 余吨，该示范项目投资回收期约 1.7 年。

3.2.4.3 水蒸气高温热泵系统

图 3.11 是上海交通大学提出和研制的水蒸气高温热泵系统[17]，该水蒸气高温热泵系统设定的蒸发温度为 80℃，冷凝温度为 120℃时，选用水蒸气双螺杆式压缩机，热泵的工质是水蒸气，运行压力处于负压蒸发和高压冷凝的范围内。图 3.11(a)为系统流程图，主要包括压缩机、冷凝器、膨胀阀、蒸发器、闪蒸罐等主要部件。在水蒸气高温热泵系统循环过程中，闪蒸罐中的饱和水通过循环水泵流入蒸发器中，在蒸发器中蒸发形成水蒸气，水蒸气流入闪蒸罐中以后，部分饱和水闪蒸成为饱和蒸汽与蒸发形成的水蒸气一起被吸入压缩机中增压升温。在水蒸气被压缩过程中，来自系统内部的补充水被喷入压缩机的压缩腔中，伴随着水蒸气一起被压缩，同时吸收被压缩水蒸气的显热蒸发，然后经升压升温后一起排入冷凝器。高压高温水蒸气被用户端的循环水冷却，被冷凝形成冷凝液通过膨胀阀节流到低压低温状态回流进入闪蒸罐中进行分离。闪蒸罐中的饱和水又重新被循环水泵送到蒸发器中蒸发吸热，形成一个完整的循环。

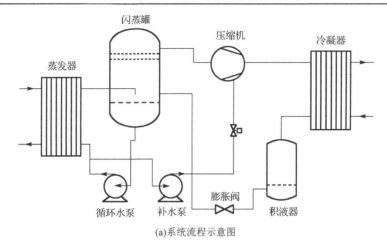

(a)系统流程示意图

(b) 水蒸气高温热泵机组

图 3.11　水蒸气高温热泵系统

进一步对该系统进行实验研究：在系统的蒸发温度为 87℃时，控制补水温度为 33.2℃，补水压力为 120kPa，随着压缩机排气温度从 122℃升高到 136℃，此时蒸发冷凝温差从 35℃上升到 49℃，而系统压比从 3.5 升高到 5.2，主变频器的功率从 54kW 上升到 70kW，系统的 COP 也从 4.7 降到 3.6，但是系统的制热量始终在 240kW 以上。当系统温升为 40℃时，冷凝温度为 127℃，系统 COP 为 4.2。同时采用喷水降温的方式有效地降低了压缩机出口处的排气温度，使系统运行始终处在安全的温度范围内，保证了机组的稳定运行。

3.2.5　总结与展望

目前，市场上已经涌现了许多成熟的高温热泵产品可供余热回收使用，来自 13

家制造商的 20 多种热泵产品型号可至少提供 90℃的供热温度,新型的热泵机组也在持续不断地增加,甚至最高可以提供 165℃的供热温度。

在系统循环方面,目前大多数热泵系统使用的均是单级压缩热泵循环系统,很少用到前面提到的其他热泵循环系统类型,如多热源热泵系统或复叠式热泵系统;尽管研究表明采用中间换热器(IHX)和喷射器等部件可以明显提升系统整体性能,但目前采用这类系统优化循环系统的产品应用得也相对较少。

在热泵工质方面,当选择高温热泵的制冷剂时最需要考虑的两个因素就是系统 COP 和容积制热量(VHC),目前主要使用的制冷剂是 R245fa、R717、R744、R134a。由于各国的环保要求,可以预想到 R245fa 和 R134a 最终都将被禁止使用,而目前这两种工质的合适的替代品仍比较匮乏。尽管也有一些系统采用了 R1234ze(E) 和 R1233zd(E) 作为循环工质,然而其性能表现,如系统 COP 或容积制热量仍然欠佳。相比人造工质,自然工质以氨和二氧化碳为代表已经有了一定的场景应用,而水和碳氢化合物也在高温热泵的温度范围下有着明显的理论性能优势,将得到进一步的研究和推广应用。

总体而言,高温热泵目前的研究方向主要集中在新型制冷剂的开发和利用、系统循环形式的优化、系统供热温度的提高这几个方面。为了实现如上目标,R1336mzz(Z)、R1233zd(E) 或 Novec 649 等新工质的应用,抑或是大型离心式压缩机、螺杆式压缩机的开发都引起了学界和产业界的关注和研究。尽管高温热泵技术已经在许多工业和生活应用场景下开始发挥作用,然而由于缺乏对工业用热的明确认识、低 GWP 环保制冷剂的匮乏以及相比电力与化石燃料的较高的投入成本,高温热泵技术的推广仍然存在着许多困难。

3.3　余热利用的吸收式制冷/热泵技术

吸收式制冷/热泵技术是一种重要的热驱动技术,可以将热量输入转换为冷量输出或不同温度的热量输出,驱动温度常在 80~160℃,商业化程度相对较高,常用于工业余热回收、太阳能制冷和冷热电联产中[36,37]。由于吸收式制冷采用热能驱动,且循环结构灵活,它不但可以应用于余热品位提升,还可以用于余热驱动的制冷[38]。

本节将对吸收式制冷/热泵技术的工质对、系统和应用方面进行介绍,旨在提供一个从理论到应用的全面概况。其中关于吸收式系统工质对的介绍将会包含理想吸收式工质对特性和常用吸收式工质对;关于吸收式系统的描述将会涵盖多种吸收式制冷系统、第一类吸收式热泵系统和第二类吸收式热泵系统;关于应用方面将对采用吸收式制冷/热泵进行余热回收利用的几种常见方式进行介绍。

3.3.1　吸收式制冷/热泵简介

与只有升温型的热泵循环的压缩式热泵不同,吸收式热泵不但具有升温型的热泵循环,还具有增量型的热泵循环方式。一般增量型的吸收式热泵被称为第一类吸收式热泵,与吸收式制冷原理相同,而升温型吸收式热泵被称为第二类吸收式热泵或吸收式变热器。

图 3.12(a)为吸收式制冷/第一类吸收式热泵的原理,采用高温热源驱动,从低温热源吸热并向中温热源放热。当该循环向中温环境放热并向低温热源吸热时是吸收式制冷循环,这种循环以吸收低温热源的热量为目的;当循环吸收低温热源热量,而对中温输出进行利用时,循环为第一类吸收式热泵循环,此时中温输出热量是高温热源量与低温余热回收量之和,可以达到热能增量的目的。图 3.12(b)所示为第二类吸收式热泵,该循环在仅以中温余热进行驱动时可以产生高温的输出,并达到热能品位提升的目的。从上述分析中可以看出,余热可以作为吸收式制冷的高温热源、第一类吸收式热泵的高温热源或低温热源或者第二类吸收式热泵的中温热源,可达到对热能品位和体量的灵活转换,这也使得它非常适合用于工业余热回收。

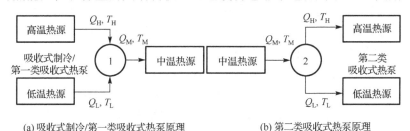

(a) 吸收式制冷/第一类吸收式热泵原理　　　　(b) 第二类吸收式热泵原理

图 3.12　吸收式制冷/热泵的运行原理

吸收式制冷/热泵的性能评价主要包括温降/温升能力和 COP,由于输入输出热量性质不同,吸收式制冷、第一类吸收式热泵和第二类吸收式热泵的性能评价也不同。吸收式制冷的目的是将高温热量(Q_H)输入转换为低温冷量(Q_L),因此其 COP定义为

$$\text{COP}_{制冷}=Q_L/Q_H \tag{3-3}$$

对应地,吸收式制冷的温降能力$\Delta T_{制冷}$通常是指环境与制冷温度之间的温差,即中温热源和低温热源的温差:

$$\Delta T_{制冷}=T_M-T_L \tag{3-4}$$

在应用于余热回收的第一类吸收式热泵中,通常高温热源是化石燃料燃烧或者蒸汽等需要一定代价的输入能源,低温热源则是来自冷却水或者烟气的低温余热,中温热输出则是系统所获得的有用热量,因此其 COP 通常定义为

$$\mathrm{COP}_{-\text{类}}=Q_{\mathrm{M}}/Q_{\mathrm{H}} \tag{3-5}$$

对应地，第一类吸收式热泵的温升$\Delta T_{-\text{类}}$通常是指中温热输出与低温余热之间的温差：

$$\Delta T_{-\text{类}}=T_{\mathrm{M}}-T_{\mathrm{L}} \tag{3-6}$$

应用于余热回收的第二类吸收式热泵中，通常中温热输入来自余热，高温热输出是系统所获得的有用热量，而低温热输出则是把热量排放向环境，换言之，低温热输出也是系统的冷却需求，因此其COP通常定义为

$$\mathrm{COP}_{\text{二类}}=Q_{\mathrm{H}}/Q_{\mathrm{M}} \tag{3-7}$$

对应地，第二类吸收式热泵的温升$\Delta T_{\text{二类}}$通常是指高温热输出与中温余热之间的温差：

$$\Delta T_{\text{二类}}=T_{\mathrm{H}}-T_{\mathrm{M}} \tag{3-8}$$

为了实现以上介绍的热驱动制冷和热泵功能，吸收式系统需要采用溶液吸收剂-制冷剂的工质对组合。由于制冷剂和吸收剂混合时，溶液中制冷剂的饱和蒸气压会低于纯制冷剂的饱和蒸气压，而该差别由溶液中制冷剂的浓度决定，因此在吸收式系统中制冷剂和吸收剂的二元溶液平衡态是由温度、压力和浓度三个参数决定的，这也是吸收式系统能够运行的基础：即系统可以通过改变溶液平衡温度而改变同等压力下的溶液浓度，该过程可以由与外热源之间的换热完成；也可以通过改变溶液压力来改变同等浓度下溶液的平衡温度，该过程可以由溶液节流或溶液泵加压完成。

图 3.13 为最基本的单效吸收式系统的基本原理图，主要状态变化包括发生、吸收、冷凝和蒸发四个过程，发生和吸收属于溶液回路，而冷凝和蒸发属于制冷剂回路。发生过程是指处于相平衡状态的溶液吸收剂受外热源加热，平衡温度上升，产生制冷剂蒸气，并降低吸收剂中制冷剂浓度的过程；吸收过程是指处于相平衡状态的溶液吸收剂吸收制冷剂蒸气，平衡温度下降，释放热量，并增加吸收剂中制冷剂浓度的过程；冷凝过程是指制冷剂蒸气冷凝为液体制冷剂并释放热量的过程；蒸发过程是指液体制冷剂吸收外界热量并蒸发为制冷剂蒸气的过程。制冷剂的完整流动方向为蒸发—吸收—发生—冷凝—蒸发，其中吸收和发生两个过程合起来可以看作对制冷机蒸气的热驱动压缩过程，这样整个吸收式系统就可以看作蒸发、热压缩、冷凝、蒸发组成的

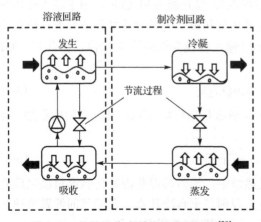

图 3.13　单效吸收式系统基本原理图[39]

一个热压缩式制冷循环。

总的来说，吸收式制冷/热泵以热能驱动，利用二元或多元工质对实现制冷或热泵循环，与压缩式制冷或热泵相比有以下特点。

(1) 可以利用各种热能驱动。除利用锅炉蒸汽的热能、燃气和燃油燃烧产生的热能外，还可利用废热、废气、废水和太阳能等低品位热能，以及热电站和气电共生系统等集中供应的热能，从而节省初级能源的消耗。

(2) 可以大量节约用电，平衡热电站的热电负荷，在空调季节削减电网的峰值负荷。

(3) 结构简单，运动部件少，安全可靠。除了泵和阀件外，绝大部分是换热器，运行时没有振动和噪声，安装时无特殊要求，维护管理方便。

(4) 以水或氨等为制冷剂，其 ODP、GWP 为 0，对环境和大气臭氧层无害。

(5) 热力系数 COP 低于压缩式制冷循环。例如，单效溴化锂吸收式制冷循环 COP ≈ 0.7，双效溴化锂吸收式制冷循环 COP=1.2～1.4，单级氨水吸收式制冷循环 COP ≈ 0.4。

3.3.2　吸收式系统工质对

3.3.2.1　工质对状态参数

吸收式制冷循环采用制冷剂和吸收剂组成的工质对，通常为双组分的溶液。除了压力、温度和密度等状态参数外，浓度是多组分的工质对所特有的状态参数。对于吸收式制冷工质对，浓度以质量分数 ξ 和摩尔分数 χ 等相对值表示[40]。

1) 溶液的质量分数

溶液中某一组分的质量分数 ξ_i 为

$$\xi_i = G_i / (G_1 + G_2 + \cdots + G_i + \cdots + G_n) \times 100 \% \tag{3-9}$$

式中，G_i 为溶液中 i 组分的质量；n 为组分种数。

双组分的吸收式制冷工质对是一种二元溶液，其质量分数是以溶液中溶质的质量百分数表示的，如溴化锂水溶液的质量分数为

$$\xi = G_{LiBr} / (G_{H_2O} + G_{LiBr}) \times 100 \% \tag{3-10}$$

式中，G_{H_2O} 为溶液中水的质量；G_{LiBr} 为溶液中溴化锂的质量。

氨水溶液的质量分数为

$$\xi = G_{NH_3} / (G_{H_2O} + G_{NH_3}) \times 100 \% \tag{3-11}$$

式中，G_{NH_3} 为溶液中氨的质量。

2) 溶液的相平衡

吸收式制冷工质对是多组分的，根据吉布斯定律，多元体系的自由度为

$$N_F = N_C - N_P + 2 \tag{3-12}$$

式中，N_C 为多元体系的组分数；N_P 为多元体系的相数。因此，对于双组分的吸收式制冷

工质对，在气液相平衡状态下的自由度 $N_F=2$，可以用压力 p、温度 T 和质量分数 ξ 表示三个状态参数中的任意两个来确定它的气液相平衡状态。它的状态方程式可表示为

$$f(p, T, \xi) = 0 \tag{3-13}$$

3.3.2.2　工质对理想性质

吸收式制冷/热泵系统的性能很大程度上取决于所选的工质对，包括制冷剂和吸收剂的性质都会影响系统整体性能。

压缩式系统制冷剂所需要的性能包括高潜热、合适的工作压力、良好的传热传质性能以及低黏度，以上这些性能对于吸收式系统的制冷剂同样适用：①高潜热可以保证在单位质量工质的单次循环中获得更多的能量输出，进而减少循环本身带来的损失并减小系统体积；②合适的工作压力是为了防止高压下对系统机械性能的高要求，也防止低压下对系统真空气密性的高要求；③良好的传热传质性能则是为了减少传热传质阻力，并降低所需要的换热器面积，降低系统成本和体积；④低黏度则是考虑到降低制冷剂在流动中的阻力，一方面可以减少流动损耗，另一方面可以容许高流速以增强传热传质性能。

对于吸收剂的要求则有所不同，吸收剂应该具有低比热容、与制冷剂间的大沸点差、和制冷剂间的强结合作用、高溶解度以及良好的传热传质性能：①低比热容可以降低溶液循环中吸收剂随溶液温度反复上升和下降时所消耗的热能，而这部分热能消耗并不能对循环性能做出贡献，最后都作为热损排放到环境中；②与制冷剂间的大沸点差则是为了在发生过程中产生制冷剂蒸气时尽可能少地混入吸收剂蒸气，从而保证蒸发过程中没有温度滑移，达到更加有效的恒定温度冷量输出；③和制冷剂间的强结合作用则是为了增强吸收式系统整体的温升能力，即在同样的热源温度下能够达到更低的制冷温度的能力；④高溶解度是为了防止系统运行过程中出现浓度波动而导致结晶的现象，从而保证系统平稳运行；⑤良好的传热传质性能是为了减少对换热器面积的需求。

除了以上这些性能之外，考虑到系统的安全稳定运行，制冷剂和吸收剂最好都是无毒、不易燃、不易爆炸和低成本的。但是在挑选工质对的时候，以上所列出的理想工质性能中是存在矛盾的，例如，高溶解度和大沸点差两个需求就存在这样的关系：当选用沸点很高的吸收剂溶质时可以满足大沸点差的要求，但同样会带来结晶问题；当选用高溶解度的吸收剂溶质时，通常又存在沸点差小需要精馏的问题。因此在选择合适的吸收剂和制冷剂时需要综合考虑以上因素，尽管溴化锂水溶液和氨水溶液分别存在结晶和需要精馏的缺点，但溴化锂-水和氨-水仍然是目前最常用的工质对。

3.3.2.3　溴化锂-水

溴化锂-水是目前商业吸收式机组中最常用的工质对，其中水是制冷剂而溴化锂水溶液是吸收剂。水作为制冷剂是非常合适的选项，它广泛存在、价格便宜、潜热

高、传热传质性能好且黏度小，缺点是在空调工况下工作时压力低于大气压，需要保证较好的真空性能。作为吸收剂溶质的溴化锂具有 86.844 的相对分子质量量，在 25℃时密度为 3464kg/m³，熔点和沸点分别为 549℃和 1265℃，此外溴化锂性质稳定、无毒、不和水反应但易溶于水。当溴化锂溶于水中时，溶液浓度和饱和蒸气压的关系与拉乌尔定律预测值偏差很大，说明溴化锂和水之间具有很强的结合作用。从以上的性质可以看出，溴化锂-水是一种很适合吸收式系统的工质对，但它也有自己的缺点：当溶液中的溴化锂浓度高于 65%时溶液易于结晶；溶液在高温情况下会有一定的腐蚀性；以水作为制冷剂导致无法在温度低于 0℃的工况下工作。图 3.14 所示为溴化锂水溶液的 p-T-ξ(压力-温度-浓度)图[①]，图中的浓度指的是溶液中溴化锂的浓度。根据图中的数据，溶液的平衡态可以在压力、温度和浓度中的两个状态参数确定时求得，同时可以求出另外一个未知状态参数和溶液焓值、熵值等参数。为了改进溴化锂水溶液的物性，可以通过增加不同的添加剂来达到目的。在各种添加剂中，乙二醇是较为成功的一种，开利空调开发的 Carrol^{TM} 工质就是基于溴化锂和乙二醇添加剂的混合工质，其中乙二醇和溴化锂的质量比为 1∶4.5。基于 Carrol^{TM} 和水的吸收式工质对与普通的溴化锂-水物性基本相似，但溶解度可以从 70%提升到 80%，并且已经广泛应用于商业机组和各类研究中。

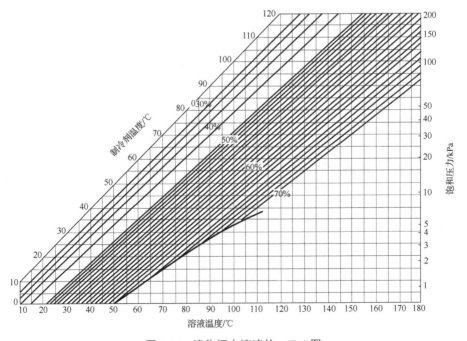

图 3.14　溴化锂水溶液的 p-T-ξ 图

① Fundamentals ASHRAE Handbook

3.3.2.4　氨-水

除了溴化锂-水之外，氨-水也是一种常用的吸收式系统工质对。在氨-水工质对中，氨作为制冷剂而氨水作为吸收剂。作为制冷剂的氨在室温下是一种低密度无色且有刺鼻气味的气体，相对分子质量为 17.03，比空气小，可以在 25℃的温度和 1MPa的压力下以液体状态储存并运输，临界状态参数为 132.3℃、11.3MPa 和 235kg/m³，此外氨也具有较高的潜热。氨-水工质对具有较低的冰点，且由于氨和水互溶不存在结晶问题，所以氨水在低温制冰工况和高冷却温度(溴化锂水溶液易结晶)工况下具有比溴化锂水溶液更好的适应性。然而，氨-水工质对也具有一些不可忽视的缺点，包括毒性、易燃性以及和空气混合后易爆炸。氨的沸点和水的沸点相差较小，因此在氨水溶液的发生过程中产生的蒸气会同时含有氨和水，而二者如果在冷凝和蒸发过程中并存会对吸收式制冷的性能造成较大的负面影响，因此氨水吸收式制冷中通常会对发生过程产生的蒸气增加精馏过程以对蒸气进行提纯。此外，由于采用氨作为制冷剂，在常见的空调工况下系统压力较高。图 3.15 为氨水溶液的浓度-焓值图[1]，此处的浓度指的是氨的浓度。

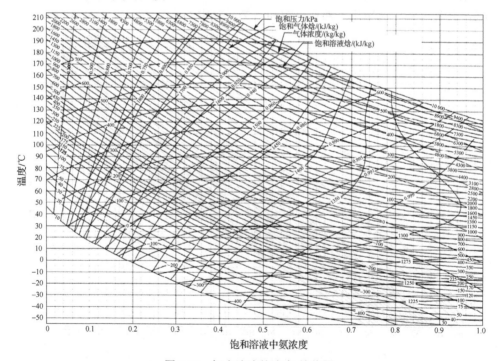

图 3.15　氨水溶液的浓度-焓值图

---

① Fundamentals ASHRAE Handbook。

　　除了最常用的溴化锂-水和氨-水以外，吸收式制冷也有其他可选的吸收式工质对，这些工质对一般会在溶解度、效率、环保性或其他某一属性上比溴化锂-水和氨-水有一定优势。根据这些吸收式工质对所采用的制冷剂，这些工质对可以分为三类：第一类是以水为制冷剂的工质对，包括氢氧化钠-水、硫酸-水、氯化锂-水、碘化锂-水和氯化钙-水等；第二类是以氨为制冷剂的工质对，包括硫氰酸钠-氨和溴化锂-水-氨等；第三类是以有机物为制冷剂的工质对，包括以醇类为制冷剂的甲醇-溴化锂、甲醇-溴化锌和卤代烃-E181 等。然而从综合性能上讲，溴化锂-水和氨-水仍然是最佳选项[41]。

3.3.3　吸收式制冷系统

　　吸收式制冷/热泵机组是以热能为驱动能源、以溴化锂-水或氨-水等为工质对的吸收式制冷或热泵装置，它利用溶液吸收或发生制冷剂蒸气的过程，配合各种循环流程来完成机组的制冷、制热或热泵循环。吸收式机组种类繁多，可以按其用途、工质对、驱动热源及其利用方式、低温热源及其利用方式，以及结构和布置方式等进行分类。

3.3.3.1　单效溴化锂-水吸收式制冷机

　　单效吸收式制冷机是目前最简单的吸收式制冷机，已在市场上销售了多年，也是工业余热回收的吸收式制冷系统中最常用的制冷机。随着单效吸收式制冷机的不断改进，机组的制冷 COP 目前可以达到 0.8。图 3.16 (a) 为单效溴化锂-水吸收式制冷循环示意图，图 3.16(b) 为典型的热水驱动的溴化锂-水吸收式制冷机。在图 3.16(a) 中，蒸气流动由虚线表示，溶液和液态制冷剂流动通过实线表示，各组件按 p-T-ξ 图布置：上方部件压力高，右方部件温度高或浓度高。发生器 G、吸收器 A、蒸发

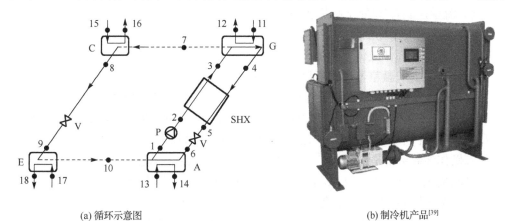

(a) 循环示意图　　　　　　　　　　　(b) 制冷机产品[39]

图 3.16　单效溴化锂-水吸收式制冷

器 E 和冷凝器 C 内分别进行发生、吸收、蒸发和冷凝过程,节流和加压通过节流阀 V 和泵 P 完成。发生器由热源驱动,吸收器和冷凝器由冷却水冷却,最后通过蒸发器降低冷冻水温度来输出冷能。除了以上主要部件外,还可以在发生器与吸收器之间布置溶液换热器(SHX)以提高机组性能,在该溶液换热器中从发生器出来的浓溶液被从吸收器出来的稀溶液冷却,这样可以回收高温浓溶液的显热并减少了发生器热输入,从而提升系统效率。

在溶液回路中,吸收器出口的稀溶液经加压后进入溶液换热器,溶液得到预热后再进入发生器由热源加热产生过热蒸气,该过程溶液浓度升高并产生浓溶液。浓溶液依次经过溶液换热器冷却及节流阀降压后回流到吸收器,在吸收器中浓溶液吸收蒸发器产生的制冷剂蒸气后浓度降低并释放吸收热。在制冷剂回路中,发生器产生的过热蒸气在冷凝器中凝结成液态制冷剂,之后经节流阀进入蒸发器,在蒸发器中制冷剂蒸发并输出冷量,蒸发过程产生的制冷剂蒸气进入吸收器并完成一个循环。

对于单效溴化锂-水吸收式制冷机,通过建立数学模型可以计算出各点的状态参数和机组性能,而吸收式制冷循环的数学物理模型包含了四类热力学方程:质量平衡方程、能量平衡方程、传热传质关系式以及工质热物性方程。对于该单效吸收式制冷机的性能模拟需要做以下假设[40]。

(1)发生器、冷凝器处于同一压力,吸收器和蒸发器处于同一压力。

(2)离开蒸发器的制冷剂蒸气为饱和水蒸气。

(3)离开冷凝器的液态制冷剂为饱和水。

(4)离开发生器的浓溶液处于沸腾态。

(5)离开发生器的制冷剂蒸气处于发生器压力下稀溶液的平衡温度。

(6)离开吸收器的稀溶液处于饱和态。

(7)蒸发器出口无液体。

(8)流量控制管/阀处于绝热状态。

(9)溶液泵处于绝热状态。

(10)系统各部件壳体无热损。

(11)对数平均温差表达式可以确切地表达潜热变化。

此外还需给出设计点的设计参数和操作工况。所谓设计参数主要包括所有热交换器(蒸发器、发生器、吸收器、溶液换热器)的 UA(U 为总传热系数,A 为传热面积)值和流态(顺流、逆流和叉流等,池式或膜式传热),以及溶液泵中稀溶液流量。完整的输入操作参数可以是冷冻水和冷却水的设计温度 $t_{chill,in}$、$t_{chill,out}$、$t_{cool,in}$、$t_{cool,out}$,热水质量流量 m_{hot} 和制冷量 Q_{evap},由此通过循环模拟可以计算出所需的热水温度,冷却水流量,循环内部状态点的温度、压力和浓度。通过一些假设可以减少未知量的个数。

由以上假设和表 3.4 所示的设计参数及操作工况,通过求解式(3-14)~式(3-24)可以进行循环的计算,仿真计算结果见表 3.5。下标 refr、chill、cool 和 hot 分别代表制冷剂、冷冻水、冷却水和热水；下标 evap、cond、abs、gen 和 sol 分别表示蒸发器、冷凝器、吸收器、发生器和溶液换热器；下标 sat、weak、strong、vapor 和 liq 分别表示饱和态、稀溶液、浓溶液、蒸气和液态；下标 in 和 out 分别代表进口和出口状态；下标 mean 表示平均值。

表 3.4　单效溴化锂-水吸收式制冷机运行参数示例[40]

部件和基本参数	设计参数	操作工况
蒸发器	UA_{evap}=319.2kW/K，逆流膜	$t_{\text{chill,in}}$=12℃，$t_{\text{chill,out}}$=6℃
冷凝器	UA_{cond}=180.6kW/K，逆流膜	$t_{\text{cool,out}}$=35℃
吸收器	UA_{abs}=186.9kW/K，逆流膜-吸收器	$t_{\text{cool,in}}$=27℃
发生器	UA_{gen}=143.4kW/K，池式-发生器	m_{hot}=74.4kg/s
溶液换热器	UA_{sol}=186.9kW/K，逆流	
基本参数	m_{weak}=12kg/s	Q_{evap}=2148kW

表 3.5　单效溴化锂-水吸收式制冷机仿真计算结果示例[40]

部件和基本参数	内部参数	性能参数
蒸发器	$t_{\text{vapor,evap}}$=1.8℃，$p_{\text{sat,evap}}$=0.697kPa	Q_{evap}=2148kW，m_{chill}=85.3kg/s
冷凝器	$t_{\text{liq,cond}}$=46.2℃，$p_{\text{sat,cond}}$=10.2kPa	Q_{cond}=2322kW，m_{cool}=158.7kg/s
吸收器	ξ_{weak}=59.6%，t_{weak}=40.7℃ $t_{\text{strong,abs}}$=49.9℃	Q_{abs}=2984kW，$t_{\text{cool,mean}}$=31.5℃
发生器	ξ_{strong}=64.6%，t_{strong}=103.5℃ $t_{\text{weak,gen}}$=92.4℃	Q_{gen}=3158kW，$t_{\text{hot,in}}$=125℃ $t_{\text{hot,out}}$=115℃
溶液换热器	$t_{\text{weak,sol}}$=76.1℃，$t_{\text{strong,sol}}$=62.4℃	Q_{sol}=825kW，ε=65.4%
基本参数	m_{vapor}=0.93kg/s，m_{strong}=11.06kg/s	COP=0.68

质量平衡方程：

$$m_{\text{refr}} + m_{\text{strong}} = m_{\text{weak}} \tag{3-14}$$

$$m_{\text{strong}}\xi_{\text{strong}} = m_{\text{weak}}\xi_{\text{weak}} \tag{3-15}$$

能量平衡方程：

$$Q_{\text{evap}} = m_{\text{refr}}(h_{\text{vapor,evap}} - h_{\text{liq,cond}}) = m_{\text{chill}}(h_{\text{chill,in}} - h_{\text{chill,out}}) \tag{3-16}$$

$$Q_{\text{cond}} = m_{\text{refr}}(h_{\text{vapor,gen}} - h_{\text{liq,cond}}) = m_{\text{cool}}(h_{\text{cool,out}} - h_{\text{cool,mean}}) \tag{3-17}$$

$$Q_{\text{abs}} = m_{\text{refr}}h_{\text{vapor,evap}} + m_{\text{strong}}h_{\text{strong,gen}} - m_{\text{weak}}h_{\text{weak,abs}} - Q_{\text{sol}} = m_{\text{cool}}(h_{\text{cool,mean}} - h_{\text{cool,in}}) \tag{3-18}$$

$$Q_{\text{gen}} = m_{\text{refr}}h_{\text{vapor,gen}} + m_{\text{strong}}h_{\text{strong,gen}} - m_{\text{weak}}h_{\text{weak,abs}} - Q_{\text{sol}} = m_{\text{hot}}(h_{\text{hot,in}} - h_{\text{hot,out}}) \tag{3-19}$$

$$Q_{\text{sol}} = m_{\text{strong}}(h_{\text{strong,gen}} - h_{\text{strong,sol}}) = m_{\text{weak}}(h_{\text{weak,sol}} - h_{\text{weak,abs}}) \tag{3-20}$$

传热方程：

$$Q_{\text{evap}} = UA_{\text{evap}}\frac{t_{\text{chill,in}} - t_{\text{chill,out}}}{\ln\left(\dfrac{t_{\text{chill,in}} - t_{\text{vapor,evap}}}{t_{\text{chill,out}} - t_{\text{vapor,evap}}}\right)} \tag{3-21}$$

$$Q_{\text{cond}} = UA_{\text{cond}} \frac{t_{\text{cool,out}} - t_{\text{cool,mean}}}{\ln\left(\dfrac{t_{\text{liq,cond}} - t_{\text{cool,mean}}}{t_{\text{liq,cond}} - t_{\text{cool,out}}}\right)} \tag{3-22}$$

$$Q_{\text{abs}} = UA_{\text{abs}} \frac{(t_{\text{strong,abs}} - t_{\text{cool,mean}}) - (t_{\text{weak,abs}} - t_{\text{cool,in}})}{\ln\left(\dfrac{t_{\text{strong,abs}} - t_{\text{cool,mean}}}{t_{\text{weak,abs}} - t_{\text{cool,in}}}\right)} \tag{3-23}$$

$$Q_{\text{gen}} = UA_{\text{gen}} \frac{(t_{\text{strong,gen}} - t_{\text{weak,sol}}) - (t_{\text{strong,sol}} - t_{\text{weak,abs}})}{\ln\left(\dfrac{t_{\text{strong,gen}} - t_{\text{weak,sol}}}{t_{\text{strong,sol}} - t_{\text{weak,abs}}}\right)} \tag{3-24}$$

式中，Q 为换热量；m 为质量流量；h 为焓值；t 为温度。

3.3.3.2　双效溴化锂-水吸收式制冷系统

单效溴化锂-水吸收式制冷机在低于 100℃的热源温度下，COP 约为 0.7，但是受限于其热力学循环架构，发生器产生的制冷剂蒸气仅能产生一次蒸发制冷效果，因此机组的 COP 随着热源温度的升高不会增加。为了更好地利用高温热源，可以对吸收式制冷的热力学循环进行改进，采用如图 3.17 所示的双效溴化锂-水吸收式制冷机。这种机组中高压发生器产生的制冷剂蒸气在冷凝过程所排放的热量温度较高，可以对其进行内部回收并驱动低压发生器进行额外的制冷剂蒸气发生，达到一份热量输入产生两份制冷的效应，并提升系统效率。通常双效溴化锂-水吸收式制冷系统的 COP 在 1.2~1.3，需要的热源温度大于 140℃。

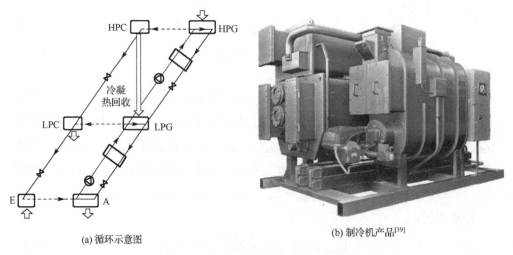

(a) 循环示意图　　　　　　　　(b) 制冷机产品[39]

图 3.17　双效溴化锂-水吸收式制冷

图 3.17 (a) 为双效吸收式循环示意图：高压发生器(HPG)由热源驱动，蒸发器(E)提供冷输出。这个循环可以看作两个单效子循环的耦合，第一个子循环由高压发生器、吸收器(A)、蒸发器和高压冷凝器(HPC)组成，第二个子循环由低压发生器(LPG)、吸收器、蒸发器和低压冷凝器(LPC)组成；两个子循环通过高压冷凝器与低压发生器之间的热耦合集成在一起，即高压制冷剂蒸气的冷凝热被回收来驱动低压发生器。在这种情况下相同的热输入可驱动高压发生器和低压发生器中的两次制冷剂蒸气发生过程，因此该系统称为双效吸收式循环。高压冷凝器中的冷凝温度高于低压发生器中的发生温度是保证双效循环运行的关键。图 3.17 (b) 为某公司生产的直燃式双效吸收式制冷机，除直燃式外，还有烟道式、蒸汽式和热水式双效吸收式制冷机组。在热驱动制冷应用中，双效溴化锂-水吸收式制冷机是一种效率较高的方式，可采用蒸汽式或热水式机组。

在双效循环中，从吸收器出来的溶液进入两个发生器，循环可采用并联、串联和反向串联布置：①在串联布置中，溶液从吸收器出来后依次进入高压发生器和低压发生器，这种布置方式易于控制，图 3.17(a)所示的流程就是串联布置；②在并联布置中，溶液从吸收器出来后同时进入高压发生器和低压发生器，这种布置方式需要调整溶液流量，控制较为复杂，可对两个发生器的溶液流量耦合优化；③在反向串联布置中，溶液从吸收器出来后依次流入低压发生器和高压发生器。高压冷凝器与低压发生器之间的热耦合受布置方式的影响，也会导致系统性能存在差异，串联和反向串联布置便于调节但难以实现高压冷凝器与低压发生器的最优匹配。相反地，并联布置中通过调节溶液流量可以很容易地实现高压冷凝器与低压发生器的温度优化匹配从而提高机组 COP。

3.3.3.3　变效溴化锂-水吸收式制冷系统

分散的低品位工业余热提供的热源具有间歇性和温度不稳定性等特征，因此用于工业余热回收的吸收式技术最好具有以下的性质：吸收式机组能够在一个较宽的热源温度范围内工作，对应于低品位工业余热，这个区间最好能够覆盖低品位余热的主要温区(60~150℃)；吸收式机组在驱动热源温度高的情况下应该实现高效运行，这样才能对工业余热提供的不同品位热源进行充分利用。

传统单效溴化锂-水吸收式制冷机只能在 95℃左右的热源温度下高效工作，并达到 0.6~0.7 的 COP；当热源温度上升至 140℃以上时可以采用双效溴化锂-水吸收式制冷机，并达到 1.2~1.3 的 COP；而针对 95~140℃范围的热源，由于双效吸收式制冷机无法工作，只能退而求其次采用单效吸收式制冷机并获得 0.6~0.7 的 COP，显然造成对热源品位的浪费。根据以上分析可以看出，适用于低品位工业余热回收的吸收式制冷机需要具备两方面要素，一方面是对变温热源的高效适应性，另一方面需要能对 95~140℃范围的热源进行高效利用，而变效吸收式制冷就是一种很好的解决方案：吸收式制冷可以在一个较大的驱动热源温度范围内工作并实现从单效到双效的变效运行，达到对变温热源的高效利用。

变效吸收式制冷循环的原理如图 3.18（a）所示，图中虚线代表蒸气的流动，而实线则代表液体的流动。该循环具有三个压力等级和七个主要部件，包括高压发生器(HG)、高压吸收器-第二低压发生器(HA-LG₂)、高压冷凝器-第一低压发生器(HC-LG₁)、冷凝器(C)、蒸发器(E)、低压吸收器(LA)和溶液换热器(SHX)。基于变效吸收式制冷循环，上海交通大学团队设计并加工了变效溴化锂-水吸收式制冷机组，机组外观如图 3.18(b)所示。

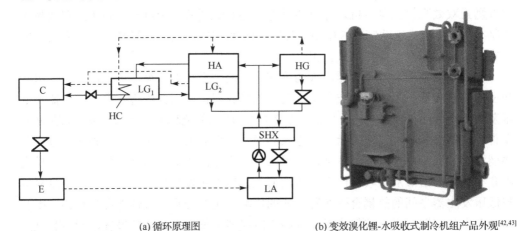

(a) 循环原理图　　　　　　　　(b) 变效溴化锂-水吸收式制冷机组产品外观[42,43]

图 3.18　变效吸收式制冷

该循环中，高压发生器产生的高压冷剂蒸气分为了两部分：一部分流入高压冷凝器进行冷凝，其冷凝热被第一低压发生器的发生过程回收，该部分冷剂蒸气产生双效制冷效果；另一部分冷剂蒸气首先被高压吸收器吸收，在产生稀溶液的同时释放大量吸收热，这部分吸收热进一步驱动了第二低压发生器中的发生过程，而稀溶液则进入第一低压发生器，因此这部分冷剂蒸气只产生了单效制冷效果。通过以上方法，变效循环中具有一部分单效制冷和一部分双效制冷，而两者之间的比例则根据热源进行变化，因此可以达到在单效制冷和双效制冷之间进行变化的效果，这也是该循环被称为变效循环的原因。图 3.19 是该循环的 COP 随发生温度(由热源温度决定)变化的趋势，该效率曲线是在蒸发温度、吸收温度和冷凝温度分别为 5℃、35℃和 40℃下进行计算的。针对图 3.18(b)机组的测试结果显示，机组可以在发生温度从 95℃变化到 120℃时达到 0.69～1.08 的 COP，COP 随发生温度上升而上升的趋势与计算结果一致。

3.3.3.4　两级溴化锂-水吸收式制冷系统

在驱动温度低于 80℃左右时，单效溴化锂-水吸收式制冷机的效率会快速下降，

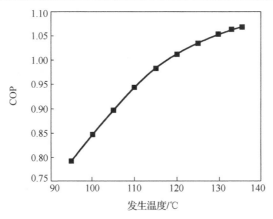

图 3.19　不同发生温度下变效溴化锂-水吸收式制冷循环的 COP[42]

直至没有冷量输出，其原因在于热源所提供的温度比溶液工质发生所需的温度低，可以通过降低溶液工质的压力或浓度进行解决，并采用两级溴化锂-水吸收式制冷系统实现。在两级溴化锂-水吸收式制冷系统中包含两个吸收-发生的热驱动压缩过程，并可以对 60～80℃的低品位热能进行利用，然而两个热驱动压缩过程仅产生一份用于蒸发冷却的制冷剂蒸气，导致其 COP 仅为 0.3～0.4，约为单效机组 COP 的 50%。此外，两级溴化锂-水吸收式制冷系统中有更多的换热部件，会在一定程度上增加设备成本。图 3.20(a)为两级溴化锂-水吸收式制冷循环示意图，图 3.20(b)为某公司生产的由热水驱动的制冷机产品。

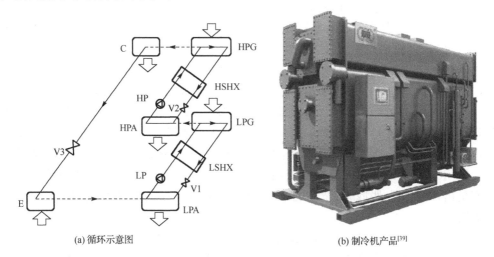

(a) 循环示意图　　　　　　　　　　　　　　(b) 制冷机产品[39]

图 3.20　两级溴化锂-水吸收式制冷系统

与单效吸收式制冷机相比，该制冷机多了一组发生器、吸收器、阀门和溶液泵，有两个溶液回路和一个制冷剂回路。制冷剂和溶液回路与单效吸收式制冷机相同，但连接方式不同。两级循环的详细过程如下：①在低压溶液回路中，溶液从低压吸收器(LPA)出来后，依次经过低压泵(LP)和低温溶液换热器(LSHX)进入低压发生器(LPG)，然后再经过低温溶液换热器和膨胀阀(V1)回流至低压吸收器。低压发生器由热源驱动，低压吸收器由环境冷却，这种溶液回路与单效吸收式制冷机的溶液回路相同；②在高压溶液回路中，溶液依次经过高压吸收器(HPA)、高压泵(HP)、高温溶液换热器(HSHX)、高压发生器(HPG)、高温溶液换热器和膨胀阀(V2)，最后回流至高压吸收器，高压发生器同样是由热源驱动，高压吸收器由环境冷却；③低压发生器产生的制冷剂被高压吸收器中的溶液吸收；④高压发生器产生的制冷剂在冷凝器中冷凝，经膨胀阀(V3)节流后进入蒸发器 E 中蒸发，最后被低压吸收器吸收。

3.3.3.5　单效氨-水吸收式制冷系统

常见的吸收式制冷机除了采用溴化锂-水作为工质对外，亦有采用氨-水作为工质对的。在氨-水吸收式制冷机中，以氨为制冷剂，以氨水溶液为吸收剂，可以制取冷水供冷却工艺或空气调节过程使用，也可以制取低达−60℃的冷量供冷却或冷冻工艺过程使用。当氨的蒸发温度大于−34℃时，机组的压力保持在大气压力之上。在同等工况下，氨-水吸收式制冷机的效率往往比溴化锂-水吸收式制冷机低，但在蒸发温度低于0℃的工况下氨-水吸收式制冷机具有适用性方面的显著优势。

单效氨-水吸收式制冷机是最常见的氨-水吸收式制冷机，图 3.21 所示为其循环示意图和产品，其工作流程如下。在吸收器(A)中氨水溶液吸收来自蒸发器(E)的氨蒸气成为浓溶液，溶液泵(P)将浓溶液从吸收器(A)经溶液换热器(SHX)提升到发生器(G)，溶液的压力从蒸发压力相应地提高到冷凝压力。在发生器(G)中，溶液被加热释放出蒸气，流出发生器(G)的稀溶液经溶液换热器(SHX)回到吸收器(A)。来自发生器(G)的蒸气在精馏器(R)中被提纯为氨蒸气，氨蒸气在冷凝器(C)中冷凝成氨液，氨液经预冷器(PC)和节流元件(V)降压后进入蒸发器(E)制冷，同时产生氨蒸气，氨蒸气经预冷器(PC)进入吸收器(A)，这样完成了氨水吸收式制冷循环。上述吸收、发生、精馏、冷凝、预冷、蒸发和回热过程构成了单效氨-水吸收式制冷循环。值得注意的是，氨-水系统和溴化锂-水系统对于浓溶液和稀溶液的常用描述是不同的，氨-水系统中的浓溶液是指含氨(制冷剂)量高的溶液，而溴化锂-水系统中的浓溶液是指含溴化锂(吸收剂)量高的溶液，因此氨-水吸收式制冷中吸收器出口的溶液为浓溶液。

单效氨-水吸收式制冷机的性能受制于氨-水工质对物性，在相同条件下，其效率低于单效溴化锂-水吸收式制冷机，主要原因为：①氨-水工质对中氨和水的沸点接近，发生过程产生的蒸气同时包含氨和水，需要增加一个精馏装置提升发生过程产生的蒸气的氨浓度；②氨的潜热大约是水的一半，制冷量相同时，氨-水的循环速率是溴化锂-水的两倍，高循环速率使溶液在发生器内的预热需要消耗更多的热量，降低了循环效率；③氨的比热容也是水的一半，在换热量相同的情况下，氨水溶液的温度变化幅度要大于溴化锂水溶液。

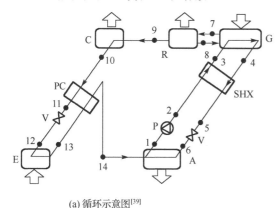

(a) 循环示意图[39]

(b) 制冷机产品

图 3.21　单效氨-水吸收式制冷

提高单效氨-水吸收式制冷机组效率的途径包括精馏器余热回收和冷凝器预冷两种：①由于氨-水工质对的吸收剂为水，水会随制冷剂氨一起挥发，因此发生器产生的氨蒸气中含有 5%~10%的水，为了提高氨蒸气的纯度，需要进行精馏，而这部分精馏热可用来加热浓溶液；②蒸发器中产生的制冷剂蒸气的温度仍然较低，远低于冷凝器中液态制冷剂的温度，因此可将制冷剂蒸气从蒸发器中分离出来对冷凝器出口的制冷剂进行预冷，图 3.21 所示的流程中也设置了该预冷器。

通过建立数学模型可以计算出单效氨-水吸收式制冷机各状态点参数和机组性能，在考虑质量平衡方程、能量平衡方程和工质热物性时可以得到不包含外部热源参数的简化数学模型。在如表 3.6 所示的设计工况下，基于以下假设可对氨-水吸收式制冷机的状态点参数进行求解：①循环处于稳态运行；②工质除通过膨胀阀和泵以外，无压力变化；③状态点 1、4、8、10、13 为饱和状态；④状态点 7 和 14 为饱和蒸气；⑤节流过程绝热，工质经过泵加压看作等熵过程；⑥发生器中气液平衡；⑦溶液换热器(SHX)和预冷器(PC)的热效率分别为 0.692 和 0.629。计算结果如表 3.7 所示，其中的状态点与图 3.21 一一对应。

表 3.6　单效氨-水吸收式制冷机组设计参数示例[40]

输入参数	变量	值
制冷量	Q_{evap}	1760kW
高压侧压力	p_{high}	1461kPa
低压侧压力	p_{low}	515kPa
吸收器出口温度	t_1	40.6℃
发生器出口温度	t_4	95℃

续表

输入参数	变量	值
精馏器蒸气出口温度	t_9	55℃
溶液换热器热效率	ε_{SHX}	0.692
预冷器热效率	ε_{PC}	0.629

表 3.7　单效氨-水吸收式制冷机组运行状态参数示例[40]

状态点	$t/℃$	p/kPa	$\zeta/\%$	$m/(kg/s)$	$h/(kJ/kg)$
1	40.56	515	50.094	10.65	−57.2
2	40.84	1461	50.094	10.65	−56.0
3	78.21	1461	50.094	10.65	89.6
4	95.00	1461	41.612	9.09	195.1
5	57.52	1461	41.612	9.09	24.6
6	55.55	515	41.612	9.09	24.6
7	79.15	1461	99.809	1.59	1429.0
8	79.15	1461	50.094	0.04	120.4
9	55.00	1461	99.809	1.55	1349.0
10	37.82	1461	99.809	1.55	178.3
11	17.80	1461	99.809	1.55	82.1
12	5.06	515	99.809	1.55	82.1
13	6.00	515	99.809	1.55	1216.0
14	30.57	515	99.809	1.55	1313.0
Q_G=3083kW		Q_A=2869kW		Q_C=1862.2kW	
Q_E=1760kW		Q_{SHX}=1550kW		Q_{PC}=149kW	
Q_R=170kW		W_P=12.4kW		COP=0.571	

　　根据氨-水吸收式制冷系统与溴化锂-水吸收式制冷系统的参数对比可知：①氨-水吸收式制冷系统最高压力为 1461kPa，而溴化锂-水吸收式制冷系统最高压力仅为 7.347kPa，氨-水吸收式制冷系统的运行压力要高得多；②氨-水吸收式制冷系统在制冷量为 1760kW 时泵功耗为 12.4kW，而溴化锂-水吸收式制冷系统中 10.574kW 的制冷量仅需 0.000206kW 的泵功，氨-水吸收式制冷系统单位制冷量的泵功耗是溴化锂-水吸收式制冷系统的 362 倍；③预冷器回收余热 149kW，占总制冷量的 8.5%；④在发生温度和蒸发温度分别为 95℃和 6℃时，氨-水吸收式制冷系统的 COP 为 0.571，低于相同温度下溴化锂-水系统的 COP。

　　在上述单效氨-水吸收式制冷机组中，精馏热往往通过冷却水排放到环境中，造成了热量的浪费，事实上精馏热的温度比吸收器出口的溶液温度高，因此利用精馏热对吸收器出口的溶液进行预热可以实现对精馏热的再利用。图 3.22 给出了带精馏热回收的单效氨-水吸收式制冷机组的循环示意图,该循环中吸收器(A)出来的浓溶液经泵(P)加压后依次经过精馏器(R)、溶液换热器(SHX)和发生器(G),其他流程与单效氨-水吸收式制冷机组相同,浓溶液在经过精馏器和溶液换热器被预热后可以减少在发生过程中对外界热输入的需求,从而提升效率。

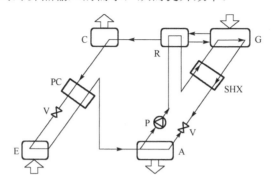

图 3.22　带精馏热回收的单效氨-水吸收式制冷机组循环示意图[39]

3.3.3.6　GAX 氨-水吸收式制冷系统

在氨-水吸收式制冷系统中,当热源温度升高时,发生器出口的稀溶液浓度变低,但吸收器出口的浓溶液浓度不变,造成发生器和吸收器的浓度滑移和进出口温差拉大,并在吸收器和发生器之间形成温度重叠,此时可以回收高温部分的吸收热用于低温部分发生过程,减少发生过程对于外热源的依赖并提高效率。这种循环称为发生器吸收器热交换(GAX)吸收式循环,图 3.23 为 GAX 氨-水吸收式制冷循环示意图。溶液依次经过吸收器(A)、GAX 发生器(GAX-G)、发生器(G)和 GAX 吸收器(GAX-A)后,再返回吸收器。发生器由热源驱动,GAX 发生器由 GAX 吸收器释放的吸收热驱动。发生器和 GAX 发生器产生的制冷剂蒸气都进入冷凝器(C)冷凝,然后进入蒸发器(E)蒸发并提供冷能,但 GAX 发生器并不消耗外部输入热量,在这种情况下对于吸收热的内部回收增加了系统效率。

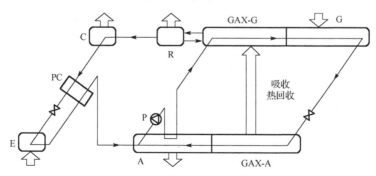

图 3.23　GAX 氨-水吸收式制冷循环示意图[39]

针对 GAX 氨-水吸收式制冷循环进行模型求解可以对该循环的效率提升属性获得更加直观的对比。根据以下假设条件：①发生器和精馏器出口制冷剂为饱和蒸气；②经过精馏器后制冷剂中氨的纯度达到 0.995；③泵效率为 0.5，预冷器热效率为 0.8；④在进入发生器前，浓溶液在吸收器中预热且换热温差接近 0℃，在发生温度和蒸发温度分别为 163.3℃ 和 5℃ 时进行性能计算，GAX 氨-水吸收式制冷循环的 COP 为 1.11，而没有吸收热回收的情况下循环 COP 仅为 0.57。

GAX 氨-水吸收式制冷循环的温度重叠区间和循环 COP 会随发生温度的变化而变化。热源温度与冷却温度差越大，发生器与吸收器的温度重叠范围越大，对吸收热的回收就可以做得越充分，从而达到越高的系统效率。为了达到这种吸收热回收，循环的浓度变化区间较大，在这种情况下溴化锂-水工质对存在结晶风险而不适合用于 GAX 循环。

GAX 循环在实际运行中，吸收器热回收部分(GAX 吸收器)的溶液浓度始终高于发生器热回收部分(GAX 发生器)的浓度，这导致换热量相同时 GAX 吸收器中的温度滑移范围更大，因此 GAX 吸收器的放热能力要弱于 GAX 发生器的吸热能力，并导致吸收发生热回收不能进行最优化。为改善 GAX 吸收器与 GAX 发生器之间的热耦合，研究人员提出了带有支路的 GAX 循环，如图 3.24 所示。在带支路的 GAX 循环中，由吸收器进入发生器的溶液分为两个支路，两支路中溶液浓度不同，流量由两个溶液泵单独控制。当泵 P1 的流量增大时，GAX 吸收器热负荷增加，GAX 发生器热负荷减少，并可通过调节两条支路的流量来实现 GAX 循环热耦合优化，该循环在实际运行中的 COP 更高。

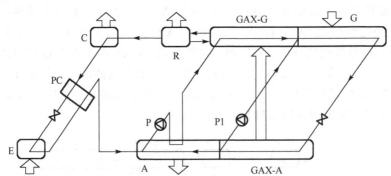

图 3.24　带支路的 GAX 氨-水吸收式制冷循环示意图[39]

3.3.4　吸收式热泵系统

吸收式热泵可以分为第一类吸收式热泵和第二类吸收式热泵，其中第一类吸收式热泵与吸收式制冷的循环结构相同，仅在利用场景上有所不同；第二类吸收式热泵与吸收式制冷的循环方式有所不同，但所涉及的原理和设计方法都是相通的，因此本节将重点介绍吸收式热泵对于余热的利用方式和流程，原理和设计方法可参考吸收式制冷部分内容，本节不再赘述。

3.3.4.1　第一类吸收式热泵系统

单效第一类吸收式热泵是最简单的第一类吸收式热泵，其应用于余热回收的原理及热泵产品如图 3.25 所示。单效第一类吸收式热泵与单效吸收式制冷机的循环原理相同，都由高温热源驱动溶液发生过程，具体内部流程和计算方法可参照对于单效溴化锂-水吸收式制冷机和氨-水吸收式制冷机的描述。单效第一类吸收式热泵与单效吸收式制冷机的不同之处在于：吸收式热泵中所需要的是来自冷凝过程和吸收过程的热输出，蒸发过程是用来回收低温余热的；吸收式制冷机需要的是蒸发过程所输出的冷量，而冷凝热和吸收热被排放到环境中。通过以上的流程，第一类吸收式热泵可以在一份高温热输入(发生热)的驱动下产生两份中温热输出(冷凝热和吸收热)，从而达到热能增量的目的，循环 COP 定义为(冷凝热输出+吸收热输出)/发生热输入。

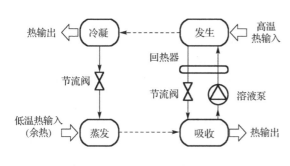

(a) 余热回收原理[41]　　　　　　　　　　　　　　(b) 热泵产品

图 3.25　单效第一类吸收式热泵

由于余热的温度往往高于 0℃，第一类吸收式热泵的蒸发器工作温度高于 0℃，在这种工况下溴化锂-水吸收式热泵的效率更高，因此进行工业余热回收的第一类吸收式热泵以溴化锂-水吸收式热泵为主，采用溴化锂-水为工质对的单效第一类吸收式热泵循环的 COP 通常可以达到 1.7 左右，并可以达到 40℃左右的温度提升效果。

与吸收式制冷循环类似，第一类吸收式热泵也可以采用多种不同循环满足不同工况的需求。由于第一类吸收式热泵追求的是对热能的增量效应，因此具有通过循环改进追求更高效率的需求，同时这些循环也需要更高的驱动热源温度。如图 3.26 所示，双效第一类吸收式热泵循环是高效第一类吸收式热泵循环的典型技术，该循环与双效吸收式制冷循环结构相同，适合采用溴化锂-水为工质对。循环依靠高温输入驱动，热输出来自低压冷凝过程和吸收过程释放的热量，并通过蒸发过程从余热中吸取低温热量,其理论 COP 可以达到 2.4～2.6(取决于具体工况参数)。根据文献中的数据,在高温热源、中温热源和低温热源分别为 165℃、60℃ 和 36℃ 时,循环的 COP 可达到约 2.6。

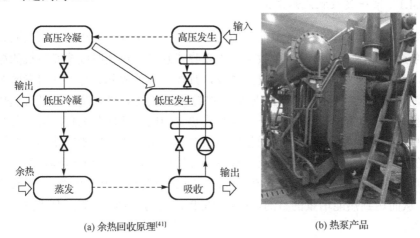

(a) 余热回收原理[41]　　　　　　　　　　(b) 热泵产品

图 3.26　双效第一类吸收式热泵

　　理论上讲,GAX 氨-水吸收式热泵循环也可以作为高效第一类吸收式热泵循环的优良选项,其具有效率高且效率可随热源温度变化的优点,在回收温度不稳定的工业余热时具有优势。与 GAX 氨-水吸收式制冷循环相同,GAX 氨-水吸收式热泵循环吸收过程的高温段热量用于发生过程低温段,因此循环的热输出来自冷凝过程和吸收过程的低温段,此外同样需要通过蒸发过程从余热中吸取低温热量。近年来,GAX 氨-水吸收式热泵也逐渐开始推广应用于太阳能采暖和燃气驱动的北方煤改气采暖,效果理想且机组不受低环境温度影响,但目前应用于工业余热回收的案例仍然较少。

3.3.4.2　第二类吸收式热泵系统

　　图 3.27 所示为单效第二类吸收式热泵的余热回收原理以及采用溴化锂-水为工质对的第二类吸收式热泵产品。它由中温热源驱动,向高温热源和低温热源释放热量,通常情况下低温热源、中温热源和高温热源分布为环境、余热和输出。由于输出热量的温度高于输入热量的温度,所以这种循环称为升温型吸收式热泵循环或吸收式热变温器。在第二类吸收式热泵循环中,外界热输入一方面驱动蒸发过程并产生制冷剂蒸气,另一方面驱动发生过程产生浓缩的溶液,浓缩的溶液经过溶液泵加压并经过回热器预热后进入吸收器,并吸收蒸发过程产生的制冷剂蒸气,从而释放高温热输出。除了这个过程外,吸收过程产生的稀释溶液回到发生过程,而发生过程除了产生浓缩溶液外还产生制冷剂蒸气,这部分制冷剂蒸气进入冷凝器被环境冷却变为液体制冷剂,并被冷剂泵送入蒸发器以保持循环的连续运行。

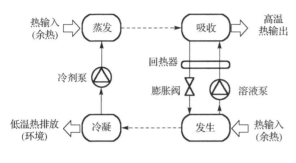

(a) 余热回收原理[41]　　　　　　　　　　　(b) 热泵产品

图 3.27　单效第二类吸收式热泵

　　第二类吸收式热泵循环与第一类吸收式热泵循环和吸收式制冷循环的不同之处在于发生—冷凝过程的压力低于吸收—蒸发过程，因此吸收过程可以释放高温热输出；此外制冷剂从冷凝到蒸发的过程也由节流变为加压。第二类吸收式热泵的 COP 一般定义为吸收热输出/(发生热输入+蒸发热输入)。目前，第二类吸收式热泵多采用溴化锂-水作为工质对，一方面原因在于氨-水工质对的工作压力在制冷工况已经属于高压，当用于温度更高的热泵工况后压力会继续增加；另一方面原因在于在温度较高的热泵工况下，溴化锂-水热泵系统的效率普遍更高。采用溴化锂-水为工质对的单效第二类吸收式热泵的 COP 通常可以达到 0.35~0.4。

　　第二类吸收式热泵的作用主要是提升热能的温度，提升其温升能力尤为重要，图 3.28(a)所示是为了达到大温升而设计的一种两级第二类吸收式热泵循环，该循环的发生器 G 和低压蒸发器 LPE 吸收外界热量输入，冷凝器 C 向环境释放冷凝热，低压发生器 LPA 产生的热量输出用于高压蒸发器 HPE 的蒸发，并最终通过高压吸收器 HPA 再次将输出热量的温度提升。从另一个角度看，这个循环也可以看作 G—C—LPE—LPA 的低温第二类吸收式热泵循环由外界热源加热 G 和 LPE，最后从 LPA 进行热量输出；而 G—C—HPE—HPA 的高温第二类吸收式热泵循环由外界热源加热 G 并由 LPA 输出的热量加热 HPE，最后从 HPA 进行热量输出。采用溴化锂-水为工质对的循环中，蒸发温度和发生温度为 70℃(输入热源)、冷凝温度为 20℃(环境热源)、输出温度为 130~170℃(输出高温热源)时，并联流程和串并联结合流程的 COP 可以达到 0.27~0.32。在蒸发温度和发生温度为 70℃、冷凝温度为 20~35℃、输出温度为 120~200℃时，串联流程的 COP 可达到 0.24~0.32。第二类吸收式热泵也可以采用如图 3.28(b)所示的双效循环，该循环针对温度提升要求不高的场景可以达到更高的效率，主要部件包括低压发生器 LPG、低压冷凝器 LPC、高压发生器 HPG、高压冷凝器 HPC、吸收器 A 和蒸发器 E，其 COP 一般在 0.5~0.6。

　　除了以上涉及的用途、循环和工质对以外，吸收式机组还可以根据驱动热源、机组结构和筒体的布置方式等进行分类，表 3.8 给出了一个总结。

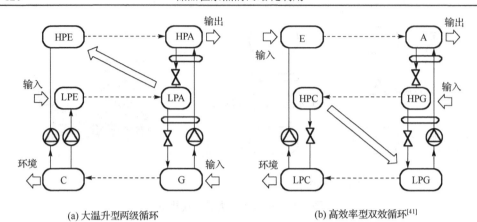

(a) 大温升型两级循环　　　　　　　　　　　(b) 高效率型双效循环[41]

图 3.28　两级第二类吸收式热泵循环

表 3.8　吸收式机组的种类[40]

分类方式	机组类型	分类依据、特点和应用
用途	制冷机组	供应 0℃以下冷量
	冷水机组	供应冷水
	冷热水机组	交替或同时供应冷水和热水
	热泵机组	向低温热源吸热，供应热水或蒸汽，或向空间供热
工质对	氨-水	采用氨-水工质对
	溴化锂-水	采用溴化锂-水工质对
	其他	采用其他工质对
驱动热源	蒸汽型	以蒸汽的潜热为驱动热源
	直燃型	以燃料的燃烧热为驱动热源
	热水型	以热水的显热为驱动热源
	余热型	以工业和生活余热为驱动热源
	其他	以其他类型的热源为驱动热源，如太阳能、地热能等
驱动热源的利用方式	单效	驱动热源在机组内被直接利用一次
	双效	驱动热源在机组内被直接和间接地二次利用
	多效	驱动热源在机组内被直接和间接地多次利用
	多级发生	驱动热源在多个压力不同的发生器内被多次直接利用
低温热源	水	以水冷却散热或作为热泵的低温热源
	空气	以空气冷却散热或作为热泵的低温热源
	余热	以各类余热作为热泵的低温热源
低温热源的利用方式	第一类热泵	向低温热源吸热，输出热的温度低于驱动热源
	第二类热泵	向低温热源吸热，输出热的温度高于驱动热源
机组结构	单筒	机组的主要热交换器布置在一个筒体内
	多筒	机组的主要热交换器布置在多个筒体内
筒体的布置方式	卧式	主要筒体的轴线按水平方向布置
	立式	主要筒体的轴线按垂直方向布置

3.3.5　吸收式制冷/热泵系统在余热回收中的应用

3.3.5.1　中温余热制冷型

吸收式制冷在余热回收中的常见形式是采用工业流程中高于 90℃的余热源进行驱动，产生的冷量用于工业流程中的冷却或厂房的空气调节，这样同时可以达到对余热源的冷却和冷量的输出，在减少冷量供应的能源消耗的同时，降低高温冷却需求。这种流程常用于化工行业的氮肥生产工艺、生化行业的乙醇生产工艺、光伏行业的多晶硅工艺和纺织行业的聚酯化纤生产工艺等。

图 3.29 所示为双良节能系统股份有限公司针对山东瑞星化工有限公司的余热回收改造，该项目的制冷量达到了 4070kW。氮肥企业生产工艺中合成氨以及尿

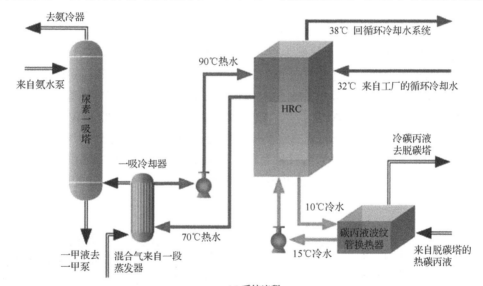

(a) 系统流程

(b) 应用场景

图 3.29　氮肥生产流程中的余热回收吸收式制冷

素合成过程都是放热反应,都会产生大量的余热,目前行业内已采用余热锅炉和热交换器回收了部分高温废热。而部分中低温余热由于热品位较低没有得到有效利用,例如,尿素一吸塔的热脱盐水以及尿素加热段和蒸发分离段产生的蒸汽凝水都在90℃以上,可以作为吸收式制冷机组的驱动热源用于制取冷水。合成氨和尿素生产过程中,在半水煤气冷却、氨分离以及碳吸收液冷却等工艺中都需要大量的低温冷水,利用工艺系统的余热,通过吸收式制冷机组技术获得低温冷水,不但满足了生产工艺的需要,提高了企业生产能力,还大幅度降低了冰机(氨压缩制冷机)的电能消耗,实现氮肥企业的节能降耗。

3.3.5.2   低温余热提升型

第一类吸收式热泵的目的主要在于回收低温余热和热能增量,其热输出温度不高,且一般需要蒸汽等作为驱动热源,因此第一类吸收式热泵较多地应用于回收含湿热空气或冷凝水等形式的余热,热输出多应用于供热、生活热水供应或工业流程的预热。如图 3.30 所示,本案例来自于国际能源署(IEA)热泵中心的报道,是吸收式热泵应用于奥地利一家生物质能电站,该电站的蒸汽轮机同时通过蒸汽管网向公司提供工业蒸汽。该电站采用 77%的木材和 23%的内部加工残留物作为燃料,可提供 5MW 的电量输出和 30MW 的热输出。本案例中用了容量为 7.5MW 的吸收式热泵回收烟气中的余热,当吸收式热泵蒸发温度低于 50℃时即可达到烟气露点温度并从烟气中回收水的冷凝热。吸收式热泵的驱动热源来自蒸汽轮机中温度为 165℃的蒸汽,并向区域供暖提供 95℃的热输出。本案例中机组运行了 37000h,并达到了1.6 的平均 COP[7]。

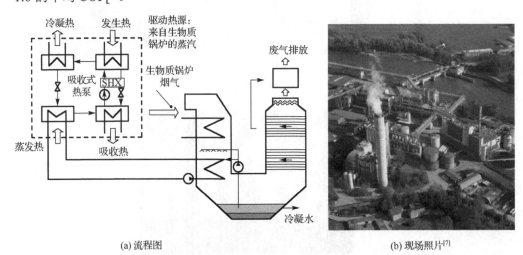

(a) 流程图   (b) 现场照片[7]

图 3.30   第一类吸收式热泵回收生物质能电站烟气余热案例

3.3.5.3　中温余热提升型

第二类吸收式热泵由于具有较强的温度提升能力，且输出温度高，可以和很多工业流程结合起来。国内最早的第二类吸收热泵工业应用案例位于中国石化燕山石化公司(以下简称燕山石化)。在该案例中吸收式热泵回收来自合成橡胶凝聚釜的蒸汽和有机气体混合物余热，温度约为 98℃；吸收式热泵的热输出用于把凝结器出口的水从 95℃加热到 110℃并返回凝结器。案例中的第二类吸收式热泵也采用溴化锂-水作为工质对，额定输出为 5000kW，在 25℃的温度提升工况下的 COP 可以达到0.47，投资回收期约为 2 年[44]。

余热回收并应用于工业流程具有显著的节能属性并可以带来可观的经济效益，此外，与工业流程结合的工业余热回收还具有可复制的特性。图 3.31 所示为双良节能系统股份有限公司的第二类吸收式热泵应用于橡胶合成的工业案例，该项目和燕山石化的案例相似，凝聚釜顶部产生的温度约为 96.5℃的热气需要被冷却从而回收其中温度约为 80℃的冷凝水，另外凝聚釜底部需要 102.5℃的热输入，这部分热输入原本需要消耗蒸汽。如果采用第二类吸收式热泵回收凝聚釜顶部气体释放的冷凝热，并为凝聚釜底部提供高温热输入，就可以达到节省蒸汽的目的。经过第二类吸收式热泵余热回收改造后，该项目每年可省 42400t 蒸汽输入。

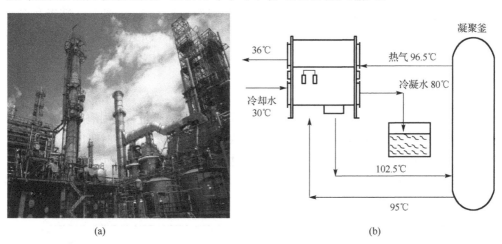

(a)　　　　　　　　　　　　　　　　(b)

图 3.31　第二类吸收式热泵回收橡胶合成流程余热案例

3.3.6　总结与展望

现阶段基于常规流程的吸收式热泵的应用已经逐渐成熟，第一类、第二类吸收式热泵和单效、双效、两级等多种流程均可以满足余热回收的基本需求。此外，从本节提供的吸收式热泵应用于余热回收的案例可以看出，目前吸收式热泵已经在工业余热回收中广泛使用，并且具有多种不同循环流程可供选择，一些具体实施的案例也具有可观的经济和环境效益，验证了吸收式热泵用于工业余热回收的可行性。

　　虽然基于吸收式热泵的余热回收已经具备技术可行性并具有显著的节能环保特性，但其进一步推广仍然依赖于系统的经济性，因此结合余热回收的实际场景进一步提升吸收式热泵效率、适应性和整个余热回收系统的能量回收效率是进一步推广吸收式热泵的关键。在未来，结合实际余热回收场景进行带有热能转换的复杂余热换热网络优化以及因地制宜地开发多种先进吸收式热泵技术仍然是需要高校和企业共同努力的方向。

3.4　余热利用的吸附式制冷/热泵技术

　　吸附式制冷/热泵技术也是一种热驱动技术，其系统的运行原理与吸收式制冷/热泵（图 3.12）类似。与蒸气压缩式技术相比，吸附式制冷/热泵无须电能驱动，而往往采用低品位余热驱动，具有结构简单、无运动部件的优点，从而噪声低、抗震性好、寿命长[45]。虽然目前吸附式系统的性能一般低于压缩式系统，但综合考虑一次能源利用效率及发电效率，两者的性能在同一数量级。不过，制取同样的冷量，吸附式系统的体积和重量均大于压缩式系统。吸收式系统利用液体溶液对气体制冷剂的吸收促成制冷剂的蒸发，产生制冷效果，而在吸附式系统中液体溶液换成了固体吸附剂。两者都采用热源驱动，但吸附式系统无吸收式系统中的结晶、精馏和腐蚀等问题，亦无须价格昂贵的溶液泵，而且对液面的高低、倾斜要求不高，故能应用于震动、旋转、摇摆等场合。

3.4.1　工作原理

　　吸附式制冷/热泵的基本工作原理包括吸附过程和解吸过程，如图 3.32 所示。吸附过程中，固体吸附剂吸附制冷剂气体，使得制冷剂蒸发，同时吸附反应会产生吸附热，需要对吸附剂进行冷却。解吸过程时，固体吸附剂受热解吸出制冷剂气体，同时需要对制冷剂气体进行冷却，使其冷凝。吸附式制冷/热泵工作时，吸附过程和解吸过程不断交替进行。

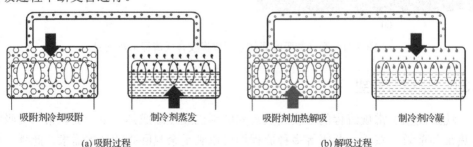

<table>
<tr><td>吸附剂冷却吸附</td><td>制冷剂蒸发</td><td>吸附剂加热解吸</td><td>制冷剂冷凝</td></tr>
<tr><td colspan="2" align="center">(a) 吸附过程</td><td colspan="2" align="center">(b) 解吸过程</td></tr>
</table>

图 3.32　吸附式制冷/热泵基本工作原理

吸附式制冷、第一类热泵和第二类热泵系统各反应过程与外界热源的对应关系如表 3.9 所示。

表 3.9　吸附式系统各反应过程与外界热源的对应关系

系统	吸附过程 (热量输出)	解吸过程 (热量输入)	蒸发过程 (热量输入)	冷凝过程 (热量输出)
吸附式制冷	环境热源	驱动热源	需求侧热源	环境热源
第一类热泵	需求侧热源	驱动热源	环境热源	需求侧热源
第二类热泵	需求侧热源	驱动热源	驱动热源	环境热源

3.4.2　吸附工质对

吸附工质对包含吸附剂和制冷剂(吸附质)两个部分。根据吸附质与吸附剂表面分子间结合力的性质,吸附反应分为物理吸附和化学吸附。物理吸附主要依靠吸附质和吸附剂间的范德瓦耳斯力(van der Walls force),化学吸附是吸附质和吸附剂以分子间的化学键结合为主的吸附,即吸附质与吸附剂间发生化学反应,在吸附过程中发生电子转移或原子重排以及化学键的断裂与形成等过程,在吸附剂固体表面与第一层吸附质之间形成化合物。根据吸附反应类型,吸附工质对可以分为物理吸附工质对、化学吸附工质对和复/混合吸附工质对。复/混合吸附工质对,即将化学吸附工质对与多孔介质混合,根据所采用的多孔介质是否会对吸附质产生复合吸附作用分为复合吸附剂和混合吸附剂,若发生了复合吸附作用则称为复合吸附剂,否则称为混合吸附剂。图 3.33 展示了常见的吸附工质对。

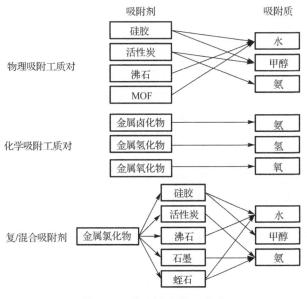

图 3.33　常见的吸附工质对

3.4.2.1　物理吸附工质对

常见的物理吸附剂主要有活性炭、硅胶、沸石和金属有机框架材料（metal-organic framework，MOF）。物理吸附工质对主要包括活性炭-甲醇、活性炭-氨、硅胶-水、沸石-水和 MOF-水。

1）活性炭-甲醇/氨

活性炭是一种广泛应用在气体污染物处理和污水处理的多孔材料，其大规模加工和使用可以追溯到 19 世纪。活性炭是将含碳物质碳化和烧结而制成的，加工原材料包括焦炭、椰子壳、坚果壳和木材等。活性炭一般是黑色的粉末或不规则颗粒，构成其骨架的微晶体是不规则排列的六元碳环，尺寸是 0.9nm×2.3nm。由于活性炭的原材料来自天然物质，一般具有微孔+介孔或微孔+介孔+大孔结构，比表面积可以达到 500~1500m^2/g。活性炭内部由许多形状不规则、大小不一的相互连通的孔道形成了复杂的网状结构，一般靠近表面的孔径较大，靠近中心的孔径较小。由于其表面的基团是非极性或弱极性的，因而其吸附热相对于其他吸附剂较低，吸附分子的解吸较为容易，再生时的能耗也相对较低。活性炭的亲水能力很差，适合吸附有机物，对应的吸附质主要是甲醇和氨。

活性炭吸附甲醇与吸附氨的机理基本相同，均为在微孔中凝聚充满制冷剂的过程。目前应用较为广泛的是活性炭-甲醇工质对，因为其吸附解吸量大，吸附热不太高，所需的解吸温度也较低，所以在太阳能吸附式制冷中使用得较多，然而由于其不适合高温以及甲醇有剧毒的缺点，目前其广泛推广受到人们的质疑。相对来说，活性炭-氨工质对系统压力较高，相对不怕振动，氨的制冷量大，更加可以适应较高的热源温度，然而缺点是氨具有毒性以及其循环吸附量较小。

2）硅胶-水

硅胶的化学式是 SiO$_2$·xH$_2$O，是一种常见的大量工业化干燥剂，常用作食品干燥剂和家用干燥剂等。用于吸附式系统的硅胶通常是 A 型细孔硅胶，为半透明的白色球形颗粒，粒径一般为 2.0~3.0mm，比表面积为 650~800m^2/g。硅胶是由硅原子和氧原子连接构成的。根据对硅胶与水分间作用力的研究，当发生单层吸附时，硅胶所吸附的水分子与硅醇羟基相连接；随着吸附过程的持续进行，新吸附的水分子与已经被吸附的水分子间通过氢键连接。

硅胶与水分子间的氢键的键能较小，故吸水后的硅胶可以在 65~100℃的温度下再生且吸附热较低，适用于低驱动热源温度的场合。但硅胶的再生温度不能太高，当其再生温度高于 120℃时，会使硅胶表面的单层硅醇羟基的水分蒸发掉，导致其丧失对水分子的吸附作用。同时在实际使用中，硅胶颗粒容易破碎成粉末，需注意其吸附重复性和结构稳定性。另外，硅胶-水工质对以水为制冷剂，故其制冷温度不能低于 0℃，且是负压系统，传质速度慢，循环时间长。

3）沸石-水

沸石是碱或碱土元素（钾、钠、钙等）的结晶态硅铝酸盐，可以用化学式 $M_{y/n}[(AlO_2)_y(SiO_2)_m]\cdot zH_2O$ 来表示，M 代表阳离子，m 表示 SiO_2 价态数，n 代表阳离子价态数，z 表示水合数，x 和 y 是整数。沸石是由许多多面体形状的晶胞单元组成的，常见的晶胞单元形状有立方体、六方柱和八面体等。这些晶胞单元由硅氧四面体和铝氧四面体组成。四面体只能以顶点相连，硅氧四面体通过共用的氧原子连接，而铝氧四面体本身不能相连，其间至少有一个硅氧四面体。目前在自然界中发现了四十多种天然沸石，人工合成的沸石有 150 多种。工业化生产的沸石可以分为三大类，即 A 型沸石、X 型沸石和 Y 型沸石。沸石具有微孔结构，同一种沸石具有单一均匀的孔径分布。

相比于硅胶，沸石-水工质对由于其分子间较强的作用力，故吸附热较大。同时，沸石的结构更加稳定，不易破碎，多次吸附之后，性能还保持稳定。吸附式系统开始最常采用沸石分子筛（13X 型），其比表面积与细孔硅胶相当，再生温度较高（150～300 ℃），因此其适用于热源温度更高的场合。为了满足低热源温度场合的使用需求，人们开发了低再生温度的新型类沸石材料，如磷酸铝沸石（AlPO）、磷酸硅铝分子筛（SAPO）、含铁沸石（FAPO）等，一般认为其再生温度比硅胶略低。并且这种类沸石材料等温吸附曲线呈现"S"形，因此其在低驱动热源温度条件下性能更优。

沸石-水工质对同样存在以水为制冷剂的吸附式系统的缺点，如制冷温度不能低于 0℃、传质速度慢、循环时间长等。

4）MOF-水

MOF 是由有机配体和金属离子或团簇通过配位键自组装形成的具有分子内孔隙的有机-无机杂化材料。MOF 中的有机配体和金属离子或团簇通过具有明显的方向性的排列，形成不同的框架孔隙结构，从而表现出不同的物理化学性质，如吸附性能、光学性质、电磁学性质等。因此 MOF 在诸多方面呈现出巨大的发展潜力和诱人的发展前景，近些年来也成为吸附材料的研究热点。

MOF 的比表面积比细孔硅胶和沸石大，一般可达 $1000\text{m}^2/\text{g}$ 以上[46]。常用于吸附式系统的 MOF 材料有 MOF-801、MIP-200、MIL-160 等。与新型类沸石材料类似，MOF 再生温度低，在低驱动热源温度条件下性能优越[47]。尽管 MOF 展现了优越的吸附性能，但其存在量产困难、价格高、结构稳定性差等缺点。

3.4.2.2　化学吸附工质对

相比于物理吸附工质对，化学吸附工质对往往具有更大的吸附量，从而可以有效减小吸附式制冷/热泵系统的体积。但化学吸附剂在多次吸附和解吸反应后会出现膨胀、结块现象，导致其传热传质性能变差。根据吸附剂的种类，化学吸附工质对可以分为金属卤（以氯、溴为主）化物-氨、金属氢化物-氢以及金属氧化物-氧三种主要的吸附工质对。考虑到安全性和沸点温度，氢和氧作为制冷剂在吸附式制冷/热泵系统中使用得较少。

1) 金属卤化物-氨工质对

金属卤化物-氨工质对以金属氯化物-氨工质对和金属溴化物-氨工质对为主。以金属氯化物-氨工质对为例，其利用金属氯化物与氨之间的络合反应及其可逆反应来进行吸附和解吸过程。常见的应用于吸附式制冷/热泵系统的金属氯化物有氯化钙、氯化锰、氯化钡等。金属氯化物与氨反应可以用以下化学反应式来表示[M 代表金属阳离子，X 代表氯(Cl)，x 表示其价态数，m 和 n 是整数，Q 表示热量]:

$$\mathrm{MX}_x \cdot m\mathrm{NH}_3(s) + n\mathrm{NH}_3(g) \longrightarrow \mathrm{MX}_x \cdot (m+n)\mathrm{NH}_3(s) + Q \text{（吸附反应）}$$

$$\mathrm{MX}_x \cdot (m+n)\mathrm{NH}_3(s) + Q \longrightarrow \mathrm{MX}_x \cdot m\mathrm{NH}_3(s) + n\mathrm{NH}_3(g) \text{（解吸反应）}$$

金属氯化物在与氨发生络合过程时会形成正十二面体构型的 $\mathrm{sp}^3\mathrm{d}^4$ 的杂化，根据晶体场理论，这会给配合物带来额外的稳定化能量，称为晶体场稳定化能，从而产生中心离子与周围配合物附加成键效应。配合物的稳定性是金属氯化物-氨工质对所要考察的重要的因素，不同条件不同金属氯化物形成的配合物所表现的稳定性不同。过渡金属与非过渡金属所形成的配合物的稳定性差异较大，前者更容易生成稳定的配合物。另外，稳定性的另一个影响因素是金属离子的电荷，高价金属离子形成的配合物相对来说稳定性更高。外界因素中，温度和压力也会影响到配合物的稳定性。对于放热的配合反应，稳定性随温度的升高而降低，对于吸热的配合反应，稳定性随温度的升高而升高。相对于温度来说，压力对于稳定性的影响不大，除非达到很高的压力，这种影响才不可忽略不计。例如，当压力从 0.1atm 升高到 2000atm 时，FeCl^+ 的不稳定常数升高约 20 倍。

2) 金属氢化物-氢工质对

氢的化合物大致可分为盐型氢化物、金属氢化物、共价键高聚合型氢化物以及分子型氢化物四种，其中应用于吸附式制冷中的主要为盐型氢化物和金属氢化物，并且与氢构成吸附工质对。金属氢化物-氢工质对依靠金属氢化物分解过程中的吸热过程来制冷。常温常压下，金属与氢不发生反应，但在特定的温度下，氢会被金属吸收，该温度称为"打开温度"。不同的金属氢化物，其"打开温度"和分解温度各不相同，金属氢化物-氢工质对能够在 $-100\sim500℃$ 的范围内适用，且反应速率快，反应热大，可减小吸附器体积，这是金属氢化物-氢工质对系统的优点。然而由于吸附剂通常为稀有金属，价格较高，因此该工质对并没有在吸附式制冷中广泛应用。

3) 金属氧化物-氧工质对

吸附式制冷中，金属氧化物-氧工质对的应用并不广泛，研究也并不多，较常应用于化学吸附式热泵，或是以获得 120K 低温为目的的吸附式制冷机中。

3.4.2.3　复/混合吸附剂

复/混合吸附剂是为了解决单一物理或化学吸附剂的缺点而提出来的。在吸附式制冷/热泵中，复/混合吸附剂选用的化学吸附剂通常为金属卤化物，多孔介质则有硅胶、活性炭、沸石、石墨、蛭石等。如果多孔介质是石墨类不参与吸附的介质，则这类吸附剂可以看作混合吸附剂；如果是物理吸附多孔介质与化学吸附剂掺混同时参与吸附反应，这类吸附剂可以称为复合吸附剂，将化学吸附剂注入物理吸附剂孔中实现吸附改性，所形成的复合吸附剂往往具备物理吸附与化学吸附的双重优势。复/混合吸附剂对应的制冷剂可为水、甲醇和氨，其中氨较为常见。目前复/混合吸附剂的制备方法主要有三种。

(1)简混，即按一定比例将化学吸附剂与多孔介质直接混合，多用于粉末状多孔介质场合。但这种方法难以将吸附剂进行充分混合。

(2)浸渍，其方法一般是将化学吸附剂(如氯化锂、氯化钙)溶于水形成水溶液，然后将多孔介质浸渍到溶液中并进行充分的混合，接着烘干浸渍后的混合物，此时化学吸附剂会附着在多孔介质的微孔表面或者被注入吸附剂多孔结构中。加热烘干后可以获得干燥的复/混合吸附剂。多孔介质丰富的微孔可提供良好的传质通道，因此，这种方法特别适合于低蒸发压力的制冷剂，如水和甲醇。

(3)固化，其方法一般是先将化学吸附剂、多孔介质、水以及黏结剂按一定比例配好，然后利用模具压制，形成固化吸附剂。这种方法制备的混/复合吸附剂可有效减少吸附剂内部以及其与传热表面的接触热阻，提升传热能力，但会增大制冷剂传质阻力，故适合于高蒸发压力的制冷剂，如氨等。

复/混合吸附剂有效改进了化学吸附剂和物理吸附剂的缺点，在保证较大吸附量前提下，可以提高传热传质效率。然而其制备过程较为复杂，无论制备环节中的哪一步出现问题，如配制比例选择错误、多孔介质选择不当，都可能导致吸附剂的单位质量制冷量和吸附稳定性降低。

3.4.3　吸附式制冷/热泵循环

3.4.3.1　间歇式基本型吸附式循环

间歇式基本型吸附式循环内不能同时进行吸附和解吸过程，使得制冷/热泵输出具有间歇性。因此其适用于有间歇性冷/热需求和驱动热量供应的场合，如太阳能制冷。图 3.34 为间歇式基本型吸附式循环的一种典型系统结构及其物理吸附的Clapeyron 图。如图 3.34(a)所示，系统主要由一个吸附床、一个冷凝器、一个储液器、一个蒸发器和若干阀门组成。

循环过程可以在 Clapeyron 图进行描述。图 3.34(b)为物理吸附的间歇式基本型吸附式循环的 Clapeyron 图。循环包括 4 个工作过程：1—2 为预热过程；2—3 为加热解吸过程；3—4 为预冷过程；4—1 为冷却吸附过程。图中 T_{a1} 和 T_{a2} 分别为吸附初始温度和吸附终了温度；T_{g1} 和 T_{g2} 分别为解吸初始温度和解吸终了温度；T_e 和 T_c 分别是蒸发温度和冷凝温度；P_e 和 P_c 分别是 T_e 和 T_c 对应的饱和压力。具体的循环过程如下。

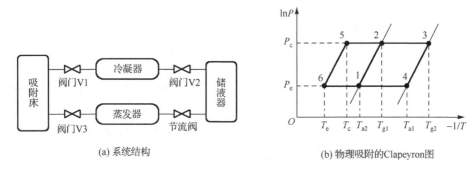

(a) 系统结构　　　　　　　　　(b) 物理吸附的Clapeyron图

图 3.34　间歇式基本型吸附式循环

1—2：所有阀门关闭，对吸附床进行加热，使得温度由 T_{a2} 上升到 T_{g1}，同时，吸附床内的压力也由 P_e 上升到 P_c。一般认为在压力达到 P_c 之前解吸并未发生，仅为预热阶段，此时吸附床内可视为等容加热过程(温度沿等吸附量线上升)。另外，由于吸附床微孔内的制冷剂气体质量相比制冷剂来说非常小，因此制冷剂气体吸收的显热基本可以忽略不计。

2—3：继续对吸附床进行加热，打开阀门 V1 和 V2。吸附剂继续受热温度继续升高，达到解吸终了温度 T_{g2}。吸附床内被吸附的制冷剂沿着压力为 P_c 的等压线被解吸出来，与此同时，被解吸出的制冷剂气体在冷凝器内遇冷冷凝(过程 2—5)，制冷剂凝液存放在储液器内。

3—4：解吸完毕后，关闭阀门 V1 和 V2，并对吸附床进行冷却。吸附床温度降低，从 T_{g2} 降低到 T_{a1}，与此同时由于温度的降低，吸附床内压力下降，由 P_c 降低到 P_e。此过程也可视为等容冷却过程(温度沿等吸附量线下降)，未伴随有吸附现象的发生。

4—1：继续对吸附床进行冷却，并打开节流阀和阀门 V3。吸附剂继续冷却直到达到 T_{a2}，与此同时，吸附剂沿着压力为 P_e 的等压线吸附从蒸发器蒸发出来的制冷剂气体(过程 6—1)。储液器的制冷剂液体经过节流(过程 5—6)后，在蒸发器内蒸发。整个循环过程完成，吸附床回到状态 1，并开始准备下一轮的循环过程。

3.4.3.2　连续式基本型吸附式循环

与间歇式基本型吸附式循环不同，连续式基本型吸附式循环需要两个或者多个吸附床。在间歇式基本型吸附式循环中，由于只有一个吸附床，加热解吸和冷却吸附过程是交替进行的，无法连续发生，因此制冷过程也是间断的。而连续式基本型吸附式循环中，由于可以采用多个吸附床，则此时可以保证每个时间段至少有一个吸附床在进行冷却吸附过程，以此来达到连续制冷的目的。

根据最佳解吸时间和最佳吸附时间，可以选择对应的数量合适的吸附床系统，如两床操作系统适用于两者时间相差不大的情况，而多床操作系统对应于最佳解吸时间和最佳吸附时间相差较大的系统，如当吸附时间是解吸时间的两倍时，可采用三床系统，一床吸附时另外两床依次解吸。以两床系统为例来说明连续式基本型吸附式循环的过程，图 3.35 为其典型系统结构形式。当吸附床 A 内发生加热解吸时，阀门 V1 打开，制冷剂进入冷凝器冷凝，同时吸附床 B 发生冷却吸附，阀门 V4 打开，在吸附作用下，蒸发器内的制冷剂液体蒸发制冷。从而整个吸附过程和解吸过程同时进行，制冷过程能够不间断地连续发生。间歇式与连续式基本型吸附式循环在 Clapeyron 图中的循环过程是一样的，因此可直接参考图 3.34(b)。

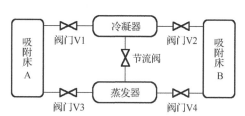

图 3.35　连续式基本型吸附式循环系统结构

3.4.3.3　基本型循环热力计算与分析

如图 3.34(b)所示，基本型循环涉及 7 种热量，分述如下。

(1) Q_h 为吸附床等容升压过程中吸收的显热(过程 1—2)：

$$Q_h = \int_{T_{a2}}^{T_{g1}} C_{vc}(T) M_c \mathrm{d}T + \int_{T_{a2}}^{T_{g1}} C_{va}(T) M_a \mathrm{d}T \tag{3-25}$$

式中，$C_{vc}(T)$ 为吸附剂比定容热容；$C_{va}(T)$ 为制冷剂比定容热容；M_a、M_c 分别为制冷剂和吸附剂的质量，其中，$M_a = X_{a2} \times M_c$，X_{a2} 为吸附终了的吸附量。式(3-25)等号右边的第一部分表示的是吸附剂显热，第二部分是制冷剂显热。

(2) Q_g 为脱附过程吸收的热量(过程 2—3)：

$$Q_g = \int_{T_{g1}}^{T_{g2}} C_{pc}(T) M_c \mathrm{d}T + \int_{T_{g1}}^{T_{g2}} C_{pa}(T) M_a \mathrm{d}T + \int_{T_{g1}}^{T_{g2}} M_c H_{des} \mathrm{d}x \tag{3-26}$$

式中，$C_{pc}(T)$ 为吸附剂比定压热容；$C_{pa}(T)$ 为制冷剂比定压热容；H_{des} 为脱附热。式(3-26)等号右边第一部分表示吸附剂显热，第二部分表示留在吸附床内的制冷剂的显热，最后一部分表示脱附所需热量。

(3) Q_c 为冷却吸附床带走的显热(过程 3—4)：

$$Q_c = \int_{T_{a1}}^{T_{g2}} C_{vc}(T) M_c \mathrm{d}T + \int_{T_{a1}}^{T_{g2}} C_{va(T)} M_a \mathrm{d}T \tag{3-27}$$

式(3-27)等号右边第一部分是吸附剂显热，第二部分是留在吸附床内的工质显热。

(4) Q_{ad} 为吸附过程中带走的热量(过程 4—1):

$$Q_{ad} = \int_{T_{a2}}^{T_{a1}} C_{pc}(T) M_c dT + \int_{T_{a2}}^{T_{a1}} C_{pa}(T) M_a dT + \int_{T_{a2}}^{T_{a1}} M_c H_{ads} dx - \int_{0}^{T_{a2}-T_e} C_{pag}(T) M_c \Delta x dT$$

(3-28)

式中,Δx 为温度从 T_{g1} 升至 T_{g2} 时吸附量的变化量,$\Delta x = X_{a2} - X_{g2}$,$X_{g2}$ 为脱附终了的吸附量;$C_{pag}(T)$ 为自由气态工质的比定压热容;H_{ads} 为吸附热。式(3-28)等号右边第一、二部分表示的是整个吸附床的显热,第三部分是吸附热,最后一部分为蒸发的工质气体升温至 T_{a2} 吸收的显热。

(5) Q_{ref} 为制冷量:

$$Q_{ref} = M_c L_e \Delta x$$

(3-29)

式中,L_e 为汽化潜热。

(6) Q_{cond} 为冷凝过程放出的热量(过程 2—5):

$$Q_{cond} = M_c L_e \Delta x + \int_{T_{g1}}^{T_{g2}} C_{pag}(T) M_c \Delta x dT$$

(3-30)

式(3-30)等号右边第一部分是饱和汽化潜热,第二部分是工质在冷凝过程中放出的显热。

(7) Q_{co} 为液态制冷剂从 T_c 降至蒸发温度 T_e 放出的显热(过程 5—6):

$$Q_{co} = \int_{T_e}^{T_c} C_{vf}(T) M_c \Delta x dT$$

(3-31)

式中,$C_{vf}(T)$ 为液态制冷剂的比定容热容。

应当指出,上述公式是纯理论的,实际上由于工质物性复杂,且存在各种损失,精确地计算各种热量比较困难,但可以利用这些公式对循环进行分析,从理论上加以指导。

对循环的评价可以用 COP 表示,它在吸附式循环中的表达式为

$$COP = \frac{Q_{ref} - Q_{co}}{Q_h + Q_g} \approx \frac{Q_{ref}}{Q_{hg}}$$

(3-32)

式中,$Q_{hg} = Q_h + Q_g$ 为加热量。

根据 Dubinin-Astakhov 方程,可得 T_{g1} 与 T_c、T_e 和 T_{a2} 的关系式:

$$T_{g1} = T_c \cdot T_{a2}/T_e$$

(3-33)

同理,可得如下关系式:

$$T_{a1} = T_e \cdot T_{g2}/T_c$$

(3-34)

脱附热和吸附热可由 Clausius-Clapeyron 方程求得

$$H_{\text{des}} = R \cdot A \cdot \frac{T}{T_{\text{c}}}$$

$$H_{\text{ads}} = R \cdot A \cdot \frac{T}{T_{\text{e}}}$$

(3-35)

式中，T 为吸附剂温度；对于活性炭-甲醇和活性炭-氨等工质对，系数 A 分别为 4432K^{-1} 和 2823K^{-1}；R 为普适气体常数。

3.4.3.4　回热型吸附式循环

吸附式制冷循环的一个缺点是它的 COP 较低。因为吸附过程需要在较低温度下进行，而解吸过程需要在较高温度下进行，故吸附和解吸过程的切换使得大量的系统驱动热量耗散于吸附床显热的加热过程，所以吸附式制冷循环的 COP 较低。对于多床系统来说，可以通过引入热量回收使得吸附过程所释放的能量得以回收并运用于解吸过程中，从而减少解吸时所需的来自外界的热量，提高 COP。具有回热过程的吸附式循环有多种，但一般回热型吸附式循环是指双床回热循环。

图 3.36 为双床回热循环的一种典型系统结构及其物理吸附的 Clapeyron 图。如图 3.36 所示，相比于基本型循环，双床回热循环增加了一个换热流体回路将双床串联起来。该换热流体回路在吸附（解吸）结束之后进行工作，将预冷和吸附过程需要排放的部分热量，用于预热和解吸过程，从而节省驱动热源的热量输入，进而提升吸附式循环的性能。

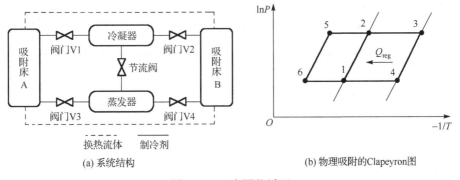

(a) 系统结构　　　　　　　　　　　(b) 物理吸附的Clapeyron图

图 3.36　双床回热循环

3.4.3.5　回质循环

相比两床连续式基本型吸附式循环，回质循环增加了一个回质的过程。在连续式基本型吸附式制冷循环中，由于冷却吸附的吸附床在系统切换前一直与蒸发器相连，因此其内部的压力与蒸发压力基本相同，而蒸发压力又远低于加热解吸完成后的吸附床内对应的冷凝压力，因此，若将完成加热解吸的吸附床与完成冷却吸附的吸附床在过程刚刚结束时相连通，则可降低解吸吸附床内的压力，从而大大提高解吸吸附床的解吸率，降低解吸吸附床在下一个循环中最初的吸附量值，在这种情况下，由于最终的最大吸附量相等，可以提高系统的循环吸附量，提高制冷能力。

回质循环的一种典型系统结构及其物理吸附的 Clapeyron 图如图 3.37 所示。相比于两床连续式基本型吸附式循环，回质循环需要回质管路和一个具备开关功能的回质阀。在图 3.37(b) 中，1—2—3—4—1 为基本循环，1—7a—2a—3—8a—4a—1 和 1—7b—2b—3—8b—4b—1 为两种不同操作的回质循环，Δx、Δx_1、Δx_2 为循环吸附量。在 1—7a—2a—3—8a—4a—1 回质循环的 1—7a 和 3—8a 回质过程中，需要用外界热源对两个吸附床进行加热和冷却，因此回质过程是近似等温的操作过程。在 1—7b—2b—3—8b—4b—1 回质循环的 1—7b 和 3—8b 回质过程中，不需要外界热源对两个吸附床进行加热和冷却，因此回质过程是近似绝热加热/冷却操作过程，这种回质循环实际上回收了部分吸附热用于预热过程，但其循环吸附量会小于第一种回质循环。无论哪种回质循环，相比于基本循环，都能明显提升循环吸附量。在实际系统构建和运行操作中，第二种回质循环(1—7b—2b—3—8b—4b—1)会使系统部件增多和操作更加复杂，因此第一种回质循环(1—7a—2a—3—8a—4a—1)被更多地采纳和应用。

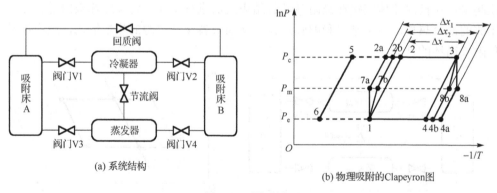

(a) 系统结构　　　　　　　　　　(b) 物理吸附的Clapeyron图

图 3.37　回质循环

3.4.3.6　多级循环

多级循环是指利用一个吸附床的吸附作用和另一个吸附床的解吸作用相耦合，从而有效降低吸附式系统对外界热源温度的要求，本书将两级和两级以上的循环统称为多级循环。多级循环中采用多个吸附床，选择某些吸附床作为其他吸附床的冷凝器来协助其他吸附床的加热解吸过程，而作为制冷的吸附床同时与蒸发器相连来完成自身的吸附制冷过程。充当冷凝器的吸附床利用自身的解吸作用帮助制冷吸附床完成加热解吸过程时，由于冷凝吸附床所对应的冷凝压力比冷凝器的冷凝压力要低很多，所以可以降低制冷吸附床的解吸过程的热源温度要求[48]。从而，整个系统所要求的外来热源温度将得到降低，能够利用温度较低的低品位热能；或者实现更低的蒸发温度/更高的冷凝温度。多级(两级)循环的一种典型系统结构及其物理吸附的 Clapeyron 图如图 3.38 所示。

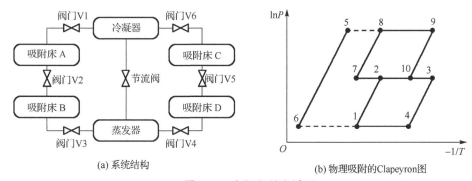

(a) 系统结构　　　　　　　　　　(b) 物理吸附的Clapeyron图

图 3.38　多级(两级)循环

3.4.3.7　再吸附循环

再吸附循环实际上是利用吸附和解吸过程，替代制冷剂的蒸发和冷凝过程。因此再吸附循环系统中，没有蒸发器和冷凝器[49]。由此再吸附循环有以下优点：①系统没有液体制冷剂，适用于颠簸和摇摆的应用场合；②吸附和解吸过程的压力低于制冷剂的蒸发和冷凝过程，使得系统更加安全；③系统结构简单，控制简单。

再吸附循环通常采用化学吸附工质对或以化学吸附为主的复/混合吸附工质对。再吸附循环需要两个或两个以上的吸附床，两床为间歇式而四床为连续式。同时还需要两种以上的吸附式工质对，即同一吸附质(如氨)的两种不同反应温度的吸附剂，通常分为高温盐(如氯化锰)和低温盐(如氯化钙)，氨为制冷剂在两个吸附床中吸附/解吸。再吸附循环分为两个阶段：第一个阶段高温盐发生解吸反应，在外界热源作用下温度上升，当其对应的吸附床的压力高于低温盐所对应的吸附床的压力时，解吸释放吸附质气体，并流向低温吸附床，与低温盐发生吸附作用，同时释放吸附热；第二个阶段高温盐吸附而低温盐解吸，高温吸附床冷却，温度下降，压力降低，当其压力低于低温吸附床时，高温盐吸附吸附质气体，使得低温吸附床中的低温盐解吸，从而从外界吸收热量，因而也称为低温盐的解吸热制冷。再吸附循环的一种典型系统结构及其化学吸附的 Clapeyron 图如图 3.39 所示。

3.4.3.8　其他循环

除了上述循环，吸附式循环还有热波循环[50]、对流热波循环[51]、复叠循环[52]、多重多效循环[53]等。但由于各种原因，这些循环在实际机组中的应用不多。

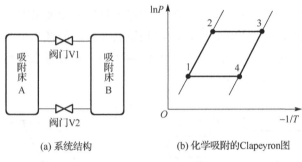

(a) 系统结构　　　　　　(b) 化学吸附的Clapeyron图

图 3.39　再吸附循环

热波循环也是内部热量回收的一种循环。与回热循环相比，热波循环是通过换热流体将预冷和吸附过程的热量回收，进入加热器升温之后，再供给预热和解吸过程使用，因此热波循环的回热过程可以一直操作(类似于吸收式循环的溶液回热过程)，达到更好的回热效果。但热波循环要求吸附床具有非常高的换热性能，因此在实际机组中很难实现。

对流热波循环采用制冷剂气体作为热波循环的换热流体。与此同时，对流热波循环是间歇式的，要求吸附床有着非常高的传热传质性能，故也难以在实际机组中应用。

复叠循环与多级循环类似，也是通过两个或两个以上吸附式循环来拓宽边界温度范围，实现更低的驱动热源温度要求、更低的制冷温度或更高的冷凝温度。但与多级循环不同，复叠循环中每个吸附式循环采用不同的工质对。因此复叠循环系统比较复杂。

多重多效循环是一种组合式循环，通常采用化学吸附工质对或以化学吸附为主的复/混合吸附工质对。"重"实际上是再吸附循环，"效"实际上是利用高温盐的吸附热驱动低温盐的解吸过程。因此多重多效循环需要采用同一制冷剂对应的两种或者两种以上的化学吸附反应盐，实现不同温度的多次制冷效果，获得更高的系统效率。但多重多效循环系统非常复杂，而且操作过程也很复杂。

3.4.4　吸附式制冷/热泵系统

3.4.4.1　吸附床

吸附床是吸附系统的核心部件，它的传热性能是决定吸附式制冷性能和循环周期的主要因素之一，较大的传热能力将加快解吸、吸附的速率。衡量吸附器的性能时有两个关键指标，一个是系统的 COP(制冷性能系数)，另一个是系统的 SCP(单位质量吸附剂的制冷量)。增加制冷量的主要方法是缩短循环时间，而吸附床的传热效果的提高能够有效地帮助缩短循环的时间。因此，提升制冷系统的性能可以从强化吸附床的传热效果出发。

强化吸附床的传热效果可从优化吸附床结构出发，可以通过增大换热面积、减小接触热阻等方面出发，目前主要的方法[54]如下。

1) 扩展表面

由于吸附剂多为热导率较低的粉末或颗粒状固体，故扩展吸附剂侧换热表面是目前吸附床常采用的技术，适用于散装的吸附剂填充方式。主要的几种技术途径有翅片管、板式换热器、板翅式换热器等。需要根据系统的工作压力来选择不同的扩展表面的技术途径。然而，扩展表面会增加吸附床热容，降低系统的 COP。因此，需要采用具有回热操作的循环，来弥补扩展表面对系统 COP 的影响。

2) 固化技术

固化技术同样是吸附剂侧换热强化技术。该技术要求在吸附剂中添加高导热和黏性的材料，并在外力的作用下进行成型处理。该技术通过高导热添加剂和减小材料内部接触热阻，提升吸附剂侧的整体换热性能。若吸附剂与换热表面一起压制，还可以减小吸附剂与换热表面的接触热阻，进一步提升换热性能。但固化技术会导致吸附剂内部传质通道减小，使得传质阻力增大，所以不适合低蒸发压力的制冷剂系统。

3) 涂层技术

涂层技术一般是通过黏结剂将吸附剂紧紧黏在换热表面。涂层技术可以有效地减小吸附剂与换热表面的接触热阻，从而增强壁面的热导率。为了保证传质效果以及黏结效果，涂覆的吸附剂层一般不易过厚，因此采用涂层技术的吸附式制冷系统可以减少循环时间，从而提高系统 SCP。因而涂层技术适用于低蒸发压力的制冷剂系统。但这种技术的缺点是金属使用量大，使得金属热容过高，导致过多的驱动热量损耗在金属的加热过程，因此需要高效的热回收过程。

4) 热管技术

热管技术主要是为了提高吸附床换热流体侧的换热性能[55]。因此热管技术必须配合上述三种吸附剂侧强化换热技术同时使用。由于吸附床换热性能限制主要集中在吸附剂侧，采用热管技术对吸附床整体换热性能提升的幅度不大，因此在实际应用中并不常见。吸附床采用热管技术主要是考虑到外界热源换热载体的限制，如烟气余热回收利用、海水冷却、风冷冷却等。

3.4.4.2　其他部件

吸附式系统的其他部件包括蒸发器、冷凝器、阀门等，其功能与作用大多与其他制冷/热泵系统中的部件相同，故不一一展开阐述。本小节只针对以水为制冷剂的吸附式系统的蒸发器进行详细描述。

以水为制冷剂的制冷/热泵系统，其工作压力为负压。若采用浸泡式蒸发器，液体的静压会对蒸发温度产生影响，进而降低系统整体效率。因此在这类系统(溴化锂-水吸收式系统或中大型的以水为制冷剂的吸附式系统)中，往往会采用降膜式蒸发器，其需要使用制冷剂泵。但是对于小型的以水为制冷剂的吸附式系统，采用降膜式蒸发器会存在以下缺点：①由于制冷剂充注量小，容易出现布液不均的问题；②制冷剂泵的电耗与制冷量比值偏大，使得电制冷效率不高。为了克服这些缺点，小型的以水为制冷剂的吸附式系统可以采用毛细作用力辅助的升膜式蒸发器[56]。该蒸发器采用管外有微肋结构的换热管，换热流体在管内流动，制冷剂在管外蒸发。换热管平放在盛有制冷剂液体的托盘，托盘液位高度一般为换热管外径的一半。此时，制冷剂液体表面张力会在管外微肋结构的作用下形成毛细作用力，从而克服重力作用，在整个管外形成上升的液膜，实现升膜式蒸发的效果。

3.4.4.3 吸附式冷水机

目前吸附式制冷/热泵技术实现商业化的产品为吸附式冷水机。吸附式冷水机采用硅胶-水或新型类沸石-水工质对，主要是利用100℃以下的热源驱动，提供空调所需的冷冻水（一般为7~12℃）。吸附式冷水机的COP通常在0.3~0.6。吸附式冷水机产品的制冷量可为10kW以下到100kW以上。典型的应用为太阳能空调、冷热电联供和工业余热回收利用。吸附式冷水机的生产商主要在德国、美国、日本和中国。

图3.40所示为一款硅胶-水吸附式冷水机[①]。该机组由两个吸附床、一个冷凝器和一个蒸发器组成。吸附床与蒸发器/冷凝器之间通过真空止回阀实现连通或隔断。机组所采用的循环为两床回热回质型吸附式制冷循环。吸附/解吸周期为370s，回质周期为30s，而热回收周期为20s。

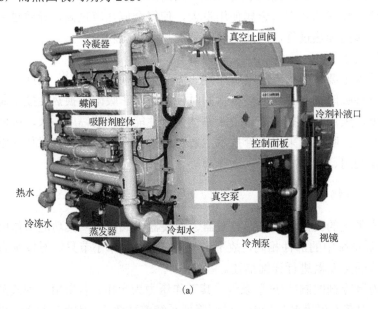

(a)

---

① Green adsorption chiller. http://www.greenchiller.biz

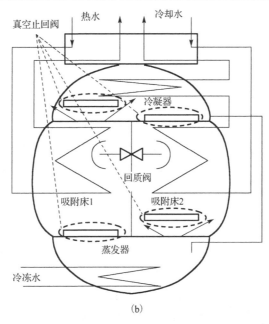

(b)

图 3.40　硅胶-水吸附式冷水机 I

图 3.41 所示为另一款硅胶-水吸附式冷水机[57]。与图 3.40 不同，这款机组由两个吸附腔组成，每个吸附腔包含一个吸附床、一个冷凝器和一个蒸发器。因此这款机组没有采用真空阀门。这样的系统结构可以有效减少吸附床与冷凝器、蒸发器的制冷

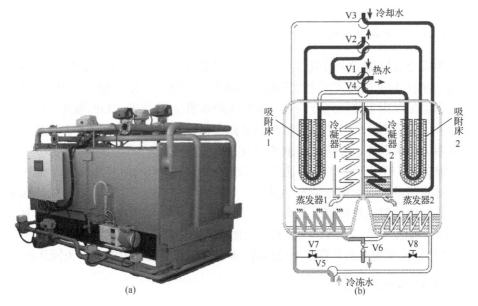

(a)　　　　　　　　(b)

图 3.41　硅胶-水吸附式冷水机 II

剂气体传输阻力,避免不可靠的真空阀门使用,但也会造成少量的制冷量损失。该机组同样采用两床回热回质型吸附式制冷循环,不过其回质过程为类回质过程[58]。

3.4.4.4　吸附式冷风机

吸附式冷水机产生的冷冻水,需要通过一个冷冻水回路,在风机盘管输送冷风供空调使用。对于小制冷量需求的场合,这样的空调供冷系统比较复杂,同时会有较多电能浪费在泵功消耗。为了克服这个问题,可以直接应用吸附式冷风机,供应空调所需的冷风。目前吸附式冷风机已有样机,采用硅胶-水工质对,但尚未商业化。

文献[59]报道了一个 3kW 制冷量的硅胶-水吸附式冷风机,如图 3.42 所示。该机组采用双床连续吸附式制冷循环,其系统结构与图 3.35 一致。以水为制冷剂的吸附式系统压力为负压,因此蒸发器制冷剂蒸发侧需要足够大的空间。与此同时,蒸发器冷风空气侧换热需要增加翅片强化换热,也需要足够大的空间。为了兼顾这两方面的要求,吸附式冷风机的蒸发器采用了热管装置。在热管冷凝段,管外为制冷剂,管内为热管介质。在热管蒸发段,管外为冷风,管内为热管介质。由于热管的高换热性能,吸附式冷风机的蒸发温度比吸附式冷水机更高,所以它的 COP 更高。

图 3.42　硅胶-水吸附式冷风机

3.4.4.5　吸附式冷冻机/制冰机

吸附式冷冻机/制冰机采用氨或者甲醇作为制冷剂,来满足 0℃以下的制冷要求。吸附式冷冻机/制冰机通常采用化学吸附剂或复/混合吸附剂,一般需要 100℃以上的驱动热源温度。由于蒸发温度较低,吸附式冷冻机/制冰机的 COP 通常不高,一般低于 0.4。目前吸附式冷冻机/制冰机尚未商业化,但文献已经报道了多个样机,主要是针对太阳能制冰、车船尾气余热回收利用等。

文献[60]报道了一个 10kW 制冷量的氯化钙/石墨-氨吸附式冷冻机,如图 3.43 所示。该机组是针对渔船柴油发动机烟气余热回收利用而开发的,产生的冷量用于渔船冷库。柴油发动机的烟气具有一定腐蚀性,而用于机组冷却的海水同样具有腐蚀性。因此机组设置了加热和冷却的二次闭式换热回路,以水为工质(加热时为高压水)。系统结构采用了类似图 3.41 的双腔体结构,采用的吸附式循环为回质循环。

3.4.4.6　吸附式热泵

吸附式热泵机组的发展较为缓慢,相关研究比较少。对于第一类热泵,文献[61]

报道了硅胶-水吸附式冷水机在热泵工况下的运行实验。在 90℃驱动热源温度和 7℃环境温度条件下，供热温度为 40℃，供热 COP 为 1.2～1.3。而文献[59]报道了硅胶-水吸附式冷风机在热泵工况下的运行实验。在 85℃驱动热源温度和 30℃环境温度条件下，供热温度为 40℃，供热 COP 约为 1.46。因此采用硅胶-水工质对的第一类热泵，仅可供应生活热水或在低温供暖末端场合使用。

(a) 实物图

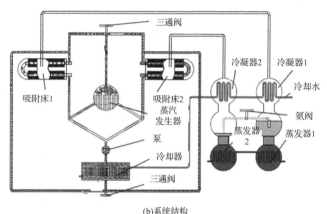

(b) 系统结构

图 3.43　氯化钙/石墨-氨吸附式冷冻机

文献[62]报道了一台采用沸石分子筛(13X 型)-水的开式吸附式热泵实验系统，其系统原理如图 3.44 所示，其本质上为第二类热泵。该系统结构非常简单，具体工作过程如下。

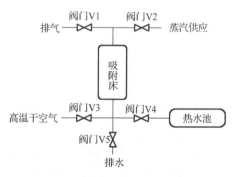

图 3.44　沸石分子筛(13X 型)-水开式吸附式热泵

(1)再生。阀门 V1 和 V3 开启，其他阀门关闭。将高温干空气通入吸附床，吸附床内的水分被解吸出来，混入空气中被排出系统。

(2)蒸汽发生。阀门 V2 和 V4 开启，其他阀门关闭。将热水通入吸附床，吸附床内吸附剂吸水后产生吸附热，将水加热成蒸汽，供给用户端使用。

(3)排水。阀门 V5 开启，其他阀门关闭。将吸附床的水排出，由于这部分水往往温度还比较高，通常可经过处理后送回热水池重新利用。

据实验研究，该系统可回收 130℃的干空气余热，产生 150℃的蒸汽，系统效率为 0.31～0.33。但该系统供给的蒸汽为常压的过热蒸汽，使得其应用受到比较大的制约，因此需改进这类热泵系统，使其能提供压力高于常压的蒸汽。

3.4.5　吸附式制冷在余热回收利用中的应用

目前吸附式制冷技术已得到应用，吸附式热泵技术还未得到实际应用。吸附式制冷技术应用的领域是存在品位较低的热源的场合，主要为太阳能制冷，也有一部分是余热回收利用的场合，如柴油/燃气发电机余热回收（冷热电联供场合）、工业余热回收和数据中心服务器余热回收等。其中数据中心服务器余热回收迎合了当前大数据时代发展的节能需求，极具应用和推广前景。

3.4.5.1　柴油/燃气发电机余热回收

许多公司工厂都需要离网的柴油/燃气发电设备，用于保证电力供应的安全。柴油/燃气发电机能产生大量 100℃以下的余热，如缸套水。这些余热可以直接用于建筑采暖，还可以用于驱动吸附式制冷机，形成冷热电联供系统。

f.u.n.k.e. COMPONENTS GMBH 是德国一家塑料制品生产商，Fahrenheit 公司为其提供了一套燃气驱动冷热电联供系统，采用了硅胶-水吸附式冷水机[①]（图 3.45）。硅胶-水吸附式冷水机利用 70～85℃的余热缸套水进行驱动，产生 15～19℃的冷水，用于塑料制品生产工艺的冷却。该吸附式冷水机制冷量为 40kW，每年运行 6000h，净效益为 8300 欧元，投资回收期为 3.3 年。

图 3.45　吸附式冷水机在燃气发电机余热回收中的应用

① Silica Gel Chiller eCoo 2.0. https: //fahrenheit. cool/én

3.4.5.2 空压机余热回收

空压机是工业生产常用的设备，但其电利用效率不高，能产生大量的 100℃以下的余热。通常这些余热不经回收利用，直接排放到环境中。通过节能改造，可以将空压机余热进行回收，产生 70～80℃的余热热水，用于驱动吸附式制冷系统，满足工艺冷却或者空调供冷需求。

ERKO CNC 是德国一家精密数控车床生产商，其生产车间大量使用空压机。为了提高能源利用效率，该公司对空压机进行节能改造，并采用了五台硅胶-水吸附式冷水机用于空压机余热回收利用，如图 3.46 所示。空压机余热热水温度为 75℃，吸附式冷水机总制冷量为 63kW，冷冻水温度为 20℃。吸附式冷水机产生的冷冻水直接用于该公司生产设备的冷却。吸附式冷水机每年运行约 6000h，投资回收期约为 3.3 年。

图 3.46 吸附式冷水机在空压机余热回收中的应用

3.4.5.3 服务器余热回收

随着信息技术的发展，数据中心的数量和规模在快速增大。服务器得到了广泛和大量的应用。服务器消耗的电能几乎全部转化为热能，使得服务器温度升高，为了保证服务器正常工作，通常需要空调对服务器进行降温。传统服务器采用风冷形式，但随着液冷技术的发展，高温水冷技术已在服务器某些部件中得到应用。因此服务器可产生 60℃以下的余热热水，利用这些热水可以驱动吸附式制冷系统，产生冷量再用于服务器冷却。

Stadtwerke Schönebeck Gmbh 是德国一家燃气公司，为了回收数据中心服务器的余热，该公司采用硅胶-水吸附式冷水机，如图 3.47 所示。服务器产生 55℃的余热热水，驱动一台 49kW 制冷量的吸附式冷水机，产生 21℃的冷冻水，再用于服务器冷却。吸附式冷水机每年运行 8760h，投资回收期为 4.9 年。

图 3.47　吸附式冷水机在服务器余热回收中的应用

3.4.6　总结与展望

目前吸附式制冷技术已经逐渐成熟，采用回热回质型吸附式循环可获得较高的COP，以硅胶-水和新型类沸石-水为工质对的吸附式制冷系统已实现商业化。相比于传统的压缩式系统，吸附式系统可以利用低品位能源和采用环保工质，有效提高了能源的利用效率，现阶段已经受到广泛关注并获得应用。尽管已有多项的实施案例验证了吸附式制冷在余热回收中的可行性，但目前来看离进一步推广并将其广泛应用于工业余热回收中还有较大的差距，一方面要考虑提高其余热回收利用效率，另一方面要结合具体的实施场景提高系统整体的经济性和适应性。而吸附式热泵技术发展比较缓慢，与吸收式热泵技术相比，无论在效率、规模还是经济性方面，均存在明显的差距。

针对目前吸附式制冷/热泵技术发展存在的问题，系统层面的研究一方面在于稳定、高效、安全和廉价的新型吸附剂的开发，另一方面在于吸附式制冷/热泵系统结构优化、工艺改进等。而在应用层面，应因地制宜地合理规划吸附式制冷/热泵应用项目，特别是在品位更低的余热利用场合(如服务器余热回收利用)。

3.5　本章小结

本章主要介绍了几种典型的余热利用的热泵技术，从工作原理上讲这些热泵系统包括热驱动的吸收和吸附式制冷/热泵系统以及电驱动的压缩式热泵系统；从工作方式上看这些热泵系统可以分为制冷、第一类热泵和第二类热泵，其中余热利用的制冷系统只能通过热驱动的吸收/吸附系统实现，余热利用的第一类热泵为增量型系统且只能通过热驱动的吸收/吸附系统实现，余热利用的第二类热泵为升温型系统且可以通过吸收式、吸附式和压缩式热泵实现。

　　针对不同的热泵技术，本章从热泵技术的原理、常用工质对、常见系统和热泵在不同场景下进行余热回收的案例进行了详细的介绍，总的来说三种热泵系统的优缺点可以归纳如下。

　　(1)压缩式热泵：优点是系统简单且效率高，系统容量可大可小，在应用于余热温度提升的场景时比较有效且可以应用于高温温区；缺点是仅可以应用于第二类热泵的温度提升场景，而无法利用余热进行制冷和供第一类热泵使用。

　　(2)吸收式制冷/热泵：优点是具有制冷、第一类热泵和第二类热泵等不同运行方式，产业成熟且具有多种可选系统，适用于大型化的工业应用场景；缺点是常用的工质对，包括溴化锂-水和氨-水都具有各自的缺陷，且系统对于热源温度波动的适应性较差。

　　(3)吸附式制冷/热泵：优点是无运动部件且驱动温度低，在应用于制冷场景时较为成熟；缺点是第一类热泵和第二类热泵的相关技术还不成熟，且受成本所限目前不适合用于大型工业场景。

　　整体来说，几种热泵技术的优缺点呈现出互补的格局，无论在大型化还是小型化应用、制冷还是热泵应用都有不少可选方案，除了继续对吸收式、吸附式、压缩式热泵技术进行改进外，在余热利用中根据具体工况和需求进行最佳方案挑选也是充分利用余热的关键。

参 考 文 献

[1]　Lu H, Price L, Zhang Q. Capturing the invisible resource: Analysis of waste heat potential in Chinese industry[J]. Applied Energy, 2016, 161: 497-511.

[2]　Xu Z Y, Wang R Z, Yang C. Perspectives for low-temperature waste heat recovery[J]. Energy, 2019, 176: 1037-1043.

[3]　Papapetrou M, Kosmadakis G, Cipollina A, et al. Industrial waste heat: Estimation of the technically available resource in the EU per industrial sector, temperature level and country[J]. Applied Thermal Engineering, 2018, 138: 207-216.

[4]　Wang R, Xu Z, Hu B, et al. Heat pumps for efficient low grade heat uses: From concept to application[J]. Thermal Science and Engineering, 2019, 27(1): 1-15.

[5]　Rieberer R. IEA Heat Pump Programme Annex 35: Anwendungsmöglichkeiten für industrielle Wärmepumpen. Nachhalt Berichte Aus Energie- Und Umweltforsch 17/2015[Z]. 2015: 1-265.

[6]　Jakobs R, Laue H J. Application of Industrial Heat Pumps IEA HPP IETS Annex 35-13 IEA HPC: Workshop. Work. Regarding heat pumps IEA Proj. "Application Ind Heat Pumps"[Z]. Aarhus, Denmark, 2015: 1-82.

[7]　IEA. Annex 35: Application of industrial heat pumps, final report, Part 1, Report No.

HPP-AN35-1[R]. Paris: International Energy Agency, 2014.

[8]　Peureux J L, Sicard F, Bobelin D. French industrial heat pump developments applied to heat recovery[C]. 11th IEA Heat Pump Conference, Montréal, 2014.

[9]　Bobelin D, Bourig A, Peureux J. Experimental results of a newly developed very high temperature industrial heat pump（140℃）equipped with scroll compressors and working with a new blend refrigerant[C]. International Refrigeration and Air Conditioning Conference at Purdue, Purdue, 2012.

[10]　Bamigbetan O, Eikevik TM, Nekså P, et al. Theoretical analysis of suitable fluids for high temperature heat pumps up to 125°C heat delivery[J]. International Journal of Refrigeration, 2018,92:185-195.

[11]　Abas N, Kalair A R, Khan N, et al. Natural and synthetic refrigerants, global warming: A review[J]. Renewable and Sustainable Energy Reviews, 2018,90:557-569.

[12]　Rei Ner F, Gromoll B, Sch Fer J, et al. Experimental performance evaluation of new safe and environmentally friendly working fluids for high temperature heat pumps[C]. Europe Heat Pump Summit, Nuremberg: 2013: 1-20.

[13]　Zhang J, Zhang H H, He Y L, et al. A comprehensive review on advances and applications of industrial heat pumps based on the practices in China[J]. Applied Energy, 2016, 178: 800-825.

[14]　Calm J M. The next generation of refrigerants - historical review, considerations, and outlook[J]. International Journal of Refrigeration, 2008, 31（7）: 1123-1133.

[15]　Arpagaus C, Bless F, Uhlmann M, et al. High temperature heat pumps: Market overview, state of the art, research status, refrigerants, and application potentials[J]. Energy, 2018, 152: 985-1010.

[16]　张立钦, 唐道轲, 李丁丁, 等. 大型压缩式高温热泵技术研究及应用进展[J]. 可持续能源, 2017, 7: 49-59

[17]　Wu D, Hu B, Yan H, et al. Modeling and simulation on a water vapor high temperature heat pump system[J]. Energy, 2019, 168: 1063-1072.

[18]　Lin S, Cheng Z. Research methods and performance analysis for the moderately high temperature refrigerant[J]. Science in China Series E: Technological Sciences, 2008, 51: 1087-1095.

[19]　Liu N, Lin S, Han L, et al. Moderately high temperature water source heat-pumps using a near-azeotropic refrigerant mixture[J]. Applied Energy, 2005, 80（4）: 435-447.

[20]　Li T X, Guo K H, Wang R Z. High temperature hot water heat pump with non-azeotropic refrigerant mixture HCFC-22/HCFC-141b[J]. Energy Conversion & Management, 2002, 43: 2033-2040.

[21]　Zhang S, Wang H, Tao G. Experimental investigation of moderately high temperature water source heat pump with non-azeotropic refrigerant mixtures[J]. Applied Energy, 2010, 87（5）: 1554-1561.

[22] Pan L, Wang H, Chen Q, et al. Theoretical and experimental study on several refrigerants of moderately high temperature heat pump[J]. Applied Thermal Engineering, 2011, 31(11): 1886-1893.

[23] 何永宁, 杨东方, 曹锋, 等. 补气技术应用于高温热泵的实验研究[J]. 西安交通大学学报, 2015, 49: 103-108.

[24] Aikins K A. Technology review of two-stage vapor compression heat pump system[J]. International Journal of Air Conditioning & Refrigeration, 2013, 21(3): 1330002. 1-1330002. 14.

[25] Kondou C, Koyama S. Thermodynamic assessment of high-temperature heat pumps using Low-GWP HFO refrigerants for heat recovery[J]. International Journal of Refrigeration, 2015, 53: 126-141.

[26] Chae J H, Choi J M. Evaluation of the impacts of high stage refrigerant charge on cascade heat pump performance[J]. Renewable Energy, 2015, 79: 66-71.

[27] Hu B, Wu D, Wang L W, et al. Exergy analysis of R1234ze(Z)as high temperature heat pump working fluid with multi-stage compression[J]. Frontiers in Energy, 2017, 11(4): 493-502.

[28] 梅沢修, 島田寛, 宮本潤, 等. 排熱利用型高温ヒートポンプの開発[J]. 日本機械学会論文集 B 編, 2013, 79: 423-430.

[29] Yu J, Xu Z, Tian G. A thermodynamic analysis of a transcritical cycle with refrigerant mixture R32/R290 for a small heat pump water heater[J]. Energy and Buildings, 2010, 42(12): 2431-2436.

[30] Nilsson M. HeatBooster: Industrial high-temperature heat pump system[C]. International Workshop on High Temperature Heat Pumps, Copenhagen, 2017: 1-13.

[31] Ochsner K. High temperature heat pumps for waste heat recovery[C]. 8th EHPA Europe. Heat Pump Forum, Brussels. 2015: 1-10.

[32] Hashimoto K, Kaida T, Hasegawa H, et al. Development of large-capacity heat pump performance-evaluating apparatus.[C]. 11th IEA Heat Pump Conference, Montréal, 2014: 1-13.

[33] Oue T, Okada K. Air-sourced 90℃ hot water supplying heat pump "HEM-90A. "[J]. KobelcoTechnology Review, 2013, 32: 70-74.

[34] Wolf S, Fahl U. Entwicklung und Anwendung Hochtemperaturwärmepumpe, Ausgabe Großkälte 2014[J]. Kälte Klima Aktuell, 2014, 1: 1-2.

[35] 谭建明, 刘华, 张治平. 永磁同步变频离心式冷水机组的研制及性能分析[J]. 流体机械, 2015(7): 46, 82-87.

[36] 戴永庆. 溴化锂吸收式制冷技术及应用[M]. 北京: 机械工业出版社, 1996.

[37] Herold K E, Radermacher R, Klein S A. Absorption Chillers and Heat Pumps[M]. Boca Raton: CRC press, 1996.

[38] Xu Z Y, Wang R Z. Absorption refrigeration cycles: Categorized based on the cycle construction[J]. International Journal of Refrigeration, 2016, 62: 114-136.

[39] Xu Z Y, Wang R Z. 11 - Solar-powered Absorption Cooling Systems[M]//Wang R Z, Ge T S. Advances in Solar Heating and Cooling. Cambridge: Woodhead Publishing, 2016.

[40] 王如竹, 丁国良, 吴静怡. 制冷原理与技术[M]. 北京: 科学出版社, 2003.

[41] Xu Z Y, Wang R Z. Absorption heat pump for waste heat reuse: Current states and future development[J]. Frontiers in Energy, 2017, 11(4): 414-436.

[42] Xu Z Y, Wang R Z, Xia Z Z. A novel variable effect LiBr-water absorption refrigeration cycle[J]. Energy, 2013, 60: 457-463.

[43] Xu Z Y, Wang R Z. Experimental verification of the variable effect absorption refrigeration cycle[J]. Energy, 2014, 77: 703-709.

[44] Ma X, Chen J, Li S, et al. Application of absorption heat transformer to recover waste heat from a synthetic rubber plant[J]. Applied Thermal Engineering, 2003, 23(7): 797-806.

[45] 王如竹, 王丽伟, 吴静怡. 吸附式制冷理论与应用[M]. 北京: 科学出版社. 2007.

[46] Furukawa H, Gndara F, Zhang Y B, et al. Water adsorption in porous metal-organic frameworks and related materials[J]. Journal of the American Chemical Society, 2014, 136(11): 4369-4381.

[47] Wang S, Lee J S, Wahiduzzaman M, et al. A robust large-pore zirconium carboxylate metal-organic framework for energy-efficient water-sorption-driven refrigeration[J]. Nature Energy, 2018, 3(11): 985-993.

[48] Saha B B, Boelman E C, Kashiwagi T. Computational analysis of an advanced adsorption-refrigeration cycle[J]. Energy, 1995, 20(10): 983-994.

[49] Vasiliev L L, Mishkinis D A, Antukh A A, et al. Resorption heat pump[J]. Applied Thermal Engineering, 2004, 24(13): 1893-1903.

[50] Shelton S V, Wepfer W J, Miles D J. Square wave analysis of the solid-vapor adsorption heat pump[J]. Heat Recovery Systems & Chp, 1989, 9(3): 233-247.

[51] Critoph R E. Performance estimation of convective thermal wave adsorption cycles[J]. Applied Thermal Engineering, 1996, 16(5): 429-437.

[52] Dakkama H J, Elsayed A, Al-dadah R K, et al. Integrated evaporator-condenser cascaded adsorption system for low temperature cooling using different working pairs[J]. Applied Energy, 2017, 185: 2117-2126.

[53] Li T X, Wang R Z, Kiplagat J K, et al. Performance analysis of a multi-mode thermochemical sorption refrigeration system for solar-powered cooling[J]. International Journal of Refrigeration, 2011, 35(3): 532-542.

[54] 林勇军, 何兆红, 黄宏宇, 等. 新型吸附式制冷系统吸附床的研究进展[J]. 新能源进展, 2018, 6(5): 432-438.

[55] 李廷贤, 王如竹, 夏再忠. 热管技术在吸附式制冷系统中的应用[J]. 制冷学报, 2008, 29(3): 1-9.

[56] Xia Z Z, Yang G Z, Wang R Z. Experimental investigation of capillary-assisted evaporation on the outside surface of horizontal tubes[J]. International Journal of Heat and Mass Transfer, 2008, 51(15-16): 4047-4054.

[57] 潘权稳. 采用模块化吸附床的硅胶-水吸附式系统制冷性能研究及优化[D].上海: 上海交通大学, 2015.

[58] Liu Y L, Wang R Z, Xia Z Z. Experimental study on a continuous adsorption water chiller with novel design[J]. International Journal of Refrigeration, 2005, 28(2): 218-230.

[59] Pan Q, Peng J, Wang H, et al. Experimental investigation of an adsorption air-conditioner using silica gel-water working pair[J]. Solar Energy, 2019, 185: 64-71.

[60] 李素玲. 新型混合吸附剂的吸附特性及其在低压蒸汽驱动的吸附式冷冻机组中的应用[D]. 上海: 上海交通大学, 2009.

[61] 王德昌. 硅胶-水吸附式制冷机研制与吸附式制冷变热源特性研究[D]. 上海: 上海交通大学, 2005.

[62] 姚志敏, 薛冰, 盛遵荣, 等. 开式高温吸附热泵生成蒸汽系统的耐久性能研究[J]. 高校化学工程学报, 2016, 30: 791-799.

第4章

热能储存与输运

在形形色色的能量消费方式中，绝大部分能量是通过热能这一形式而加以利用的，或者由热能转换为其他形式的能量后再加以利用的。在未被充分利用的余能中，绝大部分也是以余热的形式而存在的。热能的供需存在很强的时效性和区域性，在很多情况下尚不能合理地加以利用，从而导致能源的大量浪费。生产和生活中存在大量"低品位"的、间断性和不稳定的热能，如太阳能、地热能、工业余热/废热等，这些热能具有总量大、能量的供应与需求不匹配、密度随时间变化等特点。开发能够回收利用这些低品位热能的新技术是实现节能减排的有效途径之一。

热能储存技术可以将多余或暂时不用的热能通过一定的储热介质储存起来，在需要时再加以利用。该技术不仅可以降低能耗，而且可以减少一次能源到二次能源的转变过程中产生的各种有害物质对环境的污染。热能储存技术既可用于解决热能供需在空间和时间上不相匹配的矛盾，提高能源利用的灵活性与效率，又可缩小相应能源系统的规模，节约系统初投资，因此对缓解能源利用压力及促进社会经济的可持续发展具有十分重要的意义。随着热能储存技术的发展与进步，其必将在太阳能热利用、电力系统"削峰填谷"、工业余热和废热回收与再利用以及建筑物采暖与空调节能等领域获得更广泛的应用[1]。

4.1 储热的基本原理和性能评价

4.1.1 储热原理

在能源开发、转换、运输和利用过程中，能量的供应和需求之间往往存在着数量、形态和时间上的差异。为了弥补这些差异，通常采取人为的能量储存与再释放——储热技术，对热能供需实施调控[2]。不同于一般的"即输即用"的能量利用方式，储热技术在"能量输入"和"能量输出"两个环节之间增加了一个"能量储存"环节。具体而言，储热系统在能量富余时，利用储热介质把能量储存起来；

在能量不足时把能量释放出来，从而实现能量供需平衡。从原理上来讲，能量的储存和释放均是通过"储热介质"来实现的。选用的"储热介质"在被输入热量后会发生温度、潜热或化学能的变化，输入的热量伴随着上述的热状态变化被储存在"储热介质"当中。在释放热能时，"储热介质"会发生热量储存过程中的逆向热状态变化，将储存的热量再释放出来。"储热介质"一般被填充在封闭或半封闭的容器中，热量输入源一般通过加热换热器内的换热流体来向储热介质输送热量，该容器所储存的热量一般通过换热器供给用户。

根据"储热介质"储热原理的不同，面向中低温余热应用的储热技术一般包括显热储存(sensible heat storage)、潜热储存(latent heat storage)和化学储热(chemical heat storage)三种形式，化学储热往往又可以分为化学反应储热以及吸附储热(sorption heat storage)两种形式，其中吸附储热一般针对品位比较低的再生热源和释放热源，且以物理吸附和化学吸附为主要过程方式。因此，中低温余热应用的储热技术的分类和储热原理如图 4.1 所示。

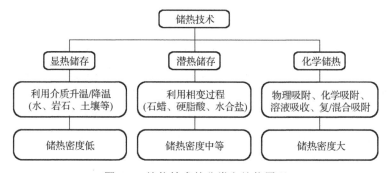

图 4.1　储热技术的分类和储热原理

1) 显热储存

显热储存利用介质的热容来实现能量储存(和释放)，常用的介质包括水、岩石、土壤等。这类介质在有热量输入时，自身温度会升高，热量便以显热的形式储存在介质当中。当以水作为储热介质时，水既是储热介质，也是载热介质，最常见的水储热系统是太阳能热水器；当以水之外的其他物质作为储热介质时，被储存的热量一般通过换热器来间接加热空气或加热水。

显热储存介质的质量储热密度(q_m)由介质的比定压热容(c_p)和介质的温升(ΔT)决定：

$$q_m = c_p \cdot \Delta T \tag{4-1}$$

显热储存介质的体积储热密度(q_v)由介质的比定压热容(c_p)、介质的密度(ρ)和介质的温升(ΔT)决定：

$$q_v = \rho \cdot c_p \cdot \Delta T \tag{4-2}$$

2）潜热储存

潜热储存是利用介质在物态变化（固-液、固-固或气-液）时，吸收或放出大量潜热而实现的。采用的介质称为相变材料，属于能源材料的范畴，是指随温度变化而改变物质状态并能提供潜热的物质。相变材料发生物质状态转换的温度称为相变温度，如水-冰的相变温度是 0℃。常见的用于中低温储热的相变材料包括石蜡、硬脂酸、水合盐等。由于潜热储存必须在相变材料能够发生相变过程的前提下进行，故储热过程中热载体的温度要略高于相变温度。潜热储存的大致过程为：储热时，相变材料在输入热源的作用下发生状态变化（固-液、固-固或液-气），热量以潜热的形式储存在相变材料中；放热时，相变材料发生相反方向的状态变化过程（液-固、固-固或气-液）并将热量用于加热水或者空气。

相变材料的质量储热密度（q'_m）即该材料的相变潜热：

$$q'_m = \Delta H \tag{4-3}$$

相变材料的体积储热密度（q'_v）由相变潜热（ΔH）和介质的密度（ρ）决定：

$$q'_v = \rho \cdot \Delta H \tag{4-4}$$

3）化学储热

化学储热是利用储热介质（吸附/吸收剂或反应盐与工质气体）相接触时发生可逆反应来实现热能的存储和释放的，实质上是热能和势能相互转变的过程。相比前两种储热形式，化学储热的机理比较复杂。吸附/吸收与化学反应是化学储热的主要形式。储热过程中，热能转化为吸附/吸收/化学势能；在放热过程中，通过吸附/吸收反应或化学反应将吸附/吸收/化学势能再转化为热能。常用的吸附/吸收工质对有硅胶-水、沸石-水、LiCl-水和 $CaCl_2$-水等，化学反应工质对有 $CaCl_2$-氨、$MnCl_2$-氨、SrBr-氨、CaO-水，以及金属氧化物-氧、金属氢化物-氢等。其中化学反应工质对往往也称为化学吸附工质对。化学储热（吸附储热和化学反应储热）系统的工作原理如图 4.2 所示。在图 4.2 中，物质 A 代表吸附剂/反应物，物质 B 代表吸附质/反应气，C 为产物。化学储热的过程可以用公式表示：

$$A \cdot (m+n)B \xrightarrow{\text{充热}} A \cdot mB + nB$$

$$A \cdot mB + nB \xrightarrow{\text{放热}} A \cdot (m+n)B$$

化学储热过程由充热过程、储存过程和放热过程组成。在充热过程中，由于输入热量的作用，被物质 A 吸收的吸附质（物质 B）逐渐脱离吸附剂，热量以化学势能的形式储存；在储存过程中，已经被分离的吸附剂/反应物和吸附质/反应气被分隔存储在不同的容器当中；当用户有热需求时启动放热反应，让吸附剂/反应物与吸附质/反应气相接触形成吸附/化学反应，并将储存的化学势能以吸附热/化学反应热的形式释放出来。吸附可以分为物理吸附与化学吸附。

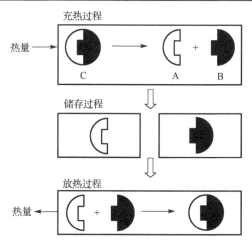

图 4.2　化学(吸附)储热的工作循环图：充热+储存+放热[3]

　　根据吸附剂和吸附质之间作用力的不同，化学储热又可以分为物理吸附储热、化学吸附储热、溶液吸收储热和复/混合吸附储热四种形式，如图 4.3 所示。物理吸附储热采用的吸附剂是具有微孔(< 2nm)或介孔(2～50nm)结构的多孔材料，如沸石分子筛(微孔结构)、硅胶(介孔材料)、活性炭(微孔+介孔)等，沸石分子筛和硅胶对应的吸附质是水，活性炭对应的吸附质是甲醇和氨。吸附过程中，气态吸附质和固态吸附剂通过分子间的作用力结合在一起。化学吸附储热利用吸附剂与吸附质之间的可逆化学反应来实现能量的存储和释放，常采用的吸附剂-吸附质工质对主要有水合盐-水和金属氯化物-氨等，它们在吸附过程中分别发生水合盐的水合反应和金属氯化物与氨之间的络合反应，释放出来的热量即化学反应热。溶液吸收储热利用溶液浓缩过程和溶液吸收气态溶解质放热来分别实现能量的存储和释放。复合吸附剂一般由物理吸附剂和化学吸附剂复合而成，对应的吸附过程也是多阶段的，通常包括物理吸附、化学吸附和溶液吸收；混合吸附剂将吸附剂与导热增强材料(膨胀石墨和铜粉等)或传质增强材料(泡沫铜等)以一定的比例混合,达到强化传热或强化传质的效果。

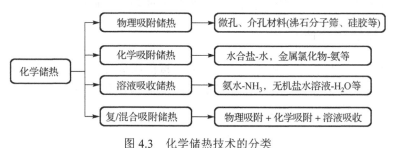

图 4.3　化学储热技术的分类

4.1.2　储热性能评价

对于不同的应用目的，储能系统有各自的特点和要求，但一个理想的储能系统所共有的特性可归纳如下。

(1)单位体积所储存的能量(体积储能密度)高，即系统可储存尽可能多的能量。

(2)系统能长时间稳定运行。所用储热介质稳定性高，长期运行无性能衰减。

(3)具有良好的负荷调节性能。储能系统在使用时，需要根据用能方的要求调节其运行功率，负荷调节性能的好坏决定着系统性能的优劣。

(4)能量储存效率要高。能量储存时离不开能量传递和转换技术，所以储能系统应能不需要过大的驱动力而以最大的速率接收和释放能量。同时应尽可能地降低能量储存过程中的损耗，保持较高的能量储存效率。

(5)系统成本低。只有在经济上合理的储存系统或装置才能得到推广应用。

4.2　显热储存技术

显热储存技术是出现最早的热能储存技术，其原理和系统最简单，技术最成熟，应用也最广泛。在旧石器时代，人类就学会了利用显热储存技术来烹制食物——"石烹法"，即以石块(或鹅卵石)作为炊具，利用火将石块烧红来将火的热能储存在石块中，之后将石块填入食品(如牛羊内脏)中，使之受热成熟。当前居民普遍采用的太阳能热水器是目前应用最广泛的显热储存设备。

显热储存技术利用介质的热容来进行热量储存：当对储热介质加热而使它的温度升高时，储热介质的内能增加，从而将热量储存起来。根据显热储存的工作原理，显热储存效果与介质的比热容和密度等物性参数密切相关。为使储热设备达到高的体积储热密度，要求所选用的储热介质有高的比热容和密度。显热储存技术的最大缺点在于储热密度低，是三种储热形式中储热密度最低的。一般的显热储存介质的储热密度都比较低，即单位体积所能储存的能量较少，然而，尽管显热储存系统的体积储热密度较低，但其具有结构简单、操作方便和成本低廉的优势。

4.2.1　显热储存介质

显热储存介质是整个显热储存系统的最关键的组成部分，直接影响到储热密度、系统成本和安全性。显热储存系统的储热量由显热储存介质的比定压热容、质量和温差共同决定。当储热介质温度由温度 t_1 升高到 t_2 时，吸收的热量为

$$Q_s = \int_{t_1}^{t_2} c_p m \, \mathrm{d}t \tag{4-5}$$

式中，c_p 为介质的比定压热容；m 为介质的质量。c_p 是温度的函数，但在不大的温度范围内可视为常数，因此式(4-5)可写为

$$Q_s = c_p m(t_2 - t_1) = c_p m \Delta t \qquad (4\text{-}6)$$

根据式(4-6)，可得到增加储热量的途径是：增加储热介质的质量，增大温差，提高储热介质的比定压热容。其中，增加储热介质的质量将导致成本增大，而增大温差则会受到储热器性能的限制。比定压热容是物质的热物理性质，显然选用比定压热容大的材料作为储热介质是增大储热量的合理途径。当然，在选择储热介质时还必须综合考虑密度、热稳定性、毒性、腐蚀性、黏性和经济性。储热介质密度大则其容积小，有助于达到较大的体积储热密度，从而使设备紧凑并降低成本。体积储热密度直接影响到设备的紧凑性，故通常把容积比定压热容，即比定压热容和密度的乘积作为评定储热介质性能的重要参数；热稳定性直接影响到设备的运行稳定性和性能衰减情况；毒性影响到使用者的身体健康；腐蚀性强的储热介质会增加对容器的加工要求，从而增加加工难度和加工成本；黏性大的液体用泵输送较为困难，会使泵功率增加，管道直径也将增大。

理论上来讲，所有的物质都有热容，都具有成为显热储存介质的可能性。但考虑到系统的可行性、材料安全性和材料成本等因素，投入实际的显热储存系统中的储存介质需要经过筛选。表 4.1 总结了常用的显热储存介质的性能参数。最常用的显热储存介质为水、岩石(以鹅卵石为主)和土壤等。

表 4.1　显热储存介质的性能参数[1-3]

形态	介质	比热容/[kJ/(kg·℃)]	密度/(kg/m³)	容积比热容/[kJ/(m³·℃)]	标准沸点/℃
液体	水	4.18	1000	4180	100
	乙醇	2.39	790	1888	78
	丙醇	2.52	800	2016	97
	丁醇	2.39	809	1933	118
	异丁醇	2.98	808	2407	100
	辛烷	2.39	704	1682	126
固体	铸铁	0.46	7600	3500	/
	氧化铁	0.76	5200	4000	/
	花岗岩	0.80	2700	2200	/
	大理石	0.88	2700	2400	/
	水泥	0.92	2470	2300	/
	氧化铝	0.84	4000	3400	/
	砖	0.84	1700	1400	/

表 4.1 所示的显热储存介质中，水的比热容最大，达到了 4.18kJ/(kg·℃)。水作为显热储存介质时，有以下显著优点。

(1) 普遍存在，来源丰富，价格低廉。

(2) 其物理、化学以及热力性质已被清楚了解，且使用技术最成熟。

(3) 可以兼作储热介质和载热介质，在储热系统内可以免除热交换器。

(4) 传热和流体特性好，常用的液体中，水的容积比热容最大、热膨胀系数以及黏滞性都较小，适合自然对流和强制循环。

(5) 液-气平衡时，温度-压力关系适合于太阳能平板型集热器。

然而，水作为储热介质时也具有一些缺点。

(1) 作为一种电解腐蚀性物质，所产生的氧气易于造成锈蚀，因此对容器和管道易产生腐蚀。

(2) 凝固(即结冰)时体积会膨胀，易对容器和管道造成破坏。

(3) 高温下，水的蒸汽压随着热力学温度的升高呈指数增大，所以用水储热时，温度和压力都不能超过其临界点(347℃，2.2×10^7Pa)。

水所适用的储存温度受到其沸点的限制。若要在高温(150~200℃)下使水维持液体状态而不发生沸腾汽化，则容器内的压力必须维持在 0.5~1.6MPa，即需要采用高压容器，这就增加了容器的加工难度和加工成本。故当需要储存的热能的温度高于水在 1atm 的沸点时，可以选用石块或无机氧化物等材料作为储热介质。其中，岩石是更为常用的高温储热介质，具有来源广泛、成本低廉、热稳定性高和密度大的优点，且不像水那样有磨损和腐蚀等问题。但岩石的总储热密度小于水，尽管石块的密度比水大 1.5~2.5 倍，但水的比热容大约为岩石的 5.25 倍，因此水的体积储热密度比石块高，即储存相同容量的热量时，以水为储热介质时所需容积比以岩石为储热介质时要小。

4.2.2　储热水箱

储热水箱是技术最成熟、应用最为广泛的显热储存设备，该设备利用太阳能集热器在太阳能充沛时收集太阳能，并用于加热水，将太阳能储存在水中。这部分热水可直接作为生活热水供居民使用。太阳能储热水箱的储热密度一般为 60~80kW·h/m³。在太阳能储热系统中，水需要在太阳能集热器和储热水箱之间循环，根据驱动水的循环的方式，可以将太阳能储热系统分为被动式和主动式两种形式，如图 4.4 所示。

(1) 被动式太阳能储热系统没有附加的动力驱动装置，水箱上下层水间的密度差是驱动水在管路中循环的动力，即热虹吸(thermosyphon)原理。如图 4.4(a)所示，需要加热的冷水从水箱底部流入，经太阳能集热器加热的热水从水箱顶部注入，并从顶部流入用户端，则水箱上层水的温度比下层水的温度高，故下层水的密度比上层水高。水在密度差的驱动下由水箱的底部流入太阳集热器的底部，在太阳能集热器中被太阳能加热后，最终由太阳能集热器的顶部流入水箱的顶部。

(2)主动式太阳能储热系统在管路中安装了动力装置——水泵,依靠水泵驱动水在整个系统的管路里循环。相比被动式太阳能储热系统,主动式太阳能储热系统中,水可以获得更多的循环动力,但需要消耗电能,增加了整个系统的能耗。

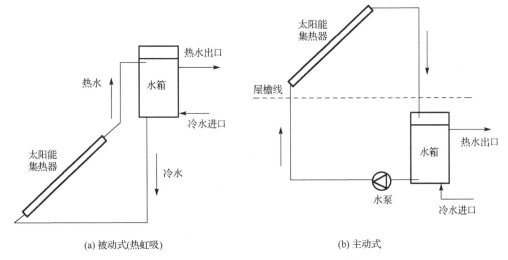

(a) 被动式(热虹吸)　　　　　　(b) 主动式

图 4.4　典型的太阳能储热系统结构[4]

　　根据储放热特性,可将储热水箱分为完全混合式储热水箱、完全压出式储热水箱和温度分层式储热水箱。完全混合式储热水箱内水温完全均匀一致;住宅用的小型水箱一般是完全压出式储热水箱,这种水箱当中储存的水有明显的上下分层,热水集中在水箱的上部,冷水分布在水箱的下部,冷热水域的界限十分清晰,几乎没有混合。当水箱用于储热时,需要加热的冷水从水箱底部进入水箱,被加热后,从水箱的上部流出,供给用户使用。温度分层式储热水箱一般适用于大型水箱,大型水箱内的水温很难达到均匀一致,在垂直方向上是不均匀的,上层水温比下层水温偏高。通过良好的温度分层和合理的温度控制,整个储热水箱的性能可以提高 20%。

4.2.3　地下含水层储热

　　地下含水层是指埋藏于地表以下贮水性能较强的岩土层,简称含水层。含水层储热自 1976 年被提出后就受到了广泛关注,既可用于储热也可用于蓄冷,储热温度可以达到 150~200℃,能量回收率可以达到 70%。据 Lottner 等[5]的报道,含水层储热被称为跨季节储热中最具经济能效比的选择。含水层主要利用地下储存空间及含水层内的水进行储热,其储存过程为:通过井孔将温度低于含水层原有温度的冷水或高于含水层原有温度的热水灌入含水层，利用含水层作为储热介质来储存冷量或热量，在需要使用时再用水泵抽取出来。含水层储热的储热密度是 30～40kW·h/m³。

常见的含水层储热形式有单井储热系统、双井储热系统和与热泵合用的系统。

(1) 单井储热系统可以在冬季将冷却水(净水经冷却塔冷却得到)用回灌送水泵送入深井中；在夏季通过水泵抽取出来，供空调降温系统使用。反之，也可用于"夏灌冬用"，即夏季灌入热水，于冬季取出使用。

(2) 双井储热系统由温水井和热水井组成(图 4.5)，温水井或热水井抽取出的水与换热器中的采暖水发生热交换，从而实现对建筑的供暖。储热时，温水井内的水被抽出，经换热器内的采暖水加热后，灌入热水井储存。取热时，热水井内的水被抽出，被换热器内的采暖水冷却后，再次灌入温水井。若按相反方向运行，则可用于供冷系统。

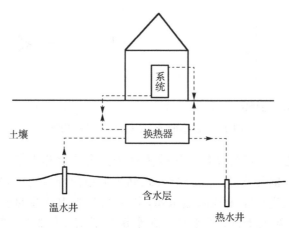

图 4.5　含水层储热系统(双井储热系统)[4]

(3) 双井储热系统可以和热泵合用，提高供热或供冷系统的供热量或蓄冷量。在冬季，热水井内的水被提取后，用于加热换热器中的采暖水。当热水井内提取的水完成加热任务被灌回温水井之后，利用热泵进一步提高换热器内采暖水的温度。相似地，在夏季，换热器内被冷却的水的温度被热泵进一步降低，增强了供冷效果。

含水层储热的热源主要来自工业废热和可再生能源(太阳能、地热、生物质能)等，可应用于大型建筑采暖、农业中的暖房加热和生产过程中的加热过程。目前，世界各国在大力推广含水层储热的应用，荷兰和瑞典的含水层储热系统装机容量以每年25%的速度增长。加拿大和德国的一些大学与机场已经出现了应用实例，证实了含水层可成功储存 10～40℃的热能。

4.2.4　岩石储热

　　如 4.2.2 节所述，虽然水作为储热介质有很多优点，但不适合储存较高品位的热能，并且对普通金属有锈蚀作用，对储存容器的材质和加工性能要求较高。尽管在相同的储热温度区间内，岩石的储热密度($30\sim40$kW·h/m³)不如水高，是水的 1/2 左右，但岩石作为显热储存介质具有来源广泛、成本低廉、不会产生锈蚀的优势，故岩石储热也得到了广泛应用。图 4.6 给出了岩石储热系统的结构。作为储热介质的岩石被松散地堆积在储热容器当中，载热介质一般为空气。储热容器一般由木材、混凝土或钢板制成。载热空气经容器顶部和底部的流动分配叶片均匀地进入或者流出容器。堆积的岩石本身既是储热器，又是换热器。充热时，热空气从容器的顶部进入，通过与岩石间的换热将热量储存在岩石中，降温后的空气从容器的底部流出；放热时，待加热空气从容器底部进入容器被高温岩石加热，得到的热空气从容器顶部流出。岩石储热已经有大规模的示范应用项目。德国的 Eggenstein 搭建了一个 4500m³ 的岩石储热系统，储热热源来自 1600m² 的太阳能平板集热器，系统还配备了两台 600kW 的燃气锅炉作为备用供热装置，一次能源节约率的设计值可达到 65%，能够满足 12000m² 建筑区域的取暖需求[6]。

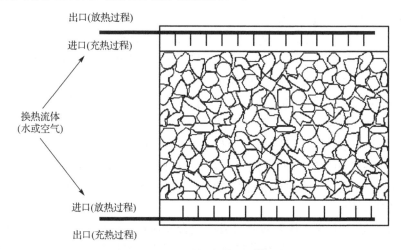

图 4.6　岩石储热系统[4]

　　储热水箱、含水层储热和岩石储热这三种显热储存方式的对比见表 4.2。水箱储热的储热密度最高，为 $60\sim80$kW·h/m³。含水层储热和岩石储热的储热密度接近，为 $30\sim40$kW·h/m³。储热水箱的容器和管道需要采用耐腐蚀的材料(如不锈钢)来加工，以防止腐蚀，延长使用寿命。含水层储热要求含水层的渗透系数高，以减少灌入和抽取水的能耗。岩石储热系统要求有较稳定的土壤工况，深度以地下 $5\sim15$m 为宜。储热水箱的系统造价最高，岩石储热次之，含水层储热的系统造价最低。

表 4.2　不同类型的显热储存方式特征对比[7]

储热方式	储热介质	储热密度 /(kW·h/m³)	等效储热体积(相对 1 m³ 水)/m³	特征要求	系统造价
储热水箱	水	60～80	1	水箱要采用防腐蚀材质(如不锈钢等)加工	最高
含水层储热	沙石、水等	30～40	2～3	渗透系数高,含水层顶部和底部有界限,无或仅有少量地下水流,含水层厚度为 20～50m	最低
岩石储热	鹅卵石、砾石等	30～40	2～3	较稳定的土壤状况,最好无地下水流,深度为地下 5～15m	较高

4.3　潜热储存技术

　　潜热储存是利用相变材料在物质状态转变过程中的能量吸收和释放来实现的。一般相变材料的潜热储热密度为几百至上千千焦每千克,远高于显热储存的储热密度。由于相变材料的物质状态转变是在一定的温度下进行的,且变化范围极小,所以潜热储存可以维持较为稳定的温度输出和功率输出,不需要温度调节或控制装置,简化了系统设计并降低了成本。因此,从储热密度和输出稳定性的角度来看,潜热储存相比显热储存有显著的优势。

　　相变材料的相变过程一般有四种形式,即固-气相变、液-气相变、固-液相变和固-固相变。其中,固-固相变指从一种结晶形式转变为另一种结晶形式。液相中的分子的自由运动远强于固相中的分子运动,故液相分子具有更高的能量。气相中的分子是完全自由的,具有很高的自由度,且分子间的相互吸引力几乎为零,故气相比固相和液相具有更高的能量。因而固-气、液-气、固-液的相变潜热递减。尽管固-气相变和液-气相变的潜热更高,但由于气体占据的体积太大,不便于实际应用。因此,适合实际应用的相变材料是固-液和固-固相变材料。固-固相变材料的潜热比固-液相变材料的潜热小,故固-液相变材料是最具应用潜力的相变材料。值得注意的是,在潜热储存系统的充热过程中,相变材料的显热也可以被系统储存并加以利用。

　　潜热储存系统由四个基本部分组成:契合储热热源温度的相变材料、盛装相变材料的容器、热源向相变材料传热的换热器和相变材料向用户传热的换热器。

4.3.1　相变材料

4.3.1.1　相变潜热的定义

固-液相变材料的熔化过程可以利用自由能差来表示,即

$$\Delta G = \Delta H - T_{\mathrm{m}} \cdot \Delta S \tag{4-7}$$

式中，T_{m} 为相变温度，即相变材料发生物质状态转变时的温度；S 为熵；H 为焓。

当达到相变平衡时，$\Delta G = 0$，则可以得到相变焓差为

$$\Delta H = T_{\mathrm{m}} \cdot \Delta S \tag{4-8}$$

基于上述分析，相变焓定义为：在恒定温度 T 及该温度的平衡压力 p 下，1mol 物质发生相变时所对应的焓变。由于相变过程不涉及流动功和非体积功，一般称相变焓为相变潜热。

4.3.1.2 相变材料的筛选原则

相变材料是潜热储存系统的最关键组成部分，其相变潜热直接影响了整个系统的储热密度，此外，其密度、热导率、过冷度等物性参数也对储热效果的实现和系统设计有重要影响。相变材料的筛选，一般按照以下原则进行[8]。

(1)具有合适的熔点温度，即熔点温度要与应用场合所需要的温度范围相匹配。

(2)有较大的体积相变潜热。

(3)密度大，存储相同热量时所需的体积缩小。

(4)有较大的比热容，可以提供较多的附加显热储热量。

(5)所有相(固相和液相)的热导率较高。

(6)热膨胀小，相变过程的体积变化小。

(7)工作温度下的蒸汽压低，防止破坏容器。

(8)凝固时无过冷现象，熔化时无过饱和现象。

(9)成核率高。

(10)无偏析，不分层，热稳定性好。

(11)与盛装容器兼容，不发生反应。

(12)可逆的熔化-凝固循环。

(13)无毒，无腐蚀性，不可燃，无爆炸危险。

4.3.1.3 相变材料的分类

根据储热的温区，可以将相变材料分为低温材料(25~80℃)、中温材料(80~220℃)和高温材料(220~420℃)。根据相变过程中的物质变化，可以将相变材料分为固-液相变材料和固-固相变材料。根据材料成分，可以将相变材料分为有机相变材料、无机相变材料和共熔物三类，如图 4.7 所示。

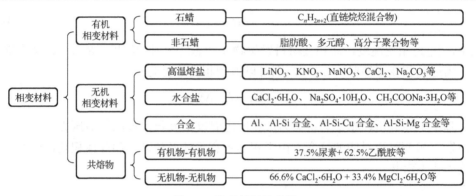

图 4.7　相变材料的分类

1. 有机相变材料

有机相变材料的优点为：物理和化学性质稳定、固态成型性较好、基本不会出现过冷和相分离现象、毒性小、腐蚀性小等。同时也存在一些缺点：密度小、体积储热密度小、热导率低、热膨胀率大、易燃烧、易氧化等。由于熔点较低，有机相变材料不适合高品位热能的储存。有机相变材料分为石蜡和非石蜡(脂肪酸、多元醇和高分子聚合物等)两类。

1)石蜡

石蜡的熔点在-5～66℃，广泛应用于建筑供暖和空调系统。石蜡是精制石油的副产品，主要由直链烷烃混合而成，可用通式 C_nH_{2n+2} 来表示，其性质非常接近饱和碳氢化合物。石蜡族的熔点和相变潜热随着碳原子数(即链长)的增加而增大。石蜡族的显著优点在于物理和化学性质可维持长期稳定，反复充热-放热循环后，性能衰减很小，不会发生过冷和相分离现象。石蜡的最大缺点在于热导率很低，熔化时有较大的体积膨胀。表 4.3 总结了常见石蜡的热物理性质。

表 4.3　常见石蜡的热物理性质[2]

名称	分子式	熔点/℃	相变潜热/(kJ/kg)	密度/(kg/m³)	热导率/[W/(m·℃)]	比热容/[kJ/(kg·℃)]
十四烷	$C_{14}H_{30}$	5.5	225.72	固态 825 (4 ℃) 液态 771 (10 ℃)	0.149	2.069
十六烷	$C_{16}H_{34}$	16.7	236.88	固态 835 (15 ℃) 液态 776 (17 ℃)	0.150	2.111
十八烷	$C_{18}H_{38}$	28.0	242.44	固态 814 (27 ℃) 液态 774 (32 ℃)	0.150	2.153
二十烷	$C_{20}H_{42}$	36.7	246.62	固态 856 (35 ℃) 液态 774 (37 ℃)	0.150	2.207

2)脂肪酸

脂肪酸由结构不同的烷基$(CH_3(CH_2)_n—)$和羧基(—COOH)组成，其通式为

$CH_3(CH_2)_nCOOH$。其性能类似于石蜡，与石蜡的相变焓相当，过冷度小，不易燃。脂肪酸的热物理性质十分稳定，在经过多次充热-放热循环后，其相变焓和熔化温度均变化很小。这种很好的热稳定性是由其物质结构决定的，脂肪酸的各个分子羧基在氢键的作用下成对地结合，形成缔合分子对，具有很好的热稳定性[9]。表 4.4 列出了一些常见的脂肪酸的热物理性质。这些脂肪酸的熔点分布在 36.0～70.7℃范围内，相变潜热是 152～203kJ/kg。热导率也不太高，为 0.148～0.172W/(m·℃)。

表 4.4　常见脂肪酸的热物理性质[2]

名称	分子式	熔点/℃	相变潜热/(kJ/kg)	密度/(kg/m³)	热导率/[W/(m·℃)]	比热容/[kJ/(kg·℃)]
癸酸	$CH_3(CH_2)_8COOH$	36.0	152	固态 1004 液态 878	0.149 (40 ℃)	—
月桂酸	$CH_3(CH_2)_{10}COOH$	43.0	177	固态 881 液态 901	0.148 (20 ℃)	1.6
豆蔻酸	$CH_3(CH_2)_{12}COOH$	53.7	187	固态 1007 液态 862	—	1.6
十五烷酸	$CH_3(CH_2)_{13}COOH$	52.5	178	固态 990 液态 861	—	—
棕榈酸	$CH_3(CH_2)_{14}COOH$	62.3	186	固态 989 液态 850	0.165	—
硬脂酸	$CH_3(CH_2)_{16}COOH$	70.7	203	固态 965 液态 848	0.172	—

3）多元醇

多元醇属于固-固相变材料，包括季戊四醇、2,2-二羟甲基丙醇和新戊二醇等(其热物理性质见表 4.5)，通过晶型的有序-无序间的转变来实现可逆的吸热和放热过程。多元醇在不断升温的过程中依次经历固-固相变过程和固-液相变过程。由于熔点温度比较高，一般只利用其固-固相变过程。低温时，多元醇具有高对称的层状体心结构，同一层中的分子以范德瓦耳斯力连接，层与层之间的分子与—COOH 连接形成氢键。升温后，当达到固-固相变温度时，将变成低对称的各向同性的面心结构，同时氢键断裂，分子由结晶态变成无定形态。当继续升温至熔点时，还会发生固-液相变过程[1]。多元醇的固-固相变温度和固-液相变温度有一定差值(如季戊四醇的固-液相变温度比固-固相变温度高了近 80℃)，故可扩大应用的温区范围，储热热源的温度高于固-固相变温度一定范围仍可避免固-液相变过程的发生。作为一种固-固相变材料，多元醇在应用时的体积变化小，对容器的要求不高。

表 4.5　常见多元醇的热物理性质[2]

名称	分子中羟基数	相变温度/℃	相变焓/(kJ/kg)	熔点/℃
季戊四醇	4	188	323	260
2,2-二羟甲基丙醇	3	81	193	198
新戊二醇	2	43	131	126

4) 高分子聚合物

这类相变材料通常是指相对分子质量大的有机聚合物，常见的有聚乙烯、聚氨酯、聚丁二醇、聚乙二醇等，具有过冷度小、无相分离、相变焓大等优点，但存在具有可燃性、热导率低的问题。常见高分子聚合物的热物理性质见表 4.6。

表 4.6　常见高分子聚合物的热物理性质[8, 10, 11]

名称	相变温度/℃		相变焓/(kJ/kg)	
	熔化	凝固	熔化	凝固
聚乙二醇（M：1000）	32.4	30.7	155	153
聚乙二醇（M：6000）	57.4	47.3	176	176
聚乙二醇（M：10000）	59.7	50.1	184	179
高密度聚乙烯	130.0	110.5	151	143
线形低密度聚乙烯	124.0	108.1	119	116

聚乙二醇（polyethylene glycol，PEG）是一种具有 $-\left(CH_2-CH_2-O\right)_n$ 结构的高分子聚合物，因为链结构简单所以比较容易结晶，相变潜热为 187J/g。聚乙二醇作为相变材料的优点是相变温度可以通过改变相对分子质量来调节，因此具有较大的应用范围。尽管聚乙二醇本身是一种固-液相变材料，但是经过各种处理后可以将其转变为固-固相变材料。一种处理方法是将相对分子质量为 1000 左右的聚乙二醇接枝到棉花、麻等纤维素分子链上，或者将交联聚乙二醇吸附于聚丙烯、聚酯等高分子纤维表面。接枝、交联后的聚乙二醇仍保持了原有的相变特性，但在相变温度以上失去了流动性，转变成了固-固相变材料。通过这种处理得到的纤维材料具有温度调节功能，可以制成穿着舒适的"恒温服装"。但现有问题是吸附在纤维表面的聚乙二醇量还太少，导致纤维材料的储热容量较低，服装的恒温时间较短。

聚乙烯（polyethylene，PE）是一种典型的结晶性材料，是聚烯烃类相变材料中的主要成员之一，可分为高密度聚乙烯（high-density polyethylene，HDPE）、低密度聚乙烯（low-density polyethylene，LDPE）和线形低密度聚乙烯（linear low-density polyethylene，LLDPE）。聚乙烯结晶熔点为 135℃，黏流温度较高于结晶温度，其相变潜热高达 250J/g，价格低廉，适合制备各种形态的相变材料。当加热温度高于结晶温度时，聚乙烯从结晶态转变成高弹态，宏观上不存在流动现象，保持固定形态。而温度高于黏流温度时，会出现流动现象，因此可以利用结晶温度到黏流温度间的相变进行储热。

现如今，相变储热系统对相变材料温区的要求越来越宽，普通的单质相变材料已无法满足需求，人们通过物理、化学方法将多种材料复合制备定形相变材料，包括一些高分子交联树脂，如交联聚烯烃类、交联聚缩醛类，以及一些接枝共聚物，如纤维素接枝共聚物、聚酯类接枝共聚物、聚苯乙烯接枝共聚物、硅烷接枝共聚物。其中，接枝共聚物类是指在一种高熔点的高分子上利用化学键接上低熔点的高分子作为支链而形成共聚物。在加热过程中，低熔点的高分子支链首先从结晶态转变为无定形态，但由于其接枝在尚未熔化的高熔点主链上，无定形的流通体被限制，宏观上保证定形相变。该类材料的相变温度较适宜，使用寿命长、性能稳定、无过冷和相分离现象，材料的力学性能均较好，便于加工成各类形状，具有较大的实际应用价值。但目前研究出的种类较少、相变焓较小、热导率小，主要应用于保温纤维中。

2. 无机相变材料

无机相变材料主要包括水合盐、高温熔盐和合金这三类。无机相变材料的熔点范围较宽，涵盖了低温、中温和高温范围。无机相变材料储热密度高，高于有机相变材料。无机相变材料的热导率高，相变时体积变化小。但大部分无机相变材料在充热/放热循环中的物理性质不如有机相变材料那么稳定，有较为明显的相分离现象，需要考虑对容器的腐蚀问题。

1) 水合盐

水合盐即结晶水合盐，是无机盐的水合物，分子通式为 $AB\cdot nH_2O$，AB 表示一种无机盐，n 是结晶水分子数。水合盐吸热后脱出结晶水，使其本身的盐溶解，放热时吸收结晶水发生逆过程。水合盐有较大的相变潜热及固定的熔点，所以成为无机相变材料里应用最广泛的一类材料。水合盐熔点范围为几摄氏度到 100 多摄氏度，主要适用于中低温储热温区。该类相变材料的优点在于相变潜热大、熔点温区宽、储热密度大、热导率比有机物高、价格低廉，一般呈中性。

但其存在两大问题。其一是过冷现象，即材料到理论结晶温度以下才会发生结晶，同时使温度迅速上升到理论结晶温度附近。这就促使材料不能及时发生相变，造成结晶滞后，成核率降低。所有的水合盐都有过冷现象，只是不同的水合盐在不同的条件下过冷度不同。由于过冷现象是大多数水合盐结晶时成核性能差所导致的，通常采用成核剂、冷指法改善，即加入与盐类结晶物的微粒结构相类似的物质，或将未熔化的部分晶体作为成核剂提升实际结晶温度。

其二是相分离现象，即加热 $AB\cdot nH_2O$ 型无机水合盐通常会转变为含有较少摩尔水的另一类型的 $AB\cdot mH_2O$ 的无机盐分合物，而 $AB\cdot nH_2O$ 部分或是全部溶解于剩余的 $n-m$ 摩尔水中变成无机盐和水时，某些盐类不完全溶解于自身的结晶水，而沉于容器底部，随后冷却时也不与结晶水结合，从而形成分层的现象，导致溶解的不均匀性，造成有效储热能力逐渐下降。为了解决相分离问题，可以采用摇晃、搅拌或是将试验容器做成盘状形式从而降低溶液的垂直高度。但是这大大限制了相变材料的应用范围，因此大多数时候会采用增稠剂、晶体结构改变剂改善相分离情况，常用物质有羧甲基纤维素、甲基纤维素、海藻酸钠、活性白土等。它们可以增大溶液的黏稠度，有效减弱分层现象，还不会显著影响材料本身的相变过程。

上述两个问题都直接关系到相变材料的使用寿命，故解决这两个问题成为水合盐相变材料应用研究方面的关键。根据熔点及相变潜热等热物性参数，适用于中低温水合盐相变储热的主储热剂有乙酸盐类、硝酸盐类、硫酸盐类、磷酸盐类水合盐，以及某些氢氧化物，具体热物理性质见表 4.7。

表 4.7　常见水合盐的热物理性质[2]

名称	熔点 /℃	相变潜热 /(kJ/kg)	密度 /(kg/m³)	防过冷剂	防相分离剂
六水氯化钙 (CaCl₂·6H₂O)	29.0	180.0	1622	BaS、CaHPO₄·12H₂O、 CaSO₄、Ca(OH)₂	二氧化硅、膨润土、 聚乙烯醇
十水硫酸钠 (Na₂SO₄·10H₂O)	32.4	250.8	1562	硼砂	高吸水树脂、 十二烷基苯磺酸钠
十二水磷酸氢二钠 (Na₂HPO₄·12H₂O)	35.0	205.0	1530	CaCO₃、CaSO₄、硼砂、 石墨	聚丙烯酰胺
三水乙酸钠 (CH₃COONa·3H₂O)	58.2	250.8	1450	Zn(OAc)₂、Pb(OAc)₂、 Na₂P₂O₇·10H₂O、LiTiF₆	明胶、树胶、阴离 子表面活性剂

六水氯化钙($CaCl_2 \cdot 6H_2O$)熔点为 29.0℃，接近室温，相变潜热为 180.0kJ/kg。该材料呈中性，无污染、无腐蚀，故广泛用于暖房、住宅、温室及工业低温废热回收等方面。氯化钙水合盐的过冷现象十分明显，其结晶温度甚至可降到 0℃。要改善其过冷现象可加入 BaS、$CaHPO_4 \cdot 12H_2O$、$CaSO_4$、$Ca(OH)_2$ 及某些碱土金属或者过渡金属的乙酸钠盐类等。

十水硫酸钠($Na_2SO_4 \cdot 10H_2O$)熔点为 32.4℃，相变潜热为 250.8kJ/kg，单位容积储热量是温升为 10℃的水的 8 倍多。该材料是多数化工过程的副产品，并可从天然资源中提取，价格十分低廉，同时因其熔点适宜、相变潜热大，常用于暖房、太阳能供暖及其他余热回收利用中。但十水硫酸钠在多次熔化、结晶的储放热循环后，易发生相分离现象，部分无水硫酸钠析出无法进入结晶循环中，导致其储热能力大幅下降。一般可加入高吸水树脂、十二烷基苯磺酸钠防止相分离现象。另外，在使用过程中，还需加入硼砂降低过冷度。

一般磷酸盐仅作为辅助储热剂使用，但十二水磷酸氢二钠($Na_2HPO_4 \cdot 12H_2O$)可作为主储热剂使用，其熔点为 35.0℃，相变潜热为 205.0kJ/kg，是一种高储热密度的相变材料。该材料一般在 21℃时开始凝固，即过冷度高达 14℃。通常添加 $CaCO_3$、$CaSO_4$、硼砂、石墨以降低过冷度。因其熔点合适、相变潜热大，十二水磷酸氢二钠主要应用于空调及暖房的储热，并添加其他物质来调整材料的温度和性能。

三水乙酸钠($CH_3COONa \cdot 3H_2O$)熔点为 58.2℃，属于中低温储热材料，相变潜热为 250.8kJ/kg，适用于建筑采暖、中央热水及某些余热回收系统。该材料作为储热材料使用时，最大的问题是过冷现象。为了消除过冷带来的不利影响，通常加入

$Zn(OAc)_2$、$Pb(OAc)_2$、$Na_2P_2O_7\cdot10H_2O$ 或 $LiTiF_6$ 作为成核剂降低其过冷度。三水乙酸钠在反复熔化—凝固的储放热过程中会有无水乙酸钠析出，出现相分离现象使得其储热能力下降，可加入明胶、树胶等物质或阴离子表面活性剂作为防相分离剂。在三水乙酸钠中加入低熔点水合盐等熔点调节剂可调节其相变温度，拓宽其应用范围。例如，采用乙酸钠、尿素与水以适当比例配合，既降低了相变温度，也能维持相对高的相变潜热。

2）高温熔盐

高温熔盐一般指硝酸盐、氯化盐、碳酸盐、氟化物等无机盐以及它们的共晶体，具有"四高三低"的优势，即使用温度高、热稳定性高、比热容高、对流传热系数高和黏度低、饱和蒸气压低、价格低，在成本方面一般锂盐>钾盐>钠盐>钙盐。高温熔盐具有一定的相变潜热，其传热和储热性质俱佳，通常用作小功率电站、太阳能热发电和低温热机中的高温相变材料存储热能，但在使用过程中需要克服高温熔盐热导率低和腐蚀性等问题。常见高温熔盐的热物理性质见表 4.8。

表 4.8　常见高温熔盐的热物理性质[2]

名称	熔点/℃	相变潜热 /(kJ/kg)	名称	熔点/℃	相变潜热/(kJ/kg)
$LiNO_3$	252	526.68	LiF	848	1050.00
Li_2CO_3	726	604.01	Na_2CO_3	854	359.48
$CaCl_2$	782	254.98	Na_2SO_4	993	146.30
NaCl	801	405.46	NaF	993	773.30

碳酸盐及其混合物是很有潜力的相变材料，其价格低、相变潜热大、腐蚀性小、密度大，可按不同混合比例得到不同熔点的共晶混合物。但碳酸盐的熔点较高且液态时黏度大，如碳酸钾的熔点为891℃，碳酸钠的熔点为854℃。另外，部分碳酸盐容易分解，稳定性差，限制了碳酸盐的广泛应用。

硝酸盐的熔点在300℃左右，其价格低、腐蚀性小，并且在500℃下不会分解。其缺点在于热导率相对较低(仅 0.81W/(m·℃))，因此在使用时容易产生局部过热。但是与其他熔盐相比，硝酸盐的相变潜热相对高，优势突出。

氟化盐是非含水盐，主要为某些碱及碱土金属氟化物、某些其他金属的难溶氟化物等，熔高点，相变潜热大，属于高温型储热材料，其与金属容器材料的相容性较好，可用于回收工厂高温余热等。为调整其相变温度及储热量，氟化盐作为储热剂时多为几种氟化盐配合。其中，氟化锂(LiF)具有最高的相变潜热(1050kJ/kg)，也是最贵的储热材料。氟化盐存在两个致命的缺点：其一是由液相转变为固相时存在较大的体积收缩率，如 LiF 的体积收缩率高达 23%，其二是热导率低导致传热慢。这两个缺点导致材料出现"热松脱"和"热斑"现象。

氯化盐种类繁多，价格一般都很低廉，可以按要求制备不同熔点的混合盐，具有广泛的使用温度，但其腐蚀性强。其中，使用较多的氯化钠(NaCl)熔点为801℃，固体密度为 1900kg/m³，液体密度为 1550kg/m³，相变潜热为 405.46kJ/kg，氯化钙(CaCl₂)熔点为782℃，液体密度为2000kg/m³，相变潜热为 254.98kJ/kg，具有极强的腐蚀性。

高温熔盐虽然具有工作温度较高、蒸汽压低和热容量大的优点，但仍需要克服热导率低和固液分层等问题。储热材料热导率低会严重影响储热系统的充放热速率，比热容和相变潜热低会导致储热量低，可见进行相变储热材料热物性强化的研究是进一步开发相变储热技术的关键。为提高高温熔盐的热导率，一种可行的措施是采用泡沫金属、膨胀石墨、二氧化硅纳米颗粒等高导热物质增强熔盐的热导率，加快传热速率。

高温熔盐的安全使用一直备受关注，其中，特别需要注意的是硝酸盐。硝酸钠、硝酸钾是国家监管的危险化学品。其遇可燃物着火时，能助长火势；受热或处于火场中可发生爆炸性分解；可因受热或污染而爆炸；遇烃(燃料)可发生爆炸性反应；燃烧时，可产生刺激性、有毒的气体。吸入、食入或皮肤、眼睛接触其蒸气或固体可引起严重损害、灼伤或死亡。因此在其储存和运输过程中应注意安全。

3) 合金

合金材料热导率是其他无机相变材料的几十倍到几百倍，而且具有储热密度大(Al-Si 合金可高达 519kJ/kg)、热循环稳定性好等诸多优点，发展潜力巨大。核电厂中采用熔融态的合金作为传热流体，主要就是利用了合金储热密度大的特点。合金材料中尤以铝基合金的相变温度最合适，其同时具有相对低的腐蚀性，成为合金相变储热材料研究的焦点，在太阳能热发电高温储热中具有较好的应用前景。表 4.9 给出了常见合金的热物理性质。

表 4.9　常见合金的热物理性质[12]

名称	熔点/℃	相变潜热/(kJ/kg)	名称	熔点/℃	相变潜热/(kJ/kg)
SiMg(Si-Mg₂Si)	1219	357	Al-Cu-Mg	779	360
Al-Si	852	519	Al-Al₂CuMgCu	823	303
Al-Mg-Si	883	545	Mg-Cu-Zn	725	254
Al-Cu(Al-Al₂Cu)	821	351	Al-Mg(Al-Al₃Mg)	724	310
Al-Cu-Si	822	422	Al-Mg-Zn	716	310
Mg-Ca(Mg-Mg₂Ca)	790	246	Mg-Zn(Mg-Mg₂Zn)	613	480
Al-Zn	381	138	Al-Cu-Sb	545	331

合金储热能力强的同时热导率大，这无疑是其优势所在，但高温液态条件下的强腐蚀性，导致其与容器材料相容性差，这正是限制合金在高温相变储热领域实际应用的最大原因。虽然国内外已有大量合金与容器材料相容性方面的研究，

但是多数都显得比较零散，缺乏系统性和规律性。因此应更进一步地研究材料相容性问题，进而寻求到合理的封装方式，最终实现金属合金在高温相变储热领域的广泛应用。

4) 其他无机相变材料

除了盐类、金属类相变材料外，水、金属以及其他物质也可作为相变材料。表 4.10 列出了几种无机相变材料的热物理性质，包括熔点、密度、相变潜热、热导率、比热容。其中，比热容体现了材料的显热储热能力，热导率可衡量材料的热传导性能。水性能稳定，极易获得，价格低廉，但其比热容低，体积膨胀率大；氢氧化锂(LiOH)的比热容高，相变潜热大，稳定性强，在高温下蒸气压力很低，价格低廉，是较好的储热物质。NaOH 在 318℃时发生相变，相变潜热为 160kJ/kg，在美国和日本已用于采暖和制冷，其熔点适合许多工艺过程，但它的价格昂贵。金属铝相变潜热高达 400kJ/kg，热导率高，蒸气压力低，是一种理想的储热材料。

表 4.10　几种无机相变材料的热物理性质[1]

名称	熔点/℃	密度/(kg/m³)	相变潜热/(kJ/kg)	比热容/[kJ/(kg·℃)]	热导率/[W/(m·℃)]
H_2O	0	固态 917 液态 1000	335	固态 2.10 液态 4.20	2.20
NaOH	318	固态 2130 液态 1780	160	固态 2.01 液态 2.09	0.92
LiOH	471	固态 1425 液态 1385	1080	固态 3.30 液态 3.90	1.30
铝	660	固态 2560 液态 2370	400	固态 0.92 液态 —	200.00
$Na_2B_4O_7$	740	固态 2300 液态 2630	530	固态 1.75 液态 1.77	—

3. 共熔物

两组分(或多组分)体系混合能达到的最低熔点，称为低共熔点，形成的混合物称为低共熔混合物。如果将低共熔混合物冷却，则在低共熔点全部凝固。将两种物质按不同比例混合，低共熔混合物的性质最稳定，低共熔点为低共熔混合物的相变温度[13, 14]。

图 4.8 为典型二元共晶系的相图。α 表示组元 X 的固相，β 表示组元 Y 的固相。L 表示液相，α+L 和 β+L 表示固-液两相区，α、β 表示固相区。在三相共存水平线所对应的温度下，成分相当于 E 点的液相(LE)同时结晶出与 C 点相对应的 αC 和 D 点所对应的 βD 两个相，形成两个固相的混合物。

根据相律可知，在发生三相平衡转变时，自由度等于零，所以这一转变必然在恒温下进行，而且三个相的成分为固定值，在相图上的特征是三个单相区与水平线只有一个接触点，称为共晶点，即图中 E 点。在一定温度下，由一定成分的液相同

时结晶出成分一定的两个固相的转变过程，称为共晶反应。共晶反应的产物为两个
固相的混合物，称为共晶组织[14]。

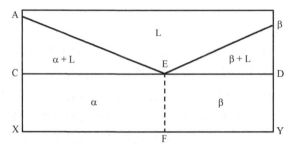

图 4.8 二元共晶系相图[13]

通过混合不同的相变材料可以得到任意相变温度的低共熔相变材料，而且以共
晶点比例混合的物质性能稳定，与纯物质的性能一样，具有确定的单一熔点和相变
潜热，故而在实际生产中有着重要应用。

1) 水合盐共熔物

特定的水合盐相变储热材料具有确定的某一相变温度，并且在相变过程中往往有
过冷和相分离等常见缺陷。对于大部分常见水合盐相变储热材料，对其具有成核作用
的成核剂和阻止分层的防分层剂都已基本找到，用量也能基本确定，但是当经过成百
上千次熔-冻循环后还能保持原来结晶能力的相变材料却不多，大部分都会重新出现
很大程度的过冷和相分离，储热性能劣化明显。但是将两种水合盐材料混合制备出低
共熔相变材料，就可以实现相变温度可调，同时可以有效解决过冷和相分离等水合盐
利用过程中的常见问题，大大拓宽了水合盐的适用范围，也使水合盐材料的储热性能
更加稳定，使用寿命更长。常见水合盐共熔物的热物理性质见表 4.11。

表 4.11 常见水合盐共熔物的热物理性质[13]

名称	熔点/℃	相变潜热/(kJ/kg)	过冷度/℃
$MgSO_4·7H_2O$(40%)-$Al_2(SO_4)_3·18H_2O$(60%)	46.4	—	约 0
$Na_2SO_4·10H_2O$(20%)-$KAl(SO_4)_2·12H_2O$(80%)	50.1	—	1.2
$CH_3COONa·3H_2O$(28%)-$Na_2S_2O_3·5H_2O$(72%)	40.8	229.9	—
$CaCl_2·6H_2O$(75%)-$MgCl_2·6H_2O$(25%)	21.0	102.3	13.0

水合盐共熔物一般选取工业上常见、价格便宜的水合盐材料。同时应尽可能拉
大低相变温度水合盐和高相变温度水合盐的相变温度差，从而当两种水合盐以不同
质量比例混合时就可得到一系列相变温度的低共熔混合物。水合盐共熔物的制备通
常要求低相变温度水合盐的相变温度低于 50℃，高相变温度水合盐的相变温度大于
80℃，两种水合盐材料的相变潜热都在 200kJ/kg 以上。目前较多使用芒硝
($Na_2SO_4·10H_2O$)、十水碳酸钠 ($Na_2CO_3·10H_2O$)、十二水磷酸氢二钠

$(Na_2HPO_4·12H_2O)$、五水硫代硫酸钠$(Na_2S_2O_3·5H_2O)$、七水硫酸镁$(MgSO_4·7H_2O)$作为低相变温度的水合盐材料，十八水硫酸铝$(Al_2(SO_4)_3·18H_2O)$、十二水硫酸铝钾$(KAl(SO_4)_2·12H_2O)$作为高相变温度的水合盐材料。

2) 高温熔盐共熔物

对于高温熔盐，在实际应用中，很少利用单一盐，大多会将二元、三元无机盐混合共晶形成混合熔盐。混合熔盐的主要优势表现在：适当改变其组分的配比即可得到所希望的熔点，适用的温度范围更广；可以在较低的熔化温度下获得较高的能量密度；可以将储热性能好的高价格物质与低价格物质合在一起使用以节省成本，同时热容量可以近似保持不变。常见高温熔盐共熔物的热物理性质见表 4.12。

表 4.12 常见高温熔盐共熔物的热物理性质

名称	熔点/℃	相变潜热/(kJ/kg)
$LiNO_3$(42mol%)-KNO_3(58mol%)	120	151.0
$NaNO_3$(27%)-NaOH(73%)	240	243.3
NaCl(8.4%)-$NaNO_3$(86.3%)-Na_2SO_4(5.3%)	287	176.8
NaCl(50.4mol%)-$NaNO_3$(49.6mol%)	290	247.0
LiCl(45%)-KCl(55%)	352	117.8
$CaCl_2$(52%)-NaCl(48%)	510	313.5
KF(37%)-KCl(63%)	605	308.8
NaF(30%)-NaCl(70%)	680	489.9
LiF(40mol%)-NaCl(60mol%)	680	584.1
KF(40mol%)-Na_2SO_4(60mol%)	710	457.3
NaF(44mol%)-KF(56mol%)	779	461.1

注：mol%表示摩尔分数。

3) 有机共熔物

相对于无机相变材料，有机相变材料具有腐蚀性小、化学性能稳定、在相变过程中几乎没有相分离、价格便宜等优点。但有机物种类较少，利用有机烷烃、脂肪酸类、醇类固-液相变材料的相混性，拓宽其纯物质的相变温度，从而可制备出相变温度适宜、相变潜热高、可逆性稳定、环保无毒害的二元或多元低共熔相变材料，可用于建筑、空调等领域。常见有机共熔物的热物理性质见表 4.13。

表 4.13 常见有机共熔物的热物理性质

名称	熔点/℃	相变潜热/(kJ/kg)
癸酸(72.8%)-鲸蜡醇(27.2%)	30.10	172.56
月桂酸(76.3%)-硬脂酸(23.7%)	38.99	159.90
癸酸(61.13%)-月桂酸(38.87%)	19.63	114.80
月桂酸(45.4%)-肉豆蔻酸(24.6%)-癸酸(30%)	22.15	132.40
十八烷(70.32%)-脂肪酸(29.68%)	28.78	181.60

4.3.2 应用举例

相变储热技术相关课题历来是众多研究者的研究热点，并且和其他学科一样经历了从易到难、从简单到复杂的过程，并取得了较大进展。例如，相变材料的研究已由单一相变材料转向复合相变材料以及光储热材料的研究；在相变传热问题解法和典型相变传热过程研究的基础上，目前将重点转向相变潜热储热系统(LHS)的优化设计和强化传热的研究。从推广应用的角度来说，这些研究还将继续深入下去，以更好地利用太阳能资源以及其他余热资源。

相变材料对潜热的储存和应用，在近十几年已经逐步进入实用阶段。利用太阳能来储热是相变材料的主要用途之一。太阳能接收器接收的热量可通过相变材料储存起来，供无太阳时释放热量。美国的管道系统公司应用 $CaCl_2·6H_2O$ 作为相变材料来储存太阳能、美国的太阳能公司用 $Na_2SO_4·10H_2O$ 作为相变材料来储存太阳能，都是应用较成功的实例。以废热或余热为主要热源，将相变材料用作恒温和保温设备的衬材也是应用较成功的，如农业和畜牧业的温室和暖房。用 $Na_2SO_4·10H_2O$、$Na_2CO_3·10H_2O$、$NaCH_2COOH·3H_2O$ 作相变材料，用硼砂作过冷抑制剂，用交联聚丙烯酸钠作分相防止剂，制成在 20℃相变的储热材料，该材料用于园艺温室的保温。相变材料还可用于各类保温和取暖设备，如日本专利报道，以 $Na_2CO_3·10H_2O$ 和焦磷酸钠作过冷抑制剂，使用 $NaCH_2COOH·3H_2O$ 等相变材料可作储热工质，当加热到设定温度 55～58℃后，即可断电取暖。在理疗上，相变材料可制作各种温度段和适合人体部位形态的热敷袋。同样，用相变材料来蓄冷是非常有前途的应用领域，如在夏天见到的凉水袋、凉水枕和凉帽等。日本旭电化工业株式会社已经生产了名为 EVER COOL POUCH(EVER 保冷袋)的商品，大规模应用于水产、蔬菜、水果等商品的保鲜运输。

近几年来，有关相变材料的研究进一步趋于成熟，它的应用范围也越来越广，如建筑、航天等方面。应该相信这种无污染、廉价、能耗低的相变材料在不久的未来将会得到更广泛的应用。

4.3.2.1 相变材料在太阳能领域的应用

太阳能是地球上一切能源的主要来源，但由于到达地面的太阳能的昼夜间断性及因多云、阴云而造成的不稳定性，要利用太阳能，就必须设置储热装置来解决上述问题，LHS 是其中一种解决方法。按储热温度，LHS 在太阳能方面的应用可分为三个温区：太阳能热水和采暖(25～80℃)、太阳能炊具(80～220℃)、太阳能聚热系统(220～420℃，甚至更高)。

1)LHS 在太阳能集热器上的应用

相变储热材料用于储热具有环保、高效、节能、安全等多项优势，非常适合于太阳能集热器系统储热, 以替代水、空气等储热密度小的工质。

在该技术中, 相变材料经常被集成到太阳能空气加热器中, 为住宅、商业和工业等提供可调节的热能输出。一般用到的材料有 $CaCl_2 \cdot 6H_2O$、正二十烷、P116 石蜡、$Na_2SO_4 \cdot 10H_2O$、$LiNO_3 \cdot 3H_2O$ 等。一般采用将球形胶囊填充床作为相变储热单位集成到太阳能空气加热器上, 如图 4.9(a) 所示, 该系统由太阳能空气加热器和由黑色涂层的球形胶囊组成的填充床吸收器组成, 其中球形胶囊的外径为 77mm, 平均厚度为 2mm, 填充聚烯烃混合物相变材料。

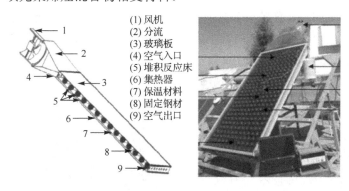

(1) 风机
(2) 分流
(3) 玻璃板
(4) 空气入口
(5) 堆积反应床
(6) 集热器
(7) 保温材料
(8) 固定钢材
(9) 空气出口

(a) 热空气系统

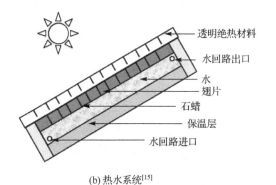

透明绝热材料
水回路出口
水
翅片
石蜡
保温层
水回路进口

(b) 热水系统[15]

图 4.9 太阳能集热器

水通常被用作传热流体(HTF), 吸收太阳能集热器收集到的太阳能并储存。一般可将 PCM 放置在收集器的后面或者包裹在其管上, 增强储热量, 减小装置体积。一般用到的材料有月桂酸、棕榈酸、硬脂酸、肉豆蔻酸、石蜡、$NaNO_3 \cdot 3H_2O$、硬脂酸-肉豆蔻酸的低熔点共晶体。图 4.9(b) 为基于相变储热的家用热水系统, 该系统上腔装有石蜡相变材料, 下腔装有水, 石蜡吸收太阳能集热器热量后储藏并给水流传热。

相变材料的缺陷在于热导率低、传热速率慢, 因此可结合石墨、泡沫金属强化传热; 同时, 部分相变材料在储热过程中发生固液相变, 液体流动现象限制了它的应用场合，因此可通过微胶囊化、复合石墨等制备定形相变材料。

　　文献[16]在硬脂酸中加入高导热石墨，提高硬脂酸的热导率。该复合材料的储放热速度是纯硬脂酸4~8倍。同时，石墨的蠕虫状多孔结构束缚硬脂酸，即当温度上升至相变温度时，硬脂酸在石墨孔隙中熔化，但宏观上不发生液体流动。复合材料呈现出良好的热导率和定形效果，因此可以制备储热单元，如图4.10(a)的穿有铜管的1kW·h储热单元所示，按需排列成储热装置，又如图4.10(b)的15kW·h储热装置所示。同时，如图4.10(c)所示，将醋酸钠水合盐浸泡在泡沫铜中，利用泡沫铜高导热网状结构增强水合盐的热导率。该复合相变材料通过材料内部及泡沫铜网状结构进行传热，加热铜管中的水，其储热密度是传统水箱的2.2~2.5倍，有很好的应用前景。

400mm×300mm×150mm(长×宽×高)　　　　　　1050mm×600mm×1200mm(长×宽×高)

(a) 1kW·h硬脂酸-石墨储热单元　　　　　　　(b) 15kW·h硬脂酸-石墨储热装置

泡沫铜-三水乙酸钠复合相变能储热单元

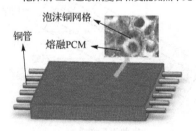

(c) 基于泡沫铜骨架的复合相变材料储热装置[16]

图4.10　相变材料储热装置

　　2)LHS在太阳能炊具上的应用

　　太阳能烹饪是一种高效节能的家庭和户外烹饪方法之一，其可通过节省传统燃料(柴火和化石燃料)减少环境污染，提供了生态效益。然而，间歇性的能量供应是太阳能烹饪的主要缺陷之一。在过去的几年里，人们多次尝试提高太阳能炊具的性能，其中包括在太阳能炊具中加入热能储存模块，以使户外和室内烹饪成为可能。

　　根据太阳能到烹饪之间的热量传递过程，可将太阳能炊具分成三类。其中，两步骤太阳能炊具中，太阳能先从吸收器直接输送到储热材料，再由储热材料输送到烹饪食材，一般采用六水合硝酸镁、硬脂酸、乙酰胺、乙酰苯胺等 75～110℃ 的相变材料作为储热材料。如图 4.11(a) 所示，容器由两个同心圆的圆柱形容器和包含在环形腔中的储热材料组成。空腔外部的相变材料储存太阳能，在需要时对空腔内部的食材提供热量。图 4.11(b) 所示的三步骤太阳能炊具中，太阳能从吸收器到 HTF，再从 HTF 到储热材料，最后从储热材料到炊具中，一般采用六水合硝酸镁、赤藓糖醇、KNO_3-$NaNO_3$ 等 75～110℃ 的相变材料作为太阳能储热材料。图 4.11(c) 所示的四步骤太阳能炊具[17]中，太阳能从吸收器转移到 HTF，然后从 HTF 转移到储热材料，随后从储热材料流向 HTF，再到烹饪食材，一般采用 PCM-A164 等 110～230℃ 的相变材料作为太阳能储热材料。

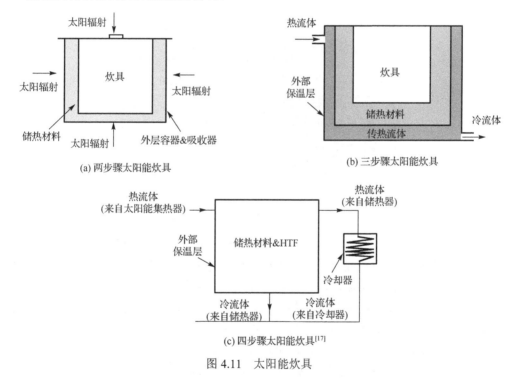

(a) 两步骤太阳能炊具　　　　　　　　　　(b) 三步骤太阳能炊具

(c) 四步骤太阳能炊具[17]

图 4.11　太阳能炊具

4.3.2.2　相变材料在建筑能源管理方面的应用

　　随着生活水平的提高，人们对建筑内部热舒适性的需求也在不断增加，由于空调、暖气的普及，各类建筑的能耗越来越大。将相变材料集成到建筑物中不仅能降低能耗，还能改善建筑物的热舒适性。现阶段主流的建筑用储热材料有石蜡、脂肪酸、水合盐等。

相变材料在建筑节能中的应用，主要包括三个方面：①较低温度的相变材料用于建筑物的储冷；②室温相变材料主要用于减小房屋中温度的波动，降低空调负荷，属于被动式相变储热(图 4.12)；③50～60℃的相变材料用于太阳能收集、采暖、生活热水供应等方面，属于主动式相变储热。理想的建筑节能相变材料也应满足以下条件：①无毒、无腐蚀、不污染环境；②相变温度和人体舒适的温度或有特殊要求的温度一致；③相变稳定性高，使用寿命长；④能量利用率高，相变过程中体积变化小；⑤与建筑材料相容性好，不损害建筑物本身的机械性能；⑥相变材料易得，且价格便宜。

图 4.12　相变材料在建筑领域的应用[18]

被动式相变储热一般将相变材料与混凝土结合：主要相变材料有石蜡、多元醇和脂肪酸类化合物，将相变材料加入墙板、地板、天花板和石膏建材中，以显著提高建筑的热容，从而增强温度波动的调节作用。需要根据室内控制温度点以及温度峰值与谷值，来选定对应的相变储热材料，可有效地调节室内温度，减小室内温度的波动，减小能耗。对于某些白天和晚上温差大的地区，相变储热与建筑结合可以实现建筑内部温度的舒适性控制，甚至达到零能耗。

主动式相变储热用于建筑采暖需要在独立供暖时满足末端设备的入口温度要求。因此，相变温度的选取尤为重要。在设计相变储热系统时，需要考虑系统固有的传热温度损失及热输运损失。对于分布式建筑采暖，相变温度为 50～60℃的相变材料即可满足建筑供暖需求(可输出 45～55℃的采暖水)。基于三水乙酸钠(相变温度约 58℃)的相变储热一直以来被认为是传统水蓄热的潜在替代技术。该材料在 40～80℃温度区间内的理想储热密度为 550MJ/m^3 左右，约为水的 3.3 倍。得益于更高的体积储热密度，水合盐相变储热系统比传统水蓄热具有更大的安装面积节约潜力，非常适用于土地短缺和人口稠密地的建筑采暖。

在近年来我国出台的"煤改电"政策的支持下，利用低成本"谷电"作为主要能源的电锅炉+相变储热的日均运行费用已与普通热力管网供热、燃气供热、空气源热泵供暖系统相仿。图4.13为北京延庆地区一个典型的"峰谷电"分布式建筑采暖系统。该系统采用常压电锅炉作为热源端，在夜间谷电时段采用集中加热、边储边供的运行模式，最大限度地降低用电成本；在白天峰电时段，电锅炉关闭，采暖水经过相变储热系统被加热后持续为用户末端供热。该系统利用分时电价差为用户末端提供高效、安全、稳定、廉价的热能，同时可缓解电网负荷压力，有效提高电能的利用效率。

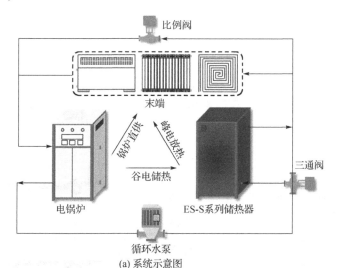

(a) 系统示意图

(b) 系统装置照片

图 4.13　典型的"峰谷电"分布式建筑采暖系统[19]

4.3.2.3　相变材料在余热利用领域的应用

除了解决热能供需两侧在上述时间上不匹配的矛盾，相变储热还可应用于调节热能利用在空间上的矛盾。移动式相变储热系统(M-LHS)作为低品位余热网络化利用的重要组成部分，近年来得到了广泛的关注。M-LHS(图 4.14)一般采用廉价的热源(如工业园区废热、集中热力管网、地热等)作为供应端，其主要应用场景有以下两个方面：①城市集中供热管网检修或难以短时间覆盖新增建成区时，可采用移动供热的方式满足居民的供暖及生活热水供应；②某些偏远地区的营业性场所的间断供热需求，如游泳池、洗浴中心等。

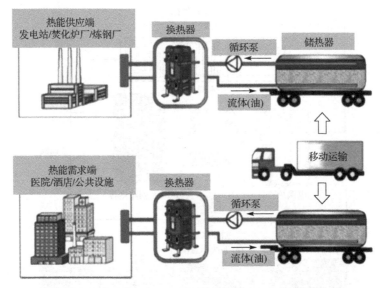

图 4.14　M-LHS[20]

值得注意的是，由于 M-LHS 的经济性对单位质量的运输效率非常敏感，因此，现阶段基于水合盐的 M-LHS 只适用于具有廉价热源及不计成本的热需求的应用场景。同时，考虑到保温和热资源成本，目前 M-LHS 只适用于短距离(如 20km 以内)的热调度。

4.4　化学储热技术

4.4.1　储热原理

如 4.1 节所述，化学储热是利用吸附剂与吸附质之间的吸附/解吸过程的热效应来工作的。根据吸附剂与吸附质之间的作用力的本质，可以将吸附反应分为物理吸附、化学吸附、溶液吸收和复/混合吸附这四大类。通常，闭式吸附制冷系统也可以用作吸附储热系统，只是对于不同的应用目的，二者的工作温区及目标优化参数不同，前者关注冷凝蒸发器中吸附质蒸发制冷效果，而后者则关注吸附床（或反应器）中吸附-解吸过程的热效应。吸附床热输出表示了储热输出，如果用环境热源冷却吸附床保证它具有持续的吸附能力，而将蒸发器中液体蒸发作为冷输出，则这个系统就成为吸附式制冷系统。某些特殊情况下，如果吸附热做热输出，蒸发器保持从环境中吸收热量，就可以实现吸附系统的供热。本书已经简要介绍了物理吸附工质对和化学吸附工质对及其工作原理，下面从储热的角度做进一步补充。

1）物理吸附

物理吸附（physical adsorption）也称为范德瓦耳斯吸附，发生在固体吸附剂的表面和气体吸附质之间。分子间普遍存在范德瓦耳斯力，固体吸附剂表面上的分子与气体吸附质分子间存在着相互作用力，即范德瓦耳斯力。吸附剂表面的分子由于作用力没有平衡而保留有自由的力场来吸引吸附质，即通过范德瓦耳斯力吸引气体吸附质分子覆盖到固体吸附剂表面,吸附剂和吸附质的成分及物质结构并未发生改变，没有形成新的化学键。由于气体分子覆盖到固体表面上，分子运动速度降低，内能减少，故整个物理吸附过程会放出热量，即物理吸附热。物理吸附过程是图 4.2 当中的放热过程。图 4.2 中的充热过程是物理吸附剂的再生过程，在热源的驱动下，吸附质分子的内能增加，分子运动速度加快，会脱离范德瓦耳斯力的束缚，从固体表面上逸出。由于分子间的结合力比较弱，所以物理吸附时放出的热量比较少，吸附质也易从吸附剂上脱离。物理吸附通常是多层吸附（multi-layer adsorption）的，即固体表面可以吸附多层吸附质。在物理吸附的初始阶段，一层吸附质分子首先覆盖在吸附剂的外表面，形成单层吸附（mono-layer adsorption）。之后，该层覆盖在吸附剂表面的吸附质分子会继续吸附周围的吸附质分子，形成多层吸附。

单位质量或体积的吸附剂所吸附的气体相对分子质量（即吸附量）直接影响到吸附热的大小，故比表面积（单位质量的材料所具有的外表面积和内表面积的总和，m^2/g）的大小对吸附量和吸附热有很大影响。物理吸附可以发生在任何固体表面上，但考虑到吸附过程放出的热量要达到一定的量级才可满足实际应用的需求，即对吸附量有一定的要求，储热领域所指的物理吸附剂一般是多孔材料。非多孔材料的内表面积近乎为零，其比表面积不大，一般在 $0.1 \sim 1 m^2/g$ 范围内[21]。多孔材料除了外表面积，还具有巨大的内表面积。内部具有纳米级到微米级的孔隙，这些孔隙形成了巨大的内表面积。巨大的内表面积的存在极大地增加了多孔材料的比表面积，可达到几百至几千平方米每克，从而增加了单位质量的吸附量及吸附热。不同的多孔材料的孔隙的大小也各不相同，按照国际纯粹与应用化学联合会的推荐[22]，根据孔径大小，可以将孔隙分为大孔（孔径>50nm）、介孔（2nm≤孔径≤50nm）和微孔

(孔径<2nm) 三类。孔径大小也会影响物理吸附过程和吸附热。大孔与外表面的作用差不多，对吸附没有特别的作用。微孔和介孔由于孔径的尺寸比较小，在物理吸附过程中会发生毛细凝聚现象：可以把微孔和介孔看成许多半径不同的圆柱形毛细孔，由于半径较小的圆柱形毛细孔内凹面的液体饱和蒸气压较低，所以在吸附过程中，蒸汽首先在微孔与介孔的孔中凝结成液体。随着压力的增大，蒸汽逐渐在半径更大的孔中发生凝聚[22]。该毛细凝聚过程可以用描述弯曲液面的蒸汽压与临界曲率半径的开尔文方程(the Kelvin equation) 来表示：

$$r_K = -\frac{2\sigma_1 V_{ml}}{RT_b \ln(p/p_o)} \tag{4-9}$$

式中，r_K 为在指定的蒸汽分压力下可发生毛细凝聚现象的孔的临界半径；p 为吸附压力，即包围吸附剂的吸附质的分压力；T_b 为吸附温度，即发生吸附反应时的吸附剂温度；p_o 为温度 T 下的蒸汽的饱和压力；σ_1 为液体的表面张力；V_{ml} 为液体的摩尔体积；R 为理想气体常数，值为 8.314472 J/(mol·K)。

根据上述对毛细凝聚的过程描述，吸附质气体在被多孔材料的孔吸附后，发生凝结过程，由气体转变为液体，释放出液化热。根据多孔材料的吸附热的测试结果，多孔材料的物理吸附热与吸附质的冷凝热十分接近。一般情况下，多孔材料的孔越小，物理吸附过程中放出的热量越多，材料的再生所需的再生温度也越高。此外，对于同种吸附剂-吸附质工质对，物理吸附量受到吸附温度(T)和吸附压力(p)的共同影响。吸附温度越低，吸附压力越大，则吸附量越大。通常将达到同一平衡吸附量时的压力和温度间的关系用 Clausius-Clapeyron 方程来表示，即 $\ln p = A - \dfrac{C}{T}$，其中 A 和 C 是常数项，与吸附剂-吸附质工质对的种类有关。

还可以注意到，多孔材料的物理吸附对于吸附质气体有选择性，这是由孔的尺寸决定的。能够被吸附的吸附质的分子粒径必须小于孔的尺寸，才能进入孔道内并被吸附。这种选择性吸附在具有微孔结构的多孔材料上表现得更为明显，如化工行业内常见的沸石分子筛，其具有单一孔径分布的微孔结构，可以对分子大小小于其孔径的气体分子进行选择性吸附。

综上所述，物理吸附发生在固体吸附剂和气体吸附质之间，固体吸附剂一般为多孔材料，气体吸附质会在多孔材料的孔隙内发生毛细凝聚现象。物理吸附是多层吸附，且对吸附质具有选择性。相比其他吸附反应，吸附热不太高，接近吸附质气体的液化热。

2)化学吸附

化学吸附(chemical adsorption) 是指发生在吸附质分子和吸附剂表面分子间的络合、配位、氢化、氧化等化学反应，通常吸附剂/反应物为固体，吸附质为气体，常见的化学吸附工质对包括金属氯化物-氨、水合盐-水、金属氢化物-氢和金属氧化物-氧等。在吸附过程中发生电子转移或原子重排及化学键的断裂与形成等过程，会在吸附剂固体表面和第一层吸附质之间形成化合物。故不同于物理吸附，化学吸附过程中会发生物质结构的改变，形成新的物质。如上所述，化学吸附的实质是化学反应，是固体表面与吸附质间的化学键起作用的结果，而化学键的亲和力远远大于范德瓦耳斯力，故化学吸附放出的热量也大大超过物理吸附放出的热量。化学吸附放出的热量也就是化学反应焓。不同化学反应的化学反应焓的大小是不同的，化学吸附所放出的吸附热取决于所采用的吸附剂和吸附质所发生反应的化学反应焓。

影响化学吸附的工况参数也是吸附温度和吸附压力，但是它是单变量变化过程，即达到平衡状态时的吸附压力与吸附温度之间存在一定的函数关系，一旦确定了化学吸附平衡所对应的吸附温度，那么相应的吸附压力也就确定了。平衡吸附温度与平衡吸附压力之间的关系可以用 Clausius-Clapeyron 方程来描述，即 $\ln p = \dfrac{\Delta H^0}{RT} - \dfrac{\Delta S^0}{R}$，其中，$\Delta H^0$ 和 ΔS^0 分别是化学反应标准焓和化学反应标准熵。

3）溶液吸收

溶液吸收（solution adsorption）是浓溶液吸收气态溶质的过程，该过程可以放出溶解热，溶解热的大小也接近气态吸附质的液化热。溶液吸收发生的位置与物理吸附和化学吸附不同，在溶液吸收中，吸附质分子会透过溶液表面进入溶液内部结构中。通常采用的溶液吸收工质对有氨水-氨和无机盐水溶液-水这两种。由于氨水和无机盐水溶液对不锈钢的腐蚀性较强，故溶液吸收系统对容器的耐腐蚀性提出了更高要求。在溶液的再生阶段，还需严格控制盐溶液的结晶，产生的结晶有可能堵塞传输管道。

4）复/混合吸附

复/混合吸附剂（composite/mixed adsorbent）是由化学吸附剂与多孔介质相复/混合形成的，本质上主要是化学吸附，但是采用了多孔介质做基质以保证吸附/解吸具有较好的传热和传质的性能。当所采用的多孔介质对吸附质有复合吸附作用时称为复合吸附剂，当所采用的多孔介质对吸附质没有复合吸附作用时称为混合吸附剂[21]。目前比较多见的是以水和氨作为吸附质的复合吸附系统。

吸附质为水蒸气时，复合吸附剂当中所采用的化学吸附剂成分一般为无机盐，所采用的多孔介质是本身对水蒸气具有物理吸附作用的多孔材料。配制复合吸附剂的目的是利用无机盐和多孔材料分别作为吸附剂时的优点，同时克服它们的缺点。无机盐与水蒸气发生化学吸附反应时，尽管会放出大量的热量，但当水蒸气分压（即相对湿度）较高超过该盐潮解的临界分压力（临界湿度）时，无机盐在水合反应之后会继续吸水，形成盐溶液，会带来容器腐蚀等问题。故无机盐的有效适用范围只能限制在临界湿度以内。此外，无机盐在经历多次吸附/解吸循环后会有膨胀、结块等问题，增大了热量传导和水蒸气传递（即传热传质）的阻力，造成储热性能下降。多孔材料所具有的孔隙结构可以促进传热传质,且多孔材料的物性比较稳定,在多次吸附/解吸循环之后,多孔材料的储热性能几乎没有衰减。但是多孔材料的物理吸附热小于无机盐的化学吸附热。为了解决上述问题,Aristov 等[23, 24]提出了一种制造多孔介质/无机盐复合吸附剂的方法,即将多孔介质浸渍到无机盐的水溶液当中,盐溶液会逐渐扩散并充满多孔介质的孔隙,之后将多孔介质烘干,孔隙内的盐溶液也会脱水形成无机盐晶体并黏附在孔隙的内表面上,这样就形成了复合吸附剂。无机盐颗粒被分散在尺寸很小的孔隙当中,可以有效避免膨胀和结块问题;孔隙的存在也强化了无机盐的传热传质;此外,孔隙的存在可以扩展无机盐的可适用范围至更高的相对湿度(高于发生潮解的临界相对湿度),因为产生的盐溶液可以被容纳在孔隙中,这也增强了整个吸附剂的吸附量,进而增加了吸附热。

金属卤(以氯、溴为主)化物-氨之间的络合反应及其可逆反应可以用来实现能量的存储与释放,但是络合反应会造成严重的膨胀与结块,使得吸附通道形成堵塞。将活性炭或膨胀石墨充混在金属卤化物中构造复/混合吸附,就可以有效保障传质并强化传热。

混合吸附剂利用多孔介质来强化化学吸附剂的传热传质,多孔介质可以是对吸附质具有吸附能力的物理吸附剂以及本身对吸附质没有吸附作用的充填物。采用的多孔介质有膨胀石墨和活性炭等。活性炭具有丰富的微孔+介孔+大孔的复合式孔结构,可以为吸附质的传递提供较多的传质通道,强化传质。膨胀石墨具有很高的热导率,可以极大地强化吸附剂与周围传热介质间的传热,提高整个吸附储热系统的性能。

4.4.2 吸附剂的筛选原则

目前热化学储热系统最常采用的吸附质是 H_2O 和 NH_3。考虑到安全性和清洁性,应用于建筑的热化学储热系统通常采用 H_2O 作为吸附质。采用 NH_3 作为吸附质的热化学储热系统为高压系统,为了安全起见,设计时需将压力控制在 2.5MPa 以内,适宜应用在工厂等特殊场所。根据应用场合选定吸附剂后,为了实现热化学储热装置的最佳储热效果,需要选择性能优越的吸附剂。吸附剂的筛选要遵循以下原则。

(1)单位体积或单位质量的储热密度高。

(2)再生温度低。

(3)单位体积或单位质量的吸水量大。

(4)具有较好的传热传质效果,即热导率高,且比表面积大。

(5)无毒,无害,无刺激性,无腐蚀性。

(6)价格低廉。

(7)具有热稳定性,多次充热-放热循环后性能无衰减。

满足上述筛选原则的吸附剂具有最为优越的储热性质,在成本低、无毒无害的前提下，实现了大吸水量和高储热密度。而目前尚未发现满足上述所有筛选原则的吸附剂，一方面，可以根据使用场所和使用要求，优选符合上述关键性筛选原则的吸附剂；另一方面，需要不断发现或加工新型的性能更为优越的适合热化学储热系统的吸附材料。

4.4.3　储热工质对

根据 4.1.1 节所述的化学储热技术的分类，化学储热系统的储热工质对可以分为物理吸附工质对、化学吸附工质对、溶液吸收工质对、复/混合吸附工质对。本书已经简要介绍了几种用于吸附式制冷/热泵的工质对，包括物理吸附工质对(如活性炭-甲醇/氨、硅胶-水、沸石-水、MOF-水)和化学吸附工质对(如金属卤化物-氨、金属氢化物-氨和金属氧化物-氧)以及复/混合吸附工质对。下面将进一步从储热应用的角度详细介绍这些典型工质对以及一些新型储热工质对。

4.4.3.1　物理吸附工质对

1)硅胶-水

用于热化学储热系统的硅胶通常是半透明的白色球形颗粒，粒径一般在 1～5mm，对应的吸附质是水蒸气，其外观图和结构图如图 4.15(a)所示。硅胶是由硅原子和氧原子连接构成的，具有介孔结构，其比表面积一般为 100～1000m^2/g。根据对硅胶与水分子间作用力的研究，当发生单层吸附时，硅胶所吸附的水分子与硅醇基(≡Si—OH…OH$_2$)相连接；随着吸附过程的继续进行，新吸附的水分子与已经被吸附的水分子间通过氢键连接。上述的硅胶与水分子间连接键的键能较小，故吸水后的硅胶可以在 65～100℃温度下再生，属于低温储热材料。硅胶的再生温度不能太高，当其再生温度高于 120℃时，会破坏内部的硅醇基，导致其丧失对水分子的吸附作用。

不同种类的硅胶具有不同的孔径大小。根据孔径大小，硅胶通常被分为三种类型：A 型硅胶，孔径大小为 2～3nm；B 型硅胶，孔径大小为 5～8nm；C 型硅胶，其孔径大小为 8～12nm。硅胶的主要优点是成本低(5.6～8.5 元/kg)，清洁无毒，但应用于热化学储热系统时，有以下缺点：①几次吸附-解吸循环后，硅胶颗粒会破碎成粉末，重复性和结构稳定性差；②在高水蒸气分压下才能实现较高吸水量，故在实际应用工况下，循环吸水量较小；③由于硅胶与水分子间的作用力较小，吸附热也较低。

2)活性炭-甲醇/氨

活性炭一般表现为黑色的粉末或不规则颗粒，其外观图和内部结构图见图 4.15(b)。活性炭吸附甲醇与吸附氨的机理基本相同，均为在微孔中凝聚充满制冷剂的过程。目前应用较为广泛的是活性炭-甲醇吸附工质对，主要原因是吸附量大，吸附热不太高，并且所需的解吸温度也较低，目前在太阳能吸附式制冷中使用得较多，而用于吸附式储热的研究较少。

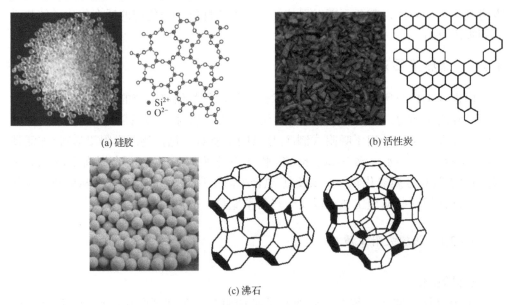

(a) 硅胶
Si^{2+}
O^{2-}

(b) 活性炭

(c) 沸石

图 4.15　物理吸附剂外观图和结构图

3) 沸石-水

沸石是一种常见的高温储热吸附剂，其再生温度为 150～300℃，外观和微观结构如图 4.15(c)所示。热化学储热系统中最常采用的沸石有 4A 型沸石、5A 型沸石、10X 型沸石和 13X 型沸石。同一种类型的沸石具有单一均匀的孔径分布。与硅胶相比，沸石的吸水量和吸附热更大，但是也需要更高的再生温度，因此不适合用于中低温余热，如太阳热能的储存。另外，沸石-水工质对同样存在以水为制冷剂的吸附式储热系统的缺点，即不能在低于 0℃ 的环境下工作。

4) 新型多孔材料

由上述介绍可知，当前的三种最常使用的已大规模工业化生产的多孔材料(硅胶、活性炭和沸石)在实际应用上均存在一些问题，如硅胶的低吸附热和沸石的高再生温度等。在过去几十年内，材料科学的迅速发展为化学储热系统提供了更多的新型多孔材料，包括 AlPO、SAPO、FAPO。AlPO、SAPO 和 FAPO 具有多种多样的骨架结构，包括不同的腔体、阳离子位点和通道。其中，FAPO-5、SAPO-34、FAPO-34 三种多孔材料的热物性得到了测试，有望应用于热化学储热系统当中。MOF 是一种具有骨架结构的配位聚合物，具有高孔隙率、大比表面积，以及可以根据使用需要而定制的孔结构(图 4.16)，对于热化学储热系统有巨大的应用潜力。

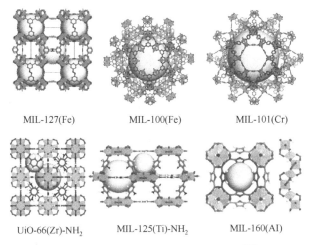

图 4.16　几种常见 MOF 的骨架结构[25]

上述新型多孔材料相比传统多孔材料具有很多优势(尤其是孔结构方面)，但它们目前的价格仍较为昂贵，尚不适合大规模推广应用。

4.4.3.2　化学吸附工质对

1)无机盐-水

热化学储热系统中最常采用的无机盐-水工质对包括：$CaCl_2$-H_2O、$LiBr$-H_2O、$LiCl$-H_2O、$SrBr_2$-H_2O、$MgSO_4$-H_2O 和 $MgCl_2$-H_2O。热化学储热系统的充热和放热过程分别通过无机盐水合物的脱水反应和无机盐的吸水反应来实现，可以用以下化学反应式来表示(Salt 表示无机盐，Heat 表示热量)：

$$\begin{cases} \text{Salt} \cdot m\text{H}_2\text{O(s)} + n\text{H}_2\text{O(g)} \xrightarrow{\text{吸附放热}} \text{Salt} \cdot (m+n)\text{H}_2\text{O(s)} + \text{Heat} \\ \text{Salt} \cdot (m+n)\text{H}_2\text{O(s)} + \text{Heat} \xrightarrow{\text{充热解吸}} \text{Salt} \cdot m\text{H}_2\text{O(s)} + n\text{H}_2\text{O(g)} \end{cases}$$

无机盐-水工质对的吸水量和储热量取决于无机盐种类和无机盐与结晶水之间作用力的大小。不同的无机盐有不同的吸水阶段，如无水氯化钙在应用工况下，一般会经历 $CaCl_2 \rightarrow CaCl_2 \cdot H_2O$、$CaCl_2 \cdot H_2O \rightarrow CaCl_2 \cdot 2H_2O$、$CaCl_2 \cdot 2H_2O \rightarrow CaCl_2 \cdot 4H_2O$ 和 $CaCl_2 \cdot 4H_2O \rightarrow CaCl_2 \cdot 6H_2O$ 这四个吸水阶段；一水溴化锶只会经历 $SrBr_2 \cdot H_2O \rightarrow SrBr_2 \cdot 6H_2O$ 这一个吸水阶段。通常不同阶段的反应焓也不相同。

由于无机盐和水蒸气之间发生的是化学反应，释放出来的是化学反应热，其吸附热大于物理吸附热。为了保证较大的吸附速率和较高的吸附热，最常采用的无机盐是强吸水性盐($LiCl$、$CaCl_2$)或中等吸水性盐($SrBr_2$、$MgSO_4$)，这类盐在使用时要严格控制水蒸气分压，当水蒸气分压超过发生水和反应的临界相对压力时，生成的水合盐会接着吸水，发生潮解反应，生成盐溶液。盐溶液的生成会导致在接下来的解吸-吸附循环中发生膨胀、结块等现象，造成储热性能的衰减。而上述无机盐发生潮解的临界相对湿度较低（30℃下，LiCl 和 LiBr 潮解的临界相对湿度分别为 11.3% 和 6.2%），在应用工况下不能避免生成的水合盐的液解现象。故当前热化学储热系统中采用的无机盐主要是 $SrBr_2$ 和 $MgSO_4$ 这两种中等吸水性盐。一些研究中为了利用强吸水性盐的高吸附热，将无机盐与多孔材料，如膨胀石墨等混合，利用膨胀石墨的孔隙承载形成的盐溶液，缓解膨胀和结块等问题。总之，无机盐-水工质对在热化学储热系统中的实际应用需要严格控制水合盐的液解现象，还要考虑对容器可能的腐蚀。

2) 金属卤化物-氨

与无机盐-水化学吸附机理类似，金属卤化物-氨工质对由于其相对较高的工作压力常应用于高压（<2.5MPa）热化学储热系统当中，利用金属卤化物与氨之间的络合反应及其可逆反应来实现能量的存储与释放[21,26]。常用的金属氯化物有 $CaCl_2$、$MnCl_2$、$CoCl_2$ 和 $SrCl_2$ 等。对于以氨作为吸附质的吸附式制冷，文献中已有大量报道。但其制冷效率较低，无法与现有的蒸气压缩式和吸收式制冷相竞争，极大地限制了它的应用。然而，将金属氯化物-氨工质对用于储热系统时可在较低的环境温度下工作，这是由于液氨的凝结点较低，可在极端气候下从环境中吸收热能蒸发成氨气，进而与金属卤化物发生化学吸附反应释放热能。金属氯化物-氨工质对由于相对宽的工作压力，适用于构建热变温循环，既能储热又能实现热能品位的调控。

4.4.3.3　溶液吸收工质对

由于水的气化潜热大，因此以水作为制冷剂的工质对具有一定优势，故目前对以水作为传热工质的吸收剂的研究较多。为提高溶液吸收式热化学储热系统的储能密度和效率，对吸附剂有以下要求[27]：①气化潜热大，以减小储存罐体积，获得更高的储能密度；②吸收反应热大，在制取相同热量时减少工质的循环量；③溶解度大，可利用溶液较宽范围的浓度差以提高储能密度；④用于太阳能领域时，解吸温度应尽量低，以提高集热器的效率。根据上述要求，常见的吸收剂包括三种：氨水、强碱溶液以及金属卤化物盐溶液。借助氨水吸收技术，将热能转换为氨水溶液浓度差形式的化学能，可以实现在环境温度下低品位热能的远距离输送。强碱溶液（如 $KOH-H_2O$ 和 $NaOH-H_2O$）具有吸水能力强、成本低等优点，通常用于长周期的储能系统（如跨季节储能及移动储能）。利用氢氧化钠在水中溶解放热，可实现 900MJ/m³ 溶液的体积储能密度。但是，其再生热源的温度高达 150℃，降低了该技术的应用前景。相反，金属卤化物盐溶液可以利用相对温度较低的热源进行储热（再生），被广泛地应用于各类储能系统中。常见的金属卤化物盐溶液包括 $LiBr-H_2O$、$LiCl-H_2O$、$CaCl_2-H_2O$ 等。例如，溴化锂水溶液可以利用太阳能集热器产生的热水进行再生。

但是，由于盐溶液的成本较高，所以通常不适合用作跨季节储能。影响吸收式储热系统性能的因素主要有水溶液中溶质的浓度、溶液再生温度及吸收和再生过程的压力水平。

1）氨-水

基于氨-水工质对构建的吸收储能技术是一种比较理想的低品位热能远距离输送方式。氨的价格便宜，来源广泛；氨和水能以任意比例互溶，氨浓度在 15%以上时，溶液的结晶温度在-20℃以下，基本无须担心结晶问题；氨水溶液吸收氨可以实现制冷与制热功能，最低制冷温度可以达到-60℃，采用合理的循环方式，制热温度可以与热源温度相当，甚至高于热源温度；氨是天然工质，其 GWP 和 ODP 都为零；氨-水也是历史最为悠久、发展最为活跃、技术最为成熟的工质对[28]。

但是，氨有比较强的毒性和可燃性。当空气中氨的体积含量达到 0.5%～0.6%时，人在其中停留半小时即可中毒，达到 11%～13%时可点燃，达到 15.5%～27%时遇明火就会爆炸。当有水存在时，氨对铜及其合金（磷青铜除外）有腐蚀作用，它和铜可结合成铜氨络合离子。另外，氨在 180℃时就开始分解，所以能利用的热源温度不能高于180℃，一般在 80～180℃。虽然氨水吸收有上述缺点，但是人们在长期的实践中已经总结了丰富的使用经验，只要做好充分的预防措施，氨换热设备机房注意通风，并经常排除系统中的空气，就可以保证氨水系统安全运行。由于氨和水的标准沸点之差仅有 133.4℃，在发生器中受热产生的氨蒸气带有少量水，需要在系统中设置精馏器，将氨的纯度提升到 99.8%以上。

2）无机盐水溶液-水

无机水合盐具有较大的相变潜热、较高的热导率等优点，但是无机盐水溶液的结晶浓度受环境温度的影响非常明显，一旦在输送管道中结晶，将对整个系统造成破坏。使用较多的无机盐有碱及碱土金属氯化物、硝酸盐、硫酸盐、碳酸盐及乙酸盐等。氯化锂水溶液和氯化钙水溶液的相图如图 4.17 所示。跟氯化钙水溶液相比，氯化锂水溶液具有更高的储热密度。但是 LiCl 的成本是 $CaCl_2$ 的十倍，所以氯化锂水溶液通常不适合应用于大规模的储热系统[29]。$LiBr-H_2O$ 工质对的储热密度居中，但是溴化锂水溶液对金属的腐蚀性很强，不仅影响机组的寿命，而且腐蚀产生的 H_2 属于机组的不凝性气体，严重影响到机组的性能[30]。溴化锂水溶液对金属的腐蚀速度随着溶液浓度和温度的增加而增大。$LiBr-H_2O$ 工质对还受到溶解度和结晶线的限制，难以实现空冷。而且溴化锂水溶液的传热传质系数小，使得换热面积增大，使得 $LiBr-H_2O$ 工质对从经济性的角度来说，不适合应用于小型的储热系统[31]。

3）氢氧化钠溶液-水

氢氧化钠溶液储热与放热过程可以表示为

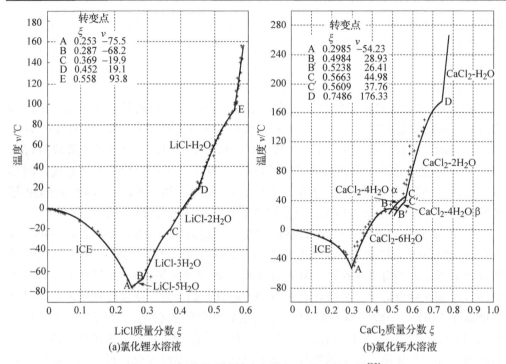

图 4.17　氯化锂水溶液和氯化钙水溶液的相图[32]

$$\mathrm{NaOH}\cdot(m+n)\mathrm{H_2O}+\mathrm{Heat} \Longleftrightarrow \mathrm{NaOH}\cdot m\mathrm{H_2O}+n\mathrm{H_2O}$$

理论上，利用氢氧化钠溶液进行储热具有以下优点[33]。

(1)氢氧化钠化学性质稳定，价格便宜，来源广泛。

(2)高浓度的氢氧化钠溶液具有很强的吸水能力，一方面有利于提高单位体积溶液的储热能力，另一方面有利于提高吸收过程水蒸气的传质速率，因为强吸水特性导致氢氧化钠溶液表面的水蒸气分压力低于相同温度下纯水表面的水蒸气分压力。氢氧化钠溶液的体积储热密度随溶液浓度的变化如图 4.18 所示。为了获得较高的放热温度(40～45℃，冬季采暖)，同时为了避免溶液结晶，氢氧化钠溶液的起始浓度不高于 0.52。单位体积溶液的储热能力取决于水的吸收焓以及吸收过程前后溶液的浓度差。

但是其也具有明显的缺点，如具有强腐蚀性，对系统中的容器和管道的防腐性能要求较高；容易对人体造成伤害，如与皮肤接触会引起灼烧。

瑞士国家联邦实验室(EMPA)建立了采用氢氧化钠溶液-水为工质对的闭式吸收式蓄能实验装置用于太阳能的季节性储热。测试结果表明：当蒸发温度为 5℃时可提供 35℃的采暖和 60℃的生活热水，其蓄存罐和换热器的总体积约为 7m³。太阳能保证率可达到 100%，即利用夏季的太阳能完全可以满足冬季供热的需求。若制备 70℃的热水，储能密度是水蓄能的 3 倍；若提供 40℃的低温热水，储能密度是水蓄能的 6 倍。

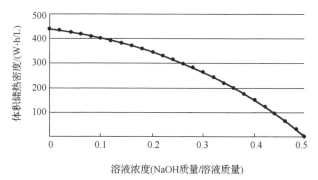

图 4.18　氢氧化钠溶液的体积储热密度随溶液浓度的变化[33]

4.4.3.4　复/混合吸附工质对

如 4.4.3.1 小节和 4.4.3.2 小节所述，固体的物理吸附剂和化学吸附剂在应用中均存在明显的缺点：物理吸附剂尽管具有传质性能好、稳定性强的优点，但其吸水量较小且吸附热较低；化学吸附剂具有较大的吸附热，但易发生液解现象，多次解吸-吸附循环后的膨胀和结块现象会造成性能衰减及传热传质恶化，且对一般的容器材料有腐蚀性。为了综合物理吸附剂和化学吸附剂的优点，并有效解决它们在应用中所存在的问题，Aristov 等[23, 24]提出可以利用多孔材料和吸水性无机盐配制复合吸附剂，并将其命名为 CSPM(composite salt in porous matrix)。复合吸附剂采用多孔介质作为载体，如硅胶、沸石和膨胀蛭石等，将吸湿性无机盐嵌入多孔介质的孔隙当中，利用多孔材料的孔隙结构强化了传热传质性能，利用吸湿性无机盐的液解现象提高总吸水量，这样复合吸附剂可以发生物理吸附、化学吸附和溶液吸收这三种不同的吸附过程(图 4.19)，大大提高了总吸水量，并利用无机盐较高的反应热大大提高了总的吸附热。

混合吸附剂一般是指固化复合吸附剂，作为物理吸附剂的多孔材料和作为化学吸附剂的无机盐的热导率都不太高，这不利于搭建大型的热化学储热系统。为了解决该问题，一些研究者将物理吸附剂、化学吸附剂或复合吸附剂与传热/传质增强材料进行混合后，再压块得到固化成型吸附剂。常用的传热/传质增强材料有膨胀石墨、硫化膨胀石墨、泡沫金属和活性炭等。这些材料的热导率是常用物理吸附剂、化学吸附剂或复合吸附剂的十几至几百倍，可加快脱附充热过程中吸附剂的再生速度；促进吸附放热过程中热量从吸附剂释放出来，从而降低吸附剂温度，提高吸附速率。

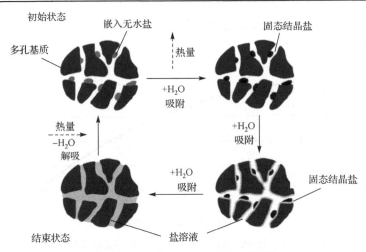

图 4.19　复合吸附剂的吸附过程[24]

4.4.4　热化学储热系统

4.4.4.1　系统原理

　　类比于成熟的蓄电池技术，热化学储热器也称为吸附热池，它们的系统概念图如图 4.20 所示。吸附热池的基本参数储热量(kW·h)、输出温度(℃)和输出热功率(W)分别与蓄电池的基本参数储电量(kW·h)、输出电压(V)、输出功率(W)相对应。吸附热池的设计需要考虑三个要素：供热端(吸附剂与吸附质间的吸附反应提供热量)、换热流体(运输吸附热的媒介)和用户端(对温度和功率等有特定要求)。理想的吸附热池需要满足：储热密度高，系统热效率高，性能稳定，输出温度和输出功率稳定且其大小和持续时长满足供热需求，输出性能可根据用户需求灵活调节。

　　为了适应不同应用场合，热化学储热系统有不同的分类。根据充热阶段和放热阶段的间隔时间，热化学储热系统分为长期储热系统和短期储热系统。长期储热系统又称为跨季节储热系统，其充热阶段和放热阶段间隔 3~5 个月，一般一年完成一次完整的充热-放热循环，即在阳光充沛的夏季将太阳能存储起来，在阳光不足的冬季释放出来，用于建筑取暖或生活热水。短期热化学储热系统一般是在阳光充沛的白天存储太阳能，并在夜晚释放出来；也可以在夜晚存储低谷电力，并在白天释放出来用于建筑取暖。Fumey 等[34]总结了 27 个欧洲短期(昼夜)和长期(季节)大型太阳能储热供热系统的投入产出比，结果表明，长期储热系统可以满足每年热量需求的 50%~70%，而短期储热系统只能满足需求的 10%~20%，跨季节储能技术可以提高全年的太阳能热利用率。虽然季节性储热在实际应用中具有更大的潜力，但是其对技术要求更高，要求规模大、保温性能好、储热介质经济实用、性能稳定。

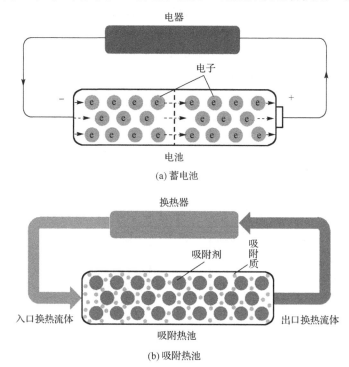

(a) 蓄电池

(b) 吸附热池

图 4.20　蓄电池和吸附热池系统概念图

　　根据系统的工作方式，热化学储热系统可以分为闭式系统和开式系统。典型的闭式系统和开式系统的工作原理见图 4.21。闭式系统主要由两部分组成，即反应床和蒸发/冷凝器。反应床和蒸发/冷凝器之间通过管道连接，管道上安装阀门来控制充热过程和放热过程的启动和停止。吸附剂填充在反应床当中，液态吸附质存储在蒸发/冷凝器中。闭式系统的具体工作过程如下：①充热过程中，热源通过换热流体将热量输入反应床中，吸附剂被加热再生，反应床中的压力随之升高，当压力升高到冷凝压力时，打开反应床和冷凝器之间的阀门，逸出的气态吸附质进入冷凝器中冷凝，产生的冷凝热释放到环境中，输入的热源热量以化学能的形式储存在再生后的吸附剂中；②放热过程中，打开阀门连接蒸发器和反应床，气态吸附质从蒸发器中蒸发进入反应床与吸附剂发生吸附反应，同时释放出吸附热，用于提供生活热水或者建筑供暖，吸附质蒸发所需的热量从环境中获得。

　　相比闭式系统，开式系统不需要蒸发/冷凝器，其结构更为简单，主体为反应床，以及驱动空气流动的风道、风机和加湿器等配件。由于开式系统直接与周围环境发生物质交换，考虑到安全性，采用的吸附质是水蒸气，由湿空气提供。开式系统的工作原理如图 4.21(b)所示，其具体地工作过程如下：①充热过程中，热源用于加热空气，所得到的高温干热空气通入反应床用于加热吸附剂，吸附剂所吸附的水蒸气逸出到周围空气中，与此同时，输入的热源热量以化学能的形式存储在再生后的吸附剂当中，反应床出口是湿暖空气；②放热过程中，将室内的低温湿冷空气通入反应床当中，其中含有的水蒸气与吸附剂发生吸附反应，释放出吸附热，用于加热空气，从而在反应床出口得到干暖空气用于建筑供暖。

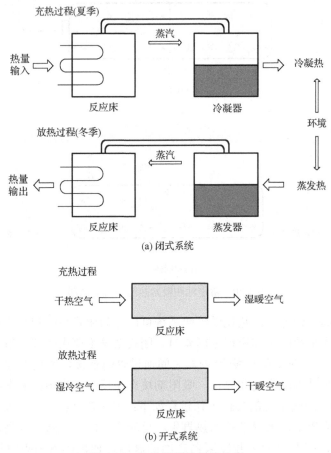

图 4.21　热化学储热系统分类

4.4.4.2　闭式系统

如 4.4.4.1 小节所述，闭式系统的供热端是反应床，换热流体一般是水或空气，向用户端提供生活热水或者暖空气。闭式系统的热效率的提高主要受到反应床较差的传热性能的限制[35]。系统设计的关键是反应床，主要要求是提高反应床的传热性能。

　　采用固体吸附剂(物理吸附剂和化学吸附剂)的闭式系统的优化设计包括以下内容。

　　(1)配制热导率强化的固化吸附剂。吸附剂的热导率较低，一般小于0.5W/(m·K)，故一些研究者通过混合吸附剂和导热强化材料(膨胀石墨和泡沫铜等)并压块成型的方法制作固化吸附剂，增加整体热导率。Yu 等[36]配制的活性炭/氯化锂-硫化膨胀石墨复合固化吸附剂的热导率可以达到 2.8W/(m·K)。Zhao 等[37]配制的活性炭-硫化膨胀石墨的热导率为 7.45W/(m·K)。

　　(2)增加吸附剂与换热器的接触面积。最常采用的措施是使用有较大的换热面积的工业化换热器来构造反应床：采用管翅式换热器，将吸附剂填充在翅片当中[38, 39]；采用板翅式换热器，将吸附剂填充在相邻平板之间[40]。还可以根据吸附剂特点设计换热器：Jaehnig 等[41]和 Zhao 等[42]设计采用了一种新型闭式反应床，其结构如图 4.22(a)所示，由许多平行的反应床单元组成，每个单元由一个金属片和螺旋管组成，螺旋管内通入换热流体，两个相邻的金属片之间填充吸附剂。Köll 等[43]设计并采用了一种改进的管翅式反应床，如图 4.22(b)所示，将铜翅片焊接在 U 形管上，并交叉排列组成圆柱体形状，吸附剂填充在内部。

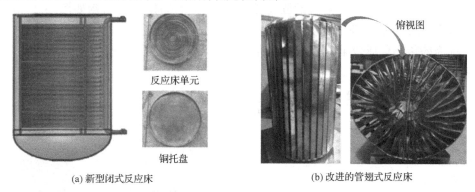

(a) 新型闭式反应床　　　　　　　　　　　　　　　　(b) 改进的管翅式反应床

图 4.22　新型闭式系统反应床的结构[42, 43]

　　相比采用固体吸附剂的闭式系统，溶液吸收系统具有更好的传热传质性能，但是需要额外布置溶液泵、喷淋装置、过滤器，分别用于将稀溶液转移到换热器上再生、将溶液均匀喷淋在换热器上、防止结晶盐堵塞泵和管道。溶液吸收系统的设计关键在于提高热效率、系统的紧凑性和性能稳定性，目前提出的溶液吸收系统如下。

　　(1)三相溶液结晶工作循环。传统的溶液吸收系统为了防止管道堵塞，均避免充热过程中溶液结晶的发生。Hui 等[44]和 Yu 等[45]提出可以利用溶液结晶过程来提高系统的热效率，可分别将 $LiCl$-H_2O、$CaCl_2$-H_2O 和 $LiBr$-H_2O 溶液吸收系统的储热密度提高 43%、79% 和 38%，但对系统的设计要求更高。

　　(2)单级系统和双级系统。单级系统是最常见的溶液吸收系统，其包括一个冷凝器和一个再生器。相比于单级系统，双级系统增加了一个再生器和一个冷凝器，目的在于降低充热过程所要求的临界最低热源温度或者提高放热过程的热量输出温度[46]。

4.4.4.3　开式系统

开式系统的供热端是反应床，湿空气既是吸附质，也是换热流体，经吸附热加热得到的暖空气直接用于室内供暖。反应床是最主要的部件，有固定反应床和分离式反应床两种形式。固定反应床是传统的反应床形式，吸附剂固定在反应床内。在分离式反应床中，吸附剂在充热/放热过程中会在动力装置的作用下被移出/移入反应床，具有更好的传质性能。

固定反应床的传热传质较差，研究者通过优化气流扩散通道和反应床形状来增强传热传质效果。图 4.23(a)给出了一种典型的优化气流扩散通道的分块反应床结构：整个吸附床由四个完全相同的中心对称的吸附床单元组成，每个吸附床单元由六个小单元组成。气流由中心轴线上的入口流入反应床，沿图中粗箭头的方向由一侧进入每个小单元，并由另一侧流出，减小了传质厚度，进而降低了传质阻力。一些研究者[47-50]直接采用蜂窝状的固化吸附剂作为反应床[典型结构如图 4.23(b)所示]，空气从丰富的孔隙中流过，同时与充当壁面的吸附剂发生物质和能量交换，实现了优秀的传热传质效果。但这种结构也导致吸附剂的填充密度较低，系统具有的体积储热密度不高。

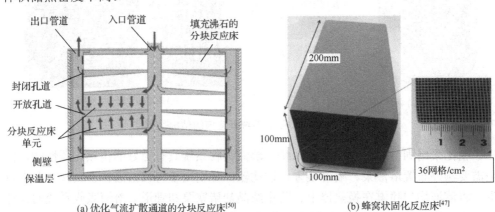

(a) 优化气流扩散通道的分块反应床[50]　　　　(b) 蜂窝状固化反应床[47]

图 4.23　典型的固定反应床的结构设计

典型的分离式反应床的结构如图 4.24 所示。图 4.24(a)是重力辅助反应床，由两个腔体和腔体间的空气-水换热器组成。在充热/放热过程中，储存容器内的吸附饱和/干燥吸附剂在泵的抽吸作用下进入左/右腔体，并于反应结束后回收到储存容器中。图 4.24(b)是转筒反应床，在直流电机驱动下在充热/放热过程中不断旋转，强化了气流与吸附剂间的传质。分离式反应床强化了吸附剂与吸附质之间的传质，但附加的动力装置需要额外消耗电量。

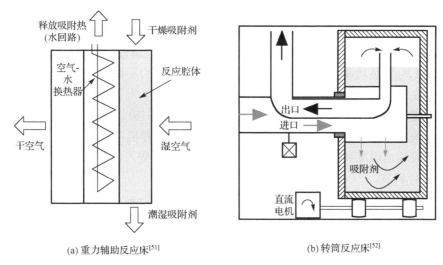

(a) 重力辅助反应床[51]　　　　　　　　　(b) 转筒反应床[52]

图 4.24　典型的分离式反应床的结构设计

　　上海交通大学研究者提出开式系统的"反应波"模型[53]，解释了实现稳定输出的机理并为吸附剂选择和反应床设计提供准则。具体而言，反应床内同时存在反应完全区、反应区和未反应区。反应区对应的吸湿放热过程可以基于吸附机理进行描述：恒温恒湿的空气(状态点 A)进入理想的开式系统反应床(与环境绝热)，与干燥的吸附剂发生反应，其降湿升温过程沿温度-含湿量曲线上的线段 AB 进行，到达与吸附平衡曲线的交点 B 时，吸附过程结束。可以推断，对于足够长的反应床，一旦入口空气的温度和含湿量确定，那么出口空气的温度和含湿量的值恒定不变。上述反应过程对应"反应波"，其起点和终点处反应速率为 0，二者之间的反应速率先升高后降低，靠近反应床入口处的吸附剂率先完成反应，故反应波不断向前推进。由于流经其起点和终点处的空气的温度和含湿量始终不变，故其形状不变且移动速度恒定。实验观测结果还表明，反应波进入、移动(波形完整)和离开反应床的过程分别对应输出温度曲线的上升、稳定和下降阶段。反应床的稳定输出时间(t_s)由反应床长度(L)、波长(λ)和波速(u)共同决定，计算公式为

$$t_s = \frac{L-\lambda}{u} \tag{4-10}$$

　　反应波的波长和波速的主要影响因素包括：入口空气的相对湿度、空气流速和吸附剂粒径。波长和波速均随着相对湿度或空气流速的增加而增大，波长随着吸附剂粒径的增加而增大，而波速随着吸附剂粒径的增加略有减小。综上所述，"反应波"模型可以直接通过吸附剂的吸附特性和反应床长度预测反应床在不同吸附工况下的

输出性能，为系统设计提供理论依据。

除了稳定输出，高性能的吸附热池还需具备高储热密度。"反应波"特性决定了单独使用一种吸附剂无法同时满足长时间稳定输出、高储热密度和性能稳定的要求。研究者[53]提出了一种"双床吸附热池"的设计策略，即在填充了复合吸附剂的反应床（主体反应床）之后，串联一个填充化学吸附剂的反应床（调控反应床），见图 4.25（a），其中 P_1 和 P_2 为热功率。调控反应床负责将主体反应床的不稳定输出平滑成稳定的温度输出，主体反应床则保证这个系统的体积储热密度高。为了验证上述设计策略的有效性，搭建了一台 1.3kW·h 的概念验证样机，见图 4.25（b），主体反应床和调控反应床分别填充了 Al_2O_3-LiCl 复合吸附剂和 $SrBr_2·H_2O$。该样机在所有测试工况下均有稳定输出，且输出温度和稳定输出时长的大小可以通过改变入口空气、相对湿度和空气流量来进行调节。

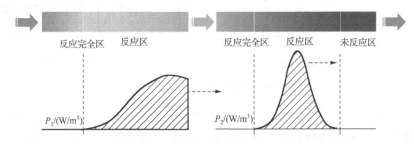

(a) 主体反应床和调控反应床的反应波性质描述

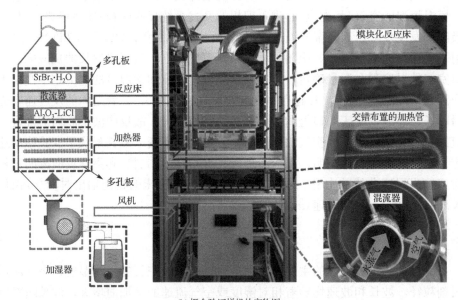

(b) 概念验证样机的实物图

图 4.25　"双床吸附热池"策略和样机[53]

4.4.4.4　典型热化学储热系统

热化学储热系统目前仍处于实验室研究阶段，尚未大规模商业化应用，但国内外众多高校、科研院所和公司开展了众多项目来搭建和研究吸附储热系统。国际能源署自 2009 年起促进吸附材料和吸附储热系统的研究，相关的项目包括 SHC Task 42、ECES Annex 24、ECES Annex 29、ECES ANNEX 30、SHC Task 58、ECES Annex 33 和 EERA JP ES SP3[54]。下面展示一些典型的示范项目。

图 4.26 所示的是应用能源研究中心(Center for Applied Energy Research)在德国慕尼黑所搭建的一个开式的沸石/水储热系统，主要在冬季给一个学校的建筑供暖，兼在夏季满足一个俱乐部的制冷需求。该系统与当地的集中供暖系统相耦合，采用的吸附剂是沸石分子筛(13X 型)。其在冬天用于建筑供暖的工作模式如下：①夜晚充热解吸，蒸汽供暖系统通过换热器加热空气，得到 130℃ 的高温空气，通入堆有沸石分子筛(13X 型)的反应床，用于将沸石分子筛(13X 型)吸附的水蒸气释放出来，集中供暖系统提供的热量被储存在沸石分子筛(13X 型)中，反应床出口空气的显热被回收用于室内供暖；②白天吸附放热，在白天的用热高峰期，启动该系统的吸附放热过程，约 25℃ 的室内空气经加湿器加湿后，进入反应床，与其中的干燥的沸石分子筛(13X 型)发生吸附反应，流经的空气被产生的吸附热加热，用于建筑供暖。当该系统应用于夏季俱乐部的制冷时，上述的充热解吸过程在白天阳光充沛时进行，而吸附放热过程在夜晚进行。测试结果表明，该系统应用于冬季建筑供暖时，其储热密度可以达到 124kW·h/m³，系统的工作效率可以达到 0.9；该系统应用于夏季制冷时，其储热密度可以达到 100kW·h/m³，对应的系统工作效率是 0.86。

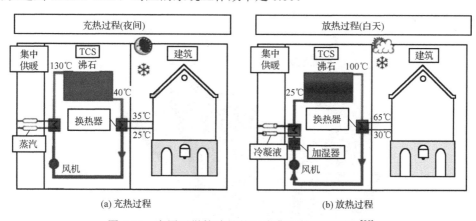

图 4.26　应用于学校建筑的开式沸石/水储热系统[55]

德国 CWS(chemische wärmespeicherung)项目[51]中提出了 CWS-NT(chemische wärmespeicherung-niedertemperatur: chemical heat storage-low temperature)的概念，并

建立了一个太阳能跨季节开式系统。如图 4.27 所示，该系统采用沸石-无机盐复合吸附剂。该系统采用了一种新型的反应床形式——外部循环床，吸附剂并不是固定堆放在反应床当中，而是将吸附材料与反应床分离，吸附剂储存在一个储存室当中，可以与反应床通过真空传送系统相连接，如图 4.27(b) 所示，在充热解吸或者吸附放热过程中，只有一部分吸附剂在同一时间内反应，热损失较小，但也需要额外消耗能量来支持吸附剂的传输过程。反应床设计为交叉流形式，物料从上到下流动，高温干空气横向通过吸附剂，并进行水蒸气和热量的交换。吸附阶段，只要反转空气流动方向，低温湿空气通过吸附剂，出口为干燥热空气，用于建筑供暖。

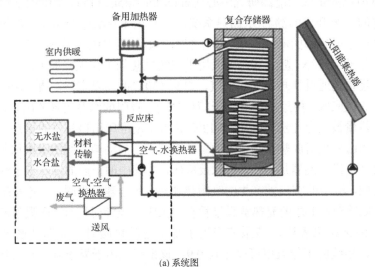

(a) 系统图

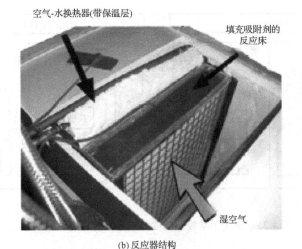

(b) 反应器结构

图 4.27　CWS-NT 概念开式吸附储热系统[51]

　　法国的 Mauran 等[56]在 2008 年欧洲共同体资助的 SOLARSTORE 项目中搭建了一台 60kW·h 的大型闭式吸附储热系统。吸附工质对是 SrBr$_2$-H$_2$O，Mauran 等将 SrBr$_2$ 与膨胀石墨混合以强化传热传质。系统设计仍符合典型的闭式热化学储热系统的结构，主要包括反应床、蒸发/冷凝器。反应床的总体积为 1m^3，其中填充了 186.9kg 复合吸附剂(包括 171.3kg SrBr$_2$，15.6kg 膨胀石墨)，蒸发/冷凝器布置在反应床一侧，总体积为 0.901m^3。反应床采用模块化设计，每一个反应床单元由一个平板换热器、两层吸附剂填充层和两个气体散流器构成，多个反应床单元纵向叠加形成了一个反应床，整个系统布置了两个相邻的反应床，这两个反应床之间留有间隙，该纵向间隙是水蒸气扩散的主通道，每个反应床单元的横向气体散流器是水蒸气和硅胶传质的次级通道。该系统在蒸发温度为 35℃的条件下的设计储热容量是 60kW·h，在蒸发温度为 18℃的条件下的设计储冷容量为 40kW·h。

　　图 4.28 为瑞典公司 Climatewell 所开发的闭式 LiCl 三相吸收储热系统。该机组利用了 LiCl 溶液的结晶过程来提高循环吸水量和储热量，兼具储热和制冷功能。如图 4.28(a)所示，该溶液吸收储热装置的结构包括布置在下部的反应床和上部的蒸发/冷凝器。在反应床中设置了两个独立的反应床单元来实现连续放热或制冷。反应床内填充了一定量的 LiCl 溶液，通过换热器向反应床输入热量或者收集吸附热。该换热器布置在反应床的上端，与 LiCl 溶液的液面不接触，反应床的底端深处有一根管子，通过溶液泵与反应床的顶端相连。解吸或者吸附时，LiCl 溶液在溶液泵的作用下被传输到反应床顶端，并喷淋到换热器上，实现溶液脱水或者吸水。在反应床的底部布置了筛网，用来避免 LiCl 结晶进入溶液泵或管道。该机组的每个反应床的储热量为 30kW·h，可以达到 253kW·h/m^3 的存储密度。目前该机组在欧洲已经应用在太阳能制冷相关的示范项目上。

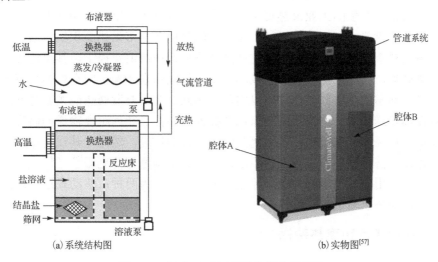

(a) 系统结构图　　　　　　　　　　　　　　(b) 实物图[57]

图 4.28　闭式 LiCl 三相吸收储热系统图

　　沙特阿拉伯的法赫德国王石油与矿业大学的 CoRE-RE 中心和德国斯图加特大学在沙特阿拉伯设计、搭建和测试了一台太阳能驱动的氨水储热制冷系统[58]。系统包括发生器、分馏器、冷凝器、蒸发器、吸收器、回热器、膨胀阀和溶液泵,其中发生器内部又包括螺旋管换热器。高浓度的溶液由布液器喷淋至中空管的内壁上,溶液吸收水蒸气后放热,传导给中空管外的螺旋管换热器中的传热流体。该系统的平均制冷功率为 4.5kW,系统 COP 为 0.42。

4.5　热输送技术

　　作为以煤炭为主要能源的国家,我国的能源利用率仅 30%左右,大量的工业及电厂余热以各种形式被排放到环境中。因此,回收利用余热在提高我国能源利用效率方面具有举足轻重的作用。从空间上来看,余热回收利用可分为就地利用和远距离输送。远距离热输送技术可以缓解热能供给与需求在空间上不匹配的矛盾,充分利用余热,尤其是低品位余热,可大大提升能源利用效率。一般在工业集中或者发电装机容量较大的地区,工业企业和发电厂产生数量巨大的低品位余热,这些余热仅靠本地企业和周边用户根本无法消化,只能排放到环境中。比如,核电站产生的余热是发电量的两倍左右,但是核电站一般都建设在郊区,距离中心城市都在数十千米以上,发电过程中产生的蒸汽余热都无法利用,造成巨大的能源浪费。我国计划在 2008~2023 年,投入至少 4500 亿元用于核电站建设,核电将占总发电量的 4%~5%。在全球能源紧缺的背景下,核电成为最现实的选择,但与之同时产生的大量余热由于远离用户而没有办法利用。

　　另外,对于工业余热的利用,以我国大庆市为例,该市是以石油和石化产业为主的工业城市,产生的工业余热每年大约有 6800MW·h,相当于 360 万 t 煤燃烧产生的总热量,供热面积可达 9200 万 m²,大约是现有全市供热面积的两倍。但由于远距离输送热量的问题无法解决,这些余热不仅都白白浪费掉了,甚至还要花很高的成本去处理。国际上热电联产的成功应用一般限制在 10km 的有效半径范围,对于核电站,通常的热电联产往往难以实现。因此,有必要发展热能尤其是低品位热能的远距离输送技术。许多发达国家已经投入低品位热能远距离输送的研究中。目前,国际上已经有一些规模化远距离热输送项目的报道,然而,其在传输距离、供热温度以及经济性方面存在较大的不足,一些技术难题有待克服[59,60]。

　　在实际应用中,热能的远距离输送按形式分可分为两种:移动式远距离热输送和管道式远距离热输送。

4.5.1　移动式远距离热输送

　　移动式远距离热输送是一种新型的余热利用与集约化供热模式。移动供热打破了管道运输的模式，具有灵活机动、热损失小等特点，是热量输送技术的一次革命性突破。它主要由储热元件、控制部件及放热/储热管道、载车等部分组成，以高性能储热材料和储热元件为核心，可将热电厂、钢铁厂、垃圾焚烧厂、电力、化工、造纸等高耗能行业的工业余热回收储存，并用牵引设备(移动供热车)运输到纺织、制药、养殖、学校、酒店、居民小区等用热客户处，提供热水和供暖，如图 4.29 所示。通常储热材料为廉价的显热储热材料(水、储热砖等)或相变材料。利用相变储热材料在热源端储存热能，通过公路、铁路、水路等交通手段运送至用户端释放出热能，该技术具有灵活性强、输送效率高、可靠性好等优点[61, 62]，实际应用项目在内蒙古、山西、湖北、山东、河南、新疆等地已经初具规模。

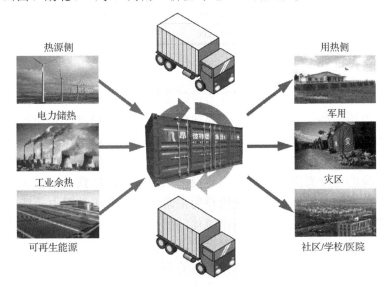

图 4.29　移动式远距离热输送

使用交通工具输送比使用管道输送更加灵活方便，可以实现离线运输；盛放储热材料的容器经过特别设计，内部填充矿物油以提高换热效率，热损失小；储热材料对热源端温度的波动适应性强，而在用户端释放热能时输出的温度稳定性强。

根据热源端温度的高低，日本发展了两种点对点应用的相变储热材料集装箱。所用的相变储热材料分别为三水乙酸钠(相变温度为 58℃，相变潜热为 264kJ/kg)和丁四醇(相变温度为 118℃，相变潜热为 340kJ/kg)，用户端供热温度分别为 50℃和110℃。日本正在将这种点对点储热材料输送系统扩展成网络输送系统。

还有一类与相变储热材料集装箱相似的设备可以用于低品位热能的远距离输送，称为化学热泵集装箱[26]。化学热泵集装箱内利用气-固或气-液反应储存与释放热能，有三种主要类型，即反应和相变间歇运行、反应和反应间歇运行以及反应和分离连续运行。

化学热泵集装箱可以通过在用户端调节压力来改变输出温度，甚至可以制冷，因此它比相变储热材料集装箱更为灵活。模拟计算结果显示，化学热泵集装箱比相变储热材料集装箱具有更好的热能输送效率。储热集装箱(相变或化学)对相变储热材料的要求主要是储热密度大且可逆转换性好。其中相变储热操作简单，可逆转换性好，而气-固(主要是盐)化学反应储能密度高，两者最有潜力应用在低品位热能储存与输送中。表 4.14 列出了两种移动式储热系统的主要参数。

表 4.14　两种移动式储热系统的主要参数[63]

移动式储热系统	热源温度/℃	用户终端温度/℃	单个集装箱的蓄能量/GJ	应用
相变储热材料集装箱	70～200	40～95	3.6～12.6	医院、市政、办公、民居等
化学热泵集装箱	100～450	50～200	6.5	

4.5.2　管道式远距离热输送

通过管道连接热能的供需两端以实现热能的长距离输送是最为传统的热输送方式。可分为两种形式：利用流体的显热或潜热来输送热能以及通过常温的反应气体输送热能。前者通常通过管道直接输送载热介质，如水、液态储热材料等，该方法在短距离内有重要的利用价值，却不适合长距离输送。载热介质的热能品位依靠其本身的温度来维持，往往需要很大的流量才能达到大量输送的目的，又因为要保持足够的温度以适应末端用户的需求，不仅输送过程中热能的损失相当大，而且要消耗大量的机械能。利用流体的相变或储热材料来输送热能也有很多不便之处，如使用泥浆泵输送冰水混合物。这些方案虽然简单易行，但是其初投资和运行成本也非常大，而且要耗费大量的高品位能源(电力或化石燃料)，没有从根本上解决余热利用的问题。后者即通过管道传输反应气体，适用于化学储热或者吸附、吸收储热。将储热系统的主要部件分别放置在热能的供需两侧，通过连接两端的管道内反应气体的流动实现热能的远距离输送。反应气体的流动驱动力通常为两侧的压差，并且反应气体本身不携带大量热能，所以传输管道不需要过于严格的保温措施。根据反应类型，可分为可逆化学反应、氢吸附合金、气-固吸附及气-液吸收。

4.5.2.1　可逆化学反应

甲醇的分解与合成被认为是最有可能应用于低品位热能远距离输送的反应之一[64]，因为甲醇反应温度适中、价格便宜。图 4.30 所示为其原理图。反应方程式为

$$CH_3OH \rightleftharpoons CO + 2H_2, \Delta H_{298K} = 95 \text{ kJ} / \text{mol} (CH_3OH)$$

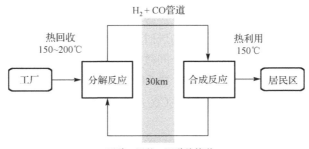

图 4.30　甲醇分解与合成反应实现低品位热能远距离输送原理图[64]

在热源端，甲醇在低品位余热驱动下，以铜铝合金(铜质量、铝质量各占 50%)为催化剂，在 150～200℃时分解为 H_2 和 CO。混合分解气体用管道在大气温度下被输送至数十千米远的用户端，在催化剂的作用下合成为甲醇，同时释放出 150℃左右的热能供用户使用。生成的甲醇通过另外一条管道返回热源端被重新分解成 H_2 和 CO，如此往复，可以实现低品位热能的远距离输送。

还有一种两步液相甲醇合成的方法以提高热回收效率。在热源端，甲醇被分解为 H_2 和 CO。

在用户端，在甲酸甲酯的参与下，H_2 和 CO 分两步合成为甲醇：

$$CH_3OH + CO \rightleftharpoons CH_3OOCH, \Delta H_{298K} = 38.1\,kJ / mol\,(CH_3OH)$$

$$CH_3OOCH + 2H_2 \rightleftharpoons 2CH_3OH, \Delta H_{298K} = 62.8\,kJ / mol\,(CH_3OH)$$

模拟计算结果显示，当热源端和用户端甲醇分解与合成的反应程度均为 90%，输送距离为 30 km 时，两步液相甲醇合成法的输送效率为 75%。而同样的输送距离下，简单甲醇分解与合成反应、输送热水和输送水蒸气的输送效率分别为 53%、32% 和 32%。

对通过可逆化学反应法实现低品位热能的远距离输送来说，催化剂的种类对其反应温度、压力及反应速率、效率有显著影响。因此，研究焦点主要集中在催化剂、反应器、催化反应原理等方面。

4.5.2.2　氢吸附合金

日本研究者曾研究使用氢吸附合金对氢气的解吸和吸附作用实现低品位热能的远距离输送[65-68]，所用的氢吸附合金通常由稀有金属和普通金属构成。

在热源端对氢吸附合金加热释放出氢气，然后通过管道将氢气输送至用户端，氢气被用户端的氢吸附合金吸附可释放出热能。当用户端的氢吸附合金饱和之后，需要加热将其解吸，因此，在用户端需要第二热源。解吸出的氢气通过另一条管道输送至热源端，在冷却水的冷却下可被热源端的氢吸附合金重新吸附，这就是再生过程。由于再生时的解吸压力小于热输送时的吸附压力，所以第二热源的温度小于热源端的输入温度。此外，这还是一个间歇过程，要实现连续运行，必须有两套或两套以上的系统交替工作。热源端和用户端使用的氢吸附合金分别为 $LmNi_{4.55}Mn_{0.25}Co_{0.2}Al_{0.1}$ 和 $LmNi_{4.4}Mn_{0.2}Co_{0.1}Sn_{0.1}$（Lm：富镧的钼系铈稀土合金），以配合反应温度。

日本研究者曾建立输送功率为 2kW 的实验样机对氢吸附合金实现低品位热能的远距离输送做过一些实验研究[66]。实验结果表明，输送距离为 0.5km 和 2km 时，输送距离对输送效率没有明显影响，输送效率均可达到 0.6。

日本研究者还提出了一种氢吸附合金-压缩复合式低品位热能输送系统[67]。利用压缩机，可以降低再生阶段的解吸压力，从而将用户端第二热源的温度从 70℃ 降至 50℃。当输送功率为 0.2kW 时，实验输送效率可达到 0.28，当输送功率为 2kW 时，输送效率达到了 0.6。

然而，计算结果显示，由于氢吸附合金价格昂贵，和甲醇分解与合成相比，在低品位热能远距离输送的应用上没有成本优势[68]。另外，它需要在用户端具备温度低于热源端的第二热源，在实际应用中极为不便。

4.5.2.3　气-固吸附

吸附式热泵系统近年来发展较快[69-71]。法国 PROMES 和 LOCIE 两个实验室将气-固吸附反应引入低品位热能的远距离输送中[72-74]，其基本原理如图 4.31 所示。

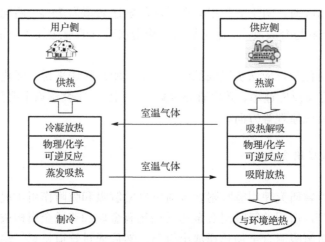

图 4.31　气-固吸附实现低品位热能远距离输送的基本原理图[74]

在热源端，固体吸附剂被加热释放出反应气体，如氨气，释放出的反应气体通过管道输送至用户端被吸附剂吸附释放出热能。当热源端吸附剂解吸完毕，用户端吸附剂吸附饱和后，热源端吸附剂用冷却水冷却，氨气则在用户端第二热源的驱动下从吸附剂中解吸出来，输送至热源端被吸附，由此完成一个循环。所以气-固吸附和氢吸附合金一样，都是间歇式运行，而且在用户端需要第二热源。要实现连续运行，也必须有两套或两套以上系统交替工作。当选择适当的盐和反应气体时，气-固吸附可以用来制冷。

与氢吸附合金相比，气-固吸附系统大大地扩展了热源端和用户端的温度范围，因为有两百种以上的盐可供利用，反应气体也有多种选择，如氨、水、二氧化碳、二氧化硫等。

法国研究者还提出了多级循环的方法[74]，图 4.32 为两级气-固吸附实现低品位热能远距离输送的基本原理。实际上，该两级循环使用了一个称为自动热反应器（auto thermal reactor）的设备将两个单级循环集成在一起。第一级的高压吸附热供第二级在高压下解吸，而第二级的低压吸附热供第一级在低压下解吸，用户端的热能通过第二级的高压吸附（或冷凝）输出，自动热反应器可以放置在热源端或用户端，输送介质可以是第一级循环中的反应气体，也可以是第二级循环中的反应气体。有些情况下，使用两级循环不需要在用户端设置第二热源。

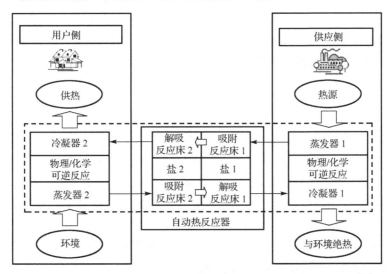

图 4.32　两级气-固吸附实现低品位热能远距离输送的基本原理图[74]

还有一种循环方式，称为内部回热循环[74]，不仅可远距离制热，还能远距离制冷，甚至两者兼有，用户端输出温度也可以超过热源端的输入温度，有变温器的作用。图 4.33 为两热源一次内部回热的吸附循环远距离制热的示例。在输送过程中，通过高温盐（NaI）输出热能，此时低温盐（NH_4Br）在环境温度下解吸；而在再生过程中，低温盐的吸附热供高温盐解吸，由此避免了用户端第二热源，相当于把第二热源转移到了热源端，所以该系统仍然需要两次热能输入。这种内部回热循环还可以发展成更为复杂的形式。

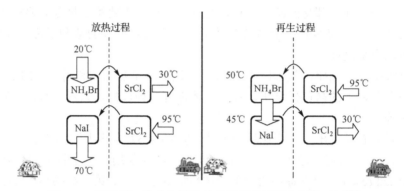

图 4.33　两热源一次内部回热的吸附循环远距离制热示例[74]

气-固吸附循环存在一些先天不足。首先是运行的不连续性。要想实现系统的连续运行，必须多个系统交替工作，这给系统运行的稳定性和可靠性带来了新的问题。其次是吸附剂传热传质能力差，导致设备体积笨重庞大，成本升高。再次是吸附/解吸床运行过程中交替加热和冷却，金属结构会吸收大量热量，需要采取有效的回热回质措施，这又给系统的复杂性带来新的问题。最后是气-固吸附循环需要输送反应气体，不仅需要大直径的输送管道，而且耗费大量电能。

4.5.2.4　气-液吸收

与吸附式热泵相比，吸收式热泵技术发展得更为成熟[75-77]，尤其是以溴化锂-水和氨-水为工质对的吸收式热泵，多年前已经实现产业化。但仍有不少学者在研究吸收式技术，新工质对、新设备、新循环方式以及新应用领域不断出现。所以，从技术角度来看，气-液吸收比气-固吸附更适合在低品位热能的远距离输送中得到应用。

日本和韩国的研究者最先将吸收式技术引入低品位热能的远距离输送应用中。日本研究者提出了 STA（solution transportation absorption）系统的概念[78,79]，如图 4.34所示。STA 系统将常规的吸收式热泵的发生器和冷凝器置于热源端，而将蒸发器和吸收器置于用户端，中间通过管道输送浓溶液、稀溶液和液态工作介质（如氨或水）将热源端和用户端连接起来。这样，在热源端向发生器输入热能，在用户端可以通过蒸发器输出冷能，也可以通过吸收器输出热能。通过比较，使用氨-水工质对的吸收式系统比使用溴化锂-水工质对的吸收式系统更适合远距离制冷。

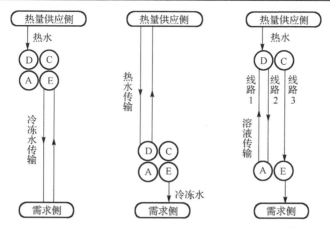

图 4.34　STA 系统远距离制冷与显热输送的比较[80]

A：吸收反应床　　C：冷凝器　　D：解吸反应床　　E：蒸发器

韩国学者提出了利用液化天然气(LNG)的第二类 STA 系统[80]，如图 4.35 所示。该系统的设备与第一类 STA 系统完全相同，将发生器和冷凝器放置在热源端，而将蒸发器和吸收器放置在用户端。与第一类 STA 系统不同的是，发生器和冷凝器在低压侧，而蒸发器和吸收器在高压侧，使用液化天然气作为冷凝器和精馏器的冷源，汽化后的天然气直接燃烧驱动发生器。模拟计算结果显示，用户端得到 7℃的冷能输出时，其 COP 可达 0.6 左右。

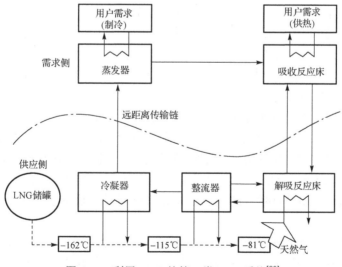

图 4.35　利用 LNG 的第二类 STA 系统[80]

相对于传统的吸收式制冷系统，基于气-液吸收技术的低品位热能远距离输送对工质对的理想要求主要如下。

(1)来源广泛而且价格便宜。

(2)在输送途中不能有结晶危险。

(3)能实现制冷和制热双重功能。

(4)天然工质,对环境无不利影响。

(5)设备容易获得,不使用昂贵的材料。

所有无机盐的水、氨或醇溶液都存在潜在的结晶问题,所以不适合热能的远距离输送。无机盐水溶液的结晶浓度受环境温度的影响非常明显,一旦在输送管道中结晶,将对整个系统造成破坏。而能避免这一现象的有机物工质目前正在发展之中,还没有达到实际应用的水平。

作为一个新的研究方向,氨水吸收技术应用于低品位热能的远距离输送的研究还没有深入展开。马强等[28, 59]在理论上对氨水吸收技术应用于低品位热能的远距离输送进行完善,然后以实验的方法进行热力学验证,起到了承前启后的作用。具体内容包括以下几个方面。

(1)目前仅有单级氨水吸收循环被引入低品位热能的远距离输送中,马强等从循环方式的角度对氨水吸收技术进行分析,对各种氨水吸收循环应用于低品位热能远距离输送的可能性进行研究。

(2)对适合低品位热能远距离输送的氨水吸收循环,目前没有完整的热力学和流体力学分析可见报道,马强等从这两方面考察其性能。

(3)提出提升用户端输出能量品位的新型氨水吸收循环,并对其进行热力学分析,从理论上建立一套完整的全年运行解决方案。

(4)对单级氨水吸收循环应用于低品位热能的远距离输送,目前也没有实验结果可见报道,马强等建立小型化的实验模型对其进行热力学验证。

(5)对基于氨水吸收技术的低品位热能远距离输送系统进行经济性评估,并对应用中出现的实际问题进行研究。

单纯复叠式氨水吸收循环可用于低品位热能的远距离输送,但是需要铺设五条液体管路。由于远距离输送系统的初投资主要为管路铺设成本,因此单纯复叠式循环没有成本优势。发生器稀溶液膨胀的两级氨水吸收循环也是可行的,但是其效率比单级循环低。带升压器的单级氨水吸收-压缩复合循环扩展了单级氨水吸收循环的运行范围,但是需要消耗额外的电能。在这些可利用的循环方式中,单级循环是最合适的选择。

图 4.36 为基于单级氨水吸收技术的低品位热能远距离输送循环示意图。与传统的单级氨水吸收制冷机相比,其需要在用户端添加一个溶液换热器,以在冬季回收吸收器出口浓溶液的显热。通过两个溶液换热器,浓溶液和稀溶液可以实现在环境温度下的远距离输送,输送管道也无须保温。另外,溶液工质泵被三条液体管路的输送泵所代替。

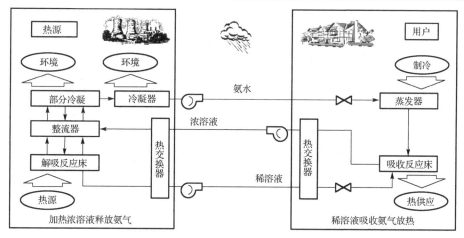

图 4.36　基于单级氨水吸收技术的低品位热能远距离输送循环[28]

4.5.2.5　新型远距离热输送技术

清华大学的研究人员报道了一个新型远距离热输送系统[81]，该系统在热能供需两侧分别布置了两套吸收式换热器。如图 4.37 和图 4.38 所示，使用该系统可以实现温度在 65～70℃的低品位余热的高效回收及远距离传输。与传统的依靠流体显热输送相比，该系统的热输送温差可以增大一倍多，最大限度地利用了低品位热能。对该系统进行经济性分析发现，当传输距离大于最小经济性距离时，吸收式换热系统既能节省初始投资成本也能节约运行成本。一些项目案例显示，该系统在利用工业余热为热源进行区域供热方面有非常大的应用潜力。

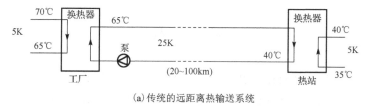

(a) 传统的远距离热输送系统

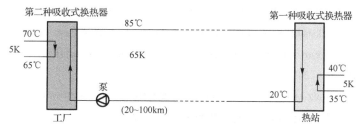

(b)新型的远距离热输送系统

图 4.37　低品位余热远距离热输送系统[81]

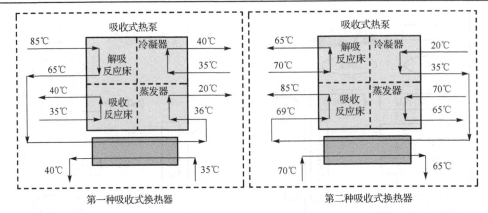

图 4.38　基于吸收式换热器的新型远距离热输送系统[81]

目前，有五种方法可以实现低品位热能的远距离输送，其中可逆化学反应、氢吸附合金和气-固吸附三种方法都需要输送气体，消耗大量电能。除此之外，可逆化学反应法需要催化剂支持，催化剂使用一段时间后便失去活性，需要定期更换催化剂和清洗催化反应器；氢吸附合金法需要使用大量昂贵的稀有金属合金，因此没有大规模应用的成本优势；气-固吸附法也有其缺陷，运行的不连续性、传热传质能力差、体积笨重等都限制了它的应用。移动式远距离热输送法手段灵活，比较适合小规模应用，但如果用于百兆瓦或千兆瓦级的核电站余热的远距离输送，庞大的车队不仅增加了交通压力，而且需要消耗大量的化石能源。气-液吸收法对于大规模低品位余热的远距离输送是合适的选择。液体的储能密度远远大于气体，气-液吸收仅需要三条液体管路消耗少量电能便能实现大量低品位余热的远距离输送。气-液吸收也是发展最为成熟的技术，在低品位余热的远距离输送中有充分的技术优势。

参 考 文 献

[1]　崔海亭, 杨锋. 储热技术及其应用[M]. 北京: 化学工业出版社, 2004.

[2]　郭茶秀, 魏新利. 热能存储技术与应用[M]. 北京: 化学工业出版社, 2005.

[3]　鹿鹏. 能源储存与应用技术[M]. 北京: 科学出版社, 2016.

[4]　Pinel P, Cruickshank C A, Beausoleil-Morrison I, et al. A review of available methods for seasonal storage of solar thermal energy in residential applications[J]. Renewable & Sustainable Energy Reviews, 2011, 15: 3341-3359.

[5]　Lottner V, Schulz M E, Hahne E. Solar-assisted heating plants: status of the German programme solarthermie-2000[J]. Solar Energy, 2000, 69: 449-459.

[6]　Schmidt T, Mangold D. Status of solar thermal seasonal storage in Germany[C]. 10th International Conference on Thermal Energy Storage, Stockton, 2006.

[7] 赵璇, 赵彦杰, 王景刚, 等. 太阳能跨季节储热技术研究进展[J]. 新能源进展, 2017, 5: 73-80.

[8] 张仁元. 相变材料与相变储能技术[M]. 北京: 科学出版社, 2009.

[9] 张金延, 倪永全. 脂肪酸及其深加工手册[M]. 北京: 化学工业出版社, 2002.

[10] 樊耀峰, 张兴祥. 有机固-固相变材料的研究进展[J]. 材料导报, 2003, 17: 50-53.

[11] Alkan C, Günther E, Hiebler S, et al. Polyurethanes as solid-solid phase change materials for thermal energy storage[J]. Solar Energy, 2012, 86:1761-1769.

[12] 崔忠圻, 覃耀春. 金属学与热处理[M]. 北京: 机械工业出版社, 2007.

[13] 田禾青. 水合盐低共熔相变储热材料的制备与研究[D]. 兰州: 兰州理工大学, 2013.

[14] 吉冈甲子郎, 获野一善. 物理化学计算[M]. 郑州: 河南科技出版社, 1981.

[15] Sharif M K A, Al-Abidi A A, Mat S, et al. Review of the application of phase change material for heating and domestic hot water systems[J]. Renewable & Sustainable Energy Reviews, 2015, 42: 557-568.

[16] Li T X, Wu D L, He F, et al. Experimental investigation on copper foam/hydrated salt composite phase change material for thermal energy storage[J]. International Journal of Heat and Mass Transfer, 2017, 115: 148-157.

[17] Nkhonjera L, Bello-Ochende T, John G, et al. A review of thermal energy storage designs, heat storage materials and cooking performance of solar cookers with heat storage[J]. Renewable & Sustainable Energy Reviews, 2017, 75: 157-167.

[18] Kalnæs S E, Jelle B P. Phase change materials and products for building applications: A state-of-the-art review and future research opportunities[J]. Energy & Buildings, 2010, 42: 1361-1368.

[19] Zhao B C, Li T X, Gao J C, et al. Latent heat thermal storage using salt hydrates for distributed building heating: A multi-level scale-up research[J]. Renewable and Sustainable Energy Reviews, 2020, 121: 109712.

[20] Ma Q, Luo L, Wang R Z, et al. A review on transportation of heat energy over long distance: Exploratory development[J]. Renewable and Sustainable Energy Review, 2009, 13: 1532-1540.

[21] 王如竹, 王丽伟, 吴静怡. 吸附式制冷理论与应用[M]. 北京: 科学出版社, 2007.

[22] 章燕豪. 吸附作用[M]. 上海: 上海科学技术文献出版社, 1989.

[23] Aristov Y I, Restuccia G, Cacciola G, et al. A family of new working materials for solid sorption air conditioning systems[J]. Applied Thermal Engineering, 2002, 22(2): 191-204.

[24] Aristov Y I. New family of solid sorbents for adsorptive cooling: Material scientist approach[J]. Journal of Engineering Thermophysics, 2007, 16(2): 63-72.

[25] Permyakova A, Wang S J, Courbon E, et al. Design of salt-metal organic framework composites for seasonal heat storage applications[J]. Journal of Materials Chemistry A, 2017, 5:

12889-12898.

[26] 闫霆. 中低温热化学吸附储热机理及实验研究[D]. 上海: 上海交通大学, 2016.

[27] 杨启超, 张晓灵, 王馨, 等. 吸收式化学蓄能的研究综述[J]. 科学通报, 2011, 9: 669-678.

[28] 马强. 基于氨水吸收技术的低品位热能远距离输送研究[D]. 上海: 上海交通大学, 2009.

[29] Yu N, Wang R Z, Wang L W. Sorption thermal storage for solar energy[J]. Progress in Energy and Combustion Science, 2013, 39: 489-514.

[30] 卞宜峰, 何国庚, 蔡德华, 等. 吸收式制冷工质对的研究进展[J]. 制冷学报, 2015, 36: 17-26.

[31] Isfahani R N, Moghaddam S. Absorption characteristics of lithium bromide（LiBr）solution constrained by superhydrophobic nanofibrous structures[J]. International Journal of Heat and Mass Transfer, 2013, 63: 82-90.

[32] Conde M R. Properties of aqueous solutions of lithium and calcium chlorides: Formulations for use in air conditioning equipment design[J]. International Journal of Thermal Sciences, 2004, 43: 367-382.

[33] Fisch M N, Guigas M, Dalenbäck, J O. A review of large-scale solar heating systems in Europe[J]. Solar Energy, 1998, 63: 355-366.

[34] Fumey B, Weber R, Gantenbein P, et al. Closed sorption heat storage based on aqueous sodium hydroxide[J]. Energy Procedia, 2014, 48: 337-346.

[35] Michel B, Neveu P, Mazet N. Comparison of closed and open thermochemical processes, for long-term thermal energy storage applications[J]. Energy, 2014, 72: 702-716.

[36] Yu N, Wang R Z, Lu Z S, et al. Study on consolidated composite sorbents impregnated with LiCl for thermal energy storage[J]. International Journal of Heat and Mass Transfer, 2015, 84: 660-670.

[37] Zhao Y J, Wang L W, Wang R Z, et al. Study on consolidated activated carbon: Choice of optimal adsorbent for refrigeration application[J]. International Journal of Heat and Mass Transfer, 2013, 67: 867-876.

[38] Zhao Y J, Wang R Z, Zhang Y N, et al. Development of $SrBr_2$ composite sorbents for a sorption thermal energy storage system to store low-temperature heat[J]. Energy, 2016, 115: 129-139.

[39] Li G, Qian S, Lee H, et al. Experimental investigation of energy and exergy performance of short term adsorption heat storage for residential application[J]. Energy, 2014, 65: 675-691.

[40] Yu N, Wang R Z, Wang L W. Theoretical and experimental investigation of a closed sorption thermal storage prototype using LiCl/water[J]. Energy, 2015, 93: 1523-1534.

[41] Jaehnig D, Hausner R, Wagner W, et al. Thermo-chemical storage for solar space heating in a single-family house[C]. Proceedings of 10th International Conference on Thermal Energy Storage, New Jersey, 2006.

[42] Zhao Y J, Wang R Z, Li T X, et al. Investigation of a 10kWh sorption heat storage device for effective utilization of low-grade thermal energy[J]. Energy, 2016, 113: 739-747.

[43] Köll R, van Helden W, Engel G, et al. An experimental investigation of a realistic-scale seasonal solar adsorption storage system for buildings[J]. Solar Energy, 2017, 155: 388-397.

[44] Hui L, Edem N K, Nolwenn L P, et al. Evaluation of a seasonal storage system of solar energy for house heating using different absorption couples[J]. Energy Conversion and Management, 2011, 52: 2427-2436.

[45] Yu N, Wang R Z, Lu Z S, et al. Evaluation of a three-phase sorption cycle for thermal energy storage[J]. Energy, 2014, 67: 468-478.

[46] Weber R, Dorer V. Long-term heat storage with NaOH[J]. Vacuum, 2008, 82: 708-716.

[47] Liu H, Nagano K, Togawa J. A composite material made of mesoporous siliceous shale impregnated with lithium chloride for an open sorption thermal energy storage system[J]. Solar Energy, 2015, 111: 186-200.

[48] Jänchen J, Herzog T H, Gleichmann K, et al. Performance of an open thermal adsorption storage system with Linde type A zeolites: Beads versus honeycombs[J]. Microporous and Mesoporous Materials, 2015, 207: 179-184.

[49] Li G, Singh R, Li D, et al. Synthesis of biomorphic zeolite honeycomb monoliths with 16000 cells per square inch[J]. Journal of Materials Chemistry, 2009, 19: 8372-8377.

[50] Weber B, Asenbeck S, Kerskes H, et al. SolSpaces - testing and performance analysis of a segmented sorption store for solar thermal space heating[J]. Energy Procedia, 2016, 91: 250-258.

[51] Kerskes H, Mette B, Bertsch F, et al. Chemical energy storage using reversible solid/gas-reactions （CWS）-results of the research project[J]. Energy Procedia, 2012, 30: 294-304.

[52] Zettl B, Englmair G, Steinmaurer G. Development of a revolving drum reactor for open-sorption heat storage processes[J]. Applied Thermal Engineering, 2014, 70: 42-49.

[53] Zhang Y N , Dong H H, Wang R Z, et al. Air humidity assisted sorption thermal battery governed by reaction wave model[J]. Energy Storage Materials, 2020, 27: 9-16.

[54] Palomba V, Frazzica A. Recent advancements in sorption technology for solar thermal energy storage applications[J]. Solar Energy, 2019, 192: 69-105.

[55] Hauer A. Adsorption systems for TES-design and demonstration projects[C]. Thermal Energy Storage for Sustainable Energy Consumption, Garching, 2007.

[56] Mauran S, Lahmidi H, Goetz V. Solar heating and cooling by a thermochemical process: First experiments of a prototype storing 60kWh by a solid/gas reaction[J]. Solar Energy, 2008, 82: 623-636.

[57] Bales C, Nordlander S. TCA evaluation: Lab measurements, modelling and system simulations[R]. Borlange:Hogskolan Dalarna, 2005.

[58] Said S A M, Spindler K, El-Shaarawi M A, et al. Design, construction and operation of a solar powered ammonia–water absorption refrigeration system in Saudi Arabia[J]. International Journal

of Refrigeration, 2016, 62: 222-231.

[59] 马强, 王如竹, 夏再忠, 等. 基于氨水吸收技术的低品位热能远距离输送系统[J]. 科学通报, 2008, 53: 3030-3038.

[60] Kavvadias K C, Quoilin S. Exploiting waste heat potential by long distance heat transmission: Design considerations and techno-economic assessment[J]. Applied Energy, 2018, 216: 452-465.

[61] Fujita Y, Shikata I, Kawai A, et al. Latent heat storage and transportation system "TransHeat Container". IEA/ECES Annex 18[C]. 1st Workshop and Expert Meeting, Tokyo, 2006.

[62] 中益能储热技术集团. 产品技术-应急供热[EB/OL]. （2010-10-01）[2020-08-30]. http://www.zhongyineng.com/shop/list.php?oid=182.

[63] Kato Y. Possibility of chemical heat storage in thermal energy transportation market. IEA, ECES IA Annex 18[C]. Transportation of Energy Utilizing Thermal Energy Storage Technology. 1st Workshop, Tokyo, 2006.

[64] Liu Q S, Yabe A, Kajiyama S, et al. A review of study on thermal energy transport system by synthesis and decomposition reactions of methanol[J]. JSME International Journal, 2002, 45: 473-480.

[65] Kang B H, Yabe A. Performance analysis of a metal-hydride heat transformer for waste heat recovery[J]. Applied Thermal Engineering, 1996, 16: 677-690.

[66] Nasako K, Ito Y, Osumi M. Intermittent heat transport using hydrogen absorbing alloys[J]. International Journal of Hydrogen Energy, 1998, 23: 815-824.

[67] Nasako K, Ito Y, Osumi M. Long-distance heat transport system using a hydrogen compressor[J]. International Journal of Hydrogen Energy, 1998, 23: 911-919.

[68] Hasegawa H, Ishitani H, Matsuhashi R, et al. Analysis on waste-heat transportation systems with different heat-energy carriers[J]. Applied Energy, 1998, 61: 1-12.

[69] Srivastava N C, Eames I W. A reviews of adsorbents and adsorbates in solid-vapour adsorption heat pump systems[J]. Applied Thermal Engineering, 1998, 18: 707-714.

[70] Yu Y Q, Zhang P, Wu J Y, et al. Energy upgrading by solid-gas reaction heat transformer: A critical review[J]. Renewable and Sustainable Energy Reviews, 2008, 12: 1320-1324.

[71] Wang L W, Wang R Z, Oliveira R G. A review on adsorption working pairs for refrigeration[J]. Renewable and Sustainable Energy Reviews, 2009, 13: 518-534.

[72] Berthiaud J, Mazet N, Luo L, et al. Long-distance transport of thermal energy using sorption cycles[C]. ATI Conference, Milano, 2006.

[73] Stitou D, Spinner B, Mazet N. New sorption cycles for heat and/or cold production adapted for long distance heat transmission[J]. ASME, Advanced Energy Systems Division AES, 2002, 42: 441-446.

[74] Berthiaud J. Procédés à sorption solide/gaz pour le transport de chaleur et de froid à longue

distance[D]. Perpignan: PROMES, 2007.

[75] Fan Y, Luo L, Souyri B. Review of solar sorption refrigeration technologies: Development and applications[J]. Renewable and Sustainable Energy Reviews, 2007, 11: 1758-1775.

[76] 尉迟斌, 卢士勋, 周祖毅. 实用制冷与空调工程手册[M]. 北京: 机械工业出版社, 2002.

[77] Sun D W. Comparison of the performances of NH_3-H_2O, NH_3-Li NO_3 and NH_3SCN absorption refrigeration systems[J]. Energy Conversion and Management, 1998, 39: 357-368.

[78] Kang Y T, Akisawa A, Sambe Y, et al. Absorption heat pump systems for solution transportation at ambient temperature-STA cycle[J]. Energy, 2000, 25: 355-370.

[79] Akisawa A, Hamamoto Y, Kashiwagi T. Performance of thermal energy transportation based on absorption system-Solution transportation absorption chiller[C]. International Sorption Heat Pump Conference, Denver, 2005.

[80] Jo Y K, Kim J K, Lee S G. Development of type 2 solution transportation absorption system for utilizing LNG cold energy[J]. International Journal of Refrigeration, 2007, 30: 978-985.

[81] Xie X, Jiang Y. Absorption heat exchangers for long-distance heat transportation[J]. Energy, 2017, 141: 2242-2250.

第 5 章

余热热泵技术的广谱化利用

低品位余热可以通过不同的热泵技术实现热能品位提升或者热量倍增，能够有效降低余热排放温度从而提高余热利用率，并且能够有效解决余热端和需求端在量和质上的不匹配性问题。当前余热供应和热能需求的关系如图 5.1 所示[1]，温度越高，余热供应热量越小，而热能需求量越大，热能的供应端和需求端匹配的部分如图中 A 所示的重叠区域。通过热泵技术将余热温度提升后，供应端和需求端匹配的部分得到了扩大，扩大部分如图中 B 所示的重叠区域。

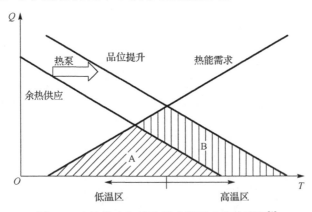

图 5.1　余热供应与热能需求的温度热量匹配[1]

热泵技术可以对较低温度余热进行升温利用，使得余热利用率大为提高。比如，60℃以下的余热几乎不能被其他余热能量系统加以利用，但是经过热泵升温，余热可以转换成 100℃以上的热能用于工业过程。热泵技术使得余热利用更加多样化，其应用显著地改善了余热利用率，是低品位余热利用的一种关键技术，合理的选型是其正确应用的基础，本章介绍压缩式热泵、吸收式热泵、吸附式热泵和化学热泵的广谱选型，并介绍这几类热泵的广谱化利用方法。

5.1　压缩式热泵的广谱选型

压缩式热泵作为目前普遍应用的热泵技术受到了广泛关注，具有广阔的研究与应用潜力，但是对于不同余热温度、循环工质、循环系统和压缩机类型的匹配与优选，并没有一个系统性的技术应用指导，这使压缩式热泵在工业领域的应用推广受到了一定的局限。这里对目前较为流行的、应用前景较大的压缩式热泵进行介绍，以期能为技术研究人员与企业工作人员的设计选型提供参考。表 5.1 以压缩式热泵循环工质作为分类的基准，概括性地总结了每一种循环工质适应的余热温度范围、所能提供的温升范围(冷凝温度与蒸发温度之差)、典型的热泵应用系统和 COP 范围、适用的压缩机类型和机组的单机容量等，并对有实际工程案例和实验研究的热泵机组进行举例介绍。

表 5.1　不同工质压缩式热泵系统的特点

工质	余热温度/℃	温升/℃	典型系统及 COP	压缩机类型与单机容量
R718	80~120	40~80	带喷水降温的单级压缩式热泵系统，1.9~6.1	螺杆式和多级离心式，100~350kW
R1336mzz(Z)	60~100	20~60	带中间换热器的单级压缩式热泵系统，2.1~4.7	活塞式，20~200kW
R1233zd(E)	40~100	20~60	双级压缩中间补气增焓热泵系统，2.53~4.8	离心式，200~4000kW
R245fa	50~80	40~80	带中间换热器或经济器的单级压缩式热泵系统，2~7	螺杆式、活塞式、涡旋式、离心式，50~1200kW
R600、R600a、R601	40~80	20~70	带中间换热器和过冷器的单级压缩式热泵系统，1.9~5.7	螺杆式、活塞式、回转式，20~400kW
R1234ze(Z)	40~90	40~60	单级压缩式热泵系统，3.7~6.6	活塞式，<10kW
R1234ze(E)	30~50	40~60	两级压缩中间补气压缩热泵系统，2.9~6.2	活塞式、离心式，50~3600kW
R124	20~50	30~40	单级压缩式热泵系统，3.9~4.5	涡旋式，<20kW
R134a	20~50	30~70	带经济器的单级压缩式热泵系统，4.1~5.8	离心式、螺杆式，340~2000kW
R410A	−20~20	10~60	带补气增焓的单级(准二级)压缩式热泵系统，1.6~3.2	涡旋式、滚动转子式，7~17kW
R152a	0~40	20~60	两级压缩中间冷却系统，2.6~5	
R717	0~40	20~60	单级两级压缩中间冷却压缩热泵系统，3~6	螺杆式、活塞式、离心式，250~15000kW
R744	−20~20	20~60	单级或两级压缩跨临界热泵系统，1.6~4.9	螺杆式、活塞式、离心式、涡旋式，50~2200kW
R290/R1270	−20~20	20~50	单级压缩式和复叠式热泵系统，1.5~6	螺杆式、活塞式、回转式，<30kW
R1234yf	−20~20	20~60	带中间换热器的单级压缩式热泵系统，1.4~7.5	—

R718(水)作为压缩式热泵系统的工作介质时，为了保证系统正常运行，压缩机

的吸气压力需要在合理范围内。一般地，余热温度需要在 80℃ 以上，所以水工质热泵系统较为适合的余热温度范围为 80～120℃，而温升在 40～80℃ 的范围内。目前最典型的水工质压缩式热泵系统是带喷水降温的单级压缩式热泵系统，其系统 COP 在 1.9～6.1，压缩机可以选用多级离心式压缩机或者双螺杆式压缩机，系统的单机容量在 100～350kW。目前针对水工质的热泵系统研究较多但是还没有实际应用的案例，由上海交通大学和上海汉钟精机股份有限公司联合研发的水工质压缩式热泵样机采用了带有喷水降温功能的双螺杆式压缩机[2-4]，样机运行工况为：蒸发温度为 85℃，冷凝温度为 120～150℃，测得样机的制热量在 160～290kW，COP 在 1.9～6.1，目前可以实现最高 65℃ 的温度提升。

以 R1336mzz(Z) 为工质的压缩式热泵可以回收 60～100℃ 的余热，可实现的温升在 20～60℃。在应用 R1336mzz(Z) 时需要注意压缩过程中很容易出现湿压缩，这是由工质本身的热物理性质决定的。为了避免湿压缩，较为有效的途径就是在系统中添加中间换热器，增大压缩机的吸气过热度。活塞式压缩机是目前针对该工质应用较为适宜的压缩机类型，系统的单机容量在 20～200kW，COP 范围为 2.1～4.7。作为新兴的热泵工质，目前针对 R1336mzz(Z) 已有较多的研究，但是具体的使用案例尚没有报道。奥地利 TGM 理工学院曾搭建过一台小型的 R1336mzz(Z) 热泵系统的实验样机[5]，该样机使用带中间换热器的单级压缩式热泵系统，配有一台活塞式压缩机，在热源温度为 30～90℃ 时，供热温度可以达到 75～160℃，最高温升可达 70℃，系统 COP 在 2.6～5.8，但规模较小，样机制热量只有 12kW。

以 R1233zd(E) 为工质的压缩式热泵可以回收 40～100℃ 的余热，该热泵系统可实现的温升在 20～80℃。R1336mzz(Z) 容易在压缩机出口出现湿压缩，而 R1233zd(E) 在压缩过程中只需保证压缩机具有较小的入口过热度。作为新兴的热泵工质，目前针对 R1233zd(E) 热泵的研究多集中在理论阶段，具体的供热热泵样机尚未出现，但有应用于离心式冷水机组的案例。离心式压缩机是较为常用的压缩机，单机容量在 200～4000kW，理论 COP 在 2.53～4.8。日本九州大学的研究者模拟了 R1233zd(E) 应用于三级压缩梯级加热的热泵系统[6]，该系统利用多级换热器极大地提高了过冷度，在 80℃ 温升条件下(70℃/150℃)，系统 COP 达到 3.43 以上；印度尼西亚大学的研究者模拟了 R1233zd(E) 应用于双级压缩中间补气增焓的热泵系统[7]，在固定 110℃ 冷凝条件下，蒸发温度从 50℃ 升高到 70℃ 时，COP 从 2.75 升高到 4.8。

R245fa 是目前较为常用的高温热泵系统工质，该热泵系统可以回收 50～80℃ 的余热，实现最高 80℃ 的温升。目前较为常用的热泵系统型式为带有中间换热器或者经济器的单级压缩式热泵系统，可用压缩机类型主要有螺杆式、活塞式、涡旋式等容积式压缩机和离心式压缩机，单机容量在 50～1200kW，系统 COP 在 2～7。作为目前较为成熟的一种热泵系统，R245fa 热泵在工业上已经被广泛应用，日本神户制钢所曾将单级的 R245fa 热泵应用在高温蒸汽的供应上[8]，该热泵使用双螺杆式压缩机，在余热温度为 65℃时，在冷凝器侧可以将 20℃的冷水加热到 120℃，制热量为 70～350kW，COP 可以达到 3.5。

R600、R600a、R601 是应用潜力较大的碳烃类热泵工质，因为它们具有较多的碳原子和较重的相对分子质量，临界温度比 R290 高出很多，因此其供热温度也可以提高很多。因为三者物性和应用范围相似，这里统一介绍。目前 R600、R600a、R601 热泵可以回收 40～80℃的余热，温升可以达到 20～70℃，常用的压缩机为螺杆式和活塞式压缩机，系统循环型式多为单级和复叠压缩式热泵系统，如带中间换热器和过冷器的单级压缩式热泵系统，单机容量在 20～400kW，系统的 COP 可以在 1.9～5.7。但是由于工质可燃性的限制，它们在热泵系统中的充注量有限，目前研究的单机热泵系统的制热量普遍小于 40kW，也因此逐渐被淘汰。格拉茨技术大学的研究者研究了带有中间换热器的单级压缩式 R600 热泵系统[9]，并给出了该热泵的运行特性，其以活塞式压缩机作为动力设备，系统的热源温度在 50～80℃，供热温度在 90～110℃，制热量在 20～40kW，并分别在 30℃、40℃和 50℃三个温升条件下进行了测试，结果表明系统的 COP 在 30℃温升的时候可以高达 5.2，50℃温升时系统 COP 可以达到 3.5。

R1234ze(Z) 工质是一种新型的低温室效应的工质，目前实际应用较少。R1234ze(Z) 热泵系统可以回收 40～90℃的余热，热泵系统温升在 40～60℃。目前看到的压缩机多为活塞式压缩机，系统的单机容量较小在 10 kW 以内，目前的研究都是基于单级压缩式热泵系统进行的，其热泵系统的 COP 在 3.7～6.6。日本九州大学的研究者在单级压缩式热泵系统的基础上，使用两级的回转式压缩机作为系统动力设备进行了相关研究[10]，结果表明在余热温度为 45～90℃的工况下，系统的供热温度可以达到 75～125℃，当系统温升恒定为 30℃时，机组的 COP 在 5.4～6.6。

R1234ze(E) 工质作为另外一种新型的低温室效应工质，目前在热泵领域也受到了广泛关注，R1234ze(E) 热泵可以回收 30～50℃的余热，热泵系统温升在 40～60℃。常用压缩机类型是活塞式和离心式压缩机，系统的单机容量在 50～3600 kW，目前常用的热泵循环型式是两级压缩中间补气压缩式热泵系统，热泵系统的 COP 在 2.9～6.2。瑞士孚瑞公司开发了带中间补气的两级压缩式热泵机组[11, 12]，其中最关键的技术是采用两级离心式压缩机，机组最高供热温度可达 95℃，制热量在 600～3600kW，在进水温度为 34℃、温升为 61℃的工况下，机组的 COP 可达 3.5，目前已经实现了 R1234ze(E) 热泵机组的应用。

R124 作为一种高温室效应工质，目前针对它的研究较少，R124 热泵可以回收 20～50℃的余热，热泵机组温升在 30～40℃，一般采用涡旋压缩机，目前大多采用单级压缩式热泵系统，系统的 COP 在 3.9～4.5，与其他热泵工质相比，其竞争力较差。中原工学院研究者曾使用 R410A 和 R124 分别作为热泵机组的低温级和高温级循环工质，搭建了复叠式热泵机组[13]，性能测试结果表明随着热源进口温度由 42℃升至 53℃,高温级 R124 热泵循环的供水温度由 80℃升到 82℃,机组 COP 由 3.9 上升到了 4.5。

R134a 作为一种传统的热泵工质,目前应用最为广泛,但是由于 GWP 较高,未来也将被逐步替代。R134a 热泵系统可回收 20~50℃的余热,系统温升可达 30~70℃,通常提供的热水温度小于 90℃。压缩机类型多为螺杆式和离心式,系统的单机容量在 340~2000kW,系统型式多为带经济器的单级压缩式热泵系统。日本三菱集团开发了一台带有经济器的 R134a 两级压缩式热泵系统样机[8],该机组以两级离心式压缩机作为动力设备,在热源温度为 50℃、温升为 40℃的条件下,机组的 COP 达到了 4.1。

R410A 工质作为 R22 的替代品,目前被广泛地应用在空气源热泵系统之中,热源温度在-20~20℃,热泵系统温升在 10~60℃,适用于低品位热源的回收利用。压缩机类型多为涡旋式和滚动转子式,热泵机组的单机容量在 7~17kW。常用系统型式为带补气增焓的单级(准二级)压缩式热泵系统,系统的 COP 在 1.6~3.2。美国艾默生电气公司开发了带喷气增焓独立控制方案的 R410A 空气源热泵[14],使用涡旋压缩机,在空气环境温度为-12℃、供水温度为 41℃的情况下,热泵机组的 COP 可达 2.25,性能十分优越。

R152a 工质是一种传统的 HFCs 热泵工质,但是其 GWP 在 150 以下,依然具有较大的应用潜力,在一定工况内可用于替代 R134a 等工质。R152a 热泵系统可回收 0~40℃的余热,热泵系统温升在 20~60℃。两级压缩中间冷却是 R152a 工质应用较多的热泵系统型式,COP 范围在 2.6~5。目前针对该系统以理论研究为主,应用案例较少。

R717(氨)是一种应用成熟的天然工质,目前氨依旧是大型热泵与制冷设备的优先选择。R717 热泵适合回收 0~40℃的余热,系统温升在 20~60℃。常用压缩机类型为活塞式、螺杆式和离心式,系统的单机容量在 250~15000kW。常用系统型式为单级压缩和两级压缩中间冷却压缩式热泵系统,系统 COP 在 3~6。美国江森自控有限公司开发的单级压缩式氨热泵产品[15],分别使用螺杆式和活塞式压缩机,系统制热量在 200~1300kW,在使用活塞式压缩机、进水温度为 39℃、温升为 51℃的工况下,机组的 COP 可达 4.0。

R744(二氧化碳)也是一种十分成熟的天然工质,目前在工业和商业领域中得到了广泛应用。R744 热泵适合利用-20~20℃的低品位热源,系统温升可达 20~80℃。常用压缩机为活塞式、螺杆式、离心式和涡旋式,系统的单机容量在 50~2200kW。常用系统循环型式为单级或两级压缩跨临界热泵系统,系统的 COP 范围在 1.6~4.9。日本前川制作所株式会社开发了带中间换热器的二氧化碳单级跨临界压缩式热泵机组[16, 17],机组使用螺杆式压缩机,系统制热量在 65~90kW,在热源温度为 35℃、温升为 85℃的工况下,机组的 COP 可达 3.1。

R290(丙烷)曾是一种应用广泛的热泵工质,但是由于其具有可燃性,系统充注量被严格限制,因此逐渐被弃用。R290 热泵适用于热源温度在-20~20℃、系统温升在 20～50℃的工况。常用的压缩机为螺杆式、活塞式和回转式压缩机，系统的单机容量小于 30kW。常用的系统循环型式为单级压缩式和复叠式热泵系统，系统 COP 在 1.5～6。挪威科技大学研究者开发了一台 R290/R600 复叠式热泵机组[18, 19]，其中 R290 作为低温级系统的工质，R600 作为高温级系统的工质，都采用活塞式压缩机。该机组在热源温度为 20～80℃的工况下，可以输出 95～115℃的热水，制热量在 20～30kW。在余热进口温度为 30℃、供热输出温度为 115℃的工况下，系统 COP 可达 2.1。

R1234yf 也是一种新型的低温室效应的工质，用于替代 R290 和 R134a 等工质。R1234yf 热泵适用于热源温度在–20～20℃、系统温升在 20～60℃的工况。常用系统循环型式为带中间换热器的单级压缩式热泵系统，系统的 COP 范围在 1.4～7.5。韩国仁荷大学研究者通过实验对比了 R1234yf 和 R134a 的热泵性能[20]，结果表明在–7℃蒸发、41℃冷凝时，R1234yf 热泵系统的 COP 可达 2.62，与 R134a 基本相同。

通过以上分析，可以形成如图 5.2 所示的压缩式热泵广谱选型应用引导图。通过表 5.1 和图 5.2 可以快速地定位在一定工况下可以使用的压缩式热泵的类型，形成压缩式热泵广谱选型的指导方案。

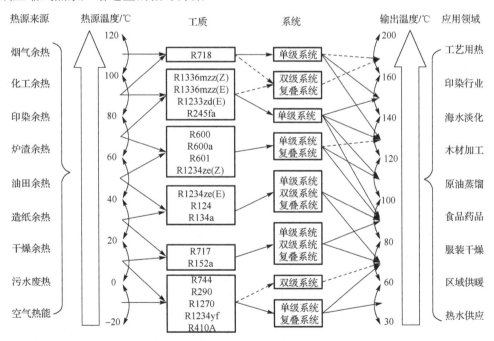

图 5.2　压缩式热泵广谱选型应用引导图

压缩式热泵可适用的工质、压缩机类型和系统结构非常多，为了进一步提供详细的工业热泵技术应用选型方案，可以基于选型计算程序提出针对热源条件、供热要求、容量要求、系统能效要求等的压缩式热泵选型流程图，如图 5.3～图 5.8 所示。

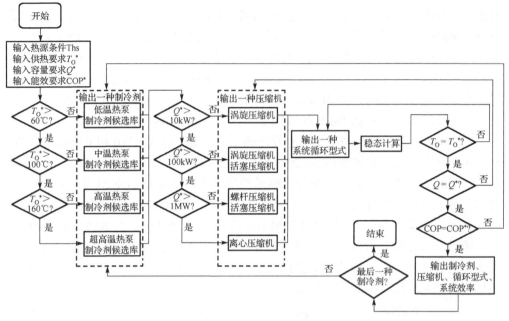

图 5.3　压缩式热泵广谱化选型流程图

以已有热源条件、供热要求、容量要求、能效要求为输入值，这四个条件若无要求可不输入。首先以供热要求为判断条件，按照压缩式热泵低、中、高、超高温的温区划分，四个温区的热泵有各自的制冷剂候选库，判断供热要求属于哪一个温区，下一步进入相应温区的制冷剂候选库，即进入图 5.4～图 5.7 所示的制冷剂选择流程。根据对制冷剂环保性（ODP、GWP）、毒性、可燃性、热力性质的需求，排除候选库中的部分工质，最终输出筛选后的工质。由于筛选后还会存在多种制冷剂，下一步任意输出一种满足条件的制冷剂。从制冷剂候选库输出的一种制冷剂进入下一步判断，根据容量要求，进入压缩机候选库，通常每种制冷剂由于相容性、毒性、可燃性等具有对应的适用压缩机类型。下一步进入热泵系统循环选型流程，如图 5.8 所示。首先根据要求的温升条件判断基础热泵循环型式，再根据有无 COP 要求选择辅助的系统性能提升技术，最终输出一种系统循环型式。将输出的制冷剂、压缩机、系统循环型式输入稳态计算程序，计算出此时热泵的输出温度 T_O、换热量 Q、系统性能 COP，并与供热要求 T_O^*、容量要求 Q^*、能效要求 COP^* 进行对比，不符合要求时首先返回系统循环型式候选库重新输出循环型式，再次计算。T_O 不符合要求时返回系统循环型式候选库，Q 不符合时返回压缩机候选库重选压缩机，COP 不符合时返回制冷剂候选库重选制冷剂，直到输出的温度、容量、能效均达到要求，最后输出所选择的制冷剂、压缩机、系统循环型式以及系统效率，选型结束。

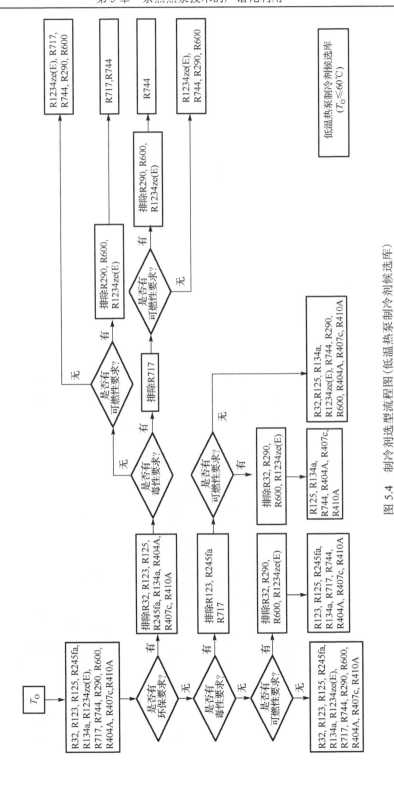

图 5.4 制冷剂选型流程图 (低温热泵制冷剂候选库)

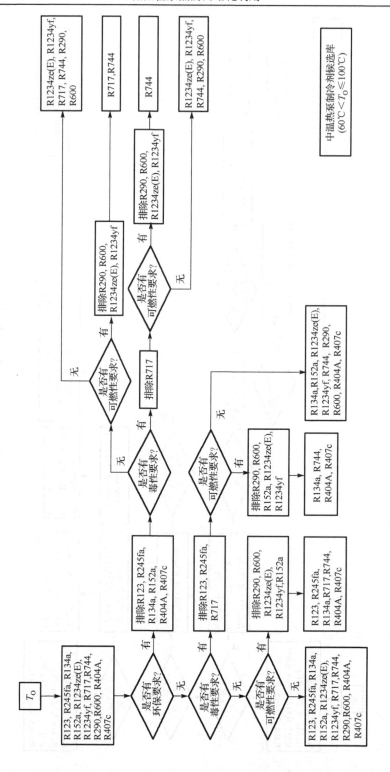

图 5.5 制冷剂选型流程图 (中温热泵制冷剂候选库)

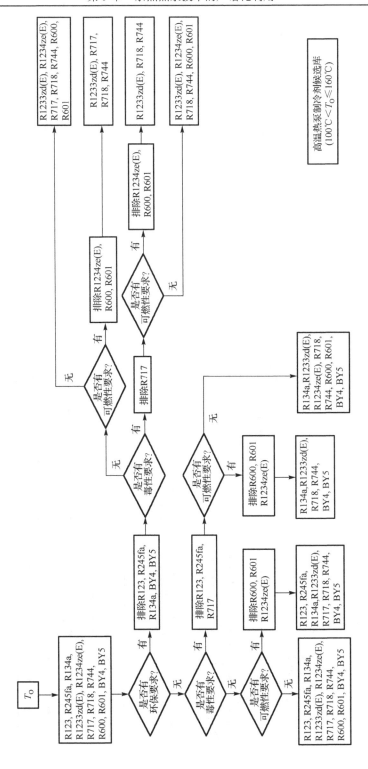

图 5.6　制冷剂选型流程图（高温热泵制冷剂候选库）

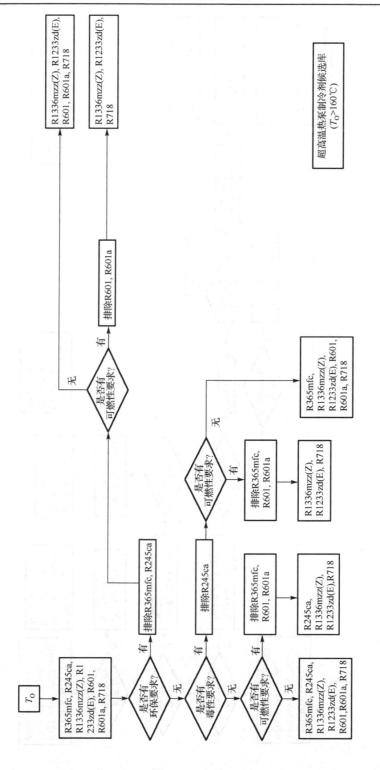

图 5.7　制冷剂选型流程图 (超高温热泵制冷剂候选库)

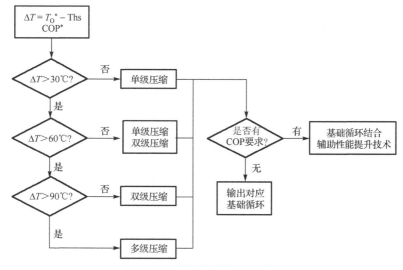

图 5.8　热泵系统循环选型流程

下面举例说明压缩式热泵选型流程：目前有 50℃热源，供热要求在 110℃，最大容量为 2MW，COP 高于 3。首先根据图 5.3 判断 T_O^*>100℃，属于高温热泵区域，下一步从高温热泵制冷剂候选库选择工质(图 5.6)。要求使用环保的制冷剂，排除 R123、R245fa、R134a、BY4、BY5；要求使用无毒的制冷剂，排除 R717；要求使用不可燃的制冷剂，排除 R1234ze(E)、R600、R601，最终合适的制冷剂为 R1233zd(E)、R718、R744。首先输出 R1233zd(E)，下一步判断容量要求大于 1 MW，进入压缩机候选库，根据性能以及容量选择离心式压缩机，最终选择采用 R12334zd(E)工质的离心式热泵。下一步进入系统循环型式候选库，根据热源条件与供热要求，温差为 60℃，属于大温升，选择双级压缩循环，系统 COP 要求为 3，可以选择双级压缩结合中间补气增焓。将 R1233zd(E)、双级离心式压缩机、双级压缩中间补气增焓的系统循环型式代入下一步稳态计算程序。计算出的热泵输出温度可以达到供热要求，计算出的热泵容量可以达到容量要求，计算出的系统性能可以达到要求的 COP，输出 R1233zd(E)、双级离心式压缩机、双级压缩中间补气增焓的系统循环型式。判断制冷剂还未到最后一种，返回制冷剂候选库，输出 R718，进入压缩机候选库，适用于水的压缩机多为螺杆式压缩机，没有匹配的 1MW 以上的螺杆式压缩机；返回制冷剂候选库，输出 R744，CO_2 热泵压缩机通常为活塞式，因此也没有匹配的 1 MW 以上的活塞式压缩机，结束程序。最终输出一种推荐的压缩式热泵：制冷剂为 R1233zd(E)，双级离心式压缩机、双级压缩中间补气增焓的系统循环型式。

通过以上介绍，可以对压缩式热泵进行广谱选型，借助计算机程序使得压缩式热泵的选型过程快速而有效，即使是穷尽和遍历的方法也能够快速决定压缩式热泵的选型。

5.2　吸收式热泵的广谱选型

余热回收的吸收式系统包括热泵和制冷两种功能，虽然吸收式热泵与制冷系统成熟的工质种类较少，但可采用的技术种类繁多，因此需要从技术功能分类、余热-需求-技术匹配分析、能量转换的可行性分析和技术经济性综合分析几个层次进行递进式分析，从而选定最合适的技术选项。

1) 技术功能分类

为了选择合适的余热回收技术，首先要了解吸收式热泵与制冷技术的基本功能。吸收式热泵与制冷系统是热驱动系统，具有增量型吸收式热泵（第一类吸收式热泵）、升温型吸收式热泵（第二类吸收式热泵）和吸收式制冷三种不同功能，余热利用的形式多样[21, 22]。由于吸收式系统是三热源系统，包含与高温、中温和低温热源的换热过程，因此可以根据热源种类将余热利用的吸收式系统分为如表 5.2 所示的四类。

表 5.2　吸收式热泵与制冷技术的余热利用形式

技术功能	高温换热	中温换热	低温换热
增量型吸收式热泵（场景 1）	热输入	热输出	余热回收
增量型吸收式热泵（场景 2）	余热回收	热输出	从环境吸热/余热回收
升温型吸收式热泵	热输出	余热回收	向环境散热
吸收式制冷	余热回收	向环境散热	冷输出

在场景 1 下，增量型吸收式热泵对低温余热进行回收，系统需要高温的热水、蒸汽或者燃气燃烧提供高温热输入驱动系统的运行，并实现中温热输出。在场景 2 下，增量型吸收式热泵的驱动热源来自高温余热，系统吸收环境热或低温余热，并实现中温热输出，这种场景对于高温余热的品位需求较高。在升温型吸收式热泵的应用中，余热将作为中温热源驱动系统运行，热泵一方面提供高温热输出，另一方面也需要向环境散热。在吸收式制冷的应用中，余热将作为高温驱动热源，向低温热源提供冷输出，同时需要受到环境热源的冷却，由于冷输出的温度低于环境温度，环境热源成为中温热源。

2) 余热-需求-技术匹配分析

了解吸收式热泵与制冷技术的运行与余热回收模式之后，可以结合应用场景进行最基本的技术适配度分析。该过程主要依赖于对现有余热资源和需求的调研，分析吸收式热泵与制冷是否具有余热回收并供给有用能量输出的潜力。工业生产流程中的余热资源主要包括烟气和冷却水等形式，可能来自燃烧和反应等过程，可以分为气体显热、气液相变潜热和液体显热等形式；工业生产中需要的热能包括流程用热、预热、干燥、生活热水、供暖、空调和冷冻等多方面[23, 24]。在分析了余热和需求后，即可根据余热和需求的温度品位进行技术种类选择。

当热需求温度高于余热温度时，可以采用高温热源驱动的增量型吸收式热泵(场景 1)或升温型吸收式热泵。对于该场景下的增量型吸收式热泵，还需要考虑是否能够为吸收式热泵提供高温热源，其优势是效率较高，但高输出温度需要高的驱动热源温度，因此在低于 100℃的中低输出温度下更有优势。对于升温型吸收式热泵，需要考虑是否能够为吸收式热泵提供相应的冷却装置，其优势是全部使用余热进行驱动而不需要额外的高温热源，但效率较低，在高于 100℃的中高输出温度下有优势。

当热需求温度低于余热温度时，可采用余热驱动的增量型吸收式热泵(场景 2)，这种场景下高温热输入来自余热，还需要考虑低温热输入的来源，主要包括低温余热和环境热源两方面。在余热作为低温热输入时，其温度高于环境吸热温度，整体节能减排效果和系统运行效率更好，但同时存在高温和低温余热的场景较少；当不具备低温余热时，可以采用环境热源作为低温热输入，通过空气源、水源和地源等不同形式的换热器实现环境热量的收集。

当需要低于环境温度的冷量时，只能采用余热驱动的吸收式制冷，这种场景下高温热输入来自余热，没有额外的热输入需求，相对较为简单。根据以上分析，可以将余热-需求-技术匹配分析总结如表 5.3 所示。

表 5.3　吸收式热泵与制冷技术的余热-需求-技术匹配分析

需求	余热-需求分析	额外的热输入	技术类型
流程用热、预热、干燥、供热等	$T_{需求} > T_{余热} > T_{环境}$	有高温热源	增量型吸收式热泵(场景 1)
		无高温热源	升温型吸收式热泵
	$T_{余热} > T_{需求} > T_{环境}$	低温余热/环境热源	增量型吸收式热泵(场景 2)
空调、冷冻等	$T_{余热} > T_{环境} > T_{需求}$	无	吸收式制冷

3)能量转换的可行性分析

余热-需求-技术匹配分析只考虑了余热和需求温度的相对关系，这种相对关系包含的温度范围宽广，但每种吸收式热泵与制冷技术的工作温度范围是有限的。这种吸收式热泵与制冷技术的工作温度范围与所采用的循环和工质紧密相关，并且不是每种工况都可以通过成熟的技术进行实现，因此还需要考虑具体的技术选项分析可行性。

考虑到具体的技术内容已经在第 3 章进行了详细介绍，此处仅根据相关内容对不同技术的工作温区进行总结，如图 5.9 所示[25, 26]。

图 5.9 展示了不同吸收式热泵与制冷系统的高温热输入、低温热输入、热输出和冷输出的温度范围，并采用不同图例进行标识。增量型吸收式热泵考虑了高温热输入、低温热输入和热输出，高温热输入可来自余热或高温热源，低温热输入可以

来自余热或环境热源；升温型吸收式热泵考虑了高温热输入和热输出，此处省略了向环境排放热量的过程；吸收式制冷考虑了高温热输入和冷输出，同样省略了向环境排放热量的过程。值得注意的是，该范围是基于技术高效运行所给的常见运行范围，也是为了帮助快速进行技术选型，更具体的可行性还需要结合第 3 章所介绍的模拟计算进行详细分析和评价。

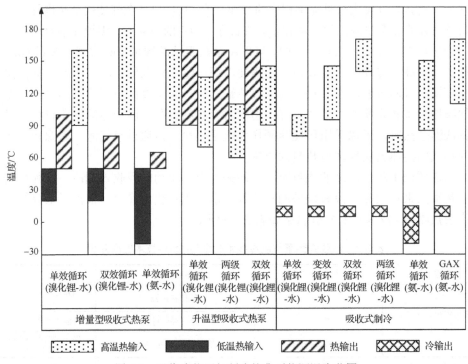

图 5.9 吸收式热泵与制冷的典型热源温度范围

常见的增量型吸收式热泵考虑了单效溴化锂-水吸收式热泵、双效溴化锂-水吸收式热泵和单效氨-水吸收式热泵。单效溴化锂-水吸收式热泵和双效溴化锂-水吸收式热泵的低温热输入可以来自 20～50℃的低温余热，分别利用 90～160℃和 100～180℃的驱动热源(或高温余热)，并产生 50～100℃和 50～80℃的热量。将驱动热源上限设置为 180℃的原因是考虑到高温下溴化锂水溶液的强腐蚀作用；而由于双效吸收式热泵的温度提升能力弱于单效吸收式热泵，因此双效溴化锂-水吸收式热泵的输出温度上限也略低于单效溴化锂-水吸收式热泵。相比以溴化锂-水为工质对的吸收式热泵，单效氨-水吸收式热泵的优势在于对低温热源热量的汲取，其高温热输入可以来自余热。由于氨-水吸收式热泵的热输出温度与冷凝温度紧密相关，较高的冷凝温度代表较高的系统压力，因此氨-水吸收式热泵不适合在输出温度过高的场合下工作。

常见的升温型吸收式热泵包括以溴化锂-水为工质对的单效循环、两级循环和双效循环吸收式热泵,理论上也可以以氨-水为工质对实现升温型热泵循环,但亦存在高工作压力等挑战,因此目前基本没有相关研究和技术开发。考虑到吸收式热泵依赖吸收过程进行高温热输出,吸收起始温度高于热输出温度,因此其最高输出温度设定在 160℃较为合理。图 5.9 中高温热输入范围与热输出范围之间的差值代表了热泵的温升能力,在采用不同循环的溴化锂-水升温型吸收式热泵中,单效循环的温升能力弱于两级循环,但高于双效循环。

常见的吸收式制冷系统包括以溴化锂-水为工质对的两级、单效、变效和双效吸收式制冷循环以及以氨-水作为工质对的单效和 GAX 吸收式制冷循环。除了单效氨-水吸收式制冷循环外,其他循环的工况主要以空调工况为主,冷输出在 5~15℃,而单效氨-水吸收式制冷循环可以同时覆盖空调和冷冻工况并提供–20~15℃的冷输出。在几种空调工况下工作的循环中,双效溴化锂-水吸收式制冷循环所需要的驱动温度最高,GAX 氨-水吸收式制冷循环次之,两级溴化锂-水吸收式制冷循环的驱动温度最低,而变效溴化锂-水吸收式制冷循环的驱动温度介于单效和双效循环之间,总体上几种循环的效率与其驱动温度成正比。单效氨-水吸收式制冷循环在空调工况下的效率不如以上几种循环,但在冷冻工况下具有特殊优势。

4) 技术经济性综合分析

在上述可行性分析中,主要解决的问题是吸收式热泵与制冷系统是否能够在对应热源温度下正常运行,但这仅仅是第一步。在实际的余热回收和转换中,为了提升系统经济性需要追求更高效的转换,为了实现所需体量的余热回收需要考虑现有技术是否可以达到相应的余热回收体量,最后还需要考虑装备的投资成本去评估整个项目的技术经济可行性。表 5.4 提供了几种典型吸收式热泵与制冷技术的工质对、循环、COP、容量和应用场景介绍,可作为综合分析的参考。

表 5.4　吸收式热泵与制冷技术的参数和应用场景

系统	工质对	循环	COP	容量	应用场景
增量型吸收式热泵	溴化锂-水	单效循环	1.6~1.75	50 kW~50 MW	电厂或化工流程的冷却水或烟气冷凝余热回收,用于供暖
	溴化锂-水	双效循环	2.2~2.3	50 kW~50 MW	
	氨-水	单效循环	1.4~1.6	50~500 kW	燃烧过程烟气余热驱动空气源热泵,用于供暖
升温型吸收式热泵	溴化锂-水	单效循环	0.4	50 kW~10 MW	化工反应和燃烧流程产生的冷却水或烟气余热回收,提供工业流程用热、工质预热和干燥等
	溴化锂-水	两级循环	0.25	30 kW~10 MW	
	溴化锂-水	双效循环	0.6	50 kW~10 MW	
吸收式制冷	溴化锂-水	单效循环	0.65~0.75	30 kW~20 MW	烟气、蒸汽或高温热水的余热驱动,对余热温度需求从双效、GAX、变效、单效到两级依次递减,产生冷水
	溴化锂-水	变效循环	0.75~1.1	30 kW~1 MW	
	溴化锂-水	双效循环	1.2~1.3	50 kW~20 MW	
	溴化锂-水	两级循环	0.45	20 kW~10 MW	
	氨-水	GAX 循环	0.8~1.1	30~300 kW	
	氨-水	单效循环	0.4~0.6	30~300 kW	烟气余热驱动的制冷或冷冻

　　在增量型吸收式热泵应用于低温余热回收时，可以根据高温驱动热源和热输出温度选择单效或双效溴化锂-水吸收式热泵，两种热泵循环的 COP 可以分别达到 1.6～1.75 和 2.2～2.3，其中双效循环热泵的效率更高但对热源温度要求也更高。在这种应用场景下，低温余热可以来自工业流程冷却水余热、低温烟气余热或含湿烟气的冷凝热等，高温热源可以来自蒸汽或热水，热量输出可以用于供暖和生活热水制取。考虑到电厂和化工厂通常有大量的低温余热，且可以提供高温蒸汽作为驱动热源，所以其是增量型吸收式热泵的合适应用场景。

　　在增量型吸收式热泵应用于高温余热回收时，主要以环境作为低温热源，热输出应用于供热，可以选择溴化锂-水吸收式热泵或氨-水吸收式热泵，其中溴化锂-水吸收式热泵受到工质结冰的限制只能在高于 0℃ 的环境下运行，适用于地源和水源场景，而氨-水吸收式热泵则可以在更低的环境温度下运行，适用于空气源场景。只要具有高温余热和供热需求的场景都可以采用相关技术，但考虑到高温余热是较为稀缺的资源，这种场景的余热回收不如低温余热回收常见。

　　升温型吸收式热泵的应用常见于需要高温输出的场景，但由于热泵的温升能力（热输出与余热间的温差）和余热品位（余热与环境间的温差）成正比，这种技术对余热温度的要求也较高。为了实现较高的余热转换效率，可以根据温升能力和余热品位选择单效循环、两级循环和双效循环，但总体来说在相同的余热品位下温升越高效率越低：两级循环的温升能力最强，但效率较低；双效循环效率较高，但温升能力较弱；单效循环在效率和温升能力两方面都比较适中。由于升温型吸收式热泵的热输出温度高，其适用的场景比增量型吸收式热泵更加丰富，可以覆盖很多工业流程用热、工质预热和干燥需求，但同时所需要的余热温度比增量型吸收式热泵更高。

　　吸收式制冷的应用主要集中于空调、冷却和冷冻场景，在相似温降能力（制冷输出与环境间的温差）下其效率与热源温度成正比，在同样效率下其温降能力与热源温度成正比。在溴化锂-水吸收式制冷机组中，采用双效循环、变效循环、单效循环和两级循环的机组对热源温度的要求依次降低，但效率也逐步降低；在氨-水吸收式制冷机组中，采用 GAX 循环比采用单效循环的机组的效率更高，但在相同驱动热源条件下制冷温度更高。在吸收式制冷应用于余热回收时，应主要考虑热源与制冷温度，并选取最为合适的技术。

　　在机组容量上基本可以按照所采用的工质进行分类，因为机组的加工工艺与工质的物性是直接相关的，其中溴化锂-水吸收式热泵与制冷技术产业化较为成熟，其体量可以达到 50MW，而氨-水吸收式热泵与制冷技术受到氨工质的高压工作条件所限，其体量稍小，也可达到 10MW。除此以外，吸收式热泵与制冷所采用的加工技术和工艺也导致了以下问题：机组的低容量会导致运行不稳定、换热效率下降和平均成本上升，因此商用吸收式热泵与制冷机组容量一般在 20kW 以上。由于吸收式热泵与制冷机组大多会采用管板式换热结构辅助降膜换热，其机组容量和体积与单位容量成本也是相关的，即机组的热/冷输出容量越大，单位容量的成本和体积越小，因此在小容量多台机组和大容量单台机组之间应选择后者以提升整体系统的经济性[27]。

在选择了与余热和需求匹配的高效余热回收转换技术之后，还需要对余热回收系统的整体经济性进行分析。由于余热基本属于"免费"资源，在采用了余热回收后系统的能量供给成本降低，但余热回收改造本身需要一定的设备投资和改造费用，因此可以分析进行余热回收改造后带来的收益是否能够在短时间内覆盖余热改造的成本，该投资回收期越短则余热回收改造的经济性越好。系统的经济性分析与多方面因素有关，以余热回收供暖为例：如果当地的供暖需求旺盛则该系统在一年中的运行周期长，更有利于余热回收系统的投资回收。

5.3　吸附式热泵的广谱选型

吸附式热泵与制冷技术和吸收式热泵与制冷技术相似度较高，同样分为增量型热泵、升温型热泵以及制冷，因此在技术功能分类和余热-需求-技术匹配分析方面可参考 5.2 节。和吸收式热泵与制冷技术相比，吸附式热泵与制冷技术在工质对研究方面发展程度更高，有着众多的吸附工质对。这里以常见的吸附工质对为例，在技术可行性分析和经济性综合分析两方面，对余热回收利用的吸附式技术选择进行阐述。目前吸附式系统主要以制冷功能为主，能产业化的机组工质对包括硅胶-水和类沸石-水两种[28]，其他工质对和其他热泵用途的吸附式技术还处于理论和实验研究阶段，但具有较高的应用潜力。

1）技术可行性分析

吸附式热泵与制冷技术的工作温度范围与所采用的循环和工质对紧密相关。如3.4 节所介绍的，常用的循环为回热回质循环（单效循环）和两级循环，常用的工质对有硅胶-水、沸石-水、MOF-水、活性炭-甲醇、活性炭-氨等。因此本节基于上述循环和工质对，对吸附式热泵与制冷技术的工作温度范围进行归纳总结，如图 5.10所示。图中未注明的循环类型为单效循环。

对于增量型吸附式热泵，主要以硅胶-水、沸石-水和活性炭-氨为工质对。其中硅胶-水和沸石-水主要用于 10℃以上的低温热源，而活性炭-氨则可用于–30℃以上的低温热源。在高温热源方面，硅胶-水只需 100℃以下的驱动热源，而沸石-水和活性炭-氨需要 100℃以上的驱动热源。

对于升温型吸附式热泵，往往考虑高输出温度的使用，因此以沸石-水为主要工质对[29, 30]。其需要 80～120℃驱动热源和 120℃以上的热输出。

对于吸附式制冷，硅胶-水、MOF-水、类沸石-水和沸石-水等工质对由于以水为制冷剂[31]，只能适用于 0℃以上蒸发的制冷场合，而活性炭-甲醇和活性炭-氨工质对以甲醇或氨为制冷剂，则均可适用于 0℃以上或以下蒸发温度的制冷场合[32]。硅胶-水、MOF-水、类沸石-水等工质对对驱动热源温度的要求较低，通常为 60~100℃，而采用两级循环的硅胶-水工质对则只需 50~70℃的驱动热源。沸石-水工质对要求的驱动热源温度比较高，通常在 100℃以上[33]。活性炭-甲醇和活性炭-氨的驱动热源温度要求也较高，分别为 80~120℃和 90~160℃[34]。

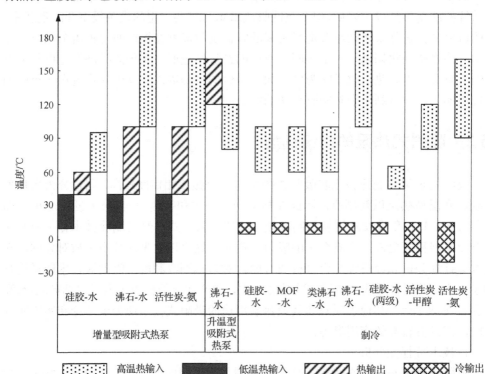

图 5.10 各类吸附式热泵与制冷技术典型工作温区图

2) 经济性综合分析

上述内容考虑了吸附式热泵与制冷技术在能量供给侧和需求侧温度工作的技术可行性，在实际余热回收和转换应用中，还得考虑系统的效率、容量等因素，进行经济层面的综合分析。表 5.5 列出了当前吸附式热泵与制冷技术的工质对、COP、容量和典型余热应用场景。

表 5.5 吸附式热泵与制冷技术的参数和应用场景

系统	工质对	COP	容量	应用场景
增量型吸附式热泵	硅胶-水	1.3~1.5	100kW 以下	电厂或化工流程的冷却水或烟气冷凝余热回收，用于供暖
	沸石-水	1.2~1.4	50kW 以下	
	活性炭-氨	1.1~1.3	50kW 以下	燃烧过程烟气余热驱动空气源热泵，用于供暖

续表

系统	工质对	COP	容量	应用场景
升温型吸附式热泵	沸石-水	0.2~0.3	50kW 以下	高温空气余热回收，提供流程用热、预热和干燥等
制冷	硅胶-水	0.4~0.6	500kW 以下	100℃以下热水的余热驱动，产生冷水
	类沸石-水	0.4~0.6	50kW 以下	
	MOF-水	0.4~0.7	10kW 以下	
	沸石-水	0.3~0.6	100kW 以下	烟气余热驱动的制冷
	活性炭-氨	0.2~0.3	50kW 以下	烟气余热驱动的制冷或冷冻
	活性炭-甲醇	0.2~0.3	50kW 以下	

对于增量型吸附式热泵而言，硅胶-水、沸石-水和活性炭-氨等工质对材料成本均比较低廉。但硅胶-水相比于沸石-水和活性炭-氨，有着更高的 COP 且适用于更大的容量。因此硅胶-水系统可针对工业流程 100℃以下的余热进行回收，并用于供暖。对以烟气为载体的余热进行回收时，可选择沸石-水和活性炭-氨系统，产生用于供暖的热量。但对活性炭-氨系统的使用，还需要进一步考虑其安全性。在这三类系统中，硅胶-水有着较高的效率和较低的驱动温度，是增量型吸附式热泵较好的工质对。

对于升温型吸附式热泵而言，目前以沸石-水为主要工质对。其 COP 和容量均不大，因此比较适用于分散式余热回收场合。沸石-水升温型吸附式热泵在应用时，要求余热载体为高温空气，可产生蒸汽用于工业流程用热、预热和干燥等。

吸附式制冷有较多的工质对可供选择，如表 5.5 所示。对于 0℃以上的制冷需求，往往选择以水为制冷剂的工质对。MOF-水系统有着较高的 COP，硅胶-水可以满足更大的容量使用要求，而沸石-水可以实现烟气余热的回收利用。从工质材料成本来看，磷酸硅铝/含铁类沸石和 MOF 价格昂贵，因此目前难以推广使用。因此对于 0℃以上温度的吸附式制冷应用，硅胶-水系统是目前最佳的方案。而对于 0℃以下的制冷需求，可选择氨或甲醇为制冷剂的工质对，均可应用于烟气余热回收。

针对增量型吸附式热泵的工质对选择，还可以从其循环吸附量来考虑。以 A 型硅胶、沸石分子筛(13X 型)、SAPO-34 和 FAPO-34 类沸石以及椰壳活性炭为例，设定它们的经济性循环吸附量分别为 0.05、0.08、0.05、0.05 和 0.05，对增量型吸附式热泵的工作温区进一步进行优化，如表 5.6 所示[35]。针对不同的热输出温度需求，不同工质对对高低温热源温度的要求也不一样。从表中可看出，沸石-水和活性炭-氨两种工质对需要较高温度的高温热源且适用于较低温度的低温热源。硅胶-水、SAPO-34-水和 FAPO-34-水三种工质对对高温热源的温度要求不高，其中 FAPO-34-水要求最低，其次为 SAPO-34-水。但与 SAPO-34-水和 FAPO-34-水相比，硅胶-水可以适应更低温度的低温热源。

表 5.6　增量型吸附式热泵经济性工作温区　　　　　　　　（单位：℃）

热输出温度	硅胶-水	SAPO-34-水	FAPO-34-水	沸石-水	活性炭-氨
35～40 （地暖用）	高温热源≥75 低温热源 ≥15	高温热源≥75 低温热源 ≥20	高温热源≥65 低温热源 ≥20	高温热源≥130 低温热源 ≥0	高温热源≥140 低温热源 ≥−15
40～50（风机盘 管供暖用）	高温热源≥85 低温热源 ≥25	高温热源≥80 低温热源 ≥25	高温热源≥70 低温热源 ≥25	高温热源≥140 低温热源 ≥0	高温热源≥145 低温热源 ≥−5
45～55 （生活热水用）	高温热源≥90 低温热源 ≥25	高温热源≥85 低温热源 ≥30	高温热源≥75 低温热源 ≥30	高温热源≥150 低温热源 ≥5	高温热源≥150 低温热源 ≥−10
70～80（热网或 工业流程用）	—	—	—	高温热源≥180 低温热源≥15	—

吸附式热泵系统虽然当前并不成熟，但是其没有运动设备，运行更加可靠，与吸收式热泵一样可以回收余热、使用自然工质，未来具有应用潜力。

5.4　化学热泵的广谱选型

化学热泵是利用可逆化学反应，将低品位热源的热能以化学能的形式回收储存起来，然后在较高温度下释放用于供热、干燥或发电等的新型热泵循环系统，实现能量的品位提升和有效储存利用。化学热泵具有温度适应范围宽、温度提升能力高、具备能量储存功能等优点，特别适合间歇性及不稳定性低温余热资源的深度利用，可与压缩式热泵、吸收式热泵和吸附式热泵形成互补，具有广阔的应用前景。但相比已经广泛应用的工业热泵，化学热泵目前成熟度不高，需要进一步深入研究。

广义的化学热泵通常包含化学反应和化学吸附两类[36]，如图 5.11 所示。

气固和气液化学热泵的操作模式显著不同，图 5.12 和图 5.13 分别给出了气液和气固化学热泵的典型循环系统。气液化学热泵以异丙醇-丙酮-氢气为例，气相异丙醇在装填催化剂的吸热反应器中吸收低温余热的热量发生脱氢反应生成丙酮和氢气，反应后进入精馏塔，塔底再沸器同样吸收低温余热驱动精馏塔将反应产物及未反应的异丙醇进行分离，塔底产物异丙醇经泵返回吸热反应器，塔顶产物丙酮和氢气从冷凝器流出经压缩机压缩和回热器升温后进入放热反应器，放热反应器中丙酮与氢气发生反应生成异丙醇，产物经回热器后返回精馏塔。气固化学热泵与吸附式热泵相近，代表性反应对为氢氧化钙-氧化钙-水。首先，氢氧化钙在热量驱动下发生脱水反应，生成的水蒸气在冷凝器中冷凝回收冷凝热，水在蒸发器内蒸发并在放热反应器内与脱水生成的氧化钙发生放热反应，释放出热能，完成一个循环。气液化学热泵一般仅能作为升温型热泵，气固化学热泵可作为升温型热泵、增量型热泵，也可作为制冷机。

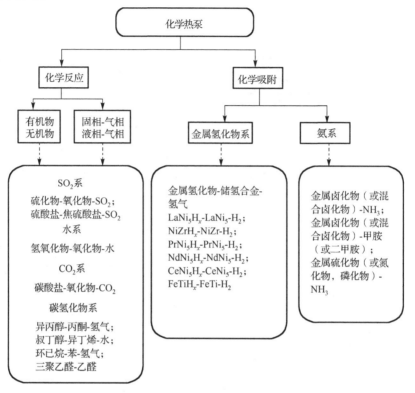

图 5.11　化学热泵的分类

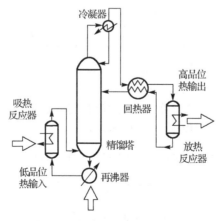

图 5.12　气液化学热泵循环系统

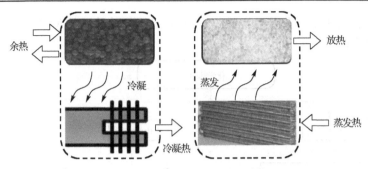

图 5.13　气固化学热泵循环系统

　　根据反应对或吸附对的不同，化学热泵的温度适用范围有很大差异，表 5.7 中总结了有代表性的化学热泵工质对适用的余热温度、温升、容量和应用举例等。

表 5.7　品位提升化学热泵

余热温度/℃	温升/℃	工质对	容量/kW	应用举例
80～120	60～120	异丙醇-丙酮-氢气	10～10000	炼化余热温度提升后驱动精馏塔
90～150	50～100	叔丁醇-异丁烯-水	10～10000	单晶硅余热回收产生蒸汽
180～220	60～200	环己烷-苯-氢气	10～10000	化工企业余热综合利用
180～220	50～100	氯化钙-氨	10～1000	炼化余热温度提升后驱动精馏塔
100～140	30～60	氯化钙-水	10～1000	炼化余热温度提升后驱动精馏塔
60～70	20～50	LaNi$_5$-氢	10～100	压缩机缸套水回收供暖
40～50	50～70	LaNi$_{4.7}$Al$_{0.3}$-氢	10～100	工业冷却水热量回收
350～400	50～150	氢氧化镁-氧化镁-水	10～10000	化工企业余热综合利用
400～450	50～200	氢氧化钙-氧化钙-水	10～10000	太阳能热发电
600～900	50～300	碳酸钙-氧化钙-CO$_2$	10～10000	太阳能热发电

　　这里以部分较为典型的化学热泵系统进行介绍。

　　1)异丙醇-丙酮-氢气化学热泵系统

　　异丙醇-丙酮-氢气化学热泵系统作为有机气液反应工质对的代表，是目前研究较多的工质对之一。反应方程如式(5-1)所示：

$$(CH_3)_2CHOH_{(l)} \rightleftharpoons (CH_3)_2CO_{(g)} + H_{2(g)}, \Delta H = 100.4 \text{ kJ / mol}$$

$$(CH_3)_2CO_{(g)} + H_{2(g)} \rightleftharpoons (CH_3)_2CHOH_{(g)}, \Delta H = -55 \text{ kJ / mol} \tag{5-1}$$

　　该反应系统最早是由 Prevost 和 Bugarel[37]在 1980 年提出的。已有的研究主要围绕吸/放热反应、精馏塔性能、系统能量评价等几个方面展开[38-40]。其主要优势为适宜余热温度低、热输出稳定、容量大范围可调；但是驱动反应和分离需要催化剂和精馏塔，导致热效率偏低和成本偏高，且温升幅度过大时会产生反应副产物，导致循环稳定性下降。已有研究显示常用的催化剂为雷尼镍、负载型镍或钴等，适宜余热温度为 80～120℃，温升为 60～120℃，热效率在 10%～40%，目前文献已经报道了部分实验样机[41, 42]，未来的研究集中在开发适合低温的高效催化剂和循环系统的改进上。

2) 氯化钙-氨化学热泵

氯化钙-氨化学热泵是化学吸附式热泵的典型代表，在氯化钙-氨化学热泵循环系统中，反复地在不同温度条件下进行如下络合-解离反应：

$$CaCl_2(固) + NH_3 \rightleftharpoons CaCl_2NH_3 \tag{5-2}$$

其主要优势为材料价格低廉，可升温、增热和制冷，应用场合丰富；但是由于反应过程中不断有固相反应物消耗和固相产物生成，固相的结构在不断地发生变化，因而反应系统始终处于瞬变状态，导致热输出不稳定。已有研究主要集中在吸附热力学和动力学、传热传质强化、循环系统改进等方面[43, 44]。目前研究显示该系统的适宜余热温度在 80～200℃，作为升温型热泵时，热效率在 10%～60%，作为增量型热泵，COP 在 1.4～1.6，作为制冷机，COP 在 0.2～0.5。目前文献已经报道了部分实验样机[45, 46]，未来的研究集中在热质传递性能改善和循环系统的改进上。

3) 金属氢化物-氢气化学热泵

利用金属氢化物与氢气的可逆吸附/脱附过程也可以实现热能的品位转换，其主要优点为可选金属合金数量多使得热泵工作范围大幅可调，可升温、增热和制冷。但它也存在一些缺点，例如，一般需要两对或两对以上的金属氢化物对才能实现连续工作；氢气密度小，在管路中容易泄漏，对系统的密封性要求高；金属氢化物在吸氢时容易粉化，导致其导热性能下降。已有研究主要集中在吸附热力学和动力学、传热传质强化、循环系统改进等方面[47]。目前研究显示该系统的适宜余热温度在 40～350℃，作为升温型热泵时，热效率在 30%～60%，作为增量型热泵，COP 在 1.2～1.6，作为制冷机时，COP 在 0.2～0.5。从目前文献已经报道的实验样机[48]来看，储氢合金及其稳定性改善、热质传递性能强化以及循环系统的改进是未来研究的主要方向。

4) 金属氢氧化物-氧化物-水化学热泵

金属氢氧化物-氧化物-水化学热泵是气固化学热泵的典型代表，以氢氧化钙为例，在金属氢氧化物-氧化物-水化学热泵循环系统中，反复地在不同温度条件下进行如下可逆反应：

$$Ca(OH)_2 \rightleftharpoons CaO + H_2O \tag{5-3}$$

其主要优势为材料价格低廉、反应速度快、反应焓值高，可用于热泵也可用蓄热器；但是与其他气固化学热泵一样，其热输出不稳定，且高温下反应物容易发生团聚或粉化，导致稳定性下降。已有研究主要集中在新材料的研发、吸附热力学和动力学、传热传质强化、循环系统改进等方面[49, 50]。目前研究显示该系统的适宜余热温度在 350～500℃，作为升温型热泵时，热效率在 20%～40%，作为增量型热泵时，COP 在 1.2～1.5，作为蓄热器，蓄热密度可达 1200kJ/kg 以上。从已经报道的实验样机来看，其应用场合主要集中在余热或太阳能等的蓄存和品位提升上，未来的研究集中在材料性能改进和热质传递性能强化上。

化学热泵虽然产业化不成熟，但是在高温热泵和超高温热泵应用时具有优势，中国科学院工程热物理研究所采用异丙醇-丙酮-氢气为工质对进行了化学热泵的示范，系统回收 102.3℃的低压蒸汽余热，产生 169.6℃的蒸汽，温升幅度达 67.3℃，放热功率大于 52.3kW，热效率为 26.4%。

5.5　余热热泵的广谱化利用

压缩式热泵、吸收式热泵、吸附式热泵和化学热泵是工业余热品位提升的主要技术路线，单一种类简单热泵的应用可直接参考 5.1～5.4 节的内容进行热泵系统的选型，多种类复杂热泵应用可按照各种热泵适应的温区和温升，通过温区匹配先进行热泵系统方案的穷举，然后通过经济性核算进行热泵系统的优选，即通过可行性和经济性进行热泵的广谱化选型利用。

5.5.1　可行性

图 5.14 是各类典型热泵系统的适应温区广谱图，这些系统既包括商业化成熟的技术，也包括具备较大应用潜力的技术。部分系统的实际应用温区范围有所扩大，图中未能详细表示，请读者在实际应用时注意。图中温度表示热输入温度或热输出温度(与热泵系统换热的换热载体的温度)。热泵系统与换热载体换热的夹点温差假设为 5℃。

温区匹配是热泵选型的第一步，即根据余热端热源温度和需求端用热温度选择合适的热泵型式、工质、系统结构等，可分为一次匹配和复叠匹配。明显地，能一次匹配的热泵技术优先选择，不能一次匹配的可以根据以下方法进行复叠匹配。

(1)以需求端用热温度在温区广谱图上做竖直线,确定热输出温度范围能够覆盖需求端温度的热泵系统。

(2)由温区广谱图确定所选热泵系统对应的高温热输入温度和低温热输入温度。

(3)如果当前余热温度不满足高温热输入温度和低温热输入温度条件,将高温热输入温度或低温热输入温度作为热输出温度。

(4)返回步骤(1)重复选型,直到组合热泵系统符合实际余热温度条件。

通过热泵的温区匹配确定热泵应用选型可能出现多种热泵方案,即包括不同类型、工质、系统的热泵组合,这些方案应当进行优选后确定,优选判据为热泵方案的热经济性、环保性与安全性。

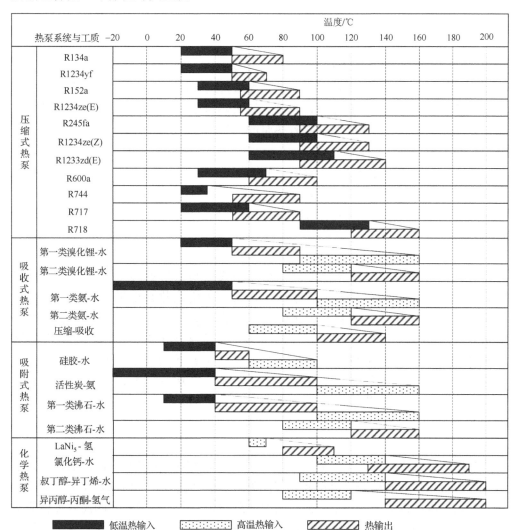

图 5.14 典型热泵系统的适应温区广谱图

5.5.2 热经济性

余热热泵方案的热经济性判据为年度费用,包括运行费用和设备折旧费用。

每小时运行费用计算公式如式(5-4)所示:

$$C_Q = c_e E + \sum c_f F + c_w W \tag{5-4}$$

式中，C_Q 为热泵系统运行费用；E 为热泵主机和辅助设备的耗电量，c_e 为其单位费用；F 为其他燃料或热源耗量，c_f 为其单位费用；W 为耗水量，c_w 为单位费用。

年度费用计算公式如式(5-5)所示：

$$C_A = C_Q \cdot \tau + C_I / r \tag{5-5}$$

式中，C_A 为年度费用；C_I 为初投资费用；τ 为年运行小时数；r 为设备折旧率。

若对每种方案都进行详细的经济性计算后再进行优选，未免过于烦琐，尤其是热泵与其他能量系统集成利用时，单独计算热泵的经济性并不能反映集成系统的经济性。因此可通过以下几个方面进行热泵的初步筛选。

1) 热泵种类较少

由于不同种类热泵的系统结构、辅助设备、控制策略不同，不同种类热泵的组合将对余热热泵利用带来设备安装、管道布置、控制系统方面的额外投资，尤其是大容量的热泵利用项目。因此热泵选型时热泵种类越少越好，以降低初投资成本。

2) 单元数量较少

不同热泵系统的单机容量不同，如压缩式热泵系统的容量与压缩机类型相关，吸收式热泵系统更适合大容量应用场景，吸附式热泵由于经济性更适合中小型应用场景，化学热泵容量范围较宽。若大容量的热泵系统由许多热泵单元组成，将会造成初投资成本的提升，如额外的换热器封头、管路、控制等。虽然模块化单元有利于定型量产，但是其通常是小容量的热泵单元，大容量应用时定制化产品的成本优势更加明显。至于部分负荷运行工况，大多可由热泵机组的变频运行进行调节。因此热泵选型时应当尽可能减少热泵单元数量，降低初投资成本。

3) 能效较高

相同的热泵类型，在不同的工质、压缩机、系统结构下具有不同的能效，热泵选型时应当选择能效高的热泵单元，在同类型热泵复叠时，根据贪婪原则，应当分别选择适应温区内的高效热泵单元。需要注意的是，不同类型热泵的能效指标的定义是不同的，不能直接进行比较，但是可以将不同类型热泵的能效换算成一次能源利用率、㶲效率等来体现热泵的能量利用情况。

5.5.3　环保性与安全性

在考虑热泵系统经济性的同时，也需要考虑工质的环保性与安全性。从环境保护的原则上，优先选用自然工质，其次选用低 GWP、ODP 的工质。从安全性的角度，应当优先选择安全等级高的工质。这些工质的环保性与安全等级划分如表 5.8 所示。

表 5.8　热泵工质的环保性与安全等级划分

制冷剂名称	化学组成	临界温度/℃	临界压力/bar	标准沸点/℃	ODP	GWP$_{100}$	SG
自然工质							
R717	NH_3	132.3	113.3	−33.3	0	0	B2L
R718	H_2O	373.9	220.6	100.0	0	0	A1
R744	CO_2	31.0	73.8	−78.5	0	1	A1
碳氢化合物类							
R290	$CH_3CH_2CH_3$	96.7	42.5	−42.1	0	3	A3
R600	$CH_3CH_2CH_2CH_3$	152.0	38.0	−0.5	0	20	A3
R600a	$CH(CH_3)_3$	134.7	36.3	−11.8	0	3	A3
R601	$CH_3CH_2CH_2CH_2CH_3$	196.6	33.7	36.1	0	20	A3
R1270	$CH_3CH{=}CH_2$	91.1	45.6	−47.6	0	2	A3
氢氟烃类							
R134a	CH_2FCF_3	101.1	40.7	−26.1	0	1300	A1
R152a	CH_3CHF_2	113.3	45.2	−24.0	0	124	A2
R161	CH_3CH_2F	102.1	50.1	−37.6	0	12	A2
R245fa	$CF_3CH_2CHF_2$	154	36.5	15.3	0	790	A1
R32	CH_2F_2	78.4	58.1	−51.7	0	677	A2
R410A	R32/R125 (50%/50%)	70.5	48.1	−51.4	0	2100	A1
氢氟烯烃类							
R1234yf	$CH_2{=}CFCF_3$	94.7	33.8	−29.5	0	1	A2L
R1234ze(E)	$CHF{=}CHCF_3$(E)	109.4	36.4	−19.0	0	1	A2L
R1234ze(Z)	$CHF{=}CHCF_3$(Z)	150.1	35.3	9.8	0	1	A2
R1336mzz(E)	$CF_3CH{=}CHCF_3$(E)	137.7	31.5	7.5	0	18	A1
R1336mzz(Z)	$CF_3CH{=}CHCF_3$(Z)	171.3	29.0	33.4	0	2	A1
氢氯氟烯烃类							
R1233zd(E)	$CF_3CH{=}CHCl$(E)	166.5	36.2	18.0	0.00034	1	A1
R1224yd(Z)	$CF_3CF{=}CHCl$(Z)	155.5	33.3	14.0	0.00012	<1	A1

注：GWP$_{100}$ 表示 100 年内各种气体的温度效应相对于相同效应的一氧化碳的质量。

5.6　余热热泵广谱化利用示例

为了说明余热热泵广谱化利用的应用步骤,本书用一个示例进行介绍,如图 5.15 所示。假设某工业园区存在大量 40℃左右的冷却水,余热排放至环境。园区也可提供 0.8MPa 的标准蒸汽,从蒸汽供应商购买。现打算利用热泵使冷却水余热升温,产生 5t/h、120℃的饱和蒸汽用于园区内某工艺流程,期待能够比直接购买蒸汽更经济,回流蒸汽凝水温度为 100℃。

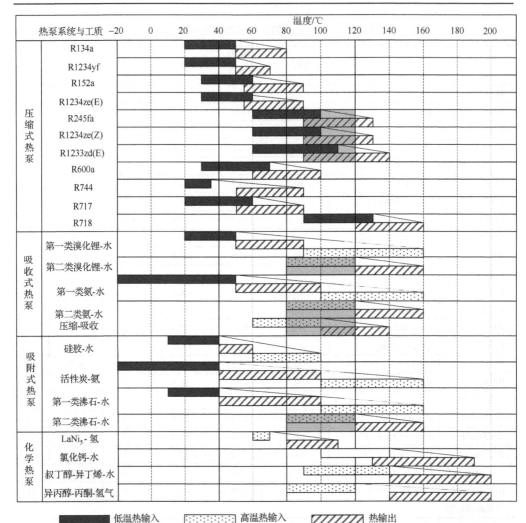

图 5.15　示例中的热泵温区广谱匹配

第一步：以 120℃在热泵温区广谱图上做竖直线，选出热输出温区覆盖该线的热泵系统，包括采用 R245fa、R1234ze(Z)、R1233zd(E) 工质的压缩式热泵，第二类溴化锂-水和第二类氨-水吸收式热泵，以及第二类沸石-水吸附式热泵。

第二步：检查所选热泵系统的低温热输入能否由 40℃冷却水供给，可以发现所选热泵系统均不符合。

第三步：根据所选热泵系统的温升，可以发现所选热泵系统可以将 80℃左右的热能提升至 120℃。因此以 80℃做竖直线，选出热输出温度覆盖 80℃的热泵系统，包括以 R134a、R152a、R1234ze(E)、R600a、R717 为工质的压缩式热泵，考虑到可获得的 0.8MPa 蒸汽热源，第一类溴化锂-水和第一类氨-水吸收式热泵以及活性炭

-氨、第一类沸石-水吸附式热泵也能满足温升要求。

由以上温区匹配可知，能够满足要求的热泵系统需要复叠或多级组合，可选用的热泵组合达 63 种，其中压缩式复叠的热泵组合有 15 种，压缩式-吸收式复叠的热泵组合有 15 种，压缩式-吸附式复叠的热泵组合有 5 种，吸收式-压缩式复叠的热泵组合有 6 种，吸收式复叠的热泵组合有 6 种，吸收式-吸附式复叠的热泵组合有 2 种，吸附式-压缩式复叠的热泵组合有 6 种，吸附式-吸收式复叠的热泵组合有 6 种，吸附式复叠的热泵组合有 2 种。

对这些组合进行初选，缩小热泵选型范围。

(1)根据示例中的条件，供热功率超过 3MW，由于吸附式热泵并不适合大容量应用，可排除含吸附式热泵系统的组合。

(2)由于可适用的热泵系统较多，可选择安全等级和环保性较高的工质。安全等级为 A1、A2L、A2 的工质为 R134a、R152a、R1234ze(E)、R245fa、R1234ze(Z)、R1233zd(E)和 R718，其中 R134a 和 R245fa 虽然是常用工质，但是其 GWP 较高，在有可替代工质的情况下可以不用；R1233zd(E)虽然 ODP 不为 0，但是其 ODP 较低，且在高温应用时具有优势，也具有替代潜力。

(3)相同温区内压缩式热泵系统和吸收式热泵系统都存在竞争工质，仅考虑到当前较为成熟的热泵系统，低温级的压缩式热泵选择 R134a 为工质，高温级的压缩式热泵选择 R245fa 为工质，高温级的吸收式热泵选择第二类溴化锂-水吸收式系统。

(4)各种热泵组合中热泵种类均为 1~2 种，热泵类型数量上没有明显差距，纯压缩式复叠热泵组合虽然热泵种类单一，但是其运行费用较高，因此保留所剩组合进行经济性比较。

初选后的热泵组合有 4 种，其经济性如表 5.9 所示。由于热泵及辅助设备初投资涉及因素较多，这里只以年度运行费用进行优选，具体计算过程略。

表 5.9　初选后的热泵组合及其经济性

编号	热泵组合	年度运行费用/万元
1	R134a 压缩式+R245fa 压缩式	1117
2	第一类溴化锂-水吸收式+R245fa 压缩式	1087
3	R134a 压缩式+第二类溴化锂-水吸收式	1900
4	第一类溴化锂-水吸收式+第二类溴化锂-水吸收式	1681

注：标准蒸汽，300 元/t；电价，0.7 元/(kW·h)；水价，2 元/t；年运行时间，8000h。

从表 5.9 中可以看出，低温级采用第一类溴化锂-水吸收式热泵、高温级采用 R245fa 压缩式热泵的热泵组合的年度运行费用最低，优选的热泵方案能够比直接购买蒸汽(约 1210 万元)便宜，每年可节约 123 万元。

5.7　总结

工业余热热泵技术具有工质多种、系统多样等特点，相关从业者对当前如何合理利用热泵技术实现余热供应端和热能需求端的匹配仍存在困惑，本章内容对指导热泵技术选型实现低品位工业余热的利用具有显著意义：一方面用户可以根据自身条件和自身需求，选择合适的余热热泵技术；另一方面研究人员和设备生产商可以根据用户需求和可行的热泵技术，研发适合不同应用场合的新型热泵装备，提升我国先进热泵装备的制造能力。本章基于产业化较为成熟的或者具有较大应用潜力的余热热泵技术，介绍了余热温度、温升、容量、工质、系统的热泵广谱匹配，以期能够为读者在余热热泵选型利用方面提供参考。

参 考 文 献

[1] Xu Z Y, Wang R Z, Yang C. Perspectives for low-temperature waste heat recovery [J]. Energy, 2019, 176: 1037-1043.

[2] Wu D, Hu B, Yan H, et al. Modeling and simulation on a water vapor high temperature heat pump system [J]. Energy, 2019, 168: 1063-1072.

[3] Wu D, Hu B, Wang R Z. Theoretical and experimental investigation on a very high temperature heat pump with water refrigerant[C]. The 25th IIR International Congress of Refrigeration, Montreal, 2019.

[4] Wu D, Jiang J T, Hu B, et al. Experimental investigation on the performance of a very high temperature heat pump with water refrigerant [J]. Energy, 2020, 190:9.

[5] Helminger F, Hartl M, Fleckl T, et al. Hochtemperatur warmepumpen messergebnisse einer Laboranlage mit HFO-1336MZZ-Z bis 160 ℃ Kondensationstemperatur[C]. Symposium Energieinnovation, Graz, 2016.

[6] Kondou C, Koyama S. Thermodynamic assessment of high-temperature heat pumps using Low-GWP HFO refrigerants for heat recovery [J]. International Journal of Refrigeration, 2015, 53: 126-141.

[7] Muhammad I A, Nyayu A, Nasruddin A L. Thermodynamic and environmental analysis of a high-temperature heat pump using HCFO-1224yd（Z）and HCFO-1233zd（E）[J]. International Journal of Technology, 2019, 10（8）: 1585-1592.

[8] Arpagaus C , Bless F , Uhlmann M , et al. High temperature heat pumps: Market overview, state of the art, research status, refrigerants, and application potentials[J]. Energy, 2018, 152（1）: 985-1010.

[9]　Moisi H, Rieberer R, Verdnik M, et al. Entwicklung einer R600 hochtemperatur wärmepumpe - simulation und erste messungen[C]. Deutsche Kälte- und Klimatagung, Bremen, 2017: 1-22.

[10]　Fukuda S, Kondou C, Takata N, et al. Low GWP refrigerants R1234ze(E) and R1234ze(Z) for high temperature heat pumps[J]. International Journal of Refrigeration, 2014,40(3): 161-173.

[11]　Friotherm A. Uniturbo 50FY - Centrifugal compressor for large scale refrigeration plants and heat pumps[Z]. Brochure G008-05, 2005.

[12]　Wojtan L. Industrielle abwärmerückgewinnung auf hohem temperaturniveau[J]. News aus der Wärempumpen-Forschung, HTI Burgdorf, 2016, 22: 1-34.

[13]　崔四齐, 张晓静. 一种空气源复叠式高温热泵综合实验台的研制[J]. 实验室科学, 2016, 19(3): 205-208, 211.

[14]　邓雅静. 艾默生喷气增焓压缩机技术助力北京"煤改电"推进[J]. 电器, 2017(4):I0030.

[15]　Johnson C. HeatPAC heat pump[EB/OL].[2021-07-21].https://www.sabroe.com/en/products/chillers-and-heat-pumps/heatpac-heat-pumps.

[16]　Watanabe C. Pioneering industrial heat pump technology in Japan[C].3rd Conference of AHPNW, HUST, Hanoi, 2013: 1-66.

[17]　Wu D , Hu B , Wang R Z . Vapor compression heat pumps with pure Low-GWP refrigerants[J]. Renewable and Sustainable Energy Reviews, 2020: 110571.

[18]　Bamigbetan O, Eikevik T M, Neksa P M B. Development of propanebutane cascade high temperature heat pump: Early test rig results [C]. International Workshop on High Temperature Heat Pumps, Copenhagen, 2017: 1-12.

[19]　Bamigbetan O, Eikevik T M, Neksa P M B. Extending hydrocarbon heat pumps to higher Temperatures: predictions from simulations [C]. The 30th International Conference on Efficiency, Cost, Optimization, Simulation and Environmental Impact of Energy Systems, California, 2017: 1-11.

[20]　Lee Y, Jung D. A brief performance comparison of R1234yf and R134a in a bench tester for automobile applications [J]. Applied Thermal Engineering, 2012, 35: 240-242.

[21]　Xu Z Y, Wang R Z. Absorption heat pump for waste heat reuse: Current states and future development [J]. Frontiers in Energy, 2017; 11(4): 414-436.

[22]　Xu Z Y, Wang R Z. Absorption refrigeration cycles: Categorized based on the cycle construction [J]. International Journal of Refrigeration, 2016, 62: 114-136.

[23]　Johnson I, Choate W T, Davidson A. Waste heat recovery. Technology and opportunities in US industry [R]. Laurel: BCS, Inc., 2008.

[24]　Centre I H P. Application of industrial heat pumps [R]. Paris:IEA Heat Pump Programme Annex 35, 2014.

[25]　Wang R Z, Xu Z Y, Hu B, et al. Heat pumps for efficient low grade heat uses: From concept to

application [J]. Thermal Science & Engineering, 2019, 27(1): 1-15.

[26] Shuangliang absorption chiller product catalogue [Z]. In: Ltd. SLE-EC, 2011.

[27] Xu Z, Wang R, Yang C. Perspectives for low-temperature waste heat recovery [J]. Energy, 2019, 176: 1037-1043.

[28] Wang D, Zhang J, Tian X, et al. Progress in silica gel–water adsorption refrigeration technology[J]. Renewable and Sustainable Energy Reviews, 2014, 30: 85-104.

[29] Xue B, Meng X, Wei X, et al. Dynamic study of steam generation from low-grade waste heat in a zeolite-water adsorption heat pump[J]. Applied Thermal Engineering, 2015, 88: 451-458.

[30] 姚志敏, 薛冰, 盛遵荣, 等. 开式高温吸附热泵生成蒸汽系统的耐久性能研究[J]. 高校化学工程学报, 2016, 30: 791-799.

[31] Saha B B, Uddin K, Pal A, et al. Emerging sorption pairs for heat pump applications: An overview[J]. JMST Advances, 2019, 1: 161-180.

[32] Zhao C, Wang Y, Li M, et al. Heat transfer performance investigation on a finned tube adsorbent bed with a compound parabolic concentrator (CPC) for solar adsorption refrigeration [J]. Applied Thermal Engineering, 2019, 152: 391-401.

[33] Golparvar B, Niazmand H, Sharafian A, et al. Optimum fin spacing of finned tube adsorber bed heat exchangers in an exhaust gas-driven adsorption cooling system [J]. Applied Energy, 2018, 232: 504-516.

[34] Tamainot-Telto Z, Metcalf S J, Critoph R E, et al. Carbon–ammonia pairs for adsorption refrigeration applications: ice making, air conditioning and heat pumping [J]. International Journal of Refrigeration, 2009, 32(6): 1212-1229.

[35] Pan Q W, Wang R Z. Study on boundary conditions of adsorption heat pump systems using different working pairs for heating application [J]. Energy Conversion and Management, 2017, 154: 322-335.

[36] Wongsuwan W, Kumar S, Neveu P, et al. A review of chemical heat pump technology and applications [J]. Applied Thermal Engineering, 2001, 21(15): 1489-1519.

[37] Prevost M, Bugarel R. Chemical heat pump: System Isopropanol-Acetone-Hydrogen[C]. Proceedings of the International Seminar on Thermochemical Energy Storage, Stockholm, 1980: 95-111.

[38] Chung Y, Kim B J, Yeo Y K, et al. Optimal design of a chemical heat pump using the 2-propanol/acetone/hydrogen system [J]. Energy, 1997, 22: 525-536.

[39] Xu M, Xin F, Li X, et al. Equilibrium model and performances of an Isopropanol – Acetone – Hydrogen chemical heat pump with a reactive distillation column[J]. Industrial & Engineering Chemistry Research, 2013, 52(11): 4040-4048.

[40] Xu M, Peng W, Cai J, et al. Ultrasound-assisted synthesis and characterization of ultrathin copper

nanowhiskers [J]. Materials Letters, 2015, 161 (15): 164-167.

[41]　KlinSoda I, Piumsomboon P. Isopropanol-Acetone-Hydrogen chemical heat pump: A demonstration unit [J]. Energy Conversion and Management, 2007, 48 (4): 1200-1207.

[42]　Xu M, Cai J, Guo J F ,et al. Technical and economic feasibility of the Isopropanol-Acetone-Hydrogen chemical heat pump based on a lab-scale prototype [J]. Energy, 2017, 139:1030-1039.

[43]　Li T X, Wang R Z, Wang L W, et al. Experimental study on an innovative multifunction heat pipe type heat recovery two-stage sorption refrigeration system [J]. Energy Conversion and Management, 2008, 49 (10): 2505-2512.

[44]　Li T X, Wang R Z, Oliveira R G, et al. Performance analysis of an innovative multimode, multisalt and multieffect chemisorption refrigeration system [J]. AIChE Journal, 2007, 53 (12): 3222-3230.

[45]　Fadhel M I, Sopian K, Daudb W R W, et al. Studies on an experimental performance of solar assisted chemical heat pump dryer [J]. International Journal of Chemical and Environmental Engineering, 2013, 4 (1): 70-74.

[46]　Lebrun M, Neve P. Conception, simulation, dimensioning and testing of an experimental chemical heat pump [J]. ASHRAE Transaction, 1991, 98: 420-429.

[47]　Groll M，Isselhorst A，Wierse M. Metal hydride devices for environmentally clean energy technology [J]. International Journal of Hydrogen Energy, 1994, 19 (6): 507-515.

[48]　Chernikov A S, Solovery L A, Frolov V P, et al. An installation for water cooling based on a metal hydride heat pump [J]. Journal of Alloys and Compounds, 2002, 330332: 907-910.

[49]　Fujimoto S, Bilgen E, Ogura H. CaO/Ca$(OH)_2$ chemical heat pump system [J]. Energy Conversion and Management, 2002, 43 (7): 947-960.

[50]　Ogura H, Yamamoto T, Kage H. Efficiencies of CaO/H_2O/Ca$(OH)_2$ chemical heat pump for heat storing and heating/cooling [J]. Energy, 2003, 28 (14): 1479-1493.

第6章

低品位余热网络化利用方法

低品位工业余热的冷、热、电、储、运的转换利用技术与装备为余热利用网络提供了物理基础，但是如何使得这些能量系统合理地集成，从而使得余热利用具有高效性和经济性，在实际应用中仍然令人困惑，这引出了余热网络化利用的思路[1]。余热的网络化利用是指基于不同种类的余热利用技术，在能量的供应侧与需求侧之间形成广谱化的技术匹配方案，然后通过热力学或数学规划，形成冷、热、电、储、运的余热利用网络，实现系统最优能量目标或者最小投资回收期等。余热利用网络可在系统规划时给出，也可对现有系统进行优化。前面详细介绍了余热发电、制冷、热泵、储热、热输运的应用技术以及适合的应用工况，对于实际余热利用项目的技术路线确定提供了基础。本章主要讨论获得最优能量目标和经济性目标的余热利用网络的构建方法。

6.1 余热利用网络构建的热力学方法

能量系统的热力学分析有多种方法，如以热力学第一定律为基础的能量平衡法，以及以热力学第二定律为基础的熵分析法和㶲分析法。其中，能量平衡法反映能量传输和转换的数量关系，主要分析能量系统的收益与付出的代价之间的数量关系，如压缩式制冷系统的性能系数；而熵分析法和㶲分析法反映了能量传输和转换的品位关系。熵分析法以孤立系统熵增原理为基础，分析不可逆熵产和不可逆损失，采取措施改进热力过程，减少能量品位的降低；㶲分析法为解决供能端与用能端能量品位的合理匹配提供了有效的判据。这些热力学分析方法都基于平衡态或准平衡态热力过程，在应用时大多是起到后验的评价作用，无法在能量系统构建之初就获得优化的结果。对于低品位余热利用的多能量输出系统的集成，如果用后验的热力学分析方法，无法直接获得优化的能量系统的集成方案，而穷举法耗时耗力。因此，有效的热力学方法是建立低品位余热利用网络的重要手段。

6.1.1 夹点技术

夹点技术结合了热力学第一定律和热力学第二定律，能够找到能量系统热匹配过程中的"瓶颈",可以直接获得最优的系统能量目标和换热网络。夹点技术是英国曼彻斯特大学 Linnhoff 教授及其同事于 20 世纪 70 年代末在前人研究成果的基础上提出的换热网络优化设计方法,并逐步发展成为过程能量集成技术的方法论[2]。夹点技术基于热力学基础,以能量梯级利用为原则,运用拓扑学概念和图示方法,对过程能量集成进行直观的描述与处理,从中发现系统能量匹配的瓶颈,也就是夹点,在不可避免的瓶颈的基础上实现过程能量的最优匹配。当前夹点技术在过程能量集成方面得到了广泛的应用,尤其是过程工业系统的设计和改造[3]。

6.1.1.1　夹点技术的图示法

1)温-焓图

能量系统的集成是各股物流之间的热匹配,其中需要被冷却的物流是热物流,需要被加热的物流是冷物流。每一股物流的热特性可以在温-焓图(T-H)上表示,纵坐标为温度(T),横坐标为焓值(H),反映了该物流的温度和总焓值的关系。稳定流动的物流放热或吸热的热量可以用焓差表示,在图中就是物流起点和终点的横坐标的差值,即物流曲线在横坐标上的投影长度。

当一股物流从 T_1 被加热或被冷却至 T_2 时,其交换的热量为

$$Q = \Delta H = \int_{T_1}^{T_2} mc\mathrm{d}t = mc(T_2 - T_1) \tag{6-1}$$

式中,mc 为质量流量与比热容的乘积,表示物流的热容流率。

热物流的图形表示为一条热物流曲线(hot stream curve,HSC),冷物流的图形表示为一条冷物流曲线(cold stream curve,CSC),如图 6.1 所示。

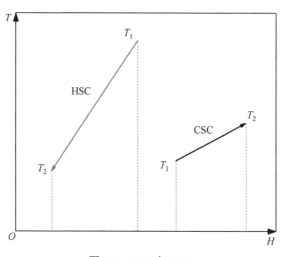

图 6.1　HSC 与 CSC

　　从图 6.1 中可以看出，HSC 和 CSC 的投影长度是固定的，因此当 HSC 和 CSC 左右平移时，热/冷物流的温度和焓差之间的关系不会改变。这十分有利于采用简单的图示法实现热物流和冷物流的热匹配。

　　对于只有一股热物流和一股冷物流的换热，其热匹配只涉及顺流、逆流、叉流等流动传热形式。而存在多股热物流和冷物流时，需要对多股热物流和冷物流进行热匹配，实现各物流间的最大换热，减少加热和冷却公用工程负荷。能量系统集成必然存在多股热物流和多股冷物流，可以将它们合并为一条热复合曲线和一条冷复合曲线，其合并方法如图 6.2 所示。

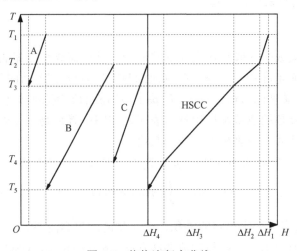

图 6.2　热物流复合曲线

　　假设有三股热物流 A、B、C，其热容流率分别为 a、b、c，其温度变化分别为 $T_1 \sim T_3$、$T_2 \sim T_5$、$T_2 \sim T_4$，物流之间均有温度重叠。

　　在 T_1 和 T_2 之间只有一股热物流放热，总放热量为 $\Delta H_1 = a(T_1 - T_2)$。

　　在 T_2 和 T_3 之间有三股热物流放热，总放热量为 $\Delta H_2 = (a + b + c)(T_2 - T_3)$。

　　在 T_3 和 T_4 之间有两股热物流放热，总放热量为 $\Delta H_3 = (b + c)(T_3 - T_4)$。

　　在 T_4 和 T_5 之间只有一股热物流放热，总放热量为 $\Delta H_4 = c(T_4 - T_5)$。

　　根据三股热物流在不同温区的放热量，其合并为一条热物流复合曲线（hot stream composite curve，HSCC），热物流复合曲线每个温区内热容流率是该温区内三股热物流的热容流率之和，可表示为

$$\Delta H_i = \sum_j m_j c (T_i - T_{i+1}) \tag{6-2}$$

式中，i 为温区序号；j 为第 i 温区内的热物流数目。

　　HSCC 在横坐标轴上的投影长度是三股热物流曲线在横坐标轴上投影长度之和，意味着 HSCC 总放热量不变。

同样地，多股冷物流曲线也可以在温-焓图上合并为一条冷物流复合曲线
(CSCC)。

在热物流和冷物流不涉及做功时，ΔH 就是换热量，此时温-焓图可认为是温度-
热负荷图(T-Q)，可以更清楚地表示换热过程。

2) 夹点

在多股热物流和多股冷物流进行换热时，就存在热冷物流间的合理热匹配，以
减少加热和冷却公用工程负荷。此时，可以在温-焓图上将所有热物流和冷物流合并
为一条 HSCC 和一条 CSCC，它们之间有三种不同的相对位置，如图 6.3 所示。

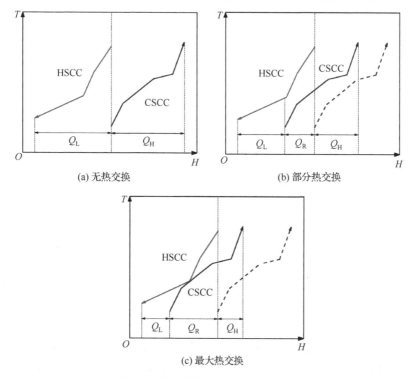

图 6.3　理想情况下 HSCC 与 CSCC 的匹配

热物流和冷物流之间无热交换时，两条复合曲线横坐标投影方向无重叠，冷物
流完全由加热公用工程加热，热物流完全由冷却公用工程冷却，Q_L 为冷却公用工程
负荷，Q_H 为加热公用工程负荷。

将 HSCC 右移或将 CSCC 左移，则两条复合曲线横坐标投影方向出现重叠，热
物流与冷物流实现热交换，换热量为 Q_R，加热公用工程负荷和冷却公用工程负荷减
少。由于此时热物流与冷物流之间的传热温差较大，仍然有换热的潜力。

当继续移动其中一条复合曲线，两条曲线首次在某点重合时，热物流和冷物流
之间的换热量达到最大，加热公用工程负荷和冷却公用工程负荷达到最小。

图 6.3(c) 中，HSCC 和 CSCC 重合于一点，此时热物流与冷物流之间的传热温差为 0，此点称为夹点，意味着热物流、冷物流的换热达到极限。然而，夹点的传热温差为 0 时需要无限大的换热面积，这在实际应用中是不可能的。因此，可以选择一个经济性温差作为能量系统各过程的最小传热温差，称为夹点温差($\Delta T_{\min}$)。而夹点是 HSCC 和 CSCC 传热温差最小的地方。此时 HSCC 和 CSCC 的匹配如图 6.4 所示。

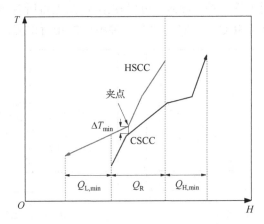

图 6.4　实际应用中 HSCC 和 CSCC 的匹配

图 6.4 中，HSCC 和 CSCC 的重叠部分为热物流和冷物流的内部换热，换热量为 Q_R；无重叠的冷物流由加热公用工程加热，为最小加热量($Q_{H,\min}$)；无重叠的热物流由冷却公用工程冷却，为最小冷却量($Q_{L,\min}$)。由夹点的定义以及 HSCC 和 CSCC 的匹配可知，找到能量系统热物流和冷物流匹配的夹点，就可以确定最小的加热公用工程负荷和冷却公用工程负荷。

3) 夹点的意义

夹点是 HSCC 和 CSCC 传热温差最小的地方，其将整个能量系统的换热网络分成了两个部分，夹点之上和夹点之下。夹点之上是热端，只有热物流和冷物流的热交换和加热公用工程；夹点之下是冷端，只有热物流和冷物流的热交换和冷却公用工程。在夹点处，热通量为 0，没有热量的流入或流出。如果发生跨越夹点的热量传递 Q_{ap}，即夹点之上的热物流与夹点之下的冷物流进行热匹配，则夹点之上冷物流需要额外的加热公用工程加热，额外的加热量为 Q_{ap}，而夹点之下的热物流需要额外的冷却公用工程冷却，额外的冷却量也为 Q_{ap}。因此，确定夹点后，夹点之上的物流和夹点之下的物流不应进行匹配，即不能有热物流穿过夹点。

在低品位工业余热利用中，工业余热既作为加热公用工程，又参与各能量系统的换热过程。因此，确定了包含工业余热在内的能量系统各过程集成的夹点，就能够确定最小的冷却公用工程负荷，意味着余热可以得到深度利用。

6.1.1.2 夹点技术的问题表法

当物流较多时，采用图示法非常烦琐，无法准确确定夹点的位置以及最优的能量目标：最小加热公用工程负荷和最小冷却公用工程负荷。此时可采用问题表来精确计算。问题表法是一种巧妙又简单的算法，基于物流换热的热平衡，可以直接获得夹点的位置，以及最优的能量目标，其算法如下。

提取能量系统各股热物流和冷物流，确定各股热物流和冷物流的起始温度、目标温度和热容流率。

确定夹点温差 $\Delta T_{\min}$。为保证热、冷物流至少能在夹点温差下进行传热，冷物流温度上升 $\frac{1}{2}\Delta T_{\min}$，热物流温度下降 $\frac{1}{2}\Delta T_{\min}$，这样可以保证在每个温区热物流温度高于冷物流温度 $\Delta T_{\min}$。根据所有物流的起始温度与目标温度划分温区，对每个温区进行热平衡计算，计算公式为

$$\Delta H_i = \left(\sum m_L c_L - \sum m_H c_H\right)(T_i - T_{i+1}) \tag{6-3}$$

式中，i 为温区序号；ΔH_i 为第 i 温区所需的外部加热量，即该温区的热量亏缺；下标 L 和 H 表示冷物流和热物流。

进行热量级联计算：第一步，假设无热量输入，计算各温区之间的热通量；第二步，为保证各温区之间热通量≥0，确定最小加热公用工程负荷；第三步，输入最小加热公用工程负荷，计算各温区之间的热通量，最后一个温区流出的热量为最小冷却公用工程负荷；第四步，确定夹点位置。

下面用一个简单算例说明问题表法的使用。

步骤 1：分析某换热系统，提取热物流和冷物流，确定其起始温度和目标温度。参数如表 6.1 所示。

表 6.1　物流参数

物流编号	物流类型	热容流率/(kW/℃)	起始温度/℃	目标温度/℃
1	热物流	4.0	90	30
2	热物流	1.0	130	60
3	冷物流	2.0	40	100
4	冷物流	5.0	50	80

将热物流和冷物流的起始温度和目标温度按大小列出。

热物流：30℃，60℃，90℃，130℃。

冷物流：40℃，50℃，80℃，100℃。

步骤 2：确定夹点温差为 10℃，处理热物流和冷物流的温度保证传热。

热物流温度下降 $\frac{1}{2}\Delta T_{\min}$，冷物流上升 $\frac{1}{2}\Delta T_{\min}$，处理如下。

热物流：25℃，55℃，85℃，125℃。

冷物流：45℃，55℃，85℃，105℃。

步骤3：划分温区，对各温区进行热平衡。

第1温区：105～125℃，　$\Delta H_1=(0-1)\times(125-105)=-20\ (\text{kW})$。

第2温区：85～105℃，　$\Delta H_2=(2-1)\times(105-85)=20\ (\text{kW})$。

第3温区：55～85℃，　$\Delta H_3=(5+2-4-1)\times(85-55)=60\ (\text{kW})$。

第4温区：45～55℃，　$\Delta H_4=(2-4)\times(55-45)=-20\ (\text{kW})$。

第5温区：25～45℃，　$\Delta H_5=(0-4)\times(45-25)=-80\ (\text{kW})$。

步骤4：热量级联计算，列问题表，如表6.2所示。

表6.2　问题表

温度/℃	物流	亏缺热/kW	累积热/kW		热通量/kW	
			输入	输出	输入	输出
125		−20	0	20	60	80
105		20	20	0	80	60
85						
55		60	0	−60	60	0
45		−20	−60	−40	0	20
25		−80	−40	40	20	100

从表6.2可以得到最小加热量为60kW，最小冷却量为100kW；夹点位置热通量为0，因此夹点位于温度为55℃的位置，此时热物流温度为60℃，冷物流温度为50℃。夹点以下的冷物流由热物流完全加热，夹点以上的热物流由冷物流完全冷却。

表6.2各个温区的热通量值可形成一条总复合曲线(grand composite curve，GCC)，如图6.5所示。曲线上每个点表示此处的净热流量，也就是对应温位的净加热量或净冷却量。净热流量为0的位置为夹点，夹点之下表示净冷却过程，夹点之上表示净加热过程。总复合曲线的顶部端点的横坐标值表示最小的加热负荷，底部端点的横坐标值表示最小的冷却负荷。总复合曲线可以描述热流量沿温度的分布，直观地显示需要补充热量的温位和可以回收热量的温位。可以看出换热网络的加热公用工程负荷无须在最高温位加入，而是在总复合曲线上方加入即可，可以利用更低品位的热能。另外，在图6.5中位于夹点之上的总复合曲线出现了一个口袋(pocket)，曲线在横坐标轴投影方向有重叠，这意味着折点之上的热物流给折点之下的冷物流加热，因此虽然总复合曲线顶部端点的横坐标值表示最小加热量，但是这个热量无须在顶点对应的温位加入，而可以在具有相同净热流量的更低温位处加入，利用低品位的热能。

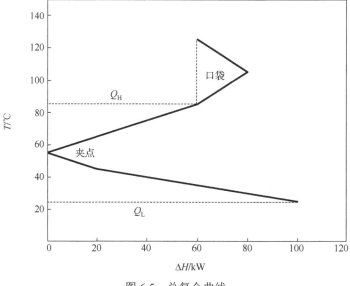

图 6.5　总复合曲线

6.1.1.3　夹点换热网络设计的网格法

简单换热网络的图示法能够获得夹点的位置以及最优能量目标，通过图形的分析也可以设计换热网络。然而对于复杂换热网络，无法直接从图示法和问题表法直接获得最优的换热网络，可以通过网格法进行换热网络的设计。

1. 换热网络的设计目标

进行换热网络的设计的目的在于实现最小的能量输入/输出、最小的换热单元数、最小的换热网络面积，以及最低的初投资与运行成本。

1）能量目标

换热网络设计的能量目标是最小的能量输入/输出，也就是最小加热公用工程负荷和最小冷却公用工程负荷，这个能量目标可由图示法或问题表法获得。

2）换热单元数目标

换热网络设计的换热单元数目标是获得最小的换热单元数。这是因为随着换热单元数的提高，每台换热器的封头、外壳和土建等费用会造成总费用的增加，这相对于换热面积的增加更为明显。最小换热单元数可由欧拉定理确定：

$$U_{\min} = N + L - S \tag{6-4}$$

式中，$U_{\min}$ 为最小换热单元数，包括加热器和冷却器；N 为物流数，包括加热公用工程和冷却公用工程；L 为独立热负荷数，即换热器组成的回路数；S 为可能分离成不相关子系统的数目。如果一股热物流和一股冷物流热负荷相等，各处传热温差均大于设定的最小传热温差，则这两股物流一次匹配就完成换热，可以认为这两股物流与其他物流没有关系，是可分离的独立的子系统。而通常不相关子系统不可能分离，即不相关子系统仅有 1 个；也希望避免多余单元，尽量消除回路，因此 $S=1$，$L=0$，此时最小换热单元数为

$$U_{\min} = N - 1 \tag{6-5}$$

然而，换热网络的夹点设计将整个网络分成夹点之上和夹点之下两个独立的换热网络，所以整个网络的最小换热单元数是夹点之上和夹点之下两个子系统最小换热单元数之和。通常会存在一个权衡问题，那就是如果按照最大能量回收设计换热网络，可以使得运行费用降低，但是初投资费用增大，而少用换热单元可以使得初投资费用减少，但运行费用增加。

3）换热网络面积目标

换热网络面积目标是指物流按纯逆流垂直换热时的近似面积目标，也就是温-焓图上热物流和冷物流各区间所需的换热面积之和。垂直换热是指各区间的热物流或冷物流只与本区间的冷物流或热物流的换热，而不与其他区间的冷物流或热物流换热。如图 6.6 所示，分区是在热物流和冷物流复合曲线的折点处进行的，各区内热、冷物流的数目和热容流率维持不变，区内的换热按纯逆流进行，传热温差按逆流传热对数平均温差计算。

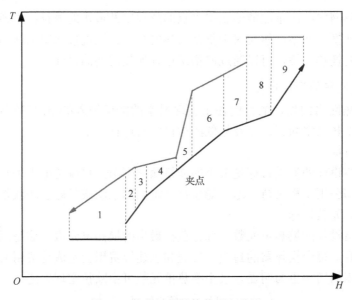

图 6.6　换热网络的换热面积分区

设换热网络总面积为 A，第 i 区的换热面积为 A_i，则有

$$A = \sum_i A_i = \sum_i \left(1 / \Delta T_{\mathrm{m},i} \sum_j Q_j / h_j \right) \tag{6-6}$$

式中，$\Delta T_{m,i}$ 为第 i 区的对数平均温差；Q_j 为第 i 区内第 j 股物流的热负荷；h_j 为第 j 股物流的传热系数。

这样分区的垂直传热，保证了热物流和冷物流的匹配换热，从而获得最小的换热网络面积。

4) 经济目标

换热网络设计的经济目标包括运行费用、初投资费用和总年度费用。

运行费用计算公式为

$$C_E = c_H Q_H + c_L Q_L + c_F W_F \qquad (6\text{-}7)$$

式中，C_E 为运行费用；Q_H 和 Q_L 为加热和冷却公用工程负荷；W_F 为辅助设备耗功量；c_H 和 c_L 为加热和冷却公用工程的单位费用；c_F 为辅助设备耗功的单位费用。

初投资费用计算公式为

$$C_T = U_{\min} \left[a + b \left(\sum A / U_{\min} \right)^c \right] \qquad (6\text{-}8)$$

式 (6-8) 为换热器的成本计算式，$U_{\min}$ 为最小换热单元数，a、b 和 c 为价格系数。

总年度费用计算公式为

$$C_Y = C_E \cdot \tau + C_T / r \qquad (6\text{-}9)$$

式中，C_Y 为总年度费用；τ 为年运行小时数；r 为设备折旧率。

换热网络的能量目标、换热网络面积目标、经济目标均与夹点温差的大小有关，存在一个最佳夹点温差。通常采用经验值或计算值确定最佳夹点温差。经验值是指工程实践中对不同流体、不同材料、不同负荷、不同型式的换热器经济温差有经验性的数值，可选择作为夹点温差；计算值是指计算不同夹点温差下换热网络的总年度费用，选取最低值对应的夹点温差。

2. 换热网络设计准则

为了达到热物流和冷物流的最大换热，需要保证没有热流穿过夹点，在进行热、冷物流的热匹配时，需要以夹点为起始点，分别向夹点之上和夹点之下进行物流间的热匹配。换热网络的夹点设计需要遵循以下原则[3]。

1) 物流数目准则

为保证夹点处无热物流穿过，夹点之上的热物流数目要小于等于冷物流数目，夹点之下的热物流数目要大于等于冷物流数目，如果实际物流数目不符合上述规定，需分流增加物流数。

2) 热容流率准则

为保证最小的传热温差，夹点之上热物流的热容流率小于等于冷物流的热容流率，夹点之下热物流的热容流率大于等于冷物流的热容流率。

3) 最大热负荷准则

为得到最小的换热单元数，每次匹配应完成两股物流中一股的最终加热或冷却匹配。

最大热负荷准则的应用方法如图 6.7 所示。

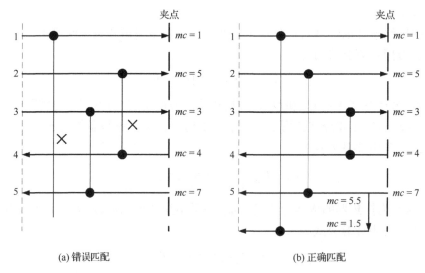

(a) 错误匹配　　　　　　　　　　　(b) 正确匹配

图 6.7　热物流与冷物流的物流数目和热容流率准则匹配

图 6.7 显示了夹点之上的热物流和冷物流的热匹配。6.7(a)中热物流有三股，而冷物流有两股，不满足物流数目准则，而且热物流 2 和冷物流 4 的匹配不满足热容流率准则。因此，正确的操作应该是将冷物流 5 分流为两股，满足物流数目准则；同时调节两股冷物流的热容流率，使换热网络满足物流数目准则和热容流率准则。上述操作中，每次匹配都完成两股物流中一股的完全热匹配，满足最大热负荷准则。

3. 网格法

根据换热网络的图示法或问题表法，以及换热网络设计的准则，可以采用网格法进行换热网络的设计。下面以 6.1.1.2 小节中的计算示例说明网格法的应用。

夹点温度为 55℃，夹点之上有两股热物流和两股冷物流，如图 6.8(a)所示，满足物流数目准则；根据热容流率准则，热物流 1 与热物流 2 的热容流率分别低于冷物流 4 和冷物流 3，一一匹配满足热容流率准则。夹点之上存在两个内部换热器和两个外部换热器。另外一种匹配方法如图 6.8(b)所示，冷物流 3 分为两股，一股与热物流 2 热交换，另一股由热物流 1 分流加热，热物流 1 的另一个分支加热冷物流 4，只设一个外部换热器用于加热冷物流 4。由此可知，热匹配方式不是唯一的，这两种热匹配都能实现最优能量目标，换热单元数也一样，但是可操作性不同，在实际设计时，需要考虑换热网络的实际可操作性。

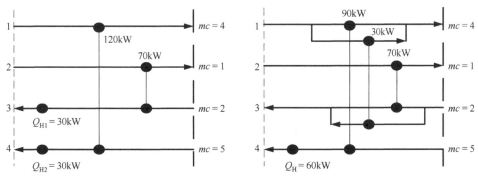

(a) 两个内部换热器和两个外部换热器　　　(b) 三个内部换热器和一个外部换热器

图 6.8　夹点之上的网格法热匹配

在夹点之下，只存在一股热物流和一股冷物流，其匹配简单，由一个内部换热器和一个外部换热器可完成热匹配。

整个换热网络如图 6.9 所示。

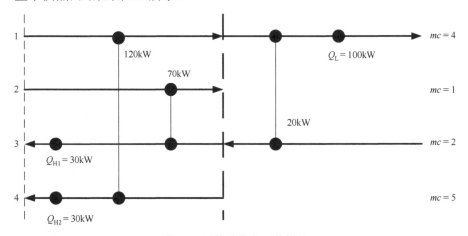

图 6.9　网格法换热网络设计

该示例十分简单，能够帮助理解网格法的应用。该换热网络能够实现最优能量目标，换热单元数为 6 个，满足最小换热单元数目标；对于换热面积目标和经济目标，需要在换热器和换热网络的设备设计时进行校核。

通过换热网络设计的图示法、问题表法和网格法，可以直接获得具有最优能量目标的换热网络设计，这对于低品位余热回收利用可以起到规划的作用，提高余热利用率。

6.1.1.4　非恒定热容流率物流与组分分离物流

上述方法的讨论与推导是建立在稳定能量系统的基础上的，物流的热容流率是不变的，也没有出现组分分离现象。对于非恒定热容流率物流和组分分离物流，需要特殊处理。

1) 非恒定热容流率物流

对于一般气体或液体而言，虽然其热容随着温度、压力的变化而变化，但是，在有限的温度变化范围内，可以认为其热容是不变的。当物流是一组非共沸工质的冷凝时，由于同一压力下冷凝温度不同，其温度和焓值不再是直线关系，是一股非恒定热容流率的物流，在温-焓图上显示为一条曲线。此时在进行热物流和冷物流的热匹配时，可能存在传热温差小于夹点温差的情况，如图 6.10(a) 所示。

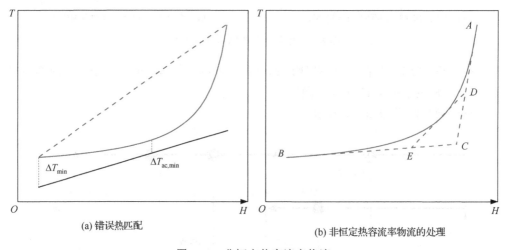

(a) 错误热匹配　　　　　　　　　　　(b) 非恒定热容流率物流的处理

图 6.10　非恒定热容流率物流

当忽视了非恒定热容流率的特点，只是以放热量、初始温度和目标温度来描述非共沸工质的冷凝过程时，将可能导致错误的热物流和冷物流间的热匹配。如图 6.10(a) 所示，在计算时，热物流和冷物流的夹点温差 $\Delta T_{\min}$ 发生在冷端，然而其实际夹点温差 $\Delta T_{ac,\ \min}$ 发生在换热过程内部，$\Delta T_{ac,\ \min}$ 小于 $\Delta T_{\min}$，是无法实现该换热过程的。而如果图 6.10(a) 中的热物流曲线是向上凸的，热物流与冷物流在各个对应位置的温差均大于夹点温差，则不影响热物流按照直线计算的结果。当出现图 6.10(a) 中的情况时，通常是将热物流 AB 进行如图 6.10(b) 所示的划分，可以划分为两条直线 AC 和 CB，也可以为了更加准确划分为 AD、DE 和 EB，划分的区段越多，换热网络的设计越复杂。

2) 组分分离物流

在能量系统中，尤其是在化工产业中的能量系统中，会有吸收、精馏、提馏等过程，这些过程中都出现了组分分离。上述的图示法、问题表法和网格法都是固定流量的物流，组分分离的物流不能被直接认为是一股物流。换热网络中有组分分离的物流需要等效处理。

下面以全凝精馏塔为例进行等效计算，获得冷凝、精馏和提馏过程的温焓曲线。

根据塔的放热、加热特点，可采用塔的总复合曲线(column grand composite curve，CGCC)描述塔过程中温度和热量的关系。在求解塔的总复合曲线时，需要假设一个实际接近最小热力条件[4]，其是在考虑了不可避免的加料损失、压降损失、急剧分离和结构选择引起的损失后的最小的损失条件，气液在精馏塔中任一级都处于相平衡状态。全凝精馏塔的计算模型如图 6.11 所示。

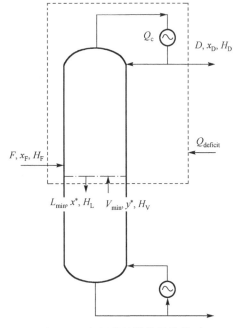

图 6.11　全凝精馏塔的计算模型

根据图 6.11 中虚线所示的控制体，质量和能量平衡方程如下。

质量平衡方程：

$$V_{min} + F = L_{min} + D \qquad (6\text{-}10)$$

$$V_{min} \cdot y^* + F \cdot x_F = L_{min} \cdot x^* + D \cdot x_D \qquad (6\text{-}11)$$

能量平衡方程：

$$V_{min} \cdot H_V + F \cdot H_F + Q_{deficit} = L_{min} \cdot H_L + D \cdot H_D \qquad (6\text{-}12)$$

式中，V、L、D 和 F 分别为气体、液体、出料和加料的质量流量，下标 min 表示最小值；下标 V、L、D、F 分别为气体、液体、出料、加料；x、y 分别为液体和气体的质量浓度，*为饱和状态；H 为焓值；$Q_{deficit}$ 为热量亏缺。

气体的质量浓度由气液平衡方程计算：

$$y^* = f(p, x^*) \qquad (6\text{-}13)$$

式中，p 为压力。

求解上述四个方程，可得塔的总复合曲线：

$$Q_{CGCC} = Q_c + Q_{deficit} \qquad (6\text{-}14)$$

式中，Q_c 为冷凝热。

在加料级，塔的总复合曲线的计算需要修正，因此使用加料方程进行修正，加料方程如下：

$$y = q \cdot x / (q-1) - x_F / (q-1) \qquad (6\text{-}15)$$

$$q = (H_V - H_F) / (H_V - H_L) \qquad (6\text{-}16)$$

式中，q 为加料参数，$q<1$ 表示过热加料，$q>1$ 表示过冷加料。因此，塔的总复合曲线在加料级的值可修正获得。如果不修正，沿塔自上而下和自下而上列方程求得的塔的总复合曲线并不相同，这是不准确的。至此，便获得了一条完整的塔的总复合曲线。在加料级之上，加料参数在计算中忽略。通过假定一个初始值 Q_c，结果由迭代计算获得直至 Q_{CGCC} 为 0。这代表着最小回流比条件。此计算模型适合过冷加料、饱和加料和过热加料。

具有过冷加料的塔的总复合曲线示于图 6.12 中。

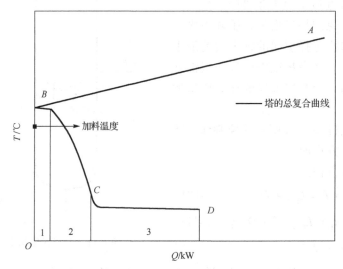

图 6.12　具有过冷加料的塔的总复合曲线

图 6.12 中，塔的总复合曲线和纵轴的交点 B 表示塔的夹点，此处净热流量为 0，既不需要加热也不需要冷却，代表着精馏塔的最小回流比条件。曲线上的各个点表示各个温位对应的净输入热流量或净输出热流量。夹点之上的曲线 AB 代表着气体发生过程，这个过程需要加热，可以认为是冷物流；夹点之下的曲线 BC 和 CD 分别表示精馏过程和冷凝过程，这两个过程释放热量，可以认为是热物流。可以发现，在过冷加料时，夹点处的温度高于加料温度，这是因为过冷加料导致了吸收过程的出现，释放的吸收热使得溶液的温度提高，上升去精馏的气体的温度就会升高，从而夹点的温度提高。塔的总复合曲线的两个顶点分别代表着塔中需要加热和冷却的最小热流量，也就是加热负荷和冷却负荷。无论是加热负荷还是冷却负荷都无须在最高或最低的温位输入或输出，一部分加热量可以在低温位加入，一部分放热量可以在高温位释放。这样，塔过程和其他过程的热集成就成为可能，系统需要输入的热量就会随着热集成而降低。当加料是过冷加料状态时，曲线中需移除的热量分为图 6.12 中所标的三个区域，区域 1 表示由于过冷加料而引起的吸收过程，吸收热的释放导致了冷却负荷的急剧增加；区域 2 代表精馏过程所释放的热量；区域 3 表示冷凝过程所释放的热量，包括潜热和显热。到此，气体的发生过程和精馏过程可以由塔的总复合曲线描述。需要注意的是，在该例中塔的精馏过程 BC 是放热过程，

是当作热物流处理的。由于是凸曲线，其非定热容流率特性并不影响其与固定热容流率的冷物流的集成，可以作为固定热容流率的热物流处理。

经过以上计算和分析，全凝精馏塔的等效温焓曲线可以由塔的总复合曲线求得，从而获得塔过程的温焓关系，在具有组分分离过程的换热网络设计中，可以采用图示法、问题表法和网格法进行计算和处理。

6.1.1.5　阈值换热网络

并非所有的换热网络问题都存在夹点，只有既需要加热公用工程，又需要冷却公用工程的换热网络才存在夹点。只需要一种公用工程的换热网络是阈值问题，可以称为阈值换热网络。图 6.13 描述了换热网络的阈值问题。

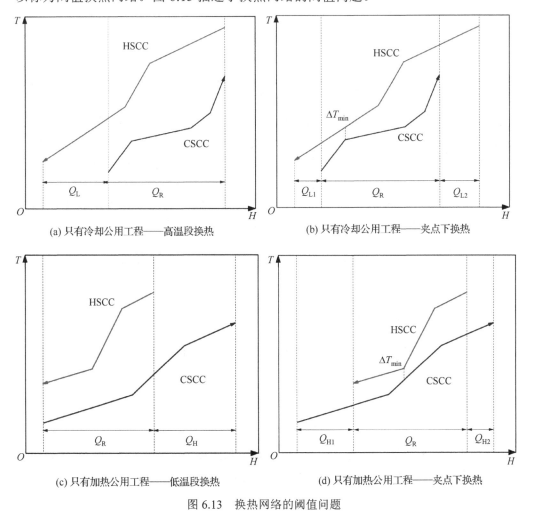

(a) 只有冷却公用工程——高温段换热　　　(b) 只有冷却公用工程——夹点下换热

(c) 只有加热公用工程——低温段换热　　　(d) 只有加热公用工程——夹点下换热

图 6.13　换热网络的阈值问题

图 6.13(a)中,冷物流可以由热物流完全加热,各处对应的换热温差均大于夹点温差,不需要加热公用工程,低温位的热物流由冷却公用工程冷却。此时设计的换热网络可以使得换热面积减小,系统初投资费用降低。当平移 CSCC 与 HSCC 形成夹点温差时,高温位的热物流可以被回收或储存,得到其他更有效的利用。

在低品位工业余热利用时,余热被视为热物流。由于大多情况下余热量较大,而能量需求有限,余热利用技术也需要根据余热的温位进行选择,因此多数余热利用能量系统可能会存在如图 6.13(a)和图 6.13(b)所示的阈值问题。在阈值问题中,虽然减小传热温差时,公用工程量不变,但是存在初投资费用和运行费用的权衡。如图 6.13(a)所示的换热,换热面积减小,初投资费用降低,但是高品位的余热没有得到温度对口的利用,相当于运行费用增加;如图 6.13(b)所示的换热,换热面积增大,初投资费用提高,但是高品位的余热可以用于其他过程,相当于降低了运行费用。在换热网络设计时,需要权衡经济性。

图 6.13(c)中,热物流可以由冷物流完全冷却,各处对应的换热温差均大于夹点温差,不需要冷却公用工程,高温位的冷物流由加热公用工程加热。此时设计的换热网络同样可以减小换热面积,降低系统初投资费用。当平移 HSCC 与 CSCC 形成夹点温差时,如图 6.13(d)所示,需要两股加热公用工程。相比图 6.13(a)中的换热,此时需要一股高温位热物流、一股低温位热物流,可以降低加热公用工程的温位,使能量得到温度对口的利用。只有加热公用工程的阈值问题很少出现在低品位工业余热利用中,通常是余热资源富余。

夹点换热网络和阈值换热网络不同,应当采取不同的设计方法。夹点温差设定后,如果提高夹点温差,换热网络的公用工程量不变,则为阈值问题;如果公用工程量变大,则为夹点问题。阈值换热网络的设计更加灵活,热匹配无须受到夹点的限制,可以根据实际情况进行设计,但是仍然基于温度对口、梯级利用的原则。

6.1.2　低品位余热利用的夹点法

夹点技术是能量有效利用的方法论,在低品位工业余热回收利用中,其可用于余热能量系统的优化设计,也可用于余热能量系统的集成,实现余热的深度利用。

6.1.2.1　余热能量系统的优化

余热能量系统是热驱动,存在多股热物流和冷物流,其系统本身的回热问题可以由夹点技术进行优化。下面以一个单级氨水吸收式制冷系统为例,说明余热能量系统的夹点优化。

图 6.14 是一个单级氨水吸收式制冷系统的示意图，采用了全凝精馏塔提纯发生气体。溶液泵将吸收器中的浓溶液经溶液换热器送至精馏塔，发生终了的稀溶液经溶液换热器进入吸收器；发生气体经提纯后，进入冷凝器冷凝，然后在制冷剂换热器中预冷后进入蒸发器蒸发，蒸发器气体预热后进入吸收器被稀溶液吸收。

单级氨水吸收式制冷系统的内部换热并不是最优的，可以通过夹点分析进行优化。假设一个单级氨水吸收式制冷系统的运行工况如表 6.3 所示。

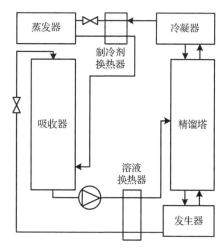

图 6.14　单级氨水吸收式制冷系统示意图

表 6.3　单级氨水吸收式制冷系统运行工况

参数	数值
塔顶氨气流量 m/(kg/s)	0.034
发生终了气体温度 T_g/℃	160
冷凝温度 T_c/℃	34
吸收器出口温度 T_a/℃	34
蒸发温度 T_e/℃	−30
吸收开始温度 $T_{a,start}$/℃	62.1
发生开始温度 $T_{g,start}$/℃	114.8

根据表 6.3 中所给的运行工况，由循环热力学模拟得到循环的基本参数，包括循环倍率、发生开始和吸收开始的状态点参数等，则可以得到传统循环的每股流体对应温区的热负荷。假设最小的传热温差为 10℃。单级氨水吸收式制冷循环的物流表 6.4 所示。

表 6.4　单级氨水吸收式制冷循环的物流

编号	流体	类型	初始温度/℃	目标温度/℃
1	气体发生过程	冷	114.8	160.0
2	吸收器出口浓溶液	冷	34.0	114.8
3	蒸发器出口氨气	冷	−30.0	72.1
4	蒸发过程	冷	−30.0	−30.0
5	发生器出口稀溶液	热	160.0	72.1
6	吸收过程	热	72.1	34.0

续表

编号	流体	类型	初始温度/℃	目标温度/℃
7	冷凝器出口液氨	热	34.0	−30.0
8	精馏过程	热	114.8	34.0
9	冷凝过程	热	34.0	34.0

在这些物流中，发生过程、精馏过程和冷凝过程的温焓关系由 6.1.1.5 小节中塔的总复合曲线获得，吸收过程温焓关系是在准平衡假设下，通过计算吸收温度和对应放热量而得到的[5]，其计算模型如图 6.15 所示。

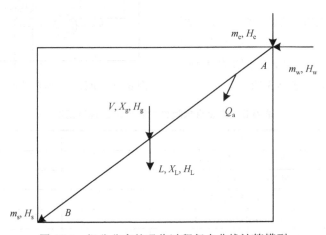

图 6.15　组分分离的吸收过程复合曲线计算模型

准平衡过程各点平衡浓度为

$$X_g = f_1(T, p) \tag{6-17}$$

$$X_L = f_2(T, p) \tag{6-18}$$

式中，下标 g、L 表示气相和液相。

质量守恒：

$$L - V = m_w \tag{6-19}$$

式中，m_w 为稀溶液质量流量；V 和 L 分别为各平衡点处已被吸收的气体和吸收后的液体流量。在吸收开始，V 等于氨气的质量流量 m_e；在吸收终了，L 等于吸收终了浓溶液的质量流量 m_s。

组分守恒：

$$LX_L - VX_g = m_w X_w \tag{6-20}$$

式中，X_w 为稀溶液浓度。

能量守恒：

$$Q_a(T) = m_w H_w + VH_g - LH_L \tag{6-21}$$

式中，Q_a 为吸收热。

根据以上公式，在得到吸收开始的温度后，便可以由吸收初始级开始，逐级计算各温度点的两相状态参数，以及过程中放出的热量，由此计算结果，可以得到吸收曲线，确定吸收过程温焓关系。根据表 6.4 以及各个过程的温焓关系计算，采用问题表法进行夹点、加热量和冷却量的计算。其问题表如表 6.5 所示。

表 6.5　单级氨水吸收式制冷系统的问题表

温度/℃	流体	塔过程负荷/kW	背景过程负荷/kW		亏缺热/kW	累积热/kW		热通量/kW	
			冷物流	热物流		输入	输出	输入	输出
165.0		22.5			22.5	0	−22.5	71.5	49.0
155.0		67.9		21.1	46.8	−22.5	−69.3	49	2.2
119.8		8.1	5.9		2.2	−69.3	−71.5	2.2	0
109.8		14	33.6	24.8	−5.2	−71.5	−66.3	0	5.2
67.1		4.4	22.0	62.1	−44.5	−66.3	−21.8	5.2	49.7
39.0		3.5	1.1	25.5	−27.9	−21.8	6.1	49.7	77.6
29.0		35.5			−35.5	6.1	41.6	77.6	113.0
29.0			3.9	8.7	−4.8	41.6	46.4	113.0	118.0
−25.0				45.0	45.0	46.4	1.4	118.0	72.9
−25.0									

通过问题表法，可以获得单级氨水吸收式制冷系统的夹点和最小热输入。根据流体在温区内的分布情况，可以由网格法获得内部流体的热匹配。

从表 6.5 可以发现，优化系统中低于冷凝温度的流体与传统系统是一致的，说明制冷剂换热器的使用是合适的。而且，制冷效应属于收益，不参与系统内部物流的回热。因此，只有高于冷凝温度的流体进行了优化热匹配。另外，从制冷剂换热器而来的氨气，要被加热以满足吸收过程的准平衡过程假设。然而，这部分显热非常小，可以忽略掉这一股流体。精馏过程的低温部分实际上在冷凝器中排热，因此将这部分热量归于冷凝过程。表 6.5 中热通量输入和热通量输出的差值是假设值和计算值的误差引起的。

经过以上处理，单级氨水吸收式制冷系统的最优换热网络如图 6.16 所示。图中，Q_e 为蒸发制冷量，Q_{L1} 和 Q_{L2} 为冷却公用工程负荷 1 和冷却公用工程负荷 2。

实际上，由于该结构较为简单，可以直接在温-焓图上表示换热过程，如图 6.17 所示。其中，低于冷凝温度的物流不涉及公用工程，不予显示。

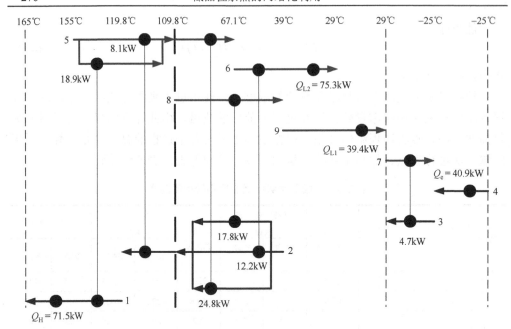

图 6.16　单级氨水吸收式制冷系统的最优换热网络

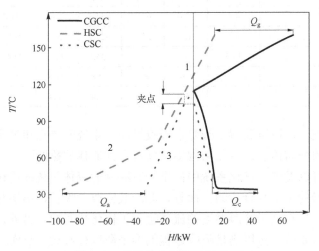

图 6.17　最优换热网络的温-焓图

图 6.17 中，Q_g、Q_a 和 Q_c 分别为最优内部换热网络设计下的单级氨水吸收式制冷系统的发生热负荷、吸收热负荷和冷凝热负荷。温-焓图可以清晰地表示系统的换热过程，从吸收器而来的浓溶液分为两股，一股去冷却精馏过程，另一股与热物流换热，包括稀溶液和吸收过程。然后，这两股浓溶液混合，继续被稀溶液加热到饱和态，最终在精馏塔中加料。图 6.17 中竖轴右侧的热物流是高温的稀溶液，其与发生过程热集成，用于气体的发生，降低了系统的热输入，因此提高了系统 COP。

通过夹点技术的分析，余热驱动的单级氨水吸收式制冷系统的结构本身可以得到优化，实现更大的内部回热，提高余热能量转换的效率。在不同的运行工况下，最优回热系统的性能都高于传统系统的性能，尤其是在更为恶劣的工况下，其性能提高得更为明显。性能的突变是因为根据夹点技术，在研究工况下，系统有更好的回热方案，可以回收吸收热用于发生过程，使得系统的性能显著提高。在 COP 稳定的区域内，最优回热系统的性能相比传统系统提高 20%～90%[6]。

6.1.2.2　余热能量系统的集成

低品位余热的利用涉及多个能量系统，而且余热的热交换要置于换热网络中，此时将每个能量系统的物流拆解进行整体的热匹配是不经济的，也是不现实的。因此，在低品位余热能量系统的集成研究中，将先进行单一的能量系统的优化，然后根据各个能量系统需要的加热公用工程和冷却公用工程的物流划分为冷物流和热物流，跟低品位余热进行热匹配。低品位余热能量系统的集成根据余热的温度、型式、热容量，以及用户的冷、热、电、储、运等需求，进行余热能量系统的高质化集成，实现余热的深度利用。下面同样以一个案例说明低品位余热能量系统的集成。

设某工业厂区具有低温蒸汽余热，蒸汽饱和温度为 130℃，流量为 18t/h，冷却水水温为 32℃。厂区夏季有空调制冷需求、发电需求(可并网)、对外提供生活热水的需求和储热需求，其参数如表 6.6 所示。

表 6.6　某厂区的能量需求

编号	能量需求	容量/kW	备注
1	空调制冷	1800	冷冻水进、出口水温 12℃、7℃
2	发电	1000	
3	对外提供生活热水	1800	供热端进水 30℃，供热热水 80℃
4	储热		储热容量 1000kW·h，储热功率 100kW，储热温度 60℃

根据以上能量需求，结合第 2～4 章的余热转换与储存技术，选择如表 6.7 所示的余热能量系统，并根据各能量系统的特点，确定所需热能的温位和换热量。

表 6.7　余热能量系统

编号	能量需求	余热能量系统	COP	备注
1	空调制冷	变效溴化锂-水吸收式空调系统	1.0	设备耗电量：约 50kW；无热损
2	发电	R245fa ORC 系统	0.1	设备耗电量：约 50kW；无热损
3	对外提供生活热水	R245fa 压缩式热泵系统	3.0	压缩机耗功：600kW；无热损
4	储热	60℃相变储热系统		无热损

　　选择以上余热利用技术后，确定每个余热能量系统的热物流和冷物流。需要注意的是，虽然每个余热能量系统的加热过程和冷却过程是非恒定热容流率的，其与加热或冷却流体的最小换热温差可能出现在换热过程内部，在严格的夹点分析中，是要分割为两股或多股物流进行操作的，但由于在实际运行中，不会将单个余热能量系统的加热过程和冷却过程分开处理，否则不但增加了系统的复杂度，也降低了系统的经济性，因此这里对各个余热能量系统的加热过程和冷却过程进行以下处理。

　　对于变效溴化锂-水吸收式空调系统，其加热过程和冷却过程如图 6.18 所示。由于吸收式制冷机是以蒸汽驱动的，故加热线为等温直线。这里要注意的是，在蒸汽与吸收式制冷机发生热交换的时候，有部分蒸汽冷凝，这部分冷凝水也可能与吸收式制冷机进行换热。但是在实际过程中，即使蒸汽冷凝水能够传热给溶液解吸过程，也无法确保该加热过程的实现，因此这里忽略冷凝水的传热。在图 6.18(a) 中，折线 ABC 为溶液的预热和解吸过程，AB 为显热换热，BC 为潜热换热，其与蒸汽换热的最小换热温差发生在最高温位的饱和点。当该过程被处理为 DC 直线或者 AC 直线时，均不影响最小换热温差的位置，其区别在于 DC 和 AC 分别使得溶液解吸过程的平均温位升高和降低。为了保证传热过程的实现，取 DC 直线等效代替 ABC 的溶液解吸过程的温焓曲线。另外，由于 A 点温度与变效溴化锂-水吸收式空调系统的内部回热有关，D 点温度处于 A 点温度和 B 点温度之间，为方便计算，取 D 点温度为解吸过程的起始温度，最终确定将 EC 曲线作为溶液解吸过程的温焓曲线。

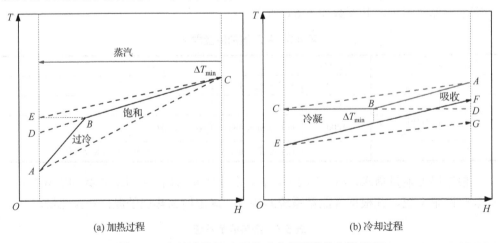

图 6.18　变效溴化锂-水吸收式空调系统的物流处理

　　在图 6.18(b) 中，吸收式制冷机的吸收(AB)和冷凝(BC)是放热过程，由于 ABC 为下凹曲线，最小换热温差可以出现在换热过程内部，如图中所示的热物流线 ABC 和冷物流线 EF。然而在实际冷却中，为了保证足够的换热温差，可以将整个放热过程视为等温放热，如 CD 线所示；此时冷物流的进出口温差需要降低，如 EG 线所示。

吸收式制冷机的制冷量是所获收益，其不作为冷却公用工程，也不参与物流内部的换热，因此在换热网络设计中不考虑蒸发过程的集成。

对于 R245fa ORC 系统，其加热过程和冷却过程如图 6.19 所示。

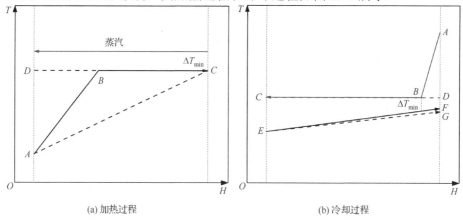

(a) 加热过程　　　　　　　　　　　　(b) 冷却过程

图 6.19　R245fa ORC 系统的物流处理

与变效溴化锂-水吸收式空调系统热物流和冷物流的处理方法一致，如图 6.19(a) 所示，为保证实际系统中有充足的传热温差，ORC 的预热 (AB) 及饱和蒸发 (BC) 过程为冷物流，其温焓关系以 DC 直线代替，D 点和 C 点温度皆为饱和蒸发温度。如图 6.19(b) 所示，ORC 的等效热物流为膨胀气体的冷却 (AB) 和冷凝 (BC) 过程，其温焓关系以 CD 替代。

对于 R245fa 压缩式热泵系统，由于其放热过程生产生活热水，不参与换热网络内部集成，因此该过程不以集成物流处理。R245fa 压缩式热泵系统的冷物流如图 6.20(a) 中 AB 所示。对于相变储热系统，只存在充热过程，其充热过程视为冷物流，如图 6.20(b) 中 AB 所示。这两个能量系统的物流处理较为简单。

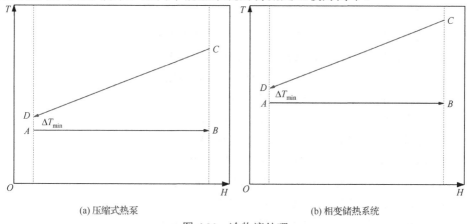

(a) 压缩式热泵　　　　　　　　　　　(b) 相变储热系统

图 6.20　冷物流处理

经过以上处理后，各个余热能量系统的热物流和冷物流可以确定，如表6.8所示。

表6.8　余热能量系统的物流

编号	余热能量系统	冷物流			热物流		
		冷流量/kW	始温/℃	终温/℃	热流量/kW	始温/℃	终温/℃
1	变效溴化锂-水吸收式空调系统	1800	90	120	3600	42	42
2	R245fa ORC 系统	10000	110	110	9000	42	42
3	R245fa 压缩式热泵系统	1200	22	22	—	—	—
4	60℃相变储热系统	100	60	60	—	—	—

而对于蒸汽，其物流参数如表6.9所示。

表6.9　蒸汽物流参数

余热段	热流量/kW	始温/℃	终温/℃
潜热段	10900	130	130
显热段	1848	130	42

根据以上参数，采用问题表法求解余热能量系统集成的夹点和能量目标。

(1)将热物流和冷物流的始温和终温按大小列出。

热物流：130℃，130℃，42℃，42℃。

冷物流：120℃，110℃，110℃，90℃，60℃，60℃，22℃，22℃。

(2)设定夹点温差为10℃，处理热物流和冷物流的温度保证传热。

热物流温度下降$\frac{1}{2}\Delta T_{\min}$，冷物流上升$\frac{1}{2}\Delta T_{\min}$，处理如下。

热物流：125℃，125℃，37℃，37℃。

冷物流：125℃，115℃，115℃，95℃，65℃，65℃，27℃，27℃。

(3)划分温区，求解各温区进行热平衡。

第1温区：125～125℃，$\Delta H_1=0-10900=-10900(\text{kW})$。

第2温区：125～115℃，$\Delta H_2=600-210=390(\text{kW})$。

第3温区：115～115℃，$\Delta H_3=10600-0=10600(\text{kW})$。

第4温区：115～95℃，$\Delta H_4=600-420=180(\text{kW})$。

第5温区：95～65℃，$\Delta H_5=0-630=-630(\text{kW})$。

第6温区：65～65℃，$\Delta H_6=100-0=100(\text{kW})$。

第7温区：65～37℃，$\Delta H_7=0-588=-588(\text{kW})$。

第8温区：37～37℃，$\Delta H_8=0-12600=-12600(\text{kW})$。

第9温区：37～27℃，$\Delta H_9=0-0=0(\text{kW})$。

第10温区：27～27℃，$\Delta H_{10}=1200-0=1200(\text{kW})$。

(4)热量级联计算,列问题表,如表 6.10 所示。

表 6.10　余热能量系统集成问题表

温度/℃	物流	亏缺热/kW	累积热/kW 输入	累积热/kW 输出	热通量/kW 输入	热通量/kW 输出
125						
125		−10900	0	10900	270	11170
115		390	10900	10510	11170	10780
115		10600	10510	−90	10780	180
95		180	−90	−270	180	0
65		−630	−270	360	0	630
65		100	360	260	630	530
37		−588	260	848	530	1118
37		−12600	848	13448	1118	13718
27		0	134448	13448	13718	13718
27		1200	13448	12248	13718	12518

根据问题表中的数据,计算余热能量系统集成的总复合曲线,如图 6.21 所示。

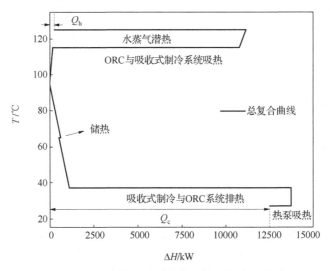

图 6.21　余热能量系统集成的总复合曲线

由图 6.21 可以得到以下几点结论。

(1)蒸汽余热在高温位输入,经过余热能量系统集成后,在低温位排出热量。

(2)该余热能量系统集成的换热网络为夹点换热网络,在当前的能量需求下,需要额外输入 270kW 的加热功率;虽然该热量可在更低温位加入,但是在实际运行中,最方便加入的仍然为相同温位的蒸汽。

（3）蒸汽冷凝水的余热仅在60℃时进行了小功率储热，未得到更有效的利用。

（4）若热泵供热能力提高，换热网络的冷却公用工程量可以降低。

（5）适当减小ORC或者吸收式制冷系统的容量，可以使得该余热能量系统集成的换热网络成为阈值换热网络，无须补充额外的蒸汽；若ORC系统减少发电量27kW，此时为阈值换热网络，余热能量系统集成的整体效果是：流量为18t/h、饱和温度为130℃的蒸汽通过能量系统转换与集成，产生了973kW的发电量、1800kW的制冷量、1800kW制热量以及100kW的相变储热。

各个能量系统集成的热匹配可以通过网格法确定，如图6.22所示。

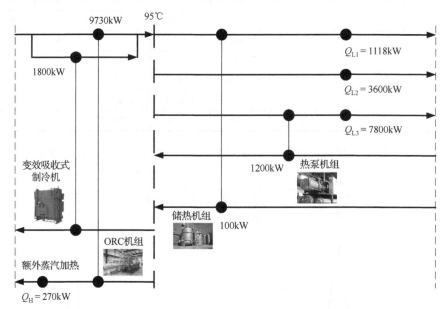

图6.22　余热能量系统集成的热匹配

在图6.22中，夹点温度为95℃，即夹点发生在热物流为100℃、冷物流为90℃的位置。当前的最优换热网络是100℃以上的热物流不能穿过夹点给90℃以下的冷物流加热，否则额外的蒸汽加热量与集成系统的排热量相应增加。由于集成系统的低温排热量大，能量品位提升的热泵技术具有非常大的应用潜力，回收热量可达12518kW。结合表6.10可知，对于60℃的储热机组，其回收潜力可以再提高530kW，充分利用了冷凝水的显热。

6.1.1节和6.1.2节详细介绍了工业低品位余热利用的夹点法，能够结合能量系统的吸热/放热特性以及余热的温度-热负荷特性，根据温度对口、梯级利用的原则进行各个能量系统和余热之间的热匹配，实现能量的有效匹配，提高余热利用率、能量集成利用的能量效率和㶲效率，是一种可以直接进行能量系统高效集成的有效方法。为了方便读者理解夹点法在工业低品位余热中的利用，本书中的算例较为简单，对于更加复杂的系统集成，夹点法的应用优势会更加显著。

6.1.3　低品位余热利用的㶲方法

除了夹点技术之外，近年来提出的㶲理论[7]为换热器网络的优化提供了一种新的思路。㶲描述物体传递热量的能力，不可逆传热过程中热量守恒，但会产生㶲耗散[7]。因此，㶲耗散可以用于换热器网络的优化。

6.1.3.1　换热器网络的㶲耗散分析和优化方法

1）换热器的温度-热流图

Chen 等[8]针对换热器分析提出了一种温度-热流图，如图 6.23 所示。

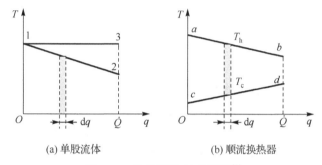

(a) 单股流体　　　　　　　　　(b) 顺流换热器

图 6.23　换热器温度-热流图[8]

图 6.23（a）给出了单股流体的温度-热流图[8]。以图中流体过程曲线 1—2 为例，单股流体的温度从 T_1 下降到 T_2 的过程中，其单位时间内放出的热量从 0 相应上升到 $\dot{Q}$（热流率）。过程曲线的斜率为流体热容流率的倒数。特别地，当热容流率趋向于无穷大时，过程曲线的斜率为 0，如图 6.23（a）中过程曲线 1—3 所示。

基于㶲理论，在传热过程中，随着热流的传递，㶲也发生传递。例如，当温度为 T 的流体温度下降 $\mathrm{d}T$，且放出的热流为 $\mathrm{d}q$ 时，流体放出的㶲流率为[8]

$$\mathrm{d}\dot{E}_{\mathrm{n}} = T\mathrm{d}q \tag{6-22}$$

式（6-22）可以由图 6.23（a）中的阴影面积表示。以过程 1—2 为例，过程曲线下方的面积为流体在过程中输出的㶲流率，当换热器流体的热容流率为常数时，有

$$\dot{E}_{\mathrm{n},1-2} = \frac{T_1+T_2}{2}\dot{Q} = \frac{T_1+T_2}{2}\dot{m}c_p(T_1-T_2) = \frac{1}{2}\dot{m}c_p(T_1^2-T_2^2) \tag{6-23}$$

式中，$\dot{m}$ 为质量流量。

图 6.23（b）给出了一个顺流换热器中热流体和冷流体的过程曲线。通过换热器的任意微分传热面积，热流体放出的热流与冷流体吸收的热流相等：

$$\mathrm{d}q = -\dot{m}_{\mathrm{h}}c_{p,\mathrm{h}}\mathrm{d}T_{\mathrm{h}} = \dot{m}_{\mathrm{c}}c_{p,\mathrm{c}}\mathrm{d}T_{\mathrm{c}} \tag{6-24}$$

式中：$\dot{m}_\text{h}$ 和 $\dot{m}_\text{c}$ 分别为热流体和冷流体的质量流量；$c_{p,\text{h}}$ 和 $c_{p,\text{c}}$ 分别为热流体和冷流体的比热容；T_h 和 T_c 分别为热流体和冷流体的温度。

图 6.23(b) 中的阴影面积为热流体放出的㶲流率与冷流体吸收的㶲流率之差：

$$\mathrm{d}S = T_\text{h}\mathrm{d}q - T_\text{c}\mathrm{d}q \tag{6-25}$$

因此，图 6.23(b) 中的阴影面积表示热流体与冷流体之间传递热流 $\mathrm{d}q$ 时的㶲耗散率：

$$\mathrm{d}\dot{\Phi} = \left(T_\text{h} - T_\text{c}\right)\mathrm{d}q \tag{6-26}$$

则过程曲线 a—b 和 c—d 之间的面积为整个换热器的㶲耗散率，代表传热过程的不可逆性，用于评价换热器的传热性能：

$$\dot{\Phi} = \frac{T_a + T_b - \left(T_c + T_d\right)}{2}\dot{Q} = \Delta T_\text{AM}\dot{Q} \tag{6-27}$$

式中，ΔT_AM 为换热器两股流体的算数平均温差。

2) 基于㶲耗散的换热器网络优化方法

除了换热器㶲耗散分析的温度-热流图表示方法，㶲理论也被用于换热器网络的最优化问题求解，如基于㶲耗散的拉格朗日乘子法[9]。

图 6.24 给出了一个四回路换热器网络的示意图[9]。热流体放出的热流被每个回路吸收，并传递给冷流体。

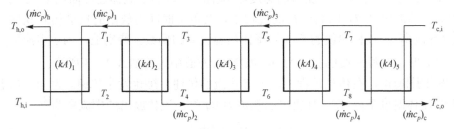

图 6.24　四回路换热器网络示意图[9]

对于网络中的任一逆流换热器，热流体放出的热流、冷流体吸收的热流和换热器交换的热流相等，分别为

$$\dot{Q} = (\dot{m}c_p)_\text{h}(T_\text{h,i} - T_\text{h,o}) \tag{6-28}$$

$$\dot{Q} = (\dot{m}c_p)_\text{c}(T_\text{c,o} - T_\text{c,i}) \tag{6-29}$$

$$\dot{Q} = (kA)\frac{T_\text{h,o} - T_\text{c,i} - (T_\text{h,i} - T_\text{c,o})}{\ln\dfrac{T_\text{h,o} - T_\text{c,i}}{T_\text{h,i} - T_\text{c,o}}} \tag{6-30}$$

对于网络中的任一逆流换热器，传热过程的㶲耗散率为[9]

$$\dot{\Phi} = \dot{Q}\left(\frac{T_{h,i} + T_{h,o}}{2} - \frac{T_{c,i} + T_{c,o}}{2}\right) = \dot{Q}\left\{T_{h,i} - T_{c,o} - \frac{\dot{Q}}{2}\left[\frac{1}{(\dot{m}c_p)_h} - \frac{1}{(\dot{m}c_p)_c}\right]\right\} \quad (6\text{-}31)$$

结合式(6-30)与式(6-31)，化简后得[9]

$$\dot{\Phi} = \frac{\dot{Q}^2}{2}\left[\frac{1}{(\dot{m}c_p)_h} - \frac{1}{(\dot{m}c_p)_c}\right]\frac{\exp\left\{(kA)\left[\frac{1}{(\dot{m}c_p)_h} - \frac{1}{(\dot{m}c_p)_c}\right]\right\} + 1}{\exp\left\{(kA)\left[\frac{1}{(\dot{m}c_p)_h} - \frac{1}{(\dot{m}c_p)_c}\right]\right\} - 1} \quad (6\text{-}32)$$

式中，kA 为换热器的热导。

式(6-28)～式(6-32)的相应物理量根据图 6.24 中的各个换热器的冷、热流体参数确定。图 6.24 所示的换热器网络的总㶲耗散率为

$$\dot{\Phi}_{\text{total}} = \dot{Q}\left(\frac{T_{h,i} + T_{h,o}}{2} - \frac{T_{c,i} + T_{c,o}}{2}\right) = \sum_{i=1}^{5}\dot{\Phi}_i \quad (6\text{-}33)$$

式(6-33)给出了换热器网络的㶲平衡方程。在给定换热器网络的冷、热流体进出口温度 $T_{c,i}$、$T_{c,o}$、$T_{h,i}$、$T_{h,o}$，热容流率 $(\dot{m}c_p)_c$、$(\dot{m}c_p)_h$，以及四个中间回路的总热容流率之和 g 时，最优化问题的目标可以是使网络中所有换热器的热导 kA 之和最小。可以据此构造拉格朗日函数[9]：

$$F = \sum_{m=1}^{5}(kA)_m + \alpha\left[\sum_{n=1}^{4}(\dot{m}c_p)_n - g\right] + \beta\left[\sum_{i=1}^{5}\dot{\Phi}_i - \dot{Q}\left(\frac{T_{h,i} + T_{h,o}}{2} - \frac{T_{c,i} + T_{c,o}}{2}\right)\right] \quad (6\text{-}34)$$

式中，α、β 为拉格朗日乘子。

从式(6-34)可以看出，构造的拉格朗日函数的表达式不包含中间温度，未知变量仅有五个换热器的热导和四个中间回路的热容流率。因此，采用㶲平衡方程作为约束的拉格朗日函数相比将能量守恒方程或熵平衡方程作为约束时大大减少了优化问题中的变量个数，简化了求解难度[9]。

下面给出图 6.24 所示四回路换热器网络的优化实例。给定热流体和冷流体的进出口温度为 $T_{h,i}$=323.0K，$T_{h,o}$=313.0K，$T_{c,i}$=283.0K，$T_{c,o}$=288.0K。换热器网络的总换热功率为 1000.0W。四个内部回路换热流体的总热容流率为 1000.0W/K。该换热器网络的优化目标是在满足上述条件的情况下使换热器的总热导 $\Sigma(kA)$ 最小化，此时换热器的投资也最小[9]。

利用式(6-31)化简式(6-34)，可得[9]

$$F = \sum_{m=1}^{5}(kA)_m + \alpha\left[\sum_{n=1}^{4}(\dot{m}c_p)_n - g\right] + \beta \left\{ \begin{array}{l} \dfrac{\dot{Q}^2}{2}\left[\dfrac{1}{(\dot{m}c_p)_h} - \dfrac{1}{(\dot{m}c_p)_c}\right]\dfrac{e^{N_1}+1}{e^{N_1}-1} \\[4mm] + \dfrac{\dot{Q}^2}{2}\sum_{i=2}^{4}\left[\dfrac{1}{(\dot{m}c_p)_{i-1}} - \dfrac{1}{(\dot{m}c_p)_i}\right]\dfrac{e^{N_i}+1}{e^{N_i}-1} \\[4mm] + \dfrac{\dot{Q}^2}{2}\left[\dfrac{1}{(\dot{m}c_p)_4} - \dfrac{1}{(\dot{m}c_p)_c}\right]\dfrac{e^{N_5}+1}{e^{N_5}-1} \\[4mm] - \dot{Q}\left(\dfrac{T_{h,i}+T_{h,o}}{2} - \dfrac{T_{c,i}+T_{c,o}}{2}\right) \end{array} \right\} \quad (6\text{-}35)$$

式中

$$\begin{array}{l} N_1 = (kA)_1\left[\dfrac{1}{(\dot{m}c_p)_h} - \dfrac{1}{(\dot{m}c_p)_1}\right] \\[4mm] N_i = (kA)_i\left[\dfrac{1}{(\dot{m}c_p)_{i-1}} - \dfrac{1}{(\dot{m}c_p)_i}\right], \quad i = 2, 3, 4 \\[4mm] N_5 = (kA)_5\left[\dfrac{1}{(\dot{m}c_p)_4} - \dfrac{1}{(\dot{m}c_p)_c}\right] \end{array} \quad (6\text{-}36)$$

令拉格朗日函数对各设计变量和拉格朗日乘子的偏导数为 0，可得方程组：

$$\frac{\partial F}{\partial Y_j} = 0, Y_j \in [(kA)_1, (kA)_2, (kA)_3, (kA)_4, (kA)_5, (\dot{m}c_p)_1, (\dot{m}c_p)_2, (\dot{m}c_p)_3, (\dot{m}c_p)_4, \alpha, \beta] \quad (6\text{-}37)$$

由式(6-37)可知，该方程组具有 11 个方程和 11 个变量，可以求解。表 6.11 给出了方程组的求解结果，即四回路换热器网络设计变量的最优值[9]。

表 6.11　四回路换热器网络在 $\Sigma(kA)$ 最小时设计变量的最优值[9]

设计变量	$(kA)_1$	$(kA)_2$	$(kA)_3$	$(kA)_4$	$(kA)_5$	$(\dot{m}c_p)_1$	$(\dot{m}c_p)_2$	$(\dot{m}c_p)_3$	$(\dot{m}c_p)_4$
最优值/(W/K)	154.5	154.8	155.3	155.7	155.2	139.1	212.2	332.4	316.3

3) 基于㶲理论的热量流分析方法

除了以换热器冷、热流体算数平均温差为特征温差的㶲耗散分析，陈群等[10]还导出了以换热器冷、热流体进口温差为特征温差的㶲耗散热阻，基于此提出了换热器的热量流模型。

以逆流换热器为例，换热器㶲耗散热阻为[10]

$$R_{en} = \frac{\dfrac{T_{h,i}+T_{h,o}}{2} - \dfrac{T_{c,i}+T_{c,o}}{2}}{\dot{Q}} \quad (6\text{-}38)$$

热量流模型中的热阻被定义为[10]

$$R = \frac{T_{\mathrm{h,i}} - T_{\mathrm{c,i}}}{\dot{Q}} \tag{6-39}$$

式 (6-39) 的热阻与换热器㶲耗散热阻之间的关系为[10]

$$R = R_{\mathrm{en}} + \frac{1}{2(\dot{m}c_p)_{\mathrm{h}}} + \frac{1}{2(\dot{m}c_p)_{\mathrm{c}}} \tag{6-40}$$

通过热电比拟，结合式 (6-39) 的热阻，可以将双股流换热器类比为图 6.25 所示的换热器稳态传热的热量流模型[10]。

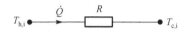

图 6.25 换热器稳态传热的热量流模型[10]

利用图 6.25 所示的热量流模型，可以针对更为复杂的换热器网络进行热量流建模。例如，对于图 6.26(a) 给出的换热器网络结构示意图，其热量流模型如图 6.26(b) 所示[10]。

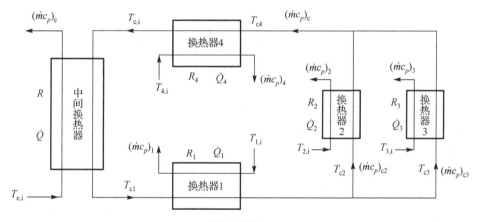

(a) 结构示意图

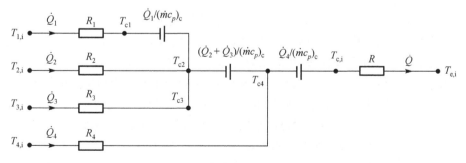

(b) 热量流模型

图 6.26 热管理系统换热器网络[10]

针对热量流模型可以利用基尔霍夫电压定律列出换热器网络的热量输运方程，以其为约束，再采用拉格朗日乘子法等最优化方法进行优化分析[10]。

6.1.3.2　能源网络的温度-热量图和温度-能量图分析方法

夹点分析和上述㶲分析方法通常用于分析稳定流动系统，但是在能源网络中经常存在非连续运行、非稳定流动和固体工质系统，如吸附式制冷/热泵系统和热化学储热系统等。考虑到图形化分析方法具有可视化特性，在分析能源网络时能直观地展现设计和优化的思路及过程，本节将导出一种适用于包含各类能源系统的能源网络图形化热力学分析方法，即温度-热量图和温度-能量图分析方法[11]。

为了解决温-焓图和温度-热流图在能源网络分析方面的应用局限问题，考虑到非稳定流动和固体工质系统无法很好地通过热流量进行分析，但热量对于瞬态过程和不可逆过程都有明确的物理意义并且隐去了时间项，因此可以将横坐标设置为热量。当取热量为横坐标时，温度-热量图中的过程曲线与热量轴所夹的面积为

$$dA = T\delta Q \tag{6-41}$$

因此，温度-热量图中两条相互换热的过程或热源曲线之间沿温度轴方向所夹的面积为热力系统与热源之间换热过程的㶲耗散：

$$\varPhi_{E_\mathrm{n}} = \Delta A = \int_0^Q T_\mathrm{r}\delta Q - \int_0^Q T\delta Q \tag{6-42}$$

式中，T_r 为热力系统的热力过程的温度。

温度-热量图的横坐标为热量 Q(J)，这与温-焓图和温度-热流图的横坐标单位(W)不同。在式(6-41)和式(6-42)中，热量 Q 的符号定义与热力学中的习惯一致，即 $\delta Q > 0$ 代表热力系统从热源吸热，$\delta Q < 0$ 代表热力系统向热源放热。由此可知，式(6-42)㶲耗散的计算结果始终大于等于 0，理论上温度-热量图中过程曲线的斜率也始终大于等于 0。

温度-热量图这种新的图形化分析方法的提出受到夹点分析法温-焓图的启发，并且结合了㶲理论为图中的面积赋予了物理意义，从而使温度-热量图汲取了夹点分析法温-焓图和传热学㶲理论温度-热流图的优点，解决了两种图形化分析方法无法用于非稳定流动和固体工质系统的问题，拓展了温度-热量图分析方法的应用范围。

为了展示温度-热量图的基本概念和绘制方法，首先针对常见的非稳定流动和固体工质系统，如吸附式制冷系统定性地绘制温度-热量图。在吸附式制冷系统中，固体吸附剂和制冷剂之间可以发生吸附和解吸反应，吸附反应中吸附床会放出热量，解吸反应中吸附床需要吸收热量。制冷剂在被解吸之后进入冷凝器冷凝，随后进入蒸发器，当吸附剂对制冷剂进行吸附时，制冷剂从蒸发器蒸发并产生制冷量。吸附系统的结构和具体工作原理可参见文献[12]，本小节不详细介绍。为了简化分析，假设吸附系统中

与吸附床、冷凝器、蒸发器发生热交换的高温热源、中温热源和低温热源均为理想热源，即热容无穷大的等温热源，其温度分别对应热源温度、冷凝温度和蒸发温度。

图 6.27(a) 为基本吸附循环的 Clapeyron 图[12]。当得到系统中每个过程对应的温度和热量数据之后，就可以绘制对应的温度-热量图，如 6.27(b) 所示[13]。图 6.27 中，T_e、T_c、T_h 分别表示蒸发温度、冷凝温度和解吸温度，T_{a1} 和 T_{a2} 分别表示吸附开始和吸附终了温度，T_{g1} 和 T_{g2} 分别表示解吸开始和解吸终了温度，其中假定 $T_c=T_{a2}$、$T_{g2}=T_h$。

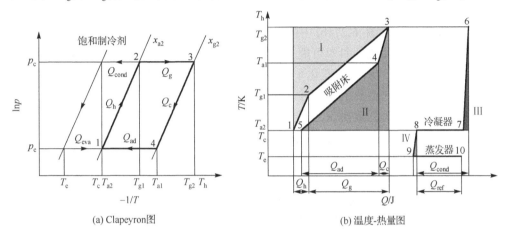

(a) Clapeyron图　　　　　　　　　(b) 温度-热量图

图 6.27　基本吸附循环

在图 6.27(b) 中：1—2—3—4—5 为吸附剂侧工质在吸附床经历的过程；6—7—8—9—10 为制冷剂侧工质在冷凝器和蒸发器经历的过程。1—2 为吸附床的预加热过程，对应热量 Q_h；2—3 为吸附床的加热解吸过程，对应热量 Q_g；3—4 为吸附床的预冷却过程，对应热量 Q_c；4—5 为吸附床的冷却吸附过程，对应热量 Q_{ad}；6—7 为从吸附床解吸的制冷剂蒸气进入冷凝器后的显热释放过程，7—8 为制冷剂蒸气在冷凝器内的冷凝放热过程，合并对应热量 Q_{cond}；8—9 为制冷剂液体从冷凝器进入蒸发器后的显热释放过程，对应热量 $Q_{eva}-Q_{ref}$；9—10 为制冷剂液体在蒸发器内的蒸发吸热过程，对应热量 Q_{eva}。x_{a2} 和 x_{g2} 分别为循环的最大吸附量和最小吸附量。点 1 和点 5 并非重合，这是因为过程 1—2—3—4—5 的热量之和不等于 0，吸附剂侧 1—5 这一部分的热量需要由制冷剂侧 6—10 的热量补偿。这一点可以通过对基本吸附系统建立能量守恒方程得到：

$$Q_h + Q_g - Q_c - Q_{ad} = Q_{cond} - Q_{ref} \tag{6-43}$$

在式(6-43) 中，等号左边为 1—5 这一部分的热量，等号右边为 6—10 的热量。在大部分情况下，点 1 与点 5 的差距相比循环的最大输入热量可以忽略。

根据式(6-42) 可知，在图 6.27(b) 中：区域 I 的面积为系统在加热解吸阶段吸附床与热源之间换热过程的㶲耗散；区域 II 的面积为系统在冷却吸附阶段吸附床与热源之间换热过程的㶲耗散；区域Ⅲ的面积为从吸附床解吸的制冷剂进入冷凝器与热源之间换热过程的㶲耗散；区域Ⅳ的面积为制冷剂从冷凝器进入蒸发器与热源之间换热过程的㶲耗散。

从图 6.27(b)可以看出，相较于加热解吸和冷却吸附阶段中吸附床与热源之间换热过程的㶲耗散，冷凝和蒸发过程中冷凝器和蒸发器与热源之间换热过程的㶲耗散非常小，可以忽略不计。因此，在利用温度-热量图进行㶲耗散的优化时，一般不需要特别关注冷凝器和蒸发器与热源之间换热过程的㶲耗散。在后续绘制其他常见吸附循环的温度-热量图时，将只画出吸附床与热源之间换热过程的㶲耗散。

值得注意的是，图 6.27(b)中的过程曲线并非直线，根据工况、工质和反应器结构的不同，过程曲线的斜率可能呈现不同的变化趋势。但是，因为理论上过程曲线在温度-热量图中的斜率的变化十分小，所以在分析中有时可以按直线近似处理。此外，当与热力系统换热的热源并非无限热容的理想等温热源时，若将热源换热流体与环境、恒温槽等初级热源之间换热过程的㶲耗散一并计入，则可以认为初级热源的温度是近似不变的。此时，可以将几个换热过程所夹的面积拼合，其总的㶲耗散仍与图 6.27(b)中的指定面积相近。

下面以回热吸附循环为例展示在温度-热量图中构建回热过程的方法。图 6.28(a)为回热吸附循环的 Clapeyron 图[12]，其温度-热量图如图 6.28(b)所示[13]。可以看出，回热吸附循环的回热过程可以在温度-热量图中直观地表示出来。Q_{hr}、$Q_{hr,h}$(加热)、$Q_{hr,c}$(冷却)均表示回热量。

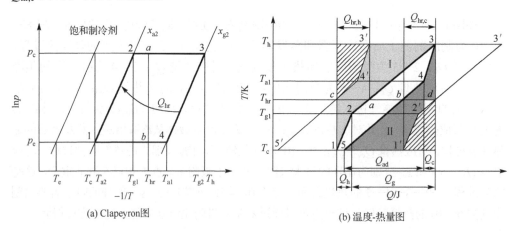

(a) Clapeyron图　　　　　　　　　　　(b) 温度-热量图

图 6.28　回热吸附循环

尽管热量为过程量，但在温度-热量图中，热量的值被简化表示为一个点的横坐标。因此，温度-热量图中过程曲线上的每一个点都代表这个过程从起点至当前情况的进展。这与温-熵图等状态参数图中的每个点代表系统的一个确定的状态有很大的不同。在温度-热量图中，过程曲线上两个点的热量坐标差代表这部分过程进展伴随的热量传递。热量和对应的温度是过程曲线包含的重要信息。鉴于将过程曲线沿热量轴平移不会改变曲线上任意两点的温度坐标差和对应的温度，这样的平移是允许的。在温度-热量图中，为了构建换热过程，需要将吸热和放热的两条过程曲线沿热量轴平移，使两条过程曲线的回热部分位于热量坐标相同的区域，则两条过程曲线在温度轴重叠部分的坐标之差就是换热量，从而满足了能量守恒定律的要求。另外，由热力学第二定律可知热量只能自发地从高温传递到低温，这就规定了换热过程起点和终点温度的可取范围，也限制了过程曲线平移时的边界条件。为了确保换热过程能够自发进行，可以使放热过程的最低温度与吸热过程的最高温度相等。吸热和放热两个过程需要同时进行才能建立换热过程。当两个过程存在时间差无法直接换热时，为了实现换热可以在系统中增加副本过程，使吸热和放热能同时进行。建立换热过程之后，还需要在系统中添加相应的部件并对流程做一定的更改才能使系统实现期望的换热。

在图 6.28(b) 给出的回热吸附循环温度-热量图中，可以把吸附床在冷却吸附过程中放出的热量回收用于在加热解吸过程中加热吸附床。考虑到同一个吸附床的加热解吸过程和冷却吸附过程不能同时进行，所以需要增加一个吸附床和相应的循环过程以实现回热。将高温吸附床的冷却吸附过程曲线 3—4—5 的副本沿热量轴平移到低温吸附床的加热解吸过程曲线 1—2—3 的左侧(3′—4′—5′)，使两个过程的回热量和回热温度相等，这样就构建了加热解吸的回热过程。按类似方法将过程曲线 1—2—3 的副本平移至过程曲线 3—4—5 的右侧(1′—2′—3′)，构建冷却吸附的回热过程。两条副本过程曲线在温度-热量图中充当热源的角色。两个吸附床之间回热过程的回热量满足：

$$Q_{hr,h} = Q_{hr,c} \tag{6-44}$$

在图 6.28(b) 中：点 1～5 与图 6.27(b) 中基本吸附循环温度-热量图的对应点相比不发生变化。1—2—a 和 3—4—b 为两个回热过程，分别对应低温吸附床和高温吸附床的热量利用与回收过程；a—3 为吸附床与热源换热的加热解吸过程；b—5 为吸附床与热源换热的冷却吸附过程。区域 I 的面积为系统在加热解吸阶段每个吸附床回热过程和与热源之间换热过程的㶲耗散；区域 II 的面积为系统在冷却吸附阶段每个吸附床回热过程和与热源之间换热过程的㶲耗散。对比图 6.28(b) 和图 6.27(b) 可以看出，回热吸附循环吸附床换热过程的㶲耗散相比基本吸附循环显著减小，㶲耗散的减少量为图 6.28(b) 中带斜画线区域的面积。

由此可见，温度-热量图可以直观地优化非稳定流动和固体工质系统的换热配置和换热器网络，在分析时需要注意系统原理是否允许以及传热温差是否合理。在温度-热量图中建立换热过程本质上对应系统或循环回热的可视化构建。在传统的温-熵图中无法实现这样直观的分析。在初步构建回热过程之后，仍需要对回热的实现方式做出系统和流程设计。

除了处理回热吸附循环这样的循环内回热过程，温度-热量图也可以用于循环间热回收的分析。图 6.29(a) 为复叠吸附循环的 Clapeyron 图[12]，其温度-热量图如图 6.29(b) 所示[13]。

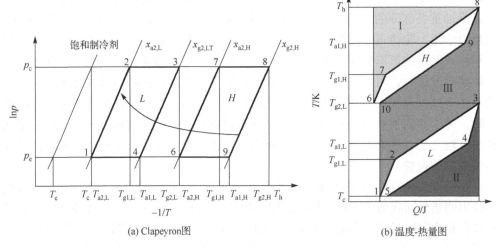

(a) Clapeyron图   (b) 温度-热量图

图 6.29   复叠吸附循环

在图 6.29 中，下标 "L" 代表低温级循环；"H" 代表高温级循环。1—2 和 6—7 分别为低温级和高温级循环吸附床的预加热过程；2—3 和 7—8 分别为低温级和高温级循环吸附床的加热解吸过程；3—4 和 8—9 分别为低温级和高温级循环吸附床的预冷却过程；4—5 和 9—10 分别为低温级和高温级循环吸附床的冷却吸附过程。

假设低温级循环加热解吸阶段需要的热量全部由高温级循环冷却吸附阶段放出的热量提供，则在图 6.29(b) 中：区域 I 的面积为系统高温级循环在加热解吸阶段吸附床与热源之间换热过程的㶲耗散；区域 II 的面积为系统低温级循环在冷却吸附阶段吸附床与热源之间换热过程的㶲耗散；区域III的面积为系统低温级循环和高温级循环在各自的加热解吸和冷却吸附阶段吸附床回热过程的㶲耗散。

在绘制吸附循环的温度-热量图时，热量坐标最小的点可以设置在具有最高温度的热源曲线的左端。存在热回收和利用过程时，应把相应的吸热过程曲线绘制在放热过程曲线的下方。这样，温度-热量图中吸附剂侧所有过程曲线的最大温度坐标与最小温度坐标之差就是需要输入给吸附床的热量，输入热量的品位由对应过程曲线上方的热源曲线温度表示。至于制冷剂侧的蒸发与冷凝过程，吸附式制冷系统的蒸发过程通常对应制冷量输出，吸附式热泵系统的冷凝过程有时可以对应供热热量输出，因此制冷剂侧过程曲线有时会包含吸附系统的有效输出(热力系统的收益)的相关信息。

除了上述针对特定能量系统的应用，温度-热量图还可以跳出系统设计优化的层面，上升至能源网络的层面进行分析和优化。在能源网络中，典型的热能利用包括制冷、发电、供热、储存和运输这五个方面。

图 6.30 给出了利用温度-热量图进行能源网络分析的示意图[11]。假设在某一能源网络中存在两个网络 A 和 B，分别用实线圈出。网络 A 和网络 B 共享同一温度 T_C 的环境冷源，由相应温度下的细实线表示。在某一时段内，网络 A 中存在温度为 T_H 的热能，由图中相应温度下的细实线表示，还存在温度为 T_E 的制冷需求，由图中相应温度下的粗虚线表示。网络 B 中存在温度为 T_M 的供热需求，由图中相应温度下的粗虚线表示。

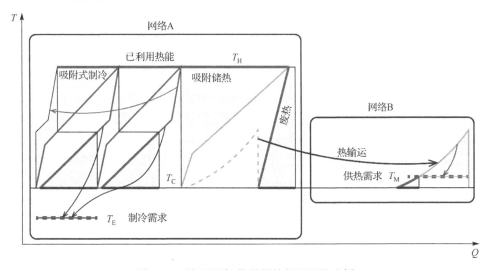

图 6.30　基于温度-热量图的能源网络分析

对图 6.30 给出的能源网络进行温度-热量图分析的步骤和图形画法如下。

(1)为了满足网络 A 中的制冷需求，可以利用热能驱动双床回热吸附式制冷系统，并在温度-热量图上直接进行回热设计。在温度-热量图优化后，吸附式制冷系统吸附剂侧的过程曲线由图 6.30 中相应实线表示。

(2)将吸附式制冷系统的过程曲线沿着热量轴以吸附剂质量为缩放比例拉伸，直至所有制冷需求得以满足。被满足的制冷需求用实线覆盖粗虚线，该实线实际上也是忽略传热温差时吸附式制冷系统蒸发器中的制冷剂侧过程曲线。被利用的热能用粗实线覆盖细实线。图 6.30 中省略了吸附式制冷系统冷凝器相关的制冷剂侧过程曲线。

(3)吸附式制冷系统向环境冷源放热的过程是能源网络中产生的新一级的低品位余热，可以用粗实线覆盖细实线，代表可利用的低品位余热。如果能对这部分低品位余热进行梯级利用，则在该低品位余热曲线下方配置新的循环和过程曲线。如果这部分低品位余热被直接排放至环境冷源，则在该低品位余热曲线对应的环境冷源部分用粗实线覆盖细实线，表示环境冷源吸收了对应热量。

(4) 可以发现，此时网络 A 中仍存在未利用的热能，而网络 A 中已经没有制冷或供热需求需要满足，因此可以考虑进行储热。绘制吸附储热系统的过程曲线，用相应的实线表示，并沿着热量轴以吸附剂质量为缩放比例进行拉伸。图 6.30 中省略了吸附储热系统冷凝/蒸发/储液器相关的吸附质侧过程曲线。没有被吸附式制冷系统或吸附储热系统利用的多余热能被排放至环境冷源。

(5) 考虑到网络 A 中没有供热需求，而邻近的网络 B 中存在未被满足的供热需求，可以将吸附储热系统储存的热量运输至网络 B，在网络 B 中进行吸附热释放和回收，用于满足网络 B 中的部分供热需求。将网络 A 中的吸附热释放和回收过程曲线用虚线替代，并沿着热量轴平移至网络 B 中。网络 B 中被满足的供热需求用细实线覆盖粗虚线，未被满足的供热需求为图中未被覆盖的粗虚线部分，需要通过其他能量系统满足。

(6) 网络 A 和 B 中没有被利用的热量和各个能量系统产生的低品位余热全部被排放至环境冷源。整个能源网络的㶲耗散可通过图中灰色区域的面积表示。至此，通过温度-热量图完成了能源网络的分析。

图 6.30 只是能源网络分析的一个简单例子。如果要利用温度-热量图进行包含功交换的能源网络分析，则需要绘制出所有过程曲线，通过热力学循环中的净热量输入等于净功输出得到代表功量的热量轴坐标差，也可以使用温度-能量图对能源网络进行分析。

图 6.31 给出了利用温度-能量图进行包含功交换的能源网络分析的示意图[11]。假设存在两个能源网络 A 和 B，分别用实线圈出。网络 A 和网络 B 共享同一温度为 T_C 的环境冷源，由图中相应温度下的细实线表示。在网络 A 的时段 A_1，存在充足的可再生电能，由图中相应细实线表示，还存在温度为 T_E 的制冷需求，由图中相应温度下的粗虚线表示。在网络 A 的时段 A_2，存在温度为 T_M 的供热需求，由图中相应温度下的粗虚线表示。在某一时段内，网络 B 中存在温度为 T_H 的热能，由图中相应温度下的细实线表示，还存在用电需求，由图中相应粗虚线表示。由于电能供给和需求与温度无关，所以可以绘制在任意温度的位置。

对图 6.31 给出的包含功交换的能源网络进行温度-能量图分析的步骤和图形画法如下。

(1) 可以把网络 A 的时段 A_1 理解为具有充足太阳能的白天，可利用太阳能光伏发电驱动蒸气压缩式制冷系统，其过程曲线由图中相应实线表示，右上角为压缩机出口，自此的四段曲线按逆时针方向依次为冷凝 (AB)、节流 (BC)、蒸发 (CD)、压缩 (DA) 过程。

(2) 由于压缩过程中系统与环境没有换热，而有从环境输入的功，因此用深浅相间的实线表示。压缩过程结束的能量坐标减去压缩过程开始的能量坐标为压缩过程的耗功量，由时段 A_1 中的电能提供。

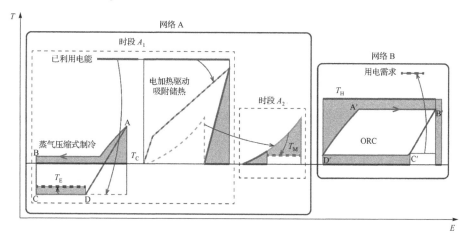

图 6.31 基于温度-能量图的包含功交换的能源网络分析

(3) 整个蒸气压缩式制冷循环的过程曲线可以沿着能量轴以制冷剂流量为缩放比例进行拉伸，以使蒸发过程的热量满足全部制冷需求。

(4) 时段 A_1 中多余的电能可以用于电加热驱动吸附储热系统，其吸附剂侧的过程曲线由图中相应实线表示，电加热储热过程用深浅相间的实线表示。

(5) 可以把网络 A 的时段 A_2 理解为具有较大昼夜温差的夜晚，电驱动吸附储热系统的吸附热释放和回收过程在时段 A_2 进行，用于满足供热需求。

(6) 网络 B 中的热能可以用于驱动无泵 ORC，其过程曲线由图中相应实线表示，从左下角起为冷凝器出口，按顺时针方向依次为预加热（D'A'）、蒸发（A'B'）、膨胀（B'C'）、冷凝（C'D'）过程。

(7) 膨胀过程向环境输出功，因此用深浅相间的实线表示。膨胀过程开始的能量坐标减去膨胀过程结束的能量坐标为膨胀过程输出的功量。

(8) 整个 ORC 的过程曲线可以沿着能量轴以制冷剂流量为缩放比例进行拉伸，以使膨胀过程输出的功量满足全部用电需求。

(9) 能源网络 A 和 B 的㶲耗散可通过图 6.31 中灰色区域的面积表示。至此，通过温度-能量图完成了能源网络的分析。

从图 6.31 可以看出，由于蒸气压缩式制冷循环和 ORC 都只包含制冷剂的流程，在一个循环之后净热量输入等于净功输出，所以循环的过程曲线在温度-能量图中是闭合的。

在能源网络分析中，可以以最小㶲耗散为优化目标选择合适的系统配置方案，也可以将最小总功耗作为优化目标。得益于温度-热量图解决了夹点分析法只能用于稳定流动系统的问题，温度-热量图可以用于分析包括非稳定流动和固体工质系统的复杂能源网络。通过温度-热量图分析可以在能源网络层面进行㶲耗散优化，导出满足各种用能需求的系统配置方案，并根据网络内和网络间供给侧和需求侧的情况决定何时进行能量储存和能量运输，实现能源尤其是热能的网络化和梯级利用。

6.1.3.3　夹点技术与㶲分析方法的比较

夹点技术和㶲分析方法都被用于换热器网络的优化。下面比较夹点技术和㶲分析方法的特点和适用范围。

夹点技术在应用时给定物流和夹点温差后，换热器网络具有最优能量目标，即可以确定最小加热公用工程负荷和最小冷却公用工程负荷。最优能量目标往往可以由多种匹配方式实现，因此优化结果可以不唯一。夹点技术的优化工具为图表工具，包含温-焓图和问题表格等，理论背景为热力学第二定律，限制热量只能自发地由高温向低温传递。由于夹点技术的适用范围为稳定流动系统的换热器网络，所以各流程之间的时间关系是对等的，分析时可以将不同流程组合为复合曲线统一分析。

与夹点技术较为统一的分析方法相比，㶲分析方法更为多样化。在低品位余热利用的㶲方法中，与夹点技术最为接近的是换热器的温度-热流图。夹点技术温-焓图和㶲分析温度-热流图的纵坐标均为温度，横坐标均表示稳定流动的换热量(焓流率或热流)。两者的主要区别在于，在温度-热流图中定义了物流曲线与热流轴所夹的面积的物理意义，为㶲流率，而两条发生热交换的冷热物流曲线之间所夹的面积则具有㶲耗散率的物理意义，但是温-焓图中的相应面积不具有物理意义。此外，温-焓图中常用复合曲线进行分析，但在温度-热流图中，为了使图中的面积具有相应的物理意义，不能将各个物流曲线进行复合。温度-热流图和温-焓图一样，都适用于稳定流动系统。温度-热量图和温度-能量图由于使用热量和能量作为横坐标，可以用于非稳定流动和固体工质系统的分析。

除了图形化的分析方法，在低品位余热利用的㶲方法中还有采用最优化方法求解换热器网络优化问题的分析方法，例如，采用㶲耗散约束的拉格朗日乘子法和换热器网络的热量流建模方法等。这类方法主要求解带有约束的目标函数极值问题，因此在方程数和变量数相等时，可以解出唯一解。这与夹点技术和㶲分析的图形化方法可以有多种优化结果是不同的。目前，这类方法也主要用于稳定状态下的换热器网络优化。基于㶲理论的分析方法与传统的能量分析和熵产分析方法相比往往能减少换热器网络优化问题的方程和变量个数，从而简化其数学模型和求解难度。

6.2   余热利用网络构建的数学方法

6.2.1   线性规划与非线性规划

尽管能源网络的热力学优化可以实现能源网络系统热力学效率的最大化,但在实际应用中能源网络的优化问题往往需要考虑能源系统的复杂性和多目标特性,一方面能源系统的优化可以在不同的空间和时间尺度上进行,不同尺度之间的分解与耦合是能源系统优化中需要考虑的问题;另一方面,能源系统的优化需要权衡不同的目标函数,包括最大化能源效率、最小化资本回收期和环境影响。广义上,能源系统的优化包括建筑能源系统、城市能源系统、工业能源系统等不同类型的能源系统的优化;尽管能源系统的优化是一个已经具有众多范式的经典问题,但下面几个问题并没有在目前的优化方法中得到很好的解决。首先是不确定性的问题。经典的能源系统优化通常采用不考虑不确定性因素的决定模型,然而现在能源系统的运行中存在众多的不确定性因素,包括动态电价、可再生能源波动、需求侧响应等。这些不确定性因素会把既有的决定模型变成随机模型或者鲁棒模型,从而给优化模型的求解带来难度。其次,能源系统的优化问题是一个多尺度问题,如何将更小时间空间尺度上的模型结合到更大时间空间尺度上的模型或者将更大时间空间尺度上的问题分解成更小时间空间尺度上的问题组合是能源系统优化中的另一个挑战。最后是能源系统优化的可重复性问题,尽管文献中有众多能源系统优化模型,但实际上这些模型背后的数学方法和求解策略都是相同的,区别主要在于不同应用场景下的输入条件和模型参数。在此背景下,提出适用于不同参数输入下可重复使用的优化模型也具有重要价值。

能源系统的优化运行方法通常依赖于数学最优化问题,一般情况下数学最优化问题会由目标函数和限制条件两部分组成。一个典型的数学最优化问题表示如下:

$$\min_{x}[f(x)] \tag{6-45}$$

$$g(x) \leqslant 0$$

$$h(x) \leqslant 0$$

式中,x 为需要优化的变量;f 为目标函数;g 和 h 分别为不等式限制条件和等式限制条件。进一步,类似数学最优化问题可以分为四类:线性规划(LP)、混合整数线性规划(MILP)、非线性规划(NLP)、混合整数非线性规划(MINLP)。LP 可以对应到下面的数学表达式:

$$\min_{x}(c^{\mathrm{T}}x) \tag{6-46}$$

$$Ax = b$$
$$x \geq 0$$

式中，b、c 为系数向量；A 为系数矩阵。这里需要指出的是上述公式对应的是线性规划的标准形式，对于非标准形式的线性规划，可以转换成上述标准形式的线性规划问题。类似地，MILP 问题可以表示为

$$\min_{x,y}(c^{\mathrm{T}}x + d^{\mathrm{T}}y) \tag{6-47}$$

$$Ax + By = b$$

$$x \geq 0$$

$$y \in \{0,1\}$$

式中，c、d 为系数向量；A、B 为系数矩阵。MILP 是一种最常见的能源系统优化模型，MILP 可以通过使用整数变量表示能源系统中特定部件的存在和运行状态，从而解决能源系统优化中的一个关键问题。相应地，如果目标函数或者限制条件是关于变量的非线性函数，LP 就会变成 NLP，数学表达如下：

$$\min_{x}[f(x)] \tag{6-48}$$

$$g_m \leq 0 \quad \forall m \in \{1,2,\cdots,M\}$$

$$g_n(x) \leq 0 \quad \forall n \in \{1,2,\cdots,N\}$$

$$x \geq 0$$

式中，M 和 N 为限制条件数；g_m 不能表达成关于 x 的精确函数；$g_n(x)$ 可以表达为关于 x 的精确函数。进一步，当引入整数变量之后，NLP 就会变成 MINLP，如下：

$$\min_{x,y}[f(x,y)] \tag{6-49}$$

$$g_m \leq 0 \quad \forall m \in \{1,2,\cdots,M\}$$

$$g_n(x,y) \leq 0 \quad \forall n \in \{1,2,\cdots,N\}$$

$$x \geq 0$$

$$y \in \{0,1\}$$

这里需要指出，尽管 NLP，尤其是 MINLP，实现起来比较简单，但使用现有算法和工具求解起来比较困难。实际上，大部分使用 NLP 或者 MINLP 的能源系统优化模型最终都被转换成了 LP 或者 MILP 从而达到更高的计算效率。对于大部分 LP，获取全局最优解是可行的；相比之下，NLP 的全局最优解是比较难获取的。对于 NLP 来说，大部分问题也是无法获得全局最优解的。

6.2.2　数学方法的应用示例

将上述数学方法应用到能源系统的运行优化中，或者说是将能源系统的运行优化问题抽象成数学建模问题，包括 LP、NLP、MILP 以及 MINLP 等，是低品位余热网络化利用的数学方法的关键步骤。这里以某工业园区的能源系统优化为例，说明上述能源系统优化方法的实际应用[14]。该工业园区拥有 100 多个化工厂和发电厂，大部分工厂都是独立运行优化的，彼此之间不分享蒸汽、电力等能源介质，而实际上在能源系统的运行中，网络化的能源利用可以将各个工厂连接在一起，从而减少能源的浪费，提升整体能源利用效率(图 6.32)。在此过程中，一个实际问题就是，如何从不同的能源网络中选取最优结构的拓扑并找到相应的能源配送方案。在此背景下，本书提出一个基于网络拓扑结构的优化模型，并探讨不同类型目标函数在能源网络优化中的应用。

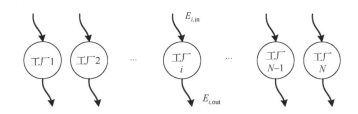

(a) 没有能源网络

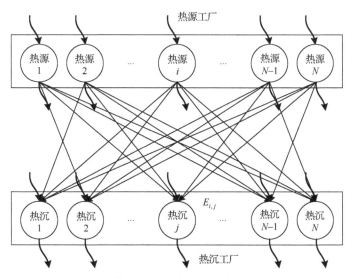

(b) 能源网络中从热源工厂到热沉工厂

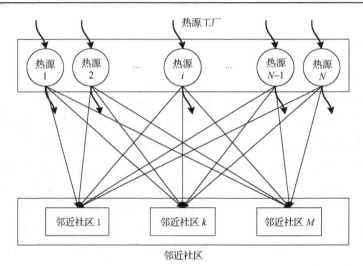

(c)能源网络中从热源工厂到邻近社区

图 6.32　生态工业园能源系统运行优化中的能源流动

　　对这样一个对生态工业园或者类似的能源利用网络进行优化的过程一般来说,包括下面几个步骤[15]:优化程序的第一步是要确定能源利用网络中的各个节点,此案例中,生态工业园各个工厂可以从能源网络中输入的能量或者输出到能源网络的能量,在余热利用网络中为可得到的余热和需要的余热,在电力网络中可以是发电量和用电量,在天然气网络中可以是天然气的用量和产量,类似信息是进一步进行能源系统数学最优化的必要输入;优化程序的第二步一般是能源网络化传输的建模,通过对能源传输网络的建模,可以得到能量在不同节点直接传输的可能性以及传输过程中的能量损失等信息,这些信息可以进一步作为优化模型的输入;优化程序的第三步就是基于前述两步得到的信息建立如式(6-46)～式(6-49)所述的数学最优化模型,建立模型的关键步骤在于确定合适的目标函数以及限制条件,目标函数和限制条件的选择既要保证能够反映需要被优化的对象的物理特性,又要保证数学模型的可解性,一般来说,线性或者简单的非线性关联式是相关目标函数和限制条件的首选,在线性或者简单非线性关联不足以表征所要模拟的对象特性时,可以选择更为复杂的关联函数,但一般来说会降低数学模型的可解性。下面分别以应用三类不同目标函数的优化为例,说明进行能源网络优化的过程。生态工业园能源系统运行优化中的能源流动和生态工业园(EIP)能源网络化利用的优化程序分别如图 6.32 和图 6.33 所示。

6.2.2.1　以能源效率为目标的能源网络优化

　　在第一种情况下,能源网络的效率被当作优化的目标函数,对于能源网络中的单个节点 i 来说,其能源网络化利用之前的效率可以计算为

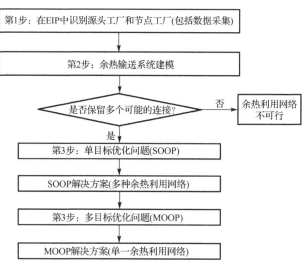

图 6.33　生态工业园能源网络化利用的优化程序

$$\eta_{i,\text{before}} = \frac{E_{i,\text{in}} - E_{i,\text{out}}}{E_{i,\text{in}}} \tag{6-50}$$

式中，$E_{i,\text{in}}$ 为该节点的流入能量；$E_{i,\text{out}}$ 为该节点的流出能量(图 6.34)。考虑能源网络中的所有节点，能源网络化利用之前的总能源效率可以表示为

$$\eta_{\text{tot,before}} = \frac{\displaystyle\sum_{i=1}^{N} E_{i,\text{in}} - \sum_{i=1}^{N} E_{i,\text{out}}}{\displaystyle\sum_{i=1}^{N} E_{i,\text{in}}} \tag{6-51}$$

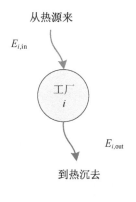

余热回收网络之前　　　　　　　　　　　　　　余热回收网络之后

(a)

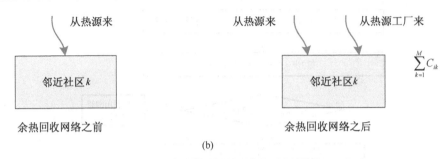

图 6.34　能源网络化利用前后的能源流动

同理，在能源网络化利用之后，能源网络的总能源效率可以计算为

$$
\begin{aligned}
\eta_{\text{tot,after}} &= \frac{\sum\limits_{i=1}^{N}\left(E_{i,\text{in}} - \sum\limits_{j=1,j\neq i}^{N} E_{ji}\right) - \sum\limits_{i=1}^{N}\left(E_{i,\text{out}} - \sum\limits_{j=1,j\neq i}^{N} E_{ij} - \sum\limits_{k=1}^{M} C_{ik}\right)}{\sum\limits_{i=1}^{N}\left(E_{i,\text{in}} - \sum\limits_{j=1,j\neq i}^{N} E_{ji}\right)} \\
&\qquad\qquad\qquad\qquad\qquad\qquad\qquad\qquad\qquad\qquad\qquad\qquad (6\text{-}52)\\
&= \frac{\sum\limits_{i=1}^{N} E_{i,\text{in}} - \sum\limits_{i=1}^{N} E_{i,\text{out}} + \sum\limits_{i=1}^{N}\sum\limits_{k=1}^{M} C_{ik}}{\sum\limits_{i=1}^{N} E_{i,\text{in}} - \sum\limits_{i=1}^{N}\sum\limits_{j=1,j\neq i}^{N} E_{ji}}
\end{aligned}
$$

式中，E_{ij} 为从节点 i 到节点 j 的能量流动；C_{ik} 为从节点 i 到社区 k 的能量流动。与能源网络化利用之前的效率相比，网络化能源利用带来了两个优点：一是从热源工厂到邻近社区的能源流动的减少 $\sum\limits_{i=1}^{N}\sum\limits_{k=1}^{M} C_{ik}$；二是整个能源网络能量流入的减少 $\sum\limits_{i=1}^{N}\sum\limits_{j=1,j\neq i}^{N} E_{ji}$。

对应此能源网络优化的能量流动 E_{ij} 和 C_{ik} 需满足以下限制条件：

$$
\sum_{j=1,j\neq i}^{N} E_{ij} + \sum_{k=1}^{M} C_{ik} \leqslant E_{i,\text{out}} \qquad (6\text{-}53)
$$

$$
\sum_{j=1,j\neq i}^{N} E_{ji} \leqslant E_{i,\text{in}} \qquad (6\text{-}54)
$$

$$
\sum_{i=1}^{N} C_{ik} \leqslant C_{k,\text{demand}} \qquad (6\text{-}55)
$$

式中，$C_{k,\text{demand}}$ 为附近社区的能量需求。基于此优化算法，可以得到一个最大化能源效率的网络拓扑结构，对应此网络拓扑结构的能源流动可以表示为

$$
S_1 = \begin{pmatrix} E_{12}, E_{13}, \cdots, E_{1,N}, E_{21}, E_{23}, \cdots, E_{2,N}, \cdots, E_{N,1}, E_{N,2}, \cdots, E_{N,N-1} \\ C_{11}, C_{12}, \cdots, C_{1,M}, C_{21}, C_{22}, \cdots, C_{2,M}, \cdots, C_{N,1}, C_{N,2}, \cdots, C_{N,M} \end{pmatrix} \qquad (6\text{-}56)
$$

6.2.2.2　以资本回收期为目标的能源网络优化

对应于以能源效率为目标的能源网络优化，可以提出以最小化资本回收周期为目标的能源网络优化，其中能源网络化利用前后的能源成本可以分别计算为

$$\varphi_{\text{before}} = \sum_{i=1}^{N} f(E_{i,\text{in}}, \alpha_i, t) \tag{6-57}$$

$$\varphi_{\text{after}} = \sum_{i=1}^{N} f\left[\left(E_{i,\text{in}} - \sum_{j=1, j\neq i}^{N} E_{ji}\right), \alpha_i, t\right] \tag{6-58}$$

式中，α_i 为能源节点 i 的能源价格；t 为节点的运行时间。进一步，能源网络利用的投资成本可以计算为

$$\varphi_{\text{trans}} = \sum_{i=1}^{N} f(L_{ji}, E_{ji}, \beta_{ji}, \gamma_{ji}, D_{ik}, C_{ik}, \beta_{ik}', \gamma_{ik}', t) \tag{6-59}$$

式中，L_{ji} 为能源从节点 j 到节点 i 的传输距离；β_{ji} 为能源输送的建设成本；γ_{ji} 为能源传送的运行成本；D_{ik} 为能源节点 i 到附近社区 k 的输送距离；β_{ik}' 为输送的建设成本；γ_{ik}' 为输送的运行成本。在这种情况下，能源网络的建设资本回收期 T' 可以表示为 $\varphi_{\text{trans}} = \varphi_{\text{before}} - \varphi_{\text{after}}$ 的函数。假定投资成本与上述变量线性相关，可以得到如下的资本回收周期作为优化的目标函数：

$$T' = \frac{\displaystyle\sum_{i=1}^{N}\sum_{j=1, j\neq i}^{N} (L_{ji} \cdot E_{ji} \cdot \beta_{ji}) + \sum_{i=1}^{N}\sum_{k=1}^{M} (D_{ik} \cdot C_{ik} \cdot \beta_{ik}')}{\displaystyle\sum_{i=1}^{N} (E_{i,\text{in}} \cdot \alpha_i) - \sum_{i=1}^{N}\left[\left(E_{i,\text{in}} - \sum_{j=1, j\neq i}^{N} E_{ji}\right) \cdot \alpha_i\right] - \sum_{i=1}^{N}\sum_{j=1, j\neq i}^{N} (L_{ji} \cdot E_{ji} \cdot \gamma_{ji}) - \sum_{i=1}^{N}\sum_{k=1}^{M} (D_{ik} \cdot C_{ik} \cdot \gamma_{ik}')}$$

$$\tag{6-60}$$

对应此优化方法的限制条件为

$$\sum_{i=1}^{N}\sum_{j=1, j\neq i}^{N} (L_{ji} \cdot E_{ji} \cdot \beta_{ji}) + \sum_{i=1}^{N}\sum_{k=1}^{M} (D_{ik} \cdot C_{ik} \cdot \beta_{ik}') \leq C_{\text{initial}} \tag{6-61}$$

式中，C_{initial} 为能源网络建设的投资上限。类似地，基于此优化，可以得到一个新的能源网络拓扑结构对应的能源流动：

$$S_2 = \begin{pmatrix} E_{12}, E_{13}, \cdots, E_{1,N}, E_{21}, E_{23}, \cdots, E_{2,N}, \cdots, E_{N,1}, E_{N,2}, \cdots, E_{N,N-1}, \\ C_{11}, C_{12}, \cdots, C_{1,M}, C_{21}, C_{22}, \cdots, C_{2,M}, \cdots, C_{N,1}, C_{N,2}, \cdots, C_{N,M} \end{pmatrix} \tag{6-62}$$

6.2.2.3　以 CO_2 排放为目标的能源网络优化

在第三类优化中，以能源网络化利用带来的 CO_2 排放降低为目标函数进行优化，在这种情况下，能源网络化利用之前和之后的 CO_2 排放 ϕ_{before} 和 ϕ_{after} 可以分别计算为

$$\phi_{before} = \sum_{i=1}^{N} f(E_{i,in}, \sigma_i, t) \tag{6-63}$$

$$\phi_{after} = \sum_{i=1}^{N} f\left[\left(E_{i,in} - \sum_{j=1, j\neq i}^{N} E_{ji}\right), \sigma_i, t\right] \tag{6-64}$$

式中，σ_i 为能源节点 i 的 CO_2 排放。能源网络建设带来的 CO_2 排放 ϕ_{trans} 可以计算为

$$\phi_{trans} = \sum_{i=1}^{N} f(L_{ji}, E_{ji}, \varsigma_{ji}, \tau_{ji}, D_{ik}, C_{ik}, \varsigma_{ik}', \tau_{ik}', t) \tag{6-65}$$

式中，ς_{ji} 为从能源节点 j 到能源节点 i 的能源网络建设带来的 CO_2 排放；τ_{ji} 为能源网络运行带来的 CO_2 排放；ς_{ik}' 为从能源节点 i 到附近社区 k 网络建设带来的 CO_2 排放；τ_{ik}' 为对应的能源网络。同样地，假定 ϕ_{trans} 与 ς_{ji}、τ_{ji}、ς_{ik}'、τ_{ik}' 之间线性相关，CO_2 排放的目标函数可以表示为

$$\phi_{trans} = \sum_{i=1}^{N} \sum_{j=1, j\neq i}^{N} [L_{ji} \cdot E_{ji} \cdot (\varsigma_{ji} + \tau_{ji} \cdot t)] + \sum_{i=1}^{N} \sum_{k=1}^{M} [D_{ik} \cdot C_{ik} \cdot (\varsigma_{ik}' + \tau_{ik}' \cdot t)]$$
$$+ \sum_{i=1}^{N} \left[\left(E_{i,in} - \sum_{j=1, j\neq i}^{N} E_{ji}\right) \cdot \sigma_i \cdot t\right] - \sum_{i=1}^{N} (E_{i,in} \cdot \sigma_i \cdot t) \tag{6-66}$$

类似地，基于此优化，可以得到一个新的能源网络拓扑结构对应的能源流动 S_3。

6.2.2.4　考虑多目标平衡的能源网络优化

对应于上述三种单目标优化方法，考虑不同目标函数之间平衡的多目标优化是另一种常见的优化方法。多目标优化的数学表达如下：

$$\min J, \; x \in D \tag{6-67}$$

式中，向量 J 为不同目标函数的组合；x 为自变量的向量；D 为变量的可行区间。在这个应用案例中，J_1 代表能源网络的效率；J_2 代表能源网络建设的资本回收周期；J_3 对应 CO_2 排放的降低量；x 是能源网络流动，D 是能源网络流动的限制条件。常见的多目标优化方法包含两种，一种是加权平均方法，另一种是 Pareto 方法。在加

权平均方法中，多目标优化函数可以表示为

$$J_{\mathrm{MO}} = \frac{\lambda_1}{sf_1}J_1 + \frac{\lambda_2}{sf_2}J_2 + \frac{\lambda_3}{sf_3}J_3 \qquad (6\text{-}68)$$

式中，λ 为单个目标函数的权重；sf 为标量因子。

　　Pareto 方法的第一步通过实验设计方法获得自变量空间中的代表性取样；第二步计算代表性取样点对应的不同目标函数值；第三步通过比较不同取样点对应的不同目标函数值找到非主导解，从而发现 Pareto 最优解。

6.2.2.5　不同目标函数下的能源网络优化结果

　　下面将上述不同单目标以及多目标优化方法应用到该工业园区能源系统的规划中，由于能源系统用户节点较多，这里仅展示了一个由五个工业用户和两个附近社区构成的能源系统网络的优化结果。在图 6.35 中，SOOP1 代表以能源效率为目标的优化，SOOP2 代表以资本回收周期为目标的优化，SOOP3 代表以 CO_2 排放为目标的优化，MOOP1 代表加权平均多目标优化，MOOP2 代表 Pareto 多目标优化，A、B、C、D、E 为工厂，F、G 为社区。

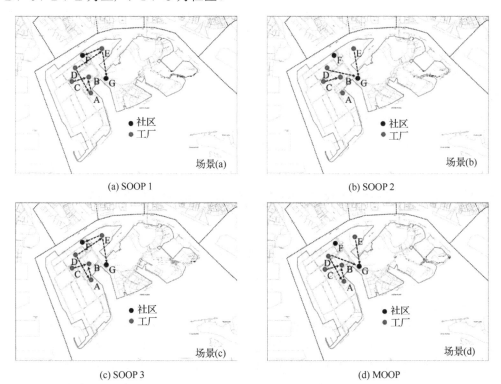

(a) SOOP 1　　　　　　　　　　　　　(b) SOOP 2

(c) SOOP 3　　　　　　　　　　　　　(d) MOOP

图 6.35　能源网络系统优化的结果

对应各种能源网络拓扑结构的能源流动也显示在了表 6.12 中，其中可以看到 MOOP2 对应不止一种能源流动，这是由 Pareto 方法的性质所决定的，在 Pareto 方法中一般会有不止一个最优解。

表 6.12　不同优化方法对应的能源网络拓扑结构的能源流动

场景	方法	能流/kW												
		A—B	C—B	D—A	D—B	D—C	D—E	E—B	A—F	A—G	D—F	D—G	E—F	E—G
(a)	SOOP 1	367	528	1512	0	0	638	0	0	0	0	0	367	733
(b)	SOOP 2	0	895	1512	0	0	0	0	0	0	638	0	0	1467
(c)	SOOP 3	367	528	1512	0	0	638	0	0	0	0	0	367	733
(d)	MOOP 1	445	450	770	0	0	0	0	0	0	0	1366	0	1467
(e)	MOOP 2	300	500	700	0	0	0	0	0	0	0	1100	0	1300
		200	600	800	0	0	0	0	0	0	0	1300	0	900
		400	300	900	0	0	0	0	0	0	0	1200	0	1000
		500	100	1000	0	0	0	0	0	0	0	1000	0	1100

本节提出了可以应用在能源网络优化中的数学方法。通过某工业园区的应用案例可以看到，能源的网络化利用可以针对不同的目标函数，包含前面讨论的能源效率、资本回收周期，以及 CO_2 排放等不同目标函数，优化能源网络的拓扑结构，并推导出对应不同能源网络拓扑结构的最优化能源流动方案[16]。在此基础上，采用加权平均或者 Pareto 方法的多目标优化方案可以达到不同目标函数之间的平衡，从而实现能源网络的多目标优化[17]。需要指出的是，尽管上述优化方法仅在一个能源网络中进行了验证，但实际上在大部分类似应用中，都可以通过此类方法进行能源网络的优化。

6.3　低品位余热网络化利用的方法选择与评价指标

6.3.1　低品位余热网络化利用的方法选择

在设计低品位余热利用网络时，可采用热力学方法或数学方法，选择哪一种方法依赖于该方法的可行性。

热力学方法需要研究人员和设计人员熟悉各种余热传递和转换系统的热力学特性，并能确定实际运行条件下的系统选型。其优势是能够根据典型工况，直观地设计出余热利用网络，获得最优能量目标，并可以通过热匹配校核优化该余热利用网络，实现能量系统的低成本高效集成，工作量小。然而该方法应用时，能量目标单一，无法同时实现多目标优化，需要进行额外的成本核算等优化措施，在复杂网络设计和优化时工作量较大。另外，由于该方法基于稳定流动假设，在热源侧、能量转换侧和需求侧发生急剧变化时，余热利用网络的鲁棒性较差，需要可靠的控制系统策略。

数学方法是基于线性规划和非线性规划的，需要研究和设计人员具有较好的数学最优化基础。其优势是通过余热传递与转换系统的边界条件，针对不同的目标函数确定余热利用网络，并且能够采用 Pareto 优化等达到不同目标函数之间的平衡，实现余热利用网络的多目标优化。该方法在设计之初便可以考虑余热利用网络的鲁棒性，提供了控制系统的设计基础。相比于热力学方法，该方法获取余热利用网络的难度较大，计算过程具有较多的粗糙假设，工作量大，在较简单的余热利用网络设计时，热匹配精准度不够。

因此，当余热利用网络较为简单、热源侧和需求侧较为稳定时，通过热力学方法进行余热利用网络的设计与优化是合适的。当余热利用网络较为复杂、热源侧和需求侧变化较大时，数学方法则更具有优势。在低品位余热利用时，由于实际能量需求和商业化余热转换技术种类有限，大多余热利用网络较为简单。

6.3.2　低品位余热网络化利用的评价指标

低品位余热的网络化利用涉及余热、能量转换系统的综合匹配，其评价指标不应仅是各个能量转换系统的性能指标，而且应当综合考虑余热、能量转换系统，进行整体的评价。其评价指标可包括以下几方面。

1) 能量效率

能量效率表示余热利用网络的收益能量与输入能量之间的关系，其不考虑能量的形式和品位，只以"量"的角度进行余热热量传递与转换的评价。

$$\varepsilon = \left(\sum_j Q_{j,\mathrm{o}} + \sum_j W_{j,\mathrm{o}} \right) \Big/ \left(\sum Q_{\mathrm{i}} + \sum W_{\mathrm{i}} \right) \tag{6-69}$$

式中，j 为能量传递与转换系统序号；Q 为热功率；W 为电(机械)功率；下标 o 表示输出，下标 i 表示输入。

在实际的余热利用中，经能量传递与转换后，余热的温度进一步降低，通常是无法再利用的，直接排放至环境中，然而这部分余热可以通过热泵等技术进一步利用，也具有利用价值。因此该方程表示余热利用网络的收益能量与输入能量的比值，其中，输入能量包括输入热量和输入功。这里的输入热量是指将该余热载体冷却至环境温度，或者是余热载体回流取热端的温度所能释放出的热量，而不是仅仅指输入能量传递和转换系统的能量；输入功是指所有系统与辅助设备的耗电(功)。该指标考虑了余热的全热利用，能够反映低品位余热利用网络的能量效率。

2) 㶲效率

㶲效率表示余热利用网络收益的有效能与付出的有效能的关系，考虑了能量的品位变化，能够以"质"的角度进行余热热量传递与转换的评价。

$$\eta = \sum_j E_{j,o} \bigg/ \sum E_i \tag{6-70}$$

式中，j 为能量传递与转换系统序号；E 为㶲，包括热量㶲和功㶲；下标 o 表示输出，下标 i 表示输入。

式(6-70)表示余热利用网络的收益㶲与总的提供㶲的比值。总的提供㶲包括热量㶲和功㶲，其中热量㶲是指将余热冷却至环境温度，或者是余热载体回流取热端的温度而释放出的㶲值，功㶲是指所有系统与辅助设备的耗电(功)。该指标考虑了余热的品位，能够反映低品位余热利用网络的能量品质转换效率。

3) 投资回收期

余热利用网络不仅仅是方案的设计，还应具体涉及使用的主设备和辅助设备等，经济性是余热利用网络是否可行的重要参数。投资回收期是表征低品位余热利用网络热经济性的参数，是指余热利用网络从建设投资之日算起，净收益的累计值偿还投资总额所需的时间(年)：

$$\tau = \frac{C_T}{\displaystyle\sum_{j=0}^{\tau} (C_{in} - C_{out})_j} \tag{6-71}$$

式中，C_T 为投资总额；C_{in} 和 C_{out} 分别为年现金流入和流出量。若 C_{in} 和 C_{out} 固定，则为静态投资回收期；若 C_{in} 和 C_{out} 不固定，则为动态投资回收期。

该指标能够反映余热利用网络偿还投资的能力。各行业有各种工程参考的基准投资回收期，余热利用网络可与基准投资回收期比较，若其投资回收期低于基准投资回收期，则余热利用网络的可行性较高，反之其可行性较低。

4) 㶲成本

㶲成本同样是表征低品位余热利用网络热经济性的参数，是指单位收益㶲对应的成本，即㶲单价：

$$c_{UC} = \frac{C_F}{E_b} + c_{OP}\frac{E_{OP}}{E_b} + \frac{C_M}{E_b} \tag{6-72}$$

式中，c_{UC} 和 c_{OP} 为㶲单价和运行能耗㶲单价；C_F 和 C_M 为固定成本和管理及维护成本；E_b 和 E_{OP} 为收益㶲和运行能耗㶲。

参 考 文 献

[1] 王如竹, 王丽伟, 蔡军, 等. 工业余热热泵及余热网络化利用的研究现状与发展趋势[J]. 制冷学报, 2017, 38(2): 1-10.

[2] 肯普. 能量的有效利用:夹点分析与过程集成[M]. 项曙光, 贾小平, 夏力, 译. 2 版. 北京: 化学工业出版社, 2010.

[3] 傅秦生. 能量系统的热力学分析方法[M]. 西安: 西安交通大学出版社, 2005.

[4] Bandyopadhyay S, Varghese J, Bansal V. Targeting for cogeneration potential through total site integration [J]. Applied Thermal Engineering, 2010, 30(1): 6-14.

[5] Du S, Wang R Z, Xia Z Z. Optimal ammonia water absorption refrigeration cycle with maximum internal heat recovery derived from pinch technology [J]. Energy, 2014, 68: 862-869.

[6] 杜帅. 氨水吸收式制冷系统的内部回热研究[D]. 上海: 上海交通大学, 2015.

[7] 过增元, 梁新刚, 朱宏晔. 㶲——描述物体传递热量能力的物理量[J]. 自然科学进展, 2006(10): 1288-1296.

[8] Chen Q, Xu Y C, Guo Z Y. The property diagram in heat transfer and its applications[J]. Chinese Science Bulletin, 2012, 57(35): 4646-4652.

[9] Xu Y C, Chen Q, Guo Z Y. Entransy dissipation-based constraint for optimization of heat exchanger networks in thermal systems [J]. Energy, 2015, 86: 696-708.

[10] 陈群, 郝俊红, 付荣桓, 等. 基于(㶲)理论的热系统分析和优化的能量流法[J]. 工程热物理学报, 2017, 38(7): 1376-1383.

[11] 徐圣知. 吸附系统的热力学和(㶲)流分析方法研究[D]. 上海: 上海交通大学, 2019.

[12] 王如竹, 王丽伟, 吴静怡. 吸附式制冷理论与应用[M]. 北京: 科学出版社, 2007.

[13] Xu S Z, Wang R Z, Wang L W. Temperature-heat diagram analysis method for heat recovery physical adsorption refrigeration cycle - taking multi-stage cycle as an example [J]. International Journal of Refrigeration, 2017, 74: 254-268.

[14] Zhang C. Data driven modeling and optimization of energy systems [D]. Nanyang: Technological University, 2019.

[15] Zhang C, Romagnoli A, Kim J Y, et al. Implementation of industrial waste heat to power in Southeast Asia: An outlook from the perspective of market potentials, opportunities and success catalysts [J]. Energy Policy, 2017(106): 525-535.

[16] Zhang C, Romagnoli A, Comodi G, et al. A novel methodology for the design of waste heat recovery network in eco-industrial park using techno-economic analysis and multi-objective optimization [J]. Applied Energy, 2016(184): 88-102.

[17] Zhang C, Romagnoli A, Zhou L, et al. Knowledge management of eco-industrial park for efficient energy utilization through ontology-based approach [J]. Applied Energy, 2017(184): 88-102.

第 7 章

基于负荷预测的柔性调节余热网络

余热利用网络对余热供应和能量需求条件非常敏感,这需要余热利用网络具有良好的鲁棒性。根据能量需求进行余热利用网络的调节能够使得供应端和需求端保持合理的匹配,实现余热的低成本有效利用,这需要一个参数化的信息手段。参数化的广义余热网络,称为柔性余热网络,其相应的接口也是参数化的,称为柔性接口。一组确定的结构参数值使得柔性网络变为刚性网络。柔性网络参数的取值受一定尺寸范围的约束,既不能破坏余热利用网络的拓扑结构,也不能超出网络规格的应用范围。与柔性网络相对应,拓扑结构和尺寸定制后的模块称为刚性网络[1]。

工业余热网络具有一定程度的蓄热潜能,将工业余热网络作为一种特殊形式的蓄热设备,结合负荷预测结果,可以实现削峰填谷的效果。在这个能源利用系统中,根据负荷预测的结果,合理安排网络传输的热能,在用热高峰时段释放网络蓄存的热量,在用热低谷时段蓄存多余的热量,不仅能够提高能源系统的供能经济性、供能效率,还能够提高整个供能网络的供能灵活性,实现柔性调节。本章以工业余热网络的蓄能效应为例,阐述余热利用网络的柔性调节,其方法可以推广至其他能量系统负荷变化时的余热利用网络调节。

7.1 基于神经网络的负荷预测

在能源领域,对能源的流向、流量及供求规律等进行调查研究,获得各种资料和信息,运用科学的方法,预计和推测未来一定时期的能流状态,可为经济发展的战略决策、生产和能源部门及企业的经营管理和决策提供科学的依据。能流预测的作用可归纳为两个方面——编制计划与决策。

能流预测的目的就是准确地估计未来的能流发展。影响能流预测的因素很多,如市场供需情况、交通等,同时这些因素又是能流预测内容,因此能流预测模型的建立是一个复杂的系统工程。

7.1.1　需求侧负荷预测基本模型

工业能源系统负荷预测是指充分考虑系统的运行特性、外部的自然条件以及社会的经济水平和工业生产力水平等因素，并结合系统的历史数据，通过各种数学模型，对未来的某个时段的能源需求峰值做出满足一定精度的预测。电力负荷预测问题根据需要预测的时间长短可以分为长期、中期、短期以及超短期负荷预测。

系统的总负荷受多个因素的影响，不过一般意义上，负荷的预测模型可以表示为和消费量相关的各个分量的共同作用。在负荷的加法模型中，总负荷可以表示为各个分量的作用的叠加[2]：

$$L(t) = B(t) + W(t) + S(t) + V(t) \tag{7-1}$$

式中，$L(t)$ 为 t 时刻系统的总负荷；$B(t)$ 为 t 时刻系统基本部分负荷分量；$W(t)$ 为 t 时刻天气敏感部分负荷分量；$S(t)$ 为 t 时刻特别事件部分负荷分量；$V(t)$ 为 t 时刻随机负荷分量，通常表示不可解释的部分，或表示零均值的白噪声。

另外，电力负荷也可以表示为乘法模型，表示为各个因素相乘[3]。

(1)基本部分负荷分量：表示负荷的基础部分，表现在预测曲线上，主要和时间相关。对于不同的负荷预测类型，$B(t)$ 有不同的类型，具有不同的变化趋势。例如，对于超短时负荷预测，其具有分钟级别的时间跨度，此时时间对 $B(t)$ 的影响不是太大，$B(t)$ 接近于线性变化，甚至是常数，没有明显的周期性。对于短期负荷预测 (STLF)，在一天 24h 中，上班时间还有下班时间会有明显的周期变化；对于一周的时间跨度，周一到周末，$B(t)$ 也会呈周期性变化。特别地，对于节假日，如国庆假期和春节假期，用能量也会有明显的周期变化。中期负荷预测的预测周期以月为基本单位，会有明显的季节性变化。而在长期电负荷预测过程中，$B(t)$ 会呈现出较为明显的增长趋势。

一般来说，对于基本部分负荷分量 $B(t)$，其同时具有线性变化和周期性变化的特征，所以可以用线性变化分量和周期变化分量的合成来表示[4]：

$$B(t) = X(t) \times Z(t) \tag{7-2}$$

式中，$X(t)$ 为负荷中具有线性变化性质的分量；$Z(t)$ 为具有周期性质的负荷分量。具有线性变化性质的分量 $X(t)$ 可以用一个一元线性函数来表示：

$$X(t) = a + bt + o \tag{7-3}$$

式中，o 为随机误差；a、b 为系数。

周期变化模型可以根据预测的时间粒度(小时、天)不同采用不同的设置，假设以小时为单位进行预测，则周期性质的负荷分量可以表示为[5]

$$Z(t) = \frac{1}{n} \sum_{i=1}^{n} Z_i(t) \tag{7-4}$$

式中，$Z_i(t)$ 为第 i 天中第 t 小时的负荷比例系数。这里的负荷比例系数可以用当日该小时的负荷大小与该日的日平均负荷的比值来进行计算：

$$Z_i(t) = \frac{L_i(t)}{\bar{X}_i} \tag{7-5}$$

式中，$L_i(t)$ 为第 i 天中第 t 小时的负荷；$\bar{X}_i$ 为第 i 天当天的日平均负荷。这里是考虑了一天内的负荷变化情况，以 24h 为一个变化周期，但是同时考虑前 n 天的负荷比例系数，这里将前 n 天的负荷比例系数平均，得到今天该小时的负荷比例系数，与线性变化模型的负荷分量相乘，得到该时段的负荷值。

(2)天气敏感部分负荷分量：影响负荷的天气因素有很多，严格说来，大部分的天气因素都会对生产生活产生影响，进而影响电力负荷数据。常见的天气因素有温度、湿度、风力大小、阴、晴、雨、雪等[6]。根据天气因素进行预测，一般需要收集较多的天气数据以及对应天气的负荷数据。然后进行数据处理，如清洗、去噪、归一化等，并对各种不同类型的因素和负荷进行相关分析，确定具体的影响因子和权值，然后决定天气敏感负荷模型。以温度为例，对于与温度有关的负荷分量，可以简单地用线性模型表示：

$$W(T) = \begin{cases} K_s(T - T_s), & T > T_s \\ -K_w(T - T_w), & T < T_w \\ 0, & T_w \leqslant T \leqslant T_s \end{cases} \tag{7-6}$$

式中，T 为预测第 t 时刻的温度；T_w 为负荷临界温度；K_w 为负荷临界斜率；T_s 为冷却临界温度；K_s 为冷却临界斜率。

(3)特别事件部分负荷分量：负荷容易受到特别事件发生的影响，例如，周期性重大电视节目，如春晚；重大活动，如亚太经济合作组织（APEC）会议期间，华北多个地区工厂停工，工厂电力负荷大规模减小。

对于特别事件部分负荷分量，可用专家系统方法来进行建模分析，也可以用人工神经网络或其他因子模型来进行预测。

(4)随机负荷分量：负荷分量模型可以分解为基本部分负荷分量、天气敏感部分负荷分量和特别事件部分负荷分量以及随机负荷分量，由于随机负荷分量具有不确定性，所以一般将整体负荷值除去前面三个负荷分量，剩下的为随机负荷分量。

随机负荷分量可以解释为均值为 0 的白噪声。主要有自回归、动平均、自回归动平均以及累积式自回归动平均模型。另外，解决该问题的一个比较有效的方法是Box-Jenkins 的时间序列法[7]。

7.1.2　需求侧负荷预测基本方法

需求侧负荷预测基本方法主要包括直观分析预测法、回归分析预测、灰色系统预测、神经网络方法等[8]。

7.1.2.1　直观分析预测法

直观分析预测法是负荷预测的传统方法，一般根据经验、技术以及历史数据，对未来的负荷趋势做出定性预测分析，对未来的负荷变化情况给出一个定性结论。直观分析预测法主要包括单耗法、负荷密度法、增长率法以及弹性系数法等。

单耗法：就是每次对不同类型的用电量单独分析。简单说来，就是针对不同耗能类型的机组分别计算用能量。例如，假设工厂生产某种机组的单位用能量以及该机组的计划生产量已知，则可以根据这些信息来计算生产该机组所需的用能量，计算公式可以表示为

$$A_i = b_i \cdot g_i \tag{7-7}$$

其中，A_i 为该类型机组估计全部用能量；b_i 为该机组的预期生产规模；g_i 为生产该机组的单位用能量。

如果需要计算某一地区或者某一工厂未来的用能情况，需要将每个机组的单位用能量进行统计，并且记录该机组在下一预测周期的计划生产数量，那么该地区或工厂 n 种机组的总的耗能量为

$$A = \sum_{i=1}^{n} b_i \cdot g_i \tag{7-8}$$

单耗法从单种机组生产规模以及机组的单位用能量入手，对全部用能量进行计算，是一种非常自然简单并且有效的负荷预测的方法，适用于有计划生产任务的工业生产的负荷预测。使用单耗法进行预测时，首先得到各个机组的生产指标以及现有技术条件下机组的单位用能量，进而得到该地区进行生产活动的综合能源消耗。

单耗法操作思路简单，非常适用于小范围内的、影响因素较少的准确负荷的预测。但是单耗法需要准确的机组单耗以及机组预期产量，当操作范围较大时，工作量极大，并且当有其他非机组生产造成能源消耗时，影响因素较多，使得准确率不高。

负荷密度法：就是对供能范围内不同功能区单独考虑。根据不同地区的单位建筑(或是单位住宅面积)、单位个人的用能负荷功率或用能量，以及该地区的建筑面积及人口数量预测该地区的耗能功率或耗能量。预测思路以及方式和单耗法类似：

$$P = \Phi \cdot S \qquad (7\text{-}9)$$

式中，P 为该地区预测的负荷功率；Φ 为单位面积或者个人的耗能功率，计量单位为 kW/m^2（建筑面积）、kW/km^2（地区面积）、$kW/$人（人数）；S 为面积或者人数。

增长率法：增长率法是假设一个电量适用的年均增长率，年均增长率一般是根据历史能源的使用数据以及未来能源使用的发展规划来进行确定，然后根据式(7-10)计算求得目标年份的能源预测值，一般用于长期负荷预测之中：

$$W = W_0 \cdot (1+V)^n \qquad (7\text{-}10)$$

式中，W_0 为基准年的能耗；V 为年均增长率。

弹性系数法：弹性系数法与增长率法类似，也用于较长期的负荷预测，对远景规划进行预测，不过负荷的增长率是从经济发展速率进行预测。弹性系数法使用弹性系数来表示对能源的需求情况。弹性系数反映了经济增长率和用能量增长率的关系，可以表示为

$$k = \frac{v_w}{v} \qquad (7\text{-}11)$$

式中，k 为弹性系数；v_w 为用能量增长率；v 为经济增长率。

7.1.2.2　回归分析预测

回归分析预测是一种常用的数据拟合以及预测方法。以统计学中的回归模型为基础，根据历史负荷数据，建立如 $y=f(x,a)$ 所示的数学模型，其中 y 是因变量，即预测的负荷值；x 是自变量，是与负荷相关的影响电力系统的各种因素，如天气状况、节假日、时间；a 是回归系数，表明在该种预测情况下，各个因素对最终预测值的影响比重。回归模型的关键在于找出影响负荷的自变量和因变量（负荷）的相关关系。

回归模型可以按照自变量与因变量是否具有线性关系划分为线性回归模型和非线性回归模型两种[9]。而回归模型又有一元回归和多元回归之分，在一元回归之中，只有一个自变量对目标变量有影响，而在多元回归中，有多个自变量对目标变量有影响。下面以一元线性回归为例，介绍如何求解。一元线性回归模型可以表示为

$$\hat{y} = a + bx \qquad (7\text{-}12)$$

式中，a、b 为回归方程的回归系数；$\hat{y}$ 为预测值；x 为自变量。这里使用最小二乘，用残差平方和作为目标函数。由于该方法较简单，在此不再赘述。

对于多元线性回归，可以考虑多个影响因素和目标的关系，因为实际生活中，每个目标的影响因素往往很多，所以多元回归能够融合更多影响因素，因而更符合

一般的现实特性。多元线性回归可以表示为[10]

$$\hat{y} = a_0 + a_1 x_1(t) + a_2 x_2(t) + \cdots + a_n x_n(t) + w(t) \tag{7-13}$$

式中，$\hat{y}$ 为预测值；$x_1(t), x_2(t), \cdots, x_n(t)$ 为自变量影响因子，即与负荷相关的因素；$a_0, a_1, \cdots, a_n$ 为参数向量或称为回归系数；$w(t)$ 为方差恒定的随机变量。

回归模型原理简单，且多使用线性模型，预测速度快，对未来的数据有较好的预测效果，适合于短期和中期的负荷预测，但是需要较多的历史数据，对数据的质量要求较高，同时还需要处理过拟合等问题，需要使用者具有丰富的经验和技巧。

在线性回归模型之中，需要对不同的因素进行选择，确定哪些因素会对自变量的值产生影响，即因变量。这里就涉及特征选择的问题，在前面假设自变量和因变量之间是具有线性关系的。当然可以使用统计学中的相关系数来确定自变量和因变量是否具有线性关系，具体不再赘述。

7.1.2.3　灰色系统预测

灰色系统是一种处于黑色系统和白色系统之间状态的系统。在白色系统中，信息公开透明，而黑色系统与白色系统完全相反，其信息不透明、不明确。所以，灰色系统就是部分信息透明公开，部分信息不确定的系统。而在能源系统之中，装机容量、输电线路参数、当前的人口以及经济水平等是明确的，而未来时段的人口增长、经济发展、天气状况以及气候是不明确信息。灰色系统预测是一种能够充分利用已知的确定信息，通过一些数学模型和方法，寻找参数间的关系，从而预测出不确定信息的发展趋势的分析方法。灰色系统预测能兼顾负荷预测中的确定性和不确定信息，广泛应用于中长期的负荷预测中。

7.1.2.4　神经网络方法

神经网络属于机器学习范畴，神经网络预测法作为一种智能的预测方法，非常适合于负荷的短期预测，并且预测结果具有较高的精度，引起了越来越多的学者的关注。神经网络用于负荷预测的一般流程：首先确定所使用的网络类型；然后需要确定输入数据，如历史负荷以及影响因子(天气、温度、节假日、时刻、日期等)，将相关的影响因子归一化作为输入数据，预测结果作为输出数据；接着需要确定网络的结构，如前馈神经网络中要确定网络层数、每一层网络的节点个数以及每一层网络激活函数的类型；最后，通过大量历史记录(包括影响因素数据以及目标负荷等)进行训练，得到目标网络的训练完成的链接权重[11]。根据输入预测目标所处的状态，就可以通过这个神经网络得到预测的目标值。

神经网络按照组织方式分为多种，有前馈神经网络、径向基函数(RBF)网络、Hopfield 网络、循环神经网络(recurrent neural network，RNN)、卷积神经网络(CNN)。

BP（back propagation）是网络训练的一种方式，可以用来训练前馈神经网络、RNN、CNN 等，也有将用 BP 训练的前馈神经网络称为 BP 网络。本书重点介绍 BP 以及 RNN 在短期负荷预测中的应用。

7.1.2.5　其他预测方法

负荷预测属于回归问题，多数用于回归预测的模型、方法都可以用于负荷的回归预测之中，如时间序列分析、小波分析、支持向量机（支持向量回归）等，更有各种集成学习方法，将各个模型统一起来，进行预测，大大提高了预测精度[12,13]。

7.1.3　神经网络算法

神经网络最早用于分类问题，在此处主要用于短时负荷预测。

神经网络（neural network）又称为人工神经网络（artificial neural network，ANN），以区别于生物神经网络（biological network），是一系列模型的统称。一般认为，人工神经网络是受生物神经网络的启发产生的，生物神经网络一般指生物的大脑神经元细胞组成的网络，层状分布，能够接收脉冲信号，用于产生生物的意识，帮助生物进行思考和行动，神经网络是生物网络的一种结构近似模拟，能够通过对符合某种函数的数据进行训练，从而对该未知函数进行近似[14]。神经网络的四种特性：①并行分布处理；②高度鲁棒性和容错能力；③分布存储及学习能力；④能够逼近复杂的非线性函数[15]。

一个神经网络启发于生物神经网络，由有组织的相互连接的节点组成，节点呈现层状排列，不同节点的功能类似于生物网络中的神经元。图 7.1 是前馈神经网络示意图，前馈神经网络（feedforward neural network）是人工神经网络的一种，最内层是输入层神经元，每一层接收前一层的输入数据，并输入下一层中，直至最外面的输出层。整个网络中数据流都是从输入流向输出，可用一个有向无环图表示。图 7.1 是一个三层前馈神经网络的示意图，整个神经网络由输入层（input）、输出层（output）以及一层隐藏层（hidden）组成，每一层都由若干个神经元组成。

神经网络每一层由若干个节点——神经元组成，神经元是处理信息的基本单位。如图 7.2 所示，虚线框内是一个神经元节点（即图中的圆圈部分）的结构示意图，$x_1 \sim x_n$ 是该神经元的 n 维输入数据，对于非输入层也是上一层的输出数据，y 是该神经元的输出数据，成为下一层的输入数据，$w_1 \sim w_n$ 为权重，f 为非线性激活函数，θ 为隐藏层神经元进行非线性变换过程中的偏置项。

7.1.3.1　神经网络传播与 BP 求解

前馈神经网络中数据流由输入层到输出层称为前馈。可以定义一个预激活值（pre-activation），用符号 a 表示，代表的是该层网络输入数据的加权求和。对于输

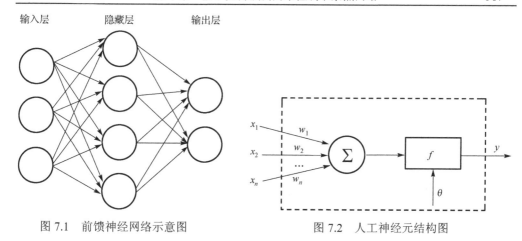

图 7.1　前馈神经网络示意图　　　　　　　　图 7.2　人工神经元结构图

出层的预激活值，有(输出层节点索引用 k 表示)

$$a_k = \sum_{h \in H_L} w_{hk} x_h + b_k \tag{7-14}$$

式中，H_L 为前一层(隐藏层)的所有的输出节点集合(当前层输入)；w_{hk} 为链接前一层节点 h 和该层节点 k 的权重；b_k 为第 k 个偏置。则输出层节点的输出数据通过激活函数的映射作用输出：

$$o_k = f(a_k), \quad k = 1, 2, \cdots \tag{7-15}$$

对于每一层，都是经过如此处理，加权求和然后再使用激活函数，最终得到输出层数据。

输入数据经过加权累加，加上偏置项目的作用，再经过非线性激活函数(activation function)f 的作用，得到当前层的输出结果 y 作为下一层的输入。

可以得出，激活函数的作用通常可以表示为

$$y = f(a) = f\left(\sum_{i=1}^{n} x_i w_i + \theta \right) \tag{7-16}$$

从式(7-16)可以看出，激活函数的作用是将数据从输入空间经过非线性变换(少数激活函数使用线性变换)映射到输出空间，如 Sigmoid 函数将输入数据的加权和从 $[-\infty, \infty]$ 映射到 $[0,1]$。常用的激活函数有 Sigmoid、双曲正切 tanh(hyperbolic tangent)，双曲正切函数能够将数据从 $[-\infty, \infty]$ 映射到 $[-1, 1]$。

Sigmoid 函数和 tanh 函数如下：

$$\sigma(x) = \frac{1}{1 + e^{-x}}$$
$$\tanh(x) = \frac{e^x - e^{-x}}{e^x + e^{-x}} = \frac{e^{2x} - 1}{e^{2x} + 1} \tag{7-17}$$

两者具有一定的伸缩变换关系：

$$\tanh(x) = 2\sigma(2x) - 1 \tag{7-18}$$

对激活函数求导，得到

$$\frac{\partial \tanh(x)}{\partial x} = 1 - \tanh(x)^2$$
$$\frac{\partial \sigma(x)}{\partial x} = \sigma(x) \cdot [1 - \sigma(x)] \tag{7-19}$$

误差反向传播：对于输出层，假设预测值为 y_k，若是采用最小平方误差形式，则损失函数可以表示为

$$E = \frac{1}{2} \sum_{k=1}^{n} (y_k - o_k)^2 \tag{7-20}$$

目标是要计算误差对于每一层权重参数矩阵 W 的导数，但是目标函数中并没有权重矩阵，首先将误差对输出层数据求导：

$$\frac{\partial E}{\partial o_k} = -(y_k - o_k) \tag{7-21}$$

进而将误差对于预激活值求导，可以采用链式法则：

$$\delta_k = \frac{\partial E}{\partial a_k} = \frac{\partial E}{\partial o_k} \frac{\partial o_k}{\partial a_k} \tag{7-22}$$

一般令 $\delta_k = \frac{\partial E}{\partial a_k}$，可以看作误差对于预激活值的敏感系数，误差的反向传播就是通过每个节点的 δ_k 进行的。

为了方便，用 l 表示节点所在层数，神经网络共有 L 层，最外层的预激活值的 a^k 的求导 δ^L 已经由前面计算出来了。对于任一层，有

$$x^{l+1} = f(a^l), \quad a^l = W^l \cdot x^l + \theta^l \tag{7-23}$$

误差损失对任意一层的 a^l 求导，则有

$$\delta^l = \frac{\partial E}{\partial a^l} = \frac{\partial E}{\partial x^{l+1}} \frac{\partial x^{l+1}}{\partial a^l} = \frac{\partial x^{l+1}}{\partial a^l} \circ \left(\sum \frac{\partial E}{\partial a^{l+1}} \frac{\partial a^{l+1}}{\partial x^{l+1}} \right) = f'(a^l) \circ (W^{l+1})^{\mathrm{T}} \delta^{l+1} \tag{7-24}$$

式中，符号 $\circ$ 为向量的元素对应相乘。

有了 δ^l 之后，由于预激活值是权值矩阵的函数，则可以使用链式法则求权值的导数：

$$\frac{\partial E}{\partial W^l} = \frac{\partial E}{\partial a^l} \frac{\partial a^l}{\partial W^l} = \delta^l (x^{l-1})^{\mathrm{T}} \tag{7-25}$$

然后就可以使用优化方法对权值矩阵 W 进行迭代优化,如使用梯度下降法迭代求解 W 的值:

$$W = W - \eta \cdot \frac{\partial E}{\partial W} \tag{7-26}$$

式中, η 为学习速率,可以随着迭代次数的增加而改变,关于如何迭代优化不再赘述,可以参考相关的优化理论书籍[16]。

7.1.3.2　RNN

RNN 是一种特殊类型的神经网络。在普通的全连接网络,如前馈神经网络之中,每层神经元的信号只能向上面一层传播,样本的处理在各个时刻独立,所以称为前馈或是前向神经网络。例如,前馈神经网络中的信息流传递方向是:输入层→隐藏层→输出层,同层之间没有数据流动。

和前馈神经网络不同,RNN 中当前时刻的神经元的输出可以在下一个时刻直接作用于自身,或者说,神经元的输入可以看作按照时间序列输入的,本次的样本输出可以在下一个样本输入时起到作用,如图 7.3 所示,图 7.3(a)是隐藏层层多神经元的示例,图 7.3(b)是隐藏层层只有一个神经元的示例。

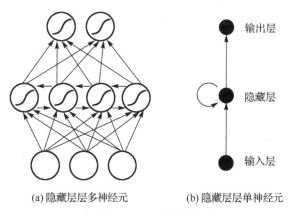

(a)隐藏层层多神经元　　　　(b)隐藏层层单神经元

图 7.3　RNN 示意图

前面提到,RNN 中神经元的输出可以在下一个时刻(下个样例输入时)直接作用于自身。表现在图 7.3 中就是隐藏层的神经元之间增加了互联,有了环的存在,如图 7.3(a)中的互联环以及图 7.3(b)中单隐藏层神经元的自环。为了方便,可以将 RNN 在时间序列上展开。

例如，图 7.3(b) 中单个隐藏层神经元网络在处理具有时间序列关系的数据可以展开成如图 7.4 所示的过程。

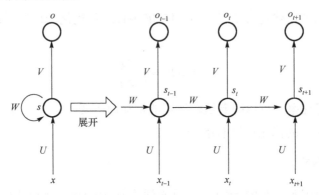

图 7.4 RNN 隐藏层神经元展开过程

图 7.4 所示过程称为 RNN 的展开(unfolding)过程，输入用 x 表示，输出用 o 表示，权重矩阵用 W 表示。当输入的样本是一系列具有时间序列关系的样本时，如一组序列样本 $x_1, x_2, \cdots, x_{t-1}, x_t, x_{t+1}, \cdots, x_T$，前一个时刻神经元的输入是 x_{t-1}，该时刻神经元输入为 s_{t-1}，(即上一时刻神经元的输出成为该时刻样本的输入) 以及该时刻的输入样本 x_t，得到输出 s_t，s_t 仍然可以成为下一时刻的输入数据，作用于下一次的输出。这里通过 RNN 隐藏层的自环的作用，神经元的上一时刻样本的输出可以作为该时刻的输入，使得神经网络记住了历史信息。RNN 在记住历史信息之后，就可以通过 RNN 进行时间序列方面的预测。通过图 7.4 可以看出，RNN 可以看成一个在时间轴上传递的神经网络。基于 RNN 的这个对于序列数据的记忆特性，可采用 RNN 来进行负荷预测。

由于 RNN 一般用于序列标注、序列预测，所以输入是按照时间序列的顺序进行的。这里用符号表示输入数据的长度，输入向量用 x 表示，用标记 x_j^t 表示在时刻 t 时神经元 j 上的输入，a_j^t 表示时刻 t 时对于神经元 j 的预激活值，标记 b_j^t 表示时刻 t 时神经元 j 的激活值。H 为隐藏层单元个数。类似于前馈神经网络，RNN 的隐藏层的预激活值可以用式(7-27)计算：

$$a_h^t = \sum_{i=1}^{l} w_{ih} x_j^t + \sum_{h'=h}^{H} w_{h'h} b_{h'}^{t-1} \tag{7-27}$$

由式(7-27)可得，时刻 t 的预激活值由两部分组成，第一部分是本次的输入 x_j^t，第二部分是上一时刻 $t-1$ 的激活值 $b_{h'}^{t-1}$，两者使用不同的权值矩阵加权得到 t 时刻的预激活值。

激活值 b_h^t，类似于前馈神经网络之中的方法，可以通过非线性、可微激活函数(双曲正切或者 Sigmoid 函数，用 f 表示)得到：

$$b_n^t = f(a_n^t) \tag{7-28}$$

对于输出层，由于环只存在于隐藏层之中，所以输出层的计算方式也和前馈神经网络一致：

$$a_k^t = \sum_{h=1}^{H} w_{hk} b_n^t \tag{7-29}$$

然后再应用式(7-29)得到输出层目标值。

目前神经网络的参数大都基于预测值和目标值的误差的反向传播获得，RNN 也不例外。但是 RNN 除了前向数据流外，还有自环数据流，因为每个隐藏神经元也能接受上一时刻的输出。RNN 反向传播的信号来自两个方向，一个是当前时刻的输出误差，另一个是下一时刻当前层的输出误差，所以其反向传播的公式为

$$\delta_h^t = f'(a_h^t)\left(\sum_{k=1}^{K} \delta_k^t w_{hk} + \sum_{h'=1}^{H} \delta_{h'}^{t+1} w_{hh'}\right) \tag{7-30}$$

式中，K 为神经网络层数。

式(7-30)称为基于时间的反向传播(back propagation through time,BPTT)，其中

$$\delta_j^t = \frac{\partial E}{\partial a_j^t} \tag{7-31}$$

则最终的损失函数 $L(t)$ 对每一层的参数求导,使用一对一方式更新参数权值时,t 时刻的权值更新公式为

$$\frac{\partial L(t)}{\partial w_{ij}} = \sum_{\tau=t_0+1}^{t} \frac{\partial L(t)}{\partial a_j^\tau} \frac{\partial a_j^\tau}{\partial w_{ij}} = \sum_{\tau=t_0+1}^{t} \delta_j^\tau b_i^\tau \tag{7-32}$$

式中，a_j^τ 为 τ 时刻第 j 层输出值；b_i^τ 为 τ 时刻第 i 层激活值；t_0 为初始时刻。

可以看到 t 时刻的权值更新使用了整个时间区间中的误差信息(δ_j^τ)，然后随着时间的推移，容易造成梯度消失或是梯度爆炸。但是，当一定时间过去之后，前面很多误差对后面的影响并不是太大，所以可以使用截断式基于时间的反向传播(truncated BPTT)，只选取前 h 段时间内的误差信息进行参数更新：

$$\frac{\partial L(t)}{\partial w_{ij}} = \sum_{\tau=t-h}^{t} \frac{\partial L(t)}{\partial a_j^\tau} \frac{\partial a_j^\tau}{\partial w_{ij}} = \sum_{\tau=t_0-h}^{t} \delta_j^\tau b_i^\tau \tag{7-33}$$

7.1.4　基于神经网络算法的需求侧负荷预测

神经网络对负荷预测问题数据的处理，主要包括数据预处理、隐藏层神经元个数确定、序列增量比因子三部分内容[17]。

7.1.4.1　数据预处理

数据归一化：为了使用神经网络来进行负荷预测，必须首先将数据进行归一化处理，处理包括两方面，输入数据的处理以及输出数据的处理，归一化处理可以使用相同的或是不同的方法。归一化之后，输入数据范围一致，可以都设为[0,1]。训练得到的权值可以表示不同输入在预测中的重要性。否则，权值的迭代更新过程中既要对不同类型的输入因素值进行加权，又要在加权过程中平衡掉尺度范围的影响，难以迭代得到较好的结果。对于输出数据，由于神经网络的输出是由激活函数决定的，常用激活函数 Sigmoid 值域为[0,1]，双曲正切函数 tanh 值域是[−1,1]，所以在训练过程中，要将输出数据映射到激活函数的值域，在预测过程，要将计算得到的激活函数值域内的预测值按照转化对应的逆过程转化到输出数据的值域。

以 Sigmoid 作为激活函数，使用线性归一化方法将输出负荷数据转化到[0,1]区间：

$$\tilde{x} = \frac{x - x_{\min}}{x_{\max} - x_{\min}} \tag{7-34}$$

式中，$x_{\max}$ 和 $x_{\min}$ 为最大、最小输入数据。

可以使用对应的逆变换将位于激活函数值域区间[0, 1]的预测值数据转换到负荷数据值域：

$$x = x_{\min} + \tilde{x} \cdot (x_{\max} - x_{\min}) \tag{7-35}$$

当测试数据里面的输入数据的值范围超过 $x_{\min}$ 或 $x_{\max}$ 时，归一化之后的值不再位于[0, 1]区间，多数情况对于输入数据不会有太大影响，但是输出数据必须保证在区间[0, 1]中。当然也可以预先设置一个稍微大的值，如都扩大为训练数据的范围的1.5 倍等，保证输出数据都能在[0, 1]区间。

对于输出数据，也需要进行线性归一化处理。当进行预测时，只有当输出层激活函数的输出值为 1 时，才能取得 $x_{\max}$。但是从激活函数的形式可以看到，激活函数是无限趋近于 1 的，但是并不会等于 1，所以通过输出层激活函数的作用和映射并不能得到大于 $x_{\max}$ 的预测负荷，所以若使用训练数据的输出值的最大值作为 $x_{\max}$，预测时得到的所有数据都在 $x_{\max}$ 以下，显然这和实际情况不符合，所以需要适当调整上下限 $x_{\min}$ 和 $x_{\max}$ 的范围。另外，神经网络训练会有过早熟问题，也就是说，激活函数是一个 S 形曲线，$f(100)$ 与 $f(5)$ 只差 0.0067，这导致输入数据差距过大但是输出数据差别较小，严重影响预测误差。还有，越靠两端，曲线梯度越小，梯度下降引起的误差的降低变得越小，导致训练提前终止或者训练时间变长。

解决方法之一类似于输入数据的处理方式，将 $x_{\min}$ 和 $x_{\max}$ 设定值在数据集的数值范围之外，例如，可以这样设置：

$$\begin{cases} D_{\max} = \max\limits_{i=1,2,\cdots,N}(x_i) \\ D_{\min} = \min\limits_{i=1,2,\cdots,N}(x_i) \end{cases} \tag{7-36}$$

可以将负荷两边界同时增加 α，并且可以设置 α 范围$(0.1 \leqslant \alpha \leqslant 0.3)$：

$$\begin{cases} x_{\min} = D_{\min} - \alpha\,|D_{\max} - D_{\min}| \\ x_{\max} = D_{\max} + \alpha\,|D_{\max} - D_{\min}| \end{cases} \tag{7-37}$$

再将负荷线性投影到[0,1]区间以及将神经网络的输出数据从[0,1]区间转换为负荷数据。

数据的量化处理：对于节假日信息，使用二分类处理，节假日在输入数据之中用1表示，非节假日用0表示。对于星期信息，一般有几种量化处理方法。

(1)二分类方法，将负荷数据分为两类，第一类是工作日，周一到周五为第一类，第二类是非工作日，将假日划为一类，同等看待。此种方法的划分最为简单直接，但是由于划分粒度较粗，所以精度稍微逊于后面两种方法。但一般情况下，工作日和非工作日的差别最大，所以很多时候采用此种方法。

(2)七分类方法，这种划分方法将一周分为七个类别，每周不同的日期为不同类别，这种划分方法是最细粒度划分，能够通过模型充分学习到每周不同的星期数的特点。

(3)五分类方法，这种划分方式介于二分类和七分类之间，即由于很多公司是单休或者周六会有加班，所以周六负荷虽然远小于工作日但是明显高于周日，因此可以划分为周一、周二到周四、周五、周六、周日五类。

三种方法的优劣非常明显，第一种虽然精确度稍微差一些，但是简单、训练速度快，第二种方法复杂，但是精度更高，第三种方法介于两者之间。由于此次训练数据是两年每天的负荷数据以及温度、节假日信息，数据量相对来说并不是太大，所以通常采用第二种方法。

对于七个日期分类的量化表示，可以采用三种方式。

(1)使用一个输入神经元，七个类别分别用 0,1,…,6 表示，或者都归一化表示。

(2)使用七个神经元，每一个接收二进制的输入数据，分别表示是否是对应的日期，如周一的七个神经元的输入可以用 1,0,0,0,0,0,0 表示，周二用 0,1,0,0,0,0,0，这里采用这种二进制的表示方法。

(3)采用组合形式，如 2bit 可以表示 4 种可能，7 种可能需要用 3bit，也就是三个神经元。

本书实验中使用的是第二种方法表示量化信息。

7.1.4.2　隐藏层神经元个数确定

隐藏层神经元的作用是从样本中提取样本数据中的内在规律模式并保存起来，隐藏层每个神经元与输入层都有边相连，隐藏层将输入数据加权求和并通过非线性映射作为输出层的输入，通过对输入层的组合加权以及映射找出输入数据的相关模式，而且这个过程是通过误差反向传播自动完成的。

当隐藏层神经元太少时，能够提取以及保存的模式较少，获得的模式不足以概括样本的所有有效信息，得不到样本的特定规律，导致识别同样模式新样本的能力较差，学习能力较差。

当隐藏层神经元个数过多时，学习时间变长，神经网络的学习能力较强，能学习较多输入数据之间的隐含模式，但是一般来说，输入样本与输出数据相关的模式个数未知，当学习能力过强时，有可能把训练输入样本与输出数据无关的非规律性模式学习进来，而这些非规律性模式往往大部分是样本噪声，这种情况称为过拟合（over fitting）。过拟合记住了过多和特定样本相关的信息，当新来样本含有相关模式但是很多细节并不相同时，预测性能并不是太好，降低了泛化能力。这种情况的表现往往是在训练数据集上误差极小，在测试数据集上误差较大。

具体隐藏层神经元个数的多少，取决于样本之中蕴含规律的个数以及复杂程度，而样本蕴含规律的个数往往和样本数量有关。确定网络隐藏层参数的一个办法是将隐藏层神经元个数设置为超参，使用验证集验证，选择在验证集中误差最小的隐藏层神经元个数作为神经网络的隐藏层神经元个数。还有就是通过简单的经验设置公式来确定隐藏层神经元个数：

$$l = \sqrt{m+n} + \alpha \qquad\qquad (7\text{-}38)$$

式中，l 为隐藏层神经元个数；m 为输入层神经元个数；n 为输出层神经元个数；α 一般为 1~10 的常数。在本书中，输入层神经元个数是 13，输出层神经元个数是 1。由于训练数据并不是太多，将 α 设置为 3，所以总的隐藏层神经元个数设置为 7。

7.1.4.3　序列增量比因子

考虑基本正常负荷分量的影响，可以通过引入历史负荷信息，将历史负荷作为基本正常负荷分量，基本正常负荷分量短期之内变化较小，中期会随着温度、季节周期变化，长期则处于整体上升趋势。所以成功模拟基本负荷分量的趋势非常重要。

综合以上分析，本书采用基于序列增量的神经网络预测方法，考虑时间序列中温度差值以及负荷之差比影响。

温度差值使用式(7-39)计算：

$$\begin{cases} \Delta T_{t1} = T_t - T_{t-1} \\ \Delta T_{t2} = T_t - T_{t-p} \end{cases} \tag{7-39}$$

式中，ΔT_{t1} 为预测日期 t 与前一日期 $t-1$ 日的温度之差；ΔT_{t2} 为预测日期 t 与间隔一个时间周期 $t-p$ 日的温度之差，这里取 $p=7$。

负荷之差比用式(7-40)计算，同时考虑负荷增量与历史负荷关系：

$$\begin{cases} \Delta L_{t1} = \dfrac{L_t - L_{t-1}}{L_t} \\ \Delta L_{t2} = \dfrac{L_t - L_{t-p}}{L_t} \end{cases} \tag{7-40}$$

式中，L_t 为在时刻 t 的归一化后的负荷；ΔL_{t1} 为预测日期 t 与前一日期 $t-1$ 日的归一化后负荷之差；ΔL_{t2} 为预测日期 t 与间隔时间周期为 $t-p$ 日的归一化后负荷之差。

7.1.5　案例分析

本节首先介绍评测性能用到的标准，然后通过两种不同类型的神经网络(前馈神经网络和 RNN)以及两种不同的网络设置(基于普通训练样本和基于序列增量比)的实验进行对比与分析。

数据的评测使用平均绝对百分比误差(mean absolute percentage error，MAPE)作为主要指标，使用 ME(max error)为次要衡量指标。ME 是指时间序列预测中的最大预测误差，单位是 MW。

假设预测值是 $y_1, y_2, \cdots, y_N$，N 为预测的总天数，计算得到的预测值为 $y_1^*, y_2^*, \cdots, y_N^*$，则 MAPE 可以用式(7-41)来计算：

$$\text{MAPE} = \frac{1}{N} \sum_{i=1}^{N} \frac{y_i^* - y_i}{y_i} \tag{7-41}$$

ME 使用式(7-42)计算：

$$\text{ME} = \max_{i=1,2,\cdots,N} |y_i^* - y_i| \tag{7-42}$$

接下来使用四种神经网络预测。

(1)普通前馈神经网络：考虑温度、节假日、日期对电力负荷的直接影响，所以把它们当作神经网络的输入，同时为了对基本负荷分量进行预测，将历史负荷作为输入，并输入历史的节假日类型。输入层神经元个数由输入数据确定：

① 温度信息，一个神经元。

② 节假日信息，一个神经元。

③ 日期信息(周一到周日)，采用七个神经元。

④ 历史负荷信息，采用前一天以及前一周同一天的负荷信息，两个神经元。

⑤ 历史节假日类型信息，前一天以及前一周同一天是否为非工作日信息，两个神经元。这里为了简便起见，将周六、周日以及节假日都归为非工作日。

所以一共有 13 个输入层神经元，输出数据是对应的线性归一化的负荷值。隐藏层层数是一层，神经元个数为 7 个。

(2)序列增量比前馈神经网络：除了温度、节假日、日期，考虑序列增量比信息进行多步预测，所以添加了历史负荷以及历史温度差信息作为输入，输入层神经元个数由输入数据确定：

① 预测天节假日信息，一个神经元。

② 预测天日期信息，采用七个神经元。

③ 预测天温度信息，采用一个神经元。

④ 序列负荷信息，采用前两天的负荷信息。

⑤ 历史温度差信息，预测天与前两天的温度之差。

⑥ 历史节假日类型信息，前一天以及前一周同一天是否为非工作日信息，两个神经元。这里为了简便起见，将周六、周日以及节假日都归为非工作日。

所以一共有 15 个输入层神经元。输出层使用预测天负荷相对于前一天负荷的序列增量比。隐藏层与前面一致，层数仍为 1，神经元个数为 7。

(3)RNN：由于 RNN 具有记忆功能，所以对于 RNN，不再采用历史负荷作为基本负荷信息的参考变量，只是把节假日、日期、温度信息作为 RNN 的输入。输入层神经元个数：

① 预测天节假日信息，一个神经元。

② 预测天日期信息，采用七个神经元。

③ 预测天温度信息，采用一个神经元。

输入层神经元共九个，隐藏层采用一层，五个神经元。输出神经元采用一个神经元，输出值为预测日期归一化的负荷值。

(4)序列增量比 RNN：序列增量比 RNN 和 RNN 都不再有历史负荷，但是因为使用增量信息，所以同时添加了相对前一天的温度差作为增量信息以及前一天的日期类型(是否是工作日)，所以输入层神经元个数如下：

① 预测天节假日信息，一个神经元。

② 预测天日期信息，采用七个神经元。

③ 预测天温度信息，一个神经元。

④ 前一天是否为非工作日，一个神经元。

⑤ 预测天温度与前一天温度差信息，采用一个神经元。

输入层神经元共 11 个。输出神经元值为预测日期与前一天负荷增量比，对最终预测负荷进行多步预测。隐藏层层数为 1，隐藏层神经元个数为 7。

图 7.5～图 7.9 所示为上述四种神经网络的预测结果。

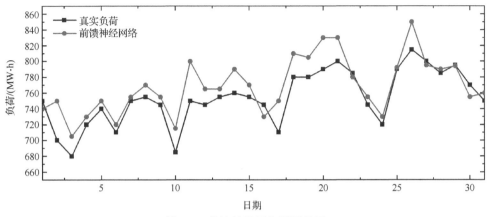

图 7.5　前馈神经网络预测结果

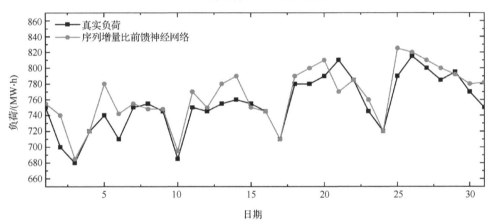

图 7.6　序列增量比前馈神经网络预测结果

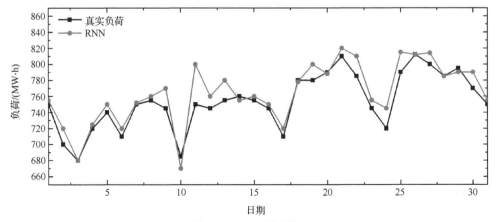

图 7.7　RNN 预测结果

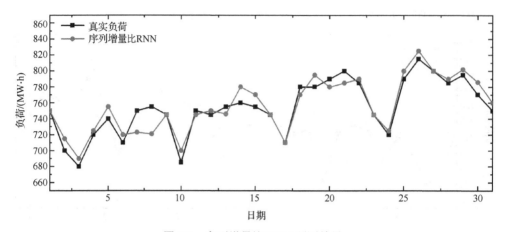

图 7.8　序列增量比 RNN 预测结果

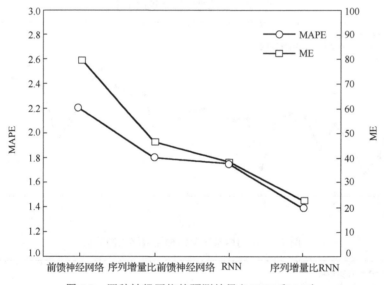

图 7.9　四种神经网络的预测结果(MAPE 和 ME)

　　表 7.1 中显示了某年一月份的假期,从预测的结果(图 7.5～图 7.9)中可以看到对于节假日的负荷变化能够部分或全部地体现在四种神经网络中,负荷在节假日和工作日分别处于波谷和波峰位置。

表 7.1　某年一月份的假期

日期	1	2	3	6	9	10	16	17	23	24	30	31
节假日	假	六	日	假	六	日	六	日	六	日	六	日

　　图 7.10 显示了某年一月份的温度信息,从图中可以看到前两天温度较低,然后

温度迅速升高，接着剩下日期 3～31 日大体处于下降阶段。从结果中也可以看到初始两天虽然处于假期。但是几个模型仍然预测到有较高的电力负荷，接着 3～31 日负荷虽然呈现周期性变化，但是预测误差仍然处于下降趋势。

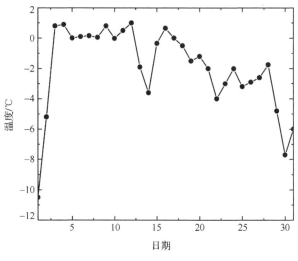

图 7.10　一月份温度信息

其中，前馈神经网络对于连续假期，如 23 日、24 日和 16 日、17 日的连续假期能够较好地预测出对应负荷的变化，但是负荷变化范围的预测误差比较大，对于负荷变化范围不能很好地把握。同时可以看到，前馈神经网络对于高温、低温能够反映出变化，但是对应的变化尺度不准确。实验中前馈神经网络的预测误差 MAPE=2.2，ME=80。

对于序列增量比前馈神经网络，可以看到由于加入了序列增量比，预测结果与真实负荷值的差距的变化波动变小，预测的变化范围与真实负荷比较一致。预测误差 MAPE=1.8，ME=46。

由于 RNN 能够自动学习历史记录，所以在 RNN 的预测结果中，虽然只输入了预测天的温度、日期以及节假日信息，但是 RNN 能够将学习到的历史数据体现在预测之中。得到预测误差 MAPE=1.75，ME=38。相较于普通前馈神经网络，预测范围误差较小。但是相较于序列增量比前馈神经网络，虽然 MAPE 减小了，但是 ME 仍较高，说明序列增量比因子能够较好地表征温度因素变化对于误差的影响。

最后，对于序列增量比 RNN 的预测结果，从图 7.8 的预测曲线上可以看出，序列增量比 RNN 的预测曲线和最终负荷的拟合程度最为接近，该方法最终得到 MAPE=1.4，ME=22。序列增量比 RNN 已经能够较好地反映假期的负荷变化，包括只有单日的假期(6 日)、连续日假期，还有温度上升、下降引起的负荷变化。

7.2　余热网络柔性调度

集中供热是指从一个或多个热源通过热网向城市、镇或其中某些区域的热用户供热。考虑热网蓄热效应的一次热力管网运行系统由电厂加热器、工质泵、管网、调峰锅炉、热力站、电动调节阀等组成[18]，如图 7.11 所示。

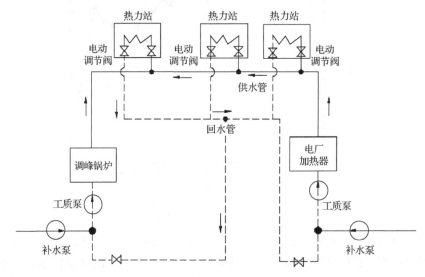

图 7.11　考虑热网蓄热效应的一次热力管网运行系统

通过考虑蓄热的一次热力管网节能运行调节的各构成部分的特征，分别建立数学模型，如电厂加热器热力学模型、热力站热力学模型、工质泵动力学模型、一次管网流体力学模型、电动调节阀水力特性及全网平衡系统的控制学模型，通过能量守恒定理、连续性方程、伯努利方程等将这些组成部分串联起来，使他们形成紧密的系统，通过系统性讨论分析得出基于蓄热的一次热力管网节能运行调节的特征。

控制原理：相同的情况下，供热系统二次供回水平均温度相同，基本上可判断用户室内温度相同。第一，根据各热力站所带建筑维护结构、建设年限、是否二三步节能建筑、以往供热经验，建立各热力站修正值，确定修正系数。第二，根据室外平均温度初步推导出供热区域室外平均气温与二次供回水平均温度的一一对应关系，再结合历史统计数据，得出符合该供热区域实际情况的室外平均气温与二次供回水平均温度一一对应的值，将此二次供回水平均温度加权后(加减各热力站修正系数)作为各热力站的控制目标。第三，系统每小时统计实时二次供回水平均温度值，分析全部一次热网偏离目标情况，如果全网实时二次供回水平均温度普遍高于设定目标则热源所供负荷充足，相应提高各热力站的设定目标值，如果全网实时二次供回水平均温度普遍低于设定目标则热力站为了避免大幅度超调,就不得不限制步长、增加调节次数,且一次热网循环水的回水温度随供水温度变化而达到稳定的时间周期很长,必须大幅延长采样周期;同时,各热力站不断调整,相互影响,使得全网难以处于稳定状态,这样的前提条件下,比例积分微分(PID)方式的优势完全无法体现[19],其特点反而成为弊端;而系统现在采用的控制算法,避免了传统 PID 方式产生的超调振荡、阀门动作次数多、跟踪周期长等问题,可以实现极大趋近目标的控制效果[20];二次供回水平均温度全网平衡策略本身就是一种趋近式的策略,此控制方法与之契合。

调度人员通过在基于蓄热的一次热力管网控制系统中针对特殊用户的热力站的二次供回水平均温度的目标值进行相应的修正,还可以根据用户的作息时间分时段地设置不同的二次供回水目标值,做到因地制宜,按需供热,最大限度地使各用户得到其所需的供热效果[21]。

供热网络的响应时间指的是余热网络的响应时间,即延迟时间。主要是供热网络的热惯性也就是网络的储热效应及传输造成了时间延迟。该部分内容主要包括一级热网储热特性、供热区域热惯性特性、系统调度三部分内容。

7.2.1　一级热网蓄热特性

热网是一个巨大的储热系统,供热管道中的热媒蕴含着大量能量,充分利用热网的蓄热特性,对于提高热力系统的能源利用效率具有重要意义[22]。根据热媒流速是否变化,又可将热网热媒的运行模式分为定径流量模式和变径流量模式。在热媒的传递过程中,供热管道的热特性对热媒各处的温度有直接的影响,供暖管道热特性主要表现在热延迟、热损耗两方面[23]。

7.2.1.1　热网能流计算

通过对热网进行能流计算,可以得到热网在各个节点处的温度、压力,进而求得热网各条支路的流速、流量等参数。

一次管网模型选择多热源枝状管网模型。在热电厂区域锅炉房联合供热系统中,一般一次管网为具有一定规模的枝状管网。一次管网是集中供热系统的重要组成部分,担负热能输送任务。

通过一次热网将电厂加热器的热水源源不断地输送至各热力站并储存至一次热网中。

本节采用能流计算的方法对热力网络进行热力分析[24,25]。通过能流计算,可以得到热力网络的各节点的温度、压力等参数,在此基础上可以更进一步得到热力网络的流量、热流量等参数。

基于节点势能(压力、温度)的能流计算模型流程如图 7.12 所示。

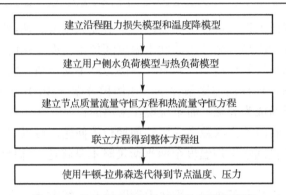

图 7.12　基于节点势能的能流计算模型流程

　　整个能流计算过程包括五个步骤：①针对流体流动和热能流传递，分别建立流体压降的沿程阻力损失模型和温度随着流动的温度降模型；②针对用户侧需求，分别建立用户侧水负荷模型和侧热负荷模型；③分别针对流体流和热能流在节点处建立节点质量流量守恒方程和热流量守恒方程；④联立方程组，在节点处分别得到关于压力、温度的 2 组能流计算模型；⑤使用牛顿-拉弗森迭代对能流模型进行求解，计算得到各节点的温度、压力。

　　1. 压力降方程和温度降方程
　　1）压力降方程
　　在流体管道中，流体传输的压力降包括两个部分：沿程阻力损失和局部阻力损失。由于实际流体传输的压力降主要为沿程阻力损失，因此压力降的计算公式如下：

$$\Delta p_{f,ij} = \frac{8lm^2}{\pi^2 d^5 \rho} \lambda \tag{7-43}$$

式中，m 为质量流量；l 为节点之间管道长度；d 为管道的直径；ρ 为流体的密度；λ 为沿程阻力系数。λ 不是常系数，与管道所处的流动状态有关，由雷诺数确定：

$$Re = \frac{4m}{\pi d \rho \mu} \tag{7-44}$$

式中，μ 为运动黏度，与温度有关，当管道温降不大时，可以近似认为保持不变。根据雷诺数不同，可以将沿程阻力系数划分为五种状态，列于表 7.2。

表 7.2　沿程阻力系数

Re	λ	$\Delta p_{f,ij}$
$Re<2300$	$\dfrac{16\pi d^2 \rho}{m}$	$\dfrac{128\mu m l}{\pi d^3}$
$2300 \leqslant Re<4000$	$0.025 Re^{1/3}$	$\dfrac{0.03175 lm^{7/3}}{\pi^{7/3} d^{16/3} \rho^{4/3} \mu^{1/3}}$

续表

Re	λ	$\Delta p_{f,ij}$
$4000 \leqslant Re < 22.2(d/K)^{8/7}$	$\dfrac{0.03164}{Re^{1/4}}$	$\dfrac{1.7898\mu^{1/4}lm^{7/4}}{\pi^{7/4}d^{19/4}\rho^{3/4}}$
$22.2(d/K)^{8/7} \leqslant Re < 597(d/K)^{9/8}$	$0.11\left(\dfrac{K}{d}+\dfrac{68}{Re}\right)^{1/4}$	$\dfrac{0.88lm^2}{\pi^2 d^5 \rho}\left(\dfrac{K}{d}+\dfrac{17\pi\rho\mu d}{m}\right)^{1/4}$
$Re \geqslant 597(d/K)^{9/8}$	$0.11\left(\dfrac{K}{d}\right)^{1/4}$	$\dfrac{0.88lm^2}{\pi^2 d^5 \rho}\left(\dfrac{K}{d}\right)^{1/4}$

表 7.2 中，K 是管道粗糙度。考虑到在供热管道中广泛使用无缝钢管，其表面粗糙度为 0.5mm。

对于热网，考虑到最大流动速度超过 2.5m/s，因此雷诺数位于表 7.2 中第四区间。考虑到局部水头损失可以忽略或折算为系数，则沿着管道传输方向的沿程阻力损失为

$$\Delta p_{f,ij} = \frac{0.88lm^2}{\pi^2 d^5 \rho}\left(\frac{K}{d}+\frac{17\pi\rho\mu d}{m}\right)^{1/4} \approx \frac{0.88lm^2}{\pi^2 d^5 \rho}\left(\frac{K}{d}\right)^{1/4} \tag{7-45}$$

相应地，管道的质量流量可由节点之间的压差计算得到：

$$m_{ij} = \frac{1.066\pi d^{5/2}\rho^{1/2}\Delta p_{f,ij}^{1/2}}{l^{1/2}}\left(\frac{d}{K}\right)^{1/8} \tag{7-46}$$

式中，m_{ij} 为节点 i 和节点 j 之间管道的质量流量。

2）温度降模型

在管道中，沿着管道的流动方向，管道与环境之间均匀换热，根据苏霍夫温降公式，可以得到管道流动末端的温度为

$$T_j = T_{am} + (T_i - T_{am})\mathrm{e}^{\frac{\lambda_0 l_{ij}}{c_p m_{ij}}} \tag{7-47}$$

式中，T_{am} 为环境温度，近似认为恒定；λ_0 为单位长度管道与环境之间的换热量，主要取决于保温材料类型及厚度；T_i 和 T_j 分别为管道进出口温度。当沿着相反方向流动时，$m_{ij} < 0$，此时依然满足式（7-47）。

2. 用户侧水负荷与热负荷

1）用户侧水负荷

用户侧的水负荷由两部分构成：①用户侧的水需求；②用户侧用热导致的水流量。因此用户侧的水负荷为两者之和：

$$m_{j,0} = m_{j,\mathrm{w}} + \frac{\Phi_{j,\mathrm{H}}}{c_p m_{jj}(T_j - T_0)} \tag{7-48}$$

式中，$m_{j,\mathrm{w}}$ 为用户侧在节点 j 处的水需求；$\Phi_{j,\mathrm{H}}$ 为用户侧的热负荷；m_{jj} 为节点 j 处的

用户质量流量；T_0 为用户使用后排出的热水温度。

2) 用户侧热负荷

用户侧的热负荷由两部分构成：①用户侧的热需求；②用户侧用水导致的热流量。因此用户侧的热负荷为两者之和：

$$\Phi_{j,0} = \Phi_{j,H} + c_p \cdot m_{j,w} \cdot (T_j - T_0) \tag{7-49}$$

3) 节点质量流量守恒与热流量守恒

(1) 节点质量流量守恒。类似于基尔霍夫定律的节点电流守恒，在热流体网络中，同样能够得到节点处的质量流量守恒定律。为了后续写成矩阵形式，在此处将节点质量流量守恒方程写成恒等式，如式(7-50)所示：

$$F_i = \sum_{i=1, \neq j}^{n} \frac{1.066 \pi d^{5/2} \rho^{1/2} \Delta p_{f,ij}^{1/2}}{l^{1/2}} \left(\frac{d}{K} \right)^{1/8} - m_{j,0} = 0 \tag{7-50}$$

(2) 节点热流量守恒。类似于基尔霍夫定律的节点电流守恒，在热流体网络中，同样能够得到节点处的热流量守恒定律。为了后续写成矩阵形式，在此处将节点热流量守恒方程写成恒等式，如式(7-51)所示：

$$G_j = \sum_{i=1, \neq j}^{n} \frac{1.066 \pi d^{5/2} \rho^{1/2} \Delta p_{f,ij}^{1/2}}{l^{1/2}} \left(\frac{d}{K} \right)^{1/8} \cdot c_p \cdot \left[T_{am} + (T_i - T_{am}) e^{\frac{\lambda_0 l_{ij}}{c_p m_{ij}}} - T_0 \right] - \Phi_{j,0} = 0 \tag{7-51}$$

式中，$\Phi_{j,0}$ 为节点 j 处的热负荷；n 为节点个数。

4) 基于节点压力/温度的能流模型集成

为了简化基于节点压力的能流模型，对压力模型采用归一化处理，处理结果如下：

$$\begin{cases} m_{h,ij} = m_{ij} / m_1 \\ p_{h,i} = p_i / p_1 \\ k_{h,ij} = s_{ij} \dfrac{1.066 \pi d^{5/2} \rho^{1/2}}{l_{ij}^{1/2} m_1} \left(\dfrac{d}{K} \right)^{1/8} \\ k_{h,ii} = \dfrac{\Phi_j}{c_p \left\{ \sum\limits_{i=1, \neq j}^{n} m_{i,j} [T_{am} + (T_i - T_{am}) \cdot e^{\frac{-\lambda_0 l_{i,j}}{m_{i,j} c_p}}] / \sum\limits_{j=1, \neq i}^{n} m_{j,i} - T_0 \right\} \cdot m_1 \cdot \sqrt{p_{h,i}}} \end{cases} \tag{7-52}$$

式中，p_1 为节点 1 的压力；p_i 为节点 i 的压力；m_{ij} 为节点 i 与节点 j 之间的管道内的流体的质量流量；s_{ij} 为节点 i 与节点 j 之间的关联系数，如果连接则为 1，否则为 0。

则得到归一化处理后的管道质量流量模型为

$$m_{h,ij} = k_{h,ij} \frac{p_{h,i} - p_{h,j}}{\sqrt{|p_{h,i} - p_{h,j}|}} \tag{7-53}$$

最终简化后的节点质量流量模型为

$$F_i = \sum_{j=1, \neq i}^{n} \frac{k_{h,ij} \cdot (p_{h,i} - p_{h,j})}{\sqrt{|p_{h,i} - p_{h,j}|}} + k_{h,ii}\sqrt{\Delta p_{h,ii}} = 0 \tag{7-54}$$

从节点 1 至节点 n，针对每一个节点，联立节点压力模型可以得到如下方程组：

$$\begin{cases} k_{h,11}\sqrt{\Delta p_{h,11}} + \dfrac{k_{h,12}(p_{h,1} - p_{h,2})}{\sqrt{|p_{h,1} - p_{h,2}|}} + \dfrac{k_{h,13}(p_{h,1} - p_{h,3})}{\sqrt{|p_{h,1} - p_{h,3}|}} + \cdots + \dfrac{k_{h,1n}(p_{h,1} - p_{h,n})}{\sqrt{|p_{h,1} - p_{h,n}|}} = 0 \\[3mm] \dfrac{k_{h,21}(p_{h,2} - p_{h,1})}{\sqrt{|p_{h,2} - p_{h,1}|}} + k_{h,22}\sqrt{\Delta p_{h,22}} + \dfrac{k_{h,23}(p_{h,2} - p_{h,3})}{\sqrt{|p_{h,2} - p_{h,3}|}} + \cdots + \dfrac{k_{h,2n}(p_{h,2} - p_{h,n})}{\sqrt{|p_{h,2} - p_{h,n}|}} = 0 \\[2mm] \cdots \\[1mm] \dfrac{k_{h,i1}(p_{h,i} - p_{h,1})}{\sqrt{|p_{h,i} - p_{h,1}|}} + \dfrac{k_{h,i2}(p_{h,i} - p_{h,2})}{\sqrt{|p_{h,i} - p_{h,2}|}} + \cdots + k_{h,ii}\sqrt{\Delta p_{h,ii}} + \cdots + \dfrac{k_{h,in}(p_{h,i} - p_{h,n})}{\sqrt{|p_{h,i} - p_{h,n}|}} = 0 \\[2mm] \cdots \\[1mm] \dfrac{k_{h,n1}(p_{h,n} - p_{h,1})}{\sqrt{|p_{h,n} - p_{h,1}|}} + \dfrac{k_{h,n2}(p_{h,n} - p_{h,2})}{\sqrt{|p_{h,n} - p_{h,2}|}} + \dfrac{k_{h,n3}(p_{h,n} - p_{h,3})}{\sqrt{|p_{h,n} - p_{h,3}|}} + \cdots + k_{h,nn}\sqrt{\Delta p_{h,nn}} = 0 \end{cases} \tag{7-55}$$

5）基于牛顿-拉弗森迭代的能流模型求解

针对任何一个节点，分别建立节点质量流量、热流量守恒方程如下：

$$\text{node } i : \begin{cases} F_i = 0 \\ G_i = 0 \end{cases} \tag{7-56}$$

则基于节点压力/温度的热流体网络能流模型为

$$\begin{bmatrix} F = 0 \\ G = 0 \end{bmatrix} = \begin{cases} F_1 = 0 \\ F_2 = 0 \\ \cdots \\ F_n = 0 \\ G_1 = 0 \\ G_2 = 0 \\ \cdots \\ G_n = 0 \end{cases} \tag{7-57}$$

式中，F、G、p、T 的定义如下：

$$
\begin{cases}
F = [F_2 \quad F_3 \quad \cdots \quad F_n]^{\mathrm{T}} \\
G = [G_2 \quad G_3 \quad \cdots \quad G_n]^{\mathrm{T}} \\
p = [p_2 \quad p_3 \quad \cdots \quad p_n]^{\mathrm{T}} \\
T = [T_2 \quad T_3 \quad \cdots \quad T_n]^{\mathrm{T}}
\end{cases}
\tag{7-58}
$$

当采用牛顿-拉弗森迭代时，雅可比矩阵如下：

$$
J = \begin{pmatrix} \dfrac{\partial F}{\partial p} & \dfrac{\partial F}{\partial T} \\ \dfrac{\partial G}{\partial p} & \dfrac{\partial G}{\partial T} \end{pmatrix}
\tag{7-59}
$$

若定义能源站位置为节点 1，该节点处的温度、压力已知，则从节点 2 至节点 n 分别联立基于温度/压力的能流方程，求解模型为

$$
\begin{pmatrix} \Delta p \\ \Delta T \end{pmatrix} = J^{-1} \begin{pmatrix} F \\ G \end{pmatrix}
\tag{7-60}
$$

迭代方程为

$$
\begin{pmatrix} p^{k+1} \\ T^{k+1} \end{pmatrix} = \begin{pmatrix} p^k \\ T^k \end{pmatrix} - \begin{pmatrix} \Delta p^k \\ \Delta T^k \end{pmatrix}
\tag{7-61}
$$

式中，上标 k 为迭代的次数。若前后两次迭代的误差小于设定值，则迭代终止。

在能流计算的过程中，涉及两类设备：压力设备和负荷设备。其中，压力设备与管道压力相关，主要为循环水泵；负荷设备与负荷相关，包括电厂加热器、调峰锅炉、热力站等。

循环水泵模型：循环水泵在供热系统中是很重要的设备，它是将介质输送出去的动力，在基于蓄热的一次热力管网节能运行调节中，选择简便的负荷调配手段，一次管网输送热力介质时大量采用具有调速功能的循环水泵（变频循环水泵）。

通过一次热网循环水泵[26]，将电厂加热器的热水源源不断地输送至各热力站及一次热网中：

$$
P = \sum_{i=1}^{n} \left(\frac{2.73 H_i \cdot G_i}{\eta} \right)
\tag{7-62}
$$

式中，H_i 为第 i 个泵的扬程；G_i 为第 i 个泵的流量；η 为泵的效率；P 为轴的功率。

电厂加热器模型：电厂加热器以蒸汽为热源对一次热网循环水进行加热，经热网循环水泵将热水供给热网系统各热力站并将热量提前蓄到一次热网里[27]。电厂加热器充分利用热电厂的热量，提高系统的综合能效和经济效益。

电厂加热器水侧的供水被加热，传热量 $Q_{1w,qs}$ 可由式(7-63)求得

$$Q_{1w,qs} = G_{1w} \cdot c_{1w}(t_{1wg,m} - t_{1wh,m}) \tag{7-63}$$

式中，G_{1w} 为通过电厂加热器的被加热的水的流量；c_{1w} 为水的比热容；$t_{1wg,m}$ 和 $t_{1wh,m}$ 分别为一次热力管网流出和流入的水的温度。

蒸汽的消耗速率可以通过式 (7-64) 计算：

$$Q_{1w,qs} = D(h_g - h_h) \tag{7-64}$$

式中，D 为蒸汽消耗速率；h_g 和 h_h 分别为蒸汽和凝结水的焓值。

在电厂加热器中，被加热的水的流量为

$$G_{1w} = \frac{Q_{1w,qs}}{c_{1w} \cdot (t_{1wg,m} - t_{1wh,m})} \tag{7-65}$$

调峰锅炉模型：调峰锅炉在基于蓄热的一次热力管网节能运行调节中在电厂热源热负荷不够时及发生故障时起调峰作用，调峰锅炉的能耗效率要低于电厂的综合能耗效率[28]。故应充分利用低能耗的电厂热源，尽量加大它的供热量，而尽可能减少高能耗的调峰锅炉的运行，以最大限度地节能降耗，实现节能运行。

锅炉传热量 $Q_{1w,qb}$ 可由式 (7-66) 计算得到：

$$Q_{1w,qb} = G_{1w} c_{1w}(t_{1wg,n} - t_{1wh,n}) \tag{7-66}$$

式中，$t_{1wg,n}$、$t_{1wh,n}$ 为锅炉出口、进口水温。

锅炉效率计算公式为

$$\eta = \frac{Q_{1w,qb}}{Q_{SAT-CV} \cdot B} \times 100\% \tag{7-67}$$

式中，Q_{SAT-CV} 为天然气的低位热值；B 为天然气消耗量。

热源输出热量为

$$Q_h = Q_{1w,qs} + Q_{1w,qb} \tag{7-68}$$

电动调节阀模型：在各热力站一次回水管网中加装电动调节阀，通过调度中心的全网平衡控制系统控制电动调节阀的开度，将一次管网的热量合理分配给各热力站；或调节小电动调节阀，减少取自一次管网的热量，将富余的热量储存在一次管网中，进行蓄热，待需要时，再开启电动调节阀，将一次大网热量取出来，分配给各热力站。

$$\Delta P = S G_V^2 \tag{7-69}$$

式中，ΔP 阀门进出口压降；S 为电动调节阀的阻力特性系数；G_V 为通过阀门的流量。

则热力站与热网得到的热量为

$$Q_{\text{get}} = Q_{\text{ts}} + Q_{\text{hs}} \tag{7-70}$$

式中，Q_{ts} 为热力站得到的热量；Q_{hs} 为热网蓄存的热量。

整个热力系统将电厂低能耗热源热量通过电厂加热器传热给热水，被加热的热水通过电厂工质泵输送至各热力站，调度人员根据室外平均气温，计算出一一对应的二次供回水平均温度，可提前将电厂热量蓄到大网里。通过每天从电厂满负荷调度热量，调度人员根据每天的室外平均气温，在全网平衡系统中设置二次供回水温度目标值，装在各热力站一次回路管上的电动调节阀根据目标值的指令，自动调节电动调节阀开度来追踪目标值，最后各热力站二次供回水平均温度与目标值相等或相近，这样来保证各热力站所获得的热量正好是所需要的热量，而多余的热量又回到管网中，管网的供、回水温度不断抬高，大量热量就蓄到大网里。

待气温较低，电厂热负荷不够时，通过在全网平衡系统中设置较高的二次供回水温度目标值，下令给各热力站电动调节阀，自动开大电动调节阀开度，从一次大网里取热，从而延迟启动调峰锅炉的时间或不启动调峰锅炉，达到一次节能运行的目的。

基于蓄热的一次热力管网系统模型组成构建中，有如下关系式将各系统联系起来。

(1) 供热调节基本热平衡(忽略管道散热)：

$$Q_{\text{1w,qs}} + Q_{\text{1w,qb}} = Q_{\text{hs}} + Q_{\text{ts}} \tag{7-71}$$

(2) 供热负荷公式：

$$Q = q_{\text{f}} \cdot F \cdot \frac{t_{\text{n}} - t_{\text{w}}}{t_{\text{n}} - t_{\text{wo}}} \tag{7-72}$$

式中，q_{f} 为对流换热系数；t_{n} 为换热器内壁温度；t_{w} 为换热器进口水流温度；t_{wo} 为换热器出口水流温度；F 为加热器换热面积。

(3) 质调节时，一次供回水温度计算：

$$\tau_1 = \frac{[(\tau_1' - \tau_2')\overline{Q} + t_{\text{h}}]e^{D} - t_{\text{g}}}{e^{D} - 1} \tag{7-73}$$

$$\tau_2 = \tau_1 - (\tau_1' - \tau_2')\overline{Q} \tag{7-74}$$

式中，τ_1 和 τ_2 分别为一次供水温度和回水温度；τ_1' 和 τ_2' 分别为设计的一次供水温度和回水温度；t_{h} 为二次回水温度；t_{g} 为二次供水温度；$\overline{Q}$ 为设计的相对温差比。

(4) 质调节时，二次供回水温度计算：

$$\begin{cases} t_{g} = t_{n} + 0.5(t_{g}' + t_{h}' - 2t_{n})Q_{r}^{-1/(1+r)} + 0.5(t_{g}' - t_{h}')\bar{Q}_{r} \\ t_{h} = t_{n} + 0.5(t_{g}' + t_{h}' - 2t_{n})Q_{r}^{-1/(1+r)} - 0.5(t_{g}' - t_{h}')\bar{Q}_{r} \end{cases} \tag{7-75}$$

式中，t_{g}' 和 t_{h}' 分别为设计的二次供水温度和回水温度；Q_{r} 为实际相对温差比；r 为换热器特征参数。

基于蓄热的一次热力管网系统通过调整装在各热力站一次回路管上的电动调节阀开度，将低能耗的热源热量提前储存在一次管网里，延迟使用高能耗调峰锅炉的时间或不用高能耗调峰锅炉，达到利用一次热网蓄能调节系统峰值负荷的目标。

忽略管道散热条件，根据供热调节基本热平衡式，将基于蓄热的一次热力管网节能运行调节构成单元——电厂加热器、调峰锅炉、热力站、管网用数学公式紧密串联起来，同时根据供热负荷公式，一次、二次供回水温度计算公式[26]得出基于蓄热的一次热力管网节能运行模型的数学关系。

热力站模型：热力站是用来转换供热介质种类，改变供热介质参数，分配、控制及计量供给热用户热量的设施。

基于蓄热的一次热力管网节能运行调节模型中选择热力站供热介质为热水，它是将一次大网里的热通过换热器换热，再通过热力站的二次热网工质泵的驱动二次热网循环水将热量输送给热用户，实现分配、控制及计量供给热用户的热量的目标。

传热公式为

$$Q_{ts} = K_{0} \cdot F \frac{\Delta t_{d} - \Delta t_{x}}{\ln(\Delta t_{d} / \Delta t_{x})} \tag{7-76}$$

式中，K_{0} 为加热器传热系数；Δt_{d}、Δt_{x} 分别为换热器进出口之间的最大、最小温差。

热水质量守恒为

$$G_{m} = \sum_{i=1}^{n} G_{m,i} \tag{7-77}$$

式中，G_{m} 为一次管网流量；$G_{m,i}$ 为第 i 个热力站流量。

根据能量守恒，得到：

$$Q_{ts} = \sum_{i=1}^{n} Q_{ts,i} \tag{7-78}$$

式中，$Q_{ts,i}$ 为第 i 个热电站供热负荷。

7.2.1.2　热延迟

热媒从热源处吸收热量提高温度后，进入一级热网供水管道。通过循环水泵给予的动能以一定的速度向热负荷运动，因此，热负荷处热媒的温度变化相对于热源处的温度变化有一定的延迟效应。供热管道热延迟时间可表示为

$$T_{\text{delay}} = K_{\text{delay}} \cdot \frac{L}{v} \tag{7-79}$$

式中，K_{delay} 为热延迟系数，与管道敷设深度相关；v 为热媒流速；L 为管道长度。

7.2.1.3 热损耗

热损耗表现为管网内热媒温度的降低，热损耗(温度降低)可以根据式(7-80)求解：

$$\Delta T_{\text{loss}} = T_{\text{start}} - T_{\text{end}} = k_{\text{loss}}[T_{\text{start}}(t) - T_{\text{out}}(t)] \tag{7-80}$$

式中，T_{start} 为管道首端温度；T_{end} 为管道末端温度；$T_{\text{start}}(t)$ 为 t 时刻管道首端的温度；$T_{\text{out}}(t)$ 为 t 时刻外界环境的温度；k_{loss} 为温度损耗系数：

$$k_{\text{loss}} = (1 - e^{\frac{\lambda'L}{C_p m}}) \tag{7-81}$$

式中，λ' 为管道单位长度上的热传输效率；C_p 为流体的热容；m 为管道的质量流量；L 为管道的长度。

7.2.1.4 蓄热

一次热网的容水量计算模型为

$$V = \sum_{i=1}^{n} \left(\frac{L_i \pi d_i^2}{4} + v_{\text{eq},i} \right) \tag{7-82}$$

式中，V 为一次热网容水量；L_i 为第 i 段管网容水量；d_i 为第 i 段管网直径；$v_{\text{eq},i}$ 为第 i 个设备的容水量。

蓄热负荷为

$$Q_{\text{hs}} = \rho V c(t'_h - t_0) / \tau \tag{7-83}$$

式中，ρ、V、c 分别为水的密度、体积流量、比热容；Q_{hs} 为热网蓄热总量；t'_h 为一次回水温度；t_0 为临界一次回水温度，45℃；τ 为时间。

7.2.2 供热区域热惯性特性

描述供热系统热动态过程的方程可表示为

$$C \frac{dT_{\text{in}}}{dt} = Q_R - Q_L \tag{7-84}$$

式中，Q_R 为供热区域内所有散热器的总散热量，$Q_R=\sum Q_r$，Q_r 为各散热器的散热量；Q_L 为供热系统室内热损失；C 为供热系统总热容。

供热区域的散热量为供热区域的总热负荷，散热量由散热器供水温度、室内温度和散热器流量决定，通过调整散热器的流量或供水温度可以调节对供热区域散热量的大小，从而改变室内温度：

$$Q_r = \varepsilon_r W_{rs}(t_{go} - t_{nt}) \tag{7-85}$$

式中，ε_r 为散热器的有效系数；W_{rs} 为热用户侧的热媒流量热当量，$W_{rs}=G_c$，G_c 为热媒循环流量；t_{go} 为散热器进口的供水温度；t_{nt} 为建筑室内平均温度。

供热区域室内热量损失可表示为

$$Q_L = S \cdot \mu' \cdot (T_{in} - T_{out}) \tag{7-86}$$

式中，S 为供热面积；μ' 为单位供热面积单位温差下的室内热量损失；T_{in} 为室内温度；T_{out} 为室外温度。

单位供热面积单位温差下的室内热量损失可表示为

$$\mu' = \frac{A_{wa}}{\dfrac{1}{K_{wa,in}} + \sum \dfrac{1}{K_{wa,i}} + \dfrac{1}{K_{wa,out}}} + K_{wi}A_{wi} + \rho_a V' c_a R \tag{7-87}$$

式中，A_{wa} 为单位供热面积内的等效墙体面积；A_{wi} 为单位供热面积内的等效窗户面积；$K_{wa,in}$ 为内层墙体传热系数；$K_{wa,out}$ 为外层墙体传热系数；$K_{wa,i}$ 为第 i 层墙体的传热系数；K_{wi} 为各层窗户的传热系数；ρ_a、c_a 为空气的密度和比热容；V' 为单位供热面积内的空气体积；R 为通风换气次数。

根据上述分析，供热区域可看作一个一阶惯性环节，利用这种热惯性，可以提高系统对于风、光等可再生能源的消纳。例如，在弃风时段来临前加大供热量，在弃风时段适当地降低供热量，在满足供热区域室内温度需求的基础上，提高风电的消纳量。为将热惯性应用到存在时间间隔的热电联合调度中，需对微分方程进行离散化，得到描述供热区域热惯性的差分方程为

$$\begin{cases} k_3 T_t^{in} - T_{t-1}^{in} = k_1 Q_{R,t} + k_2 T_t^{out} \\ k_1 = \dfrac{\Delta T}{C'S}, \quad k_2 = \dfrac{\mu \cdot \Delta T}{C'}, \quad k_3 = 1 + k_2 \end{cases} \tag{7-88}$$

式中，$Q_{R,t}$ 为供热区域内所有散热器 t 时刻的总散热量；C' 为供热区域单位面积热容；ΔT 为调度时间间隔；T_t^{in} 为 t 时刻室内温度；T_t^{out} 为 t 时刻室外温度；k_1、k_2、k_3 为相应的系数。

热力系统主要由热网和供热区域组成。热网是一种特殊的储热装置，供热管道

内部的热媒存储着大量的能量，可以利用热网的储热放热来提高对风电的消纳。但热网与传统蓄热装置存在着区别，主要体现在以下 3 个方面：①热网要考虑热损耗和管道温降，蓄热一般不需考虑；②热网存在热延迟；③热网的储热上限为各管道设计温度上限，储热下限为回水管道最低温度要求。

7.2.3　系统调度

供热区域从热网中获得能量，满足室内温度需求或工业热利用要求。供热区域中散热器的散热量和被供热区域的温度之间可以看作一个大惯性环节。若在热电联合调度中增加散热器作为被控对象，通过调节散热器的散热量，可维持供热区域的室内温度在一定范围内，同时优化热负荷，降低风电高峰期的热负荷强度，促进风电等可再生能源的消纳[29]。若在热电联合调度中采用这种计及热网储热和供热区域热惯性的改进调度策略，将更加符合热电联合系统的实际物理模型，也将有利于风电等可再生能源的消纳[30-32]。

1）目标函数

工业上，最常应用的便是热电联产，因此本部分内容以热电联产为例进行分析。其余类似的能源系统可以参照进行建模。为使整个系统的经济性最佳，目标函数为系统煤耗量最小，系统总煤耗量等于热电联产机组用于发电和发热的煤耗以及传统火电机组的发电煤耗：

$$\min : F = \sum_{t=1}^{T}\left(\sum_{i=1}^{N} F_{\text{CHP},i}^{t} + \sum_{j=1}^{M} F_{\text{CON},j}^{t}\right) \cdot \Delta T \tag{7-89}$$

式中，F 为总煤耗量；ΔT 为调度时段的时间间隔；T 为总调度时段数；N 为热电联产机组数量；M 为纯凝火电机组数量；$F_{\text{CHP},i}^{t}$ 为第 i 台热电联产机组在 t 时刻的煤耗量；$F_{\text{CON},j}^{t}$ 为第 j 台纯凝火电机组在 t 时刻的煤耗量。

热电联产机组的运行煤耗量可表示为

$$F_{\text{CHP},j}^{t} = \alpha_i(P_{\text{CHP},i,e}^{t})^2 + \beta_i P_{\text{CHP},i,e}^{t} + \gamma_i + \theta_i(P_{\text{CHP},i,h}^{t})^2 + \delta_i P_{\text{CHP},i,h}^{t} + \xi_i P_{\text{CHP},i,h}^{t} P_{\text{CHP},i,e}^{t} \tag{7-90}$$

式中，α_i、β_i、γ_i、θ_i、δ_i、ξ_i 为热电机组 i 的运行成本系数；$P_{\text{CHP},i,e}^{t}$ 为热电联产机组 i 在 t 时刻的电出力；$P_{\text{CHP},i,h}^{t}$ 为热电联产机组 i 在 t 时刻的热出力。

传统纯凝火电机组运行煤耗量为

$$F_{\text{CON},j}^{t} = a_j(P_{\text{CON},j,e}^{t})^2 + b_j P_{\text{CON},j,e}^{t} + c_j \tag{7-91}$$

式中，a_j、b_j、c_j 为纯凝火电机组 j 的运行成本系数；$P_{\text{CON},j,e}^{t}$ 为火电机组 j 在 t 时刻的电出力。

2）等式约束

等式约束条件包括电能平衡约束，供热区域散热量与供热区域温度约束，热源、换热站供回水温度与热量交换约束，管道热延迟和温降约束。

电能平衡约束：为维持系统频率稳定，电负荷应时刻平衡：

$$\sum_{i=1}^{N} P_{\text{CHP},i,\text{e}}^{t} + \sum_{j=1}^{M} P_{\text{CON},j,\text{e}}^{t} + \sum_{k=1}^{S} P_{\text{WP},k,\text{e}}^{t} = P_{\text{L},\text{e}}^{t} \tag{7-92}$$

式中，$P_{\text{WP},k,\text{e}}^{t}$ 为风电场 k 在 t 时刻的电出力功率；$P_{\text{L},\text{e}}^{t}$ 为 t 时刻的电负荷功率。

供热区域散热量与供热区域温度约束：

$$k_3 T_t^{\text{in}} - T_{t-1}^{\text{in}} = k_1 Q_{\text{R},t} + k_2 T_t^{\text{out}} \tag{7-93}$$

热源、换热站供回水温度与热量交换约束：

$$\sum_{i=1}^{N} P_{\text{CHP},i,\text{h}}^{t} = W \cdot (T_{\text{SH},\text{g},t} - T_{\text{SH},\text{h},t}) \tag{7-94}$$

式中，W 为热网中流量热当量值；$T_{\text{SH},\text{g},t}$ 为热源处供水管道热媒温度；$T_{\text{SH},\text{h},t}$ 为热源处回水管道热媒温度。

供热区域接收的热量为

$$Q_{\text{R},t} = Q_{\text{HE},t} = \varepsilon_{\text{e}} \cdot W \cdot (T_{\text{HE},\text{g},t} - T_{\text{HE},\text{h},t}) \tag{7-95}$$

式中，$Q_{\text{HE},t}$ 为换热站传递的热功率；ε_{e} 为换热站的有效系数；$T_{\text{HE},\text{g},t}$ 为换热站一次侧供水管道热媒温度；$T_{\text{HE},\text{h},t}$ 为换热站一次侧回水管道热媒温度。

管道热延迟和温降约束：

$$\Delta T_{\text{loss}} = k_{\text{loss}}[T_{\text{start}}(t) - T_{\text{out}}(t)] \tag{7-96}$$

$$T_{\text{end}}(t) = T_{\text{start}}(t - T_{\text{delay}}) - \Delta T_{\text{loss}} \tag{7-97}$$

式中，$T_{\text{end}}(t)$ 为 t 时刻管道末端的温度；T_{delay} 为供热管道热延迟时间。

对于供热网络，各个节点的温度、压力可由 7.2.1.1 小节的热网能流计算得到。

3）不等式约束

不等式约束条件包括各机组出力约束、爬坡率约束、热电耦合约束，以及温度控制范围约束。

风电、火电、热电机组电出力约束：

$$\begin{cases} P_{\text{CHP},i,\text{e}}^{\min} \leqslant P_{\text{CHP},i,\text{e}}^{t} \leqslant P_{\text{CHP},i,\text{e}}^{\max} \\ P_{\text{CON},j,\text{e}}^{\min} \leqslant P_{\text{CON},j,\text{e}}^{t} \leqslant P_{\text{CON},j,\text{e}}^{\max} \\ P_{\text{WP},k,\text{e}}^{\min} \leqslant P_{\text{WP},k,\text{e}}^{t} \leqslant P_{\text{WP},k,\text{e}}^{\max} \end{cases} \tag{7-98}$$

式中，$P_{\text{CHP},i,\text{e}}^{\max}$、$P_{\text{CON},j,\text{e}}^{\max}$、$P_{\text{WP},k,\text{e}}^{\max}$、$P_{\text{CHP},i,\text{e}}^{\min}$、$P_{\text{CON},j,\text{e}}^{\min}$、$P_{\text{WP},k,\text{e}}^{\min}$ 分别为各机组电出力上下限。

热电机组热出力约束：

$$P_{\text{CHP},i,\text{h}}^{\min} \leqslant P_{\text{CHP},i,\text{h}}^t \leqslant P_{\text{CHP},i,\text{h}}^{\max} \tag{7-99}$$

式中，$P_{\text{CHP},i,\text{h}}^{\max}$ 为各机组热出力上限；$P_{\text{CHP},i,\text{h}}^{\min}$ 为各机组热出力下限。

热电联产机组的热电耦合约束：

$$C_{\text{m},i} P_{\text{CHP},i,\text{h}}^t + K_i < P_{\text{CHP},i,\text{e}}^t < P_{\text{e},\max} \tag{7-100}$$

式中，$C_{\text{m},i}$ 为热电联产机组 i 在背压工况下的热电比；K_i 为常数；$P_{\text{e},\max}$ 为机组最大供电出力。

爬坡速率约束：

$$\begin{cases} -P_{\text{CHP},i,\text{e}}^{\text{down}} \Delta T \leqslant P_{\text{CHP},i,\text{e}}^t - P_{\text{CHP},i,\text{e}}^{t-1} \leqslant P_{\text{CHP},i,\text{e}}^{\text{up}} \Delta T \\ -P_{\text{CHP},i,\text{h}}^{\text{down}} \Delta T \leqslant P_{\text{CHP},i,\text{h}}^t - P_{\text{CHP},i,\text{h}}^{t-1} \leqslant P_{\text{CHP},i,\text{h}}^{\text{up}} \Delta T \\ -P_{\text{CON},j,\text{e}}^{\text{down}} \Delta T \leqslant P_{\text{CON},j,\text{e}}^t - P_{\text{CON},j,\text{e}}^{t-1} \leqslant P_{\text{CON},j,\text{e}}^{\text{up}} \Delta T \end{cases} \tag{7-101}$$

式中，$P_{\text{CHP},i,\text{e}}^{\text{up}}$、$P_{\text{CHP},i,\text{h}}^{\text{up}}$、$P_{\text{CON},j,\text{e}}^{\text{up}}$ 为各机组电热出力上限；$P_{\text{CHP},i,\text{e}}^{\text{down}}$、$P_{\text{CHP},i,\text{h}}^{\text{down}}$、$P_{\text{CON},j,\text{e}}^{\text{down}}$ 各机组电热出力下限。

室内温度范围约束：

$$T_{\text{in}}^{\min} \leqslant T_{\text{in}} \leqslant T_{\text{in}}^{\max} \tag{7-102}$$

式中，$T_{\text{in}}^{\max}$ 为供热区域室内温度上限；$T_{\text{in}}^{\min}$ 为供热区域室内温度下限。

4) 供回水管道热媒温度约束

供回水管道中热媒的温度应限制在一定的范围内，热网温度上限可以防止热媒温度过高对管道造成损伤，温度下限用于保证换热站的正常工作。由于存在热量损耗，全热网中温度最高点在热源的供水管道处，温度最低点在热源的回水管道处。因此，只需热源处的供水管道和回水管道内热媒满足温度约束即可：

$$\begin{cases} T_{\text{SH},\text{g},t} \leqslant T_{\text{g}}^{\max} \\ T_{\text{SH},\text{h},t} \geqslant T_{\text{h}}^{\min} \end{cases} \tag{7-103}$$

式中，$T_{\text{SH},\text{g},t}$ 为供水管道热媒温度；$T_{\text{SH},\text{h},t}$ 为回水管道热媒温度；$T_{\text{g}}^{\max}$ 为供水管道温度上限；$T_{\text{h}}^{\min}$ 为回水管道温度下限。

7.3 案例分析

7.3.1 案例条件

如图 7.13 所示，吉林省长春市某热电厂装有两台热电联产机组(CHP1 和 CHP2)，一座火电厂装有两台纯凝火电机组(CON1 和 CON2)，热电和火电总装机容量为 1100MW，风电场装机容量为 220MW，风电渗透率最大为 14.5%。

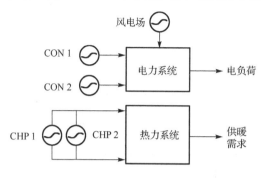

图 7.13　热电联合系统示意图

　　整个供热区域的一级供热网拓扑结构示意图如图 7.14 所示。在换热站内，热网与换热站换热器进行换热，再通过二级管网将热量输送给用户。

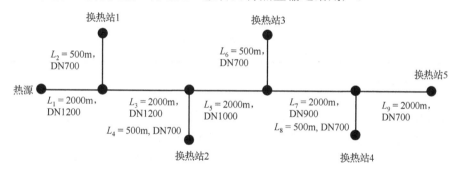

图 7.14　一级供热网拓扑结构示意图

　　电负荷、室外温度数据采用某地区 2017 年 1 月份连续 7 日的实测平均值，供热区域供暖面积为 7.34km²，一级热网设计供、回水温度上下限分别为 120℃和 75℃，室内设计温度取(20±2)℃。调度时段时间间隔 ΔT 取为 15min，各机组参数如表 7.3～表 7.6 所示。

表 7.3　各机组出力范围

机组	装机容量/MW	供电出力范围/MW	供热出力范围/MW
CHP1	300	[150,400]	[0,500]
CHP2	300	[150,400]	[0,500]
CON1	200	[100,250]	0
CON2	300	[0,220]	0
合计	1100	[400,1270]	[0,1000]

表 7.4　热电联产机组经济参数

热电联产机组	α	β	γ	θ	δ	ξ	C_m	K
CHP 1	7.6×10^{-5}	0.27	0.75	4.3×10^{-5}	0.20	1.14×10^{-4}	0.75	45.5
CHP 2	7.8×10^{-5}	0.20	0.78	5.2×10^{-5}	0.20	1.20×10^{-4}	0.75	45.5

表 7.5　火电机组经济参数

火电机组	a	b	c
CON 1	0.000072	0.2292	14.618
CON 2	0.000171	0.2705	11.537

表 7.6　热力网络和供热区域参数

参数	数值	参数	数值
K_{delay}	1.3934	$K_{wi}/[W/(m^2\cdot℃)]$	3.4900
A_{wa}/m^2	0.6500	$K_{wa,out}/[W/(m^2\cdot℃)]$	23
A_{wi}/m^2	0.2200	$\mu'/[W/(m^2\cdot℃)]$	2.88
$K_{wa,in}$	8.7000/[W/(m²·℃)]	$C'/[J/(m^2\cdot℃)]$	1.63×10^{-5}
$K_{wa,i}$	1.7390/[W/(m²·℃)]		

7.3.2　案例目标

为使整个系统的经济性最佳，目标函数为系统煤耗量最小，系统总煤耗量等于热电联产机组用于发电和发热的煤耗以及火电机组的发电煤耗。在风电高峰期来临前对热网进行加热，提高热网的整体温度，热网内存储更多的内能，同时加大对供热区域的散热量，提高供热区域的整体温度。优化调度的目标见式(7-89)～式(7-91)。

案例中的约束条件为式(7-92)～式(7-102)，其中，涉及的各管道节点温度、压力由式(7-46)～式(7-78)热网能流计算得到；热延迟时间由式(7-79)计算得到；热损耗由式(7-80)、式(7-81)计算得到；蓄热量由式(7-82)、式(7-83)计算得到。

7.3.3　负荷预测

可再生能源具有高度的不确定性，因此利用人工神经网络进行负荷预测。根据历史数据，得到风电场的发电量预测结果如图7.15所示。

在本案例中，负荷预测结果作为优化调度的输入，后续优化调度策略均建立在负荷预测的基础上。

整个区域供热负荷预测曲线如图7.16所示。其预测结果作为算例的输入，用于优化调度。

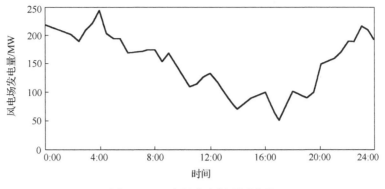

图 7.15　风电场发电量预测曲线

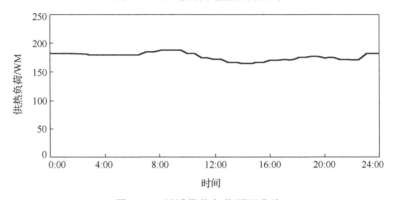

图 7.16　区域供热负荷预测曲线

整个区域供电负荷预测如图 7.17 所示。其预测结果作为算例的输入，用于优化调度。

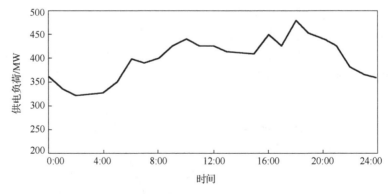

图 7.17　区域供电负荷预测曲线

7.3.4　案例结果

由于上述优化问题为复杂的非线性规划，因此利用 CPLEX 二次规划工具箱计算上述算例，热电联产机组、火电机组的出力曲线结果如图 7.18 和图 7.19 所示。

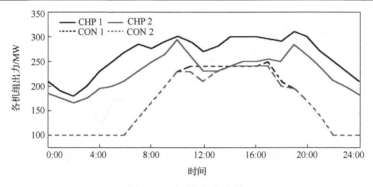

图 7.18　机组出力曲线

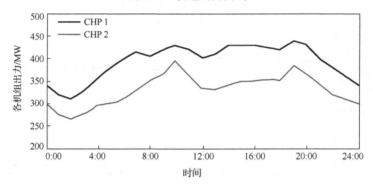

图 7.19　热电联产机组出力曲线

对比图 7.18 和图 7.19 可以看出，在考虑了热网储热和供热区域热惯性的热电联合调度系统中，降低了夜间热负荷高峰期热电联产机组的发热量，实现了对机组热出力的平移，扩大了风电上网空间。

图 7.20 为散热器的散热曲线，在调度中增加了散热器的散热量作为控制变量，灵活地调整热负荷，与热电联产机组热出力配合，在风电高峰期降低热负荷，增强热电联产机组的调峰能力，促进风电消纳。

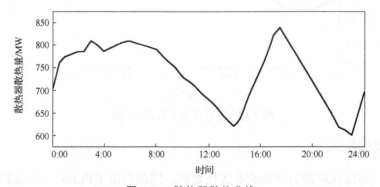

图 7.20　散热器散热曲线

图 7.21 中给出了热电联合系统的风电消纳情况，可以看出，夜间的风电消纳效果较好。

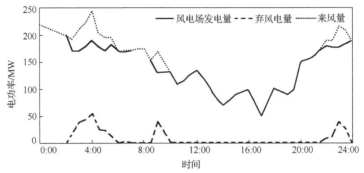

图 7.21　风电场出力及弃风电量曲线

图 7.22、图 7.23 分别给出了供热区域室内温度变化和热网能量变化，调度结果显示应在风电高峰期来临前对热网进行加热，提高热网的整体温度，热网内存储更多的内能，同时加大对供热区域的散热量，提高供热区域的整体温度。

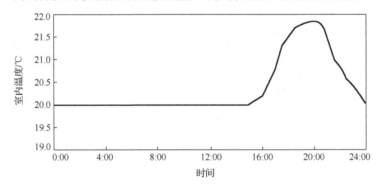

图 7.22　供热区域室内温度曲线

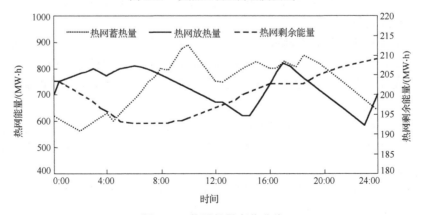

图 7.23　热网能量变化曲线

　　改进调度策略同时考虑了热网储热特性和供热区域热惯性，为分析改进调度策略的优越性，根据调度中是否考虑热网储热特性和供热区域热惯性可分成 4 种调度策略，其中传统调度策略中未考虑热网储热特性和供热区域热惯性，对应策略 A，改进调度策略对应 D，表 7.7 从煤耗量和弃风率两方面对 4 种调度策略进行定量对比。

表 7.7　四种策略下的煤耗量和弃风率

调度策略	是否考虑热网储热特性	是否考虑供热区域热惯性	煤耗量/t	弃风量/(MW·h)	弃风率/%
A	否	否	10789.8	1038.2	18.5
B	否	是	10748.1	700.1	17.2
C	是	否	10730.4	477.3	13.2
D	是	是	10680.9	169.2	4.7

　　四种调度策略和对应的弃风电量曲线如图 7.24 所示。

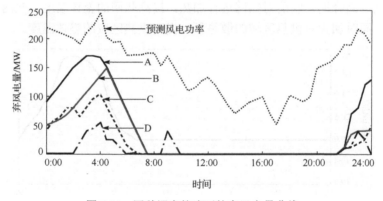

图 7.24　四种调度策略下的弃风电量曲线

　　对比表 7.7 和图 7.24 可知，改进调度策略可以在一定程度上减小热电联合系统的弃风率和煤耗量。

　　热力系统参数取值随着地域和时间的变化存在差异。本节通过仿真分析了一级热网设计供回水温差 ΔT_{heat_line}、一级热网热媒流量 G、单位供热面积单位温差下室内热量损失 μ'、供热区域单位面积热容 C' 这 4 种参数变化对弃风率的影响，仿真结果如图 7.25 所示。

　　其中一级热网设计供回水温差和一级热网热媒流量决定了热网热媒储热能力的上下限，供热区域单位面积热容反映了供热区域的热惯性，单位供热面积单位温差下室内热量损失影响系统稳态热负荷。

　　热力系统参数对系统风电消纳能力有显著影响。一级热网设计的供回水温差越大，热媒流量越高，热网的储热能力越强，越利于风电消纳。供热区域单位面积热

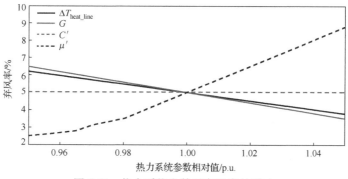

图 7.25　热力系统参数对弃风率的影响

容越大，供热区域的热惯性越大，室内温度对供热量变化越不敏感，热负荷高峰期的风电上网空间越大。单位面积室内热量损失影响单位供热面积稳态热负荷，稳态热负荷越高，风电上网整体空间越小，弃风率越高。

参 考 文 献

[1] 高卫国, 徐燕申, 陈永亮, 等. 广义模块化设计原理及方法[J]. 机械工程学报, 2007, 43(6): 48-54.

[2] Chen H, Canizares C A, Singh A. ANN-based short-term load forecasting in electricity markets[C]. Power Engineering Society Winter Meeting, Columbus, 2001.

[3] Khan A R, Mahmood A, Safdar A, et al. Load forecasting, dynamic pricing and DSM in smart grid: A review[J]. Renewable & Sustainable Energy Reviews, 2016, 54: 1311-1322.

[4] 周海明. 人工神经网络应用于电力系统短期负荷预测的研究[D]. 南宁: 广西大学, 2001.

[5] 蔡佳宏. 超短期负荷预测的研究[D]. 成都: 四川大学, 2006.

[6] 田晓. 电力负荷管理系统中的短期负荷预测技术的研究[D]. 沈阳: 东北大学, 2008.

[7] Bartholomew D, Box G E P, Jenkins G M. Time series analysis forecasting and control [J]. Journal of the Operational Research Society, 2010, 31(4): 303.

[8] Kuster C, Rezgui Y, Mourshed M. Electrical load forecasting models: A critical systematic review[J]. Sustainable Cities and Society, 2017, 35: 257-270.

[9] Kutner M H , Nachtsheim C J , Neter J . Applied linear regression model[J]. Technometrics, 2004, 26(4): 415-416.

[10] Nicewander J L R A. Thirteen ways to look at the correlation coefficient [J]. American Statistician, 1988, 42(1): 59-66.

[11] Ray P, Mishra D P, Lenka R K. Short term load forecasting by artificial neural network[C]. International Conference on Next Generation Intelligent Systems, Kottayam, 2017.

[12] Bashir Z A, El-Hawary M E. Applying wavelets to short-term load forecasting using PSO-based

neural networks[J]. IEEE Transactions on Power Systems, 2009, 24(1): 20-27.

[13] Niu, D, Wang Y, Wu D D. Power load forecasting using support vector machine and ant colony optimization[J]. Expert Systems with Application, 2010, 37(3): 2531-2539.

[14] Silver D, Huang A, Maddison C J, et al. Mastering the game of Go with deep neural networks and tree search[J]. Nature, 2016, 529(7587): 484-489.

[15] Basheer I A, Hajmeer M N. Artificial neural networks: Fundamentals, computing, design, and application [J]. Journal of Microbiological Methods, 2000, 43(1): 3-31.

[16] Buijs J, Suykens J, De M B. Model predictive control: Convex optimization versus constrained dynamic backpropagation [J]. Ifac Proceedings Volumes, 2001, 34(22): 343-347.

[17] 石德琳. 基于神经网络的电力负荷预测研究与实现[D]. 济南: 山东大学, 2016.

[18] 程天才. 基于蓄热的一次热力管网系统的节能运行调节[D]. 北京: 北京建筑大学, 2017.

[19] 齐瑞. 基于 SCADA 的城市热网监控系统设计[J]. 仪器仪表用户, 2011, 18(5): 14-17.

[20] 李志刚, 孙丽萍, 刘嘉新. 热网监控系统的设计与实现[J]. 森林工程, 2013, 29(4): 90-95.

[21] 刘兵, 王晓航, 卢刚. 基于 PVSS 平台的集中供热全网平衡控制系统研究及应用[J]. 区域供热, 2014(6): 31-34.

[22] 仪忠凯, 李志民. 计及热网储热和供热区域热惯性的热电联合调度策略[J]. 电网技术, 2018, 42(5): 1378-1384.

[23] Chen X, Xia Q, Kang C, et.al. A rural heat load direct control model for wind power integration in China[C]. Power & Energy Society General Meeting, San Diego, 2012.

[24] Liu X, Wu J, Jenkins N, et al. Combined analysis of electricity and heat networks [J]. Applied Energy, 2016, 162: 1238-1250.

[25] Chen D, Hu X, Li Y, Wang R, et.al. Nodal-pressure-based heating flow model for analyzing heating networks in integrated energy systems [J]. Energy Conversion and Management, 2020, 206: 112491.

[26] 祁连中, 姜林庆. 城市集中供热系统节能潜力分析[C]. 供热工程建设与高效运行研讨会论文集, 天津, 2015.

[27] 丛颖, 张冰瑶. 供热工程能耗分析[J]. 区域供热, 2008(4): 55-58.

[28] 韦国林, 韦金玉, 马玉伟. 集中供热系统节能潜力分析[J]. 能源与节能, 2014(11): 89-90.

[29] Hu X, Zhang H, Chen D, et.al. Multi-objective planning for integrated energy systems considering both exergy efficiency and economy [J]. Energy, 2020, 197: 117155.

[30] 张海峰, 高峰, 吴江. 含风电的电力系统动态经济调度模型[J]. 电网技术, 2013(5): 1298-1303.

[31] 顾泽鹏, 康重庆, 陈新宇. 考虑热网约束的电热能源集成系统运行优化及其风电消纳效益分析[J]. 中国电机工程学报, 2015(14): 3596-3604.

[32] 徐飞, 闵勇, 陈磊. 包含大容量储热的电-热联合系统[J]. 中国电机工程学报, 2014, 34(29): 5063-5072.

第 8 章

余热网络化利用项目及案例分析

在常规能源利用中，常见方式是通过不同技术提高能源利用效率，对已有能源进行高效充分的利用，从而减少能源消耗。余热回收利用与常规能源利用有所不同，在达到高效利用之外还希望可以尽可能多地回收余热，因为余热利用本身会带来节能减排效益。从能源利用角度来讲，有了能源需求才会有能源消耗，因此提升余热回收体量需要提升用户需求体量。综合来讲，为了充分发挥余热回收的节能减排效益，一方面需要充分挖掘余热的利用价值，通过品位匹配和品位提升实现余热的充分利用；另一方面还需要尽可能满足用户侧需求，实现余热回收扩容。

工业余热具有种类杂、分布散、密度低和不稳定等特点，与用户侧存在能源形式、能源品位、时间和空间分布上的不匹配，为余热回收高效利用带来重重困难。针对这些问题，需要对余热和用户侧进行综合考虑，结合余热回收的高效梯级转换和供应-需求匹配，实现优化的余热利用。本章将结合余热网络化利用思想和实际案例分析，对如何实现余热的高效综合利用进行介绍。

8.1 余热网络化利用

为了解决余热回收中能源与需求在形式、品位、时间和空间上的多维度不匹配问题，本书提出低品位热能的"冷-热-电-储-运"能源网络化利用的方法。该方法力图通过集中与分布相结合的余热利用，拓展能源与需求间的连接，同时达到对余热回收的扩容和高效利用。

余热网络化利用思想将余热分为集中式的余热和分散式的余热。针对集中式的余热，需要解决的主要问题是余热源与用户需求之间能源形式和能源品位的差异：①采用不同的余热高效稳定转换技术实现能源形式的转换，主要通过热驱动制冷、热能品位转换热泵和热驱动发电技术进行转换；②在能源形式转换技术中挑选最合适的具体循环形式，实现能源品位的最高效转换。该过程中能源形式的转换较为直观，但能源的高效转换需要考虑众多因素，如余热温度、环境温度、需求能源品位、工质、热驱动循环形式、技术成熟度和技术规模效应。以热驱动制冷为例，当用户需要 5～15℃的空调用冷水且余热热水温度超过 85℃时，可以采用单效硅胶-水吸附式或单效溴化锂-水吸收式制冷技术，其中单效溴化锂-水吸收式制冷更适合余热体量较大的场景，而单效硅胶-水吸附式制冷则适合于余热体量较小的场景。针对分散式的余热，主要的问题是余热源与用户需求之间在时间和空间上的差异，可以采用热能存储与热能输运进行解决，再根据不同技术的储能密度、能量效率、能量存储周期和经济性选择合适的技术。

实际的余热回收场景往往是集中式和分散式结合的场景，即余热源由主要余热源和次要余热源组成，用户需求也由主要用户需求和次要用户需求组成。在这种情况下，余热网络化利用思想可以通过"能源港"概念进行体现，并根据需求的形式分为如图 8.1 所示的两种不同的能源港形式，分别属于集中式处理和集中分散结合式处理。

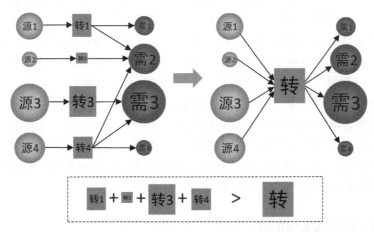

(a) 单需求场景能源港的集中式处理

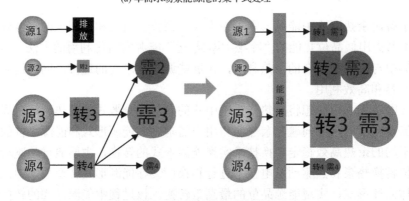

(b) 多需求场景能源港的集中分散结合式处理

图 8.1　基于余热网络化利用概念的传统余热回收方式改变

图 8.1(a)左侧为传统余热回收，通过分散式的余热转换，就地将余热源转换为用户侧所需能源，并根据不同用户需求进行能量传输，这种系统复杂度高、波动性强且转换系统体量小经济性差；基于余热网络化利用思想进行改造后可得到如图 8.1(a)右侧所示的余热能源港，这种系统首先对余热进行收集，再进行集中转换，具有系统复杂度低、稳定性强和转换系统体量大经济性好的优势。此处主要涉及两方面的考虑：一方面，单一余热源的不稳定性显著，但多个余热源间的不稳定性会发生互补，从而降低整体余热源的波动；另一方面，余热转换装备具有体量越大效率越高、单位容量成本越低和总占地面积减小的优势，采用集中式的转化可以从多个方面提升余热回收改造的经济性。在余热回收利用过程中，更普遍的情况是用户侧的需求是多样化的，这种情况下可以采用如图 8.1(b)所示的余热能源港模式，将所有的余热集中在余热能源港，而所有的余热回收技术均从该能源港提取所需的余热，并转换为用户侧所需的能源，从而在避免余热源波动的情况下满足不同用户的需求。

8.2　吸收式制冷用于大型能源热网优化节能改造

8.2.1　项目简介

新加坡裕廊工业区进驻了包括造船、修船、炼油、钢铁、水泥、化学、汽车装配、食品、电缆等工业领域的 8000 多家公司。各工业用户有着不同的能源需求。S公司作为新加坡的一家大型的综合能源公司，为裕廊工业区的工业用户提供电力，以及用于加热或冷却的蒸汽、热水和用于冷却的冷却水、冷冻水等。S 公司在裕廊工业区的热水管网系统能源利用中产生较多的余热,而这些余热又被海水冷却带走,造成能源的浪费。

8.2.1.1　原热水管网系统

S 公司在裕廊工业区的某一热水管网系统如图 8.2 所示。105～110℃的凝水分别经过 1 号冷却器、2 号冷却器和海水冷却器降温后，进入水处理装置进行软化处理。这股工艺水从水处理装置出来后，分为三股流体。其中两股流体分别进入 1 号和 2 号冷却器被加热后，汇成一股 70～75℃的热水提供给 1 号用户。另外一股流体为 35～40℃的水，直接提供给 2 号用户。

该热水管网系统在全年运行中根据用户的热量需求主要分为三个运行工况，如表 8.1 所示。从表中可看出，原热水管网系统的热量供需调节通过流量调节来实现，而输入水和输出水的要求保持不变。

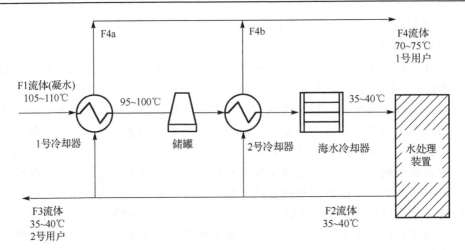

图 8.2　原热水管网系统

表 8.1　原热水管网系统三个运行工况　　　　　单位：t/h

工况	F1 流量	F2 流量	F3 流量	F4 流量
1	320	450	205	245
2	320	450	130	320
3	195	275	205	70

8.2.1.2　换热过程分析

根据原热水管网系统的温度及水流量，对其进行换热分析，工况 1 的结果如表 8.2 所示，图 8.3 是采用夹点分析方法得出的冷热流体 T-Q 图。在 1 号和 2 号冷却器被加热的工艺水，都输送到 1 号用户，这部分热量并没有被浪费。而海水冷却器通过加热海水达到冷却效果，因此这部分热量是被浪费掉的，而且其热量值非常大，达到 15270.5kW。同时进入海水冷却器的凝水温度为 78.4℃，其温度品位达到可回收利用的水平。同理，分别计算出工况 2 和 3 条件下的余热值，分别为 12208kW 和 12543.4kW，而进入海水冷却器的凝水温度分别为 70.2℃ 和 92.6℃。因此，原热水管网系统存在着大量的可利用的低品位余热。

表 8.2　工况 1 条件下的换热过程

换热器	热流体			冷流体		
	流体	温度/℃	流量/(t/h)	流体	温度/℃	流量/(t/h)
1 号冷却器	凝水	105.2→97.5	320	工艺水	37.5→72.5	70.4
2 号冷却器	凝水	97.5→78.4	320	工艺水	37.5→72.5	174.6
海水冷却器	凝水	78.4→37.5	320	海水	32.0→42.0	1309.0

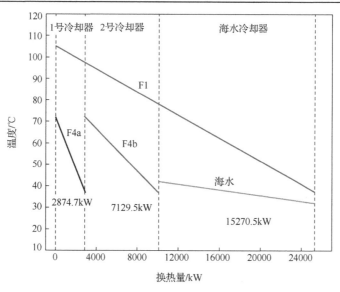

图 8.3　工况 1 条件下原热水管网系统的 T-Q 图

8.2.2　节能改造系统

8.2.2.1　系统流程

为了回收原热水管网系统的余热，节能改造系统的流程如图 8.4 所示。与原系统相比，节能改造系统增加了一台吸收式制冷机，减少了一个冷却器。凝水先进入吸收式制冷机对其进行加热后，再依次被冷却器和海水冷却器冷却，之后进入水处理装置。经处理的工艺水分为两股。一股进入冷却器被加热，再输送给 1 号用户。另一股直接输送给 2 号用户。吸收式制冷机还需要一股海水对其进行冷却。与此同时，吸收式制冷机能产生 7℃或更高温度的冷水，可作为空调冷水或工艺冷水进行使用。因此，节能改造系统实际上是通过一台吸收式制冷机对余热进行回收利用，产生可用于空调或工艺冷却的冷水。由于新加坡地处热带气候区，全年有较为旺盛的制冷需求，因此节能改造系统年运行时间很长，非常有利于缩短项目的投资回收期。

考虑到吸收式制冷机需满足在三种工况条件下运行，设计吸收式制冷机的额定冷量为 4600kW，且能在 50%～100%制冷负荷情况下运行。

8.2.2.2　换热网络优化分析

下面在三种工况条件下对节能改造系统进行换热网络优化分析。以工况 1 为例，其优化分析结果如图 8.5 所示。与原热水管网系统对比，节能改造系统的冷热流体换热温差更小，因此其换热过程的不可逆损失更小。同时，节能改造系统的海水冷却器换热量为 8699.1kW，明显小于原系统，因此余热得到了有效的回收利用。此外，节能改造系统还产生了 4600kW 有用的制冷量。同理，分别计算出工况 2 和工况 3 的结果。工况 2 和工况 3 条件下，海水冷却器换热量分别为 5636.6kW 和 7379.2kW，制冷量分别为 4600kW 和 3615kW。

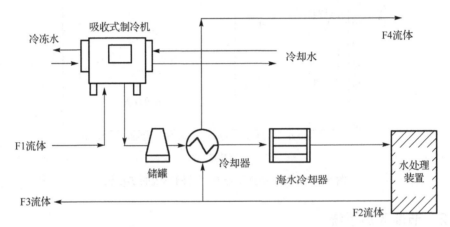

图 8.4　S 公司节能改造系统流程图

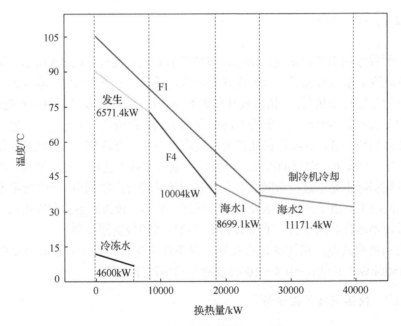

图 8.5　节能改造系统的 T-Q 图

8.2.3　节能分析

利用热力学第一定律和第二定律,对节能改造前后的系统进行分析,结果分别如表 8.3 和表 8.4 所示。在改造前,热水管网系统在三个工况下的能量利用效率仅为 39.6%、51.7% 和 18.6%。而改造后,系统的能量利用效率分别提升至 65.6%、77.7% 和 52.1%,提升幅度分别为 65.7%、50.3% 和 180.1%。在改造前,系统在三个工况下的㶲效率仅为 19.4%、27.3% 和 2.2%。而改造后,系统的㶲效率分别提升至 28.7%、37.7% 和 15.8%。因此该节能改造项目实现了良好的节能效果。

表 8.3　改造前后能量利用效率

工况	节能改造系统			原热水管网系统		
	凝水总热量/kW	利用的热量/kW	能量利用效率/%	凝水总热量/kW	利用的热量/kW	能量利用效率/%
1	25274	16576	65.6	25274	10004	39.6
2	25274	19638	77.7	25274	13066	51.7
3	15401	8022	52.1	15401	2858	18.6

表 8.4　改造前后系统的㶲分析

工况	节能改造系统					原热水管网系统			
	F1 流体㶲/kW	F4 流体㶲/kW	冷水㶲/kW	海水泵功率/kW	㶲效率/%	F1 流体㶲/kW	F4 流体㶲/kW	海水泵功率/kW	㶲效率/%
1	2706.8	666.3	366.2	255	28.7	2706.8	666.3	142	19.4
2	2706.8	881.0	366.2	226	37.7	2706.8	881.0	114	27.3
3	1649.5	179.1	287.8	205	15.8	1649.5	179.1	117	2.2

注: 海水泵功率为计算值。

8.2.4　经济性分析

该节能改造项目的费用支出主要分为初期的固定投资、运行费用和维护费用。项目初期的固定投资如表 8.5 所示,以新加坡元(S\$)为计费单位。

表 8.5　项目初期的固定投资

支出事项	费用/S\$
吸收式制冷机	580000
机房、换热器、辅助设备、管路的改建与新建	3650000

该项目的运行需消耗电能,其运行费用为用电的费用。新加坡电价是每年浮动变化的,如表 8.6 所示。因此在计算项目的运行费用时,电价以 $0.2\,\text{S}\$/(\text{kW}\cdot\text{h})$ 来计算。项目要求的年运行时间为 8000h,因此项目的年运行费用如表 8.7 所示。该项目的维护费用主要在后期产生,这里为方便计算平摊至每年,约为 50000S\$。

表 8.6   新加坡 2012~2016 年的电价

年份	2012	2013	2014	2015	2016
价格/[S\$/(kW·h)]	0.279	0.263	0.256	0.217	0.189

表 8.7   项目年运行费用

支出事项	费用/S\$
吸收式制冷机	18400
热水泵、冷却水泵和冷冻水泵	443200

项目的收益为产生的制冷量。工况 1 和 2 占年运行时间的 70%，而工况 3 占年运行时间的 30%，因此每年产生的制冷量约为 $3.44 \times 10^7 kW \cdot h$。在改造之前，由商业压缩式制冷空调系统提供制冷，以其 COP 为 4 来计算，则每年需要耗电 $8.6 \times 10^6 kW \cdot h$。而系统的冷却采用海水冷却，其耗水成本忽略不计。因此改造项目年收益约为 $1.21 \times 10^6 S\$$。

根据项目的支出与年收益，可算出其投资回收期为 3.5 年，因此该项目具备较好的经济性。

8.3   宽温区高效制冷供热耦合集成系统用于食品行业综合能源利用

制冷行业也是一次能源消耗的大户，并且制冷过程伴随着冷凝热的排放，这部分冷凝热通常情况下都排放到环境中，由于冷凝热温度低(20~40℃)，加之以前并不重视低品位废热的回收，这部分热量被浪费了，为改善这一能量浪费情况，冰轮环境技术股份有限公司开发了宽温区高效制冷供热耦合集成系统[1]。图 8.6 详细介绍了各温区冷、热负荷制取的方式，该系统高度集天然工质低温制冷系统、全/显热回收的氨高温制热系统、谷电水蓄热系统、微压蒸汽发生系统及水蒸气增压系统于一体，利用所研发的制冷系统冷凝热全热回收、冷热系统间热量优化匹配等技术，实现了宽广温区范围内(−50~160℃)高效环保的制冷和供热，达到了能源的高效及梯级利用和冷热量优化输配的目的，整套系统除消耗电能外，不需额外消耗其他一次能源，可广泛应用于需要制冷、供热的行业，尤其适合于冷热联供、水气同需的行业，如食品生产、畜禽屠宰、化工等行业。该系统采用天然环保工质，可大范围替代氟利昂工质的应用，带来可观的环保和社会经济效益。本节主要介绍利用该制冷供热耦合集成系统的原理对某禽类屠宰场进行节能改造的案例[2]。

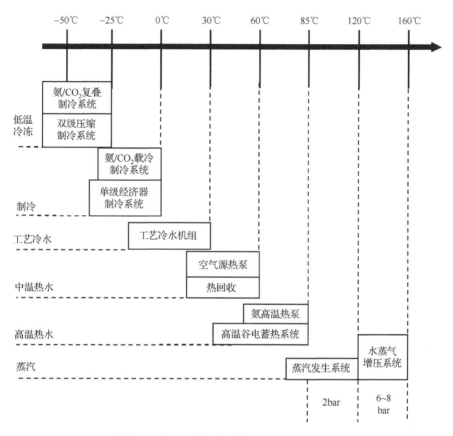

图 8.6　宽温区高效制冷供热耦合集成系统

8.3.1　项目简介

青岛某禽类屠宰厂应用了该宽温区高效制冷供热耦合集成系统进行节能改造,主要是将制冷系统的冷凝热回收,作为热泵系统的热源,提升品位后输出热水,用于生产工艺,达到能量梯级利用的目的,制冷结合余热回收热泵系统供热温区达 $-42\sim125℃$,系统综合 COP(制冷、供热)最高可达 5.1。

通过对厂区用热需求的调研(表 8.8)发现,厂区内主要的用热工艺包括漂烫、清洗托盘、消毒和冬季采暖。原采用两台两吨燃煤蒸汽锅炉提供热源,整个厂区的热水总负荷为 1351kW,其中季节性采暖负荷为 350kW,其余热水负荷为 1001kW。最大蒸汽总负荷为 750kW(折合蒸汽约 1.1t/h),其中食堂的蒸汽负荷为 350kW(折合蒸汽约 0.5t/h),其余最大蒸汽负荷为 400kW(折合蒸汽约 0.6t/h)。

表 8.8　热负荷统计

温区	过程	需求温度/℃	热水负荷/kW	蒸汽负荷/kW
低温	洗手 厂区清洗	30	6	—
中温	脱毛 鸡体清洗	65 60	136 358	36 109
	设备清洗	60	—	40
	供暖	60	350	—
	浸烫池补水	60	157	—
	洗浴	60	150	—
高温	浸烫	95	—	165
	食堂	90	—	350
	消毒	82	200	50
总计			1357	750

8.3.2　冷凝热余热回收系统

1. 冷凝热余热回收系统原理

冷凝热余热回收(氨)高温热泵系统工作原理为：原有制冷系统中过热制冷剂蒸气在冷却塔中冷凝放热，现在至中间冷却器(中冷)冷却，变成饱和制冷剂气体，经高压压缩机压缩后成高温高压的过热气体进入热回收器，此时热回收器即热回收系统的冷凝器，其热量被水带走形成热水，冷凝后的制冷剂液体经节流后重新回到中冷中，液态制冷剂重新进入制冷系统进行循环。其系统流程示意图如图 8.7 所示。

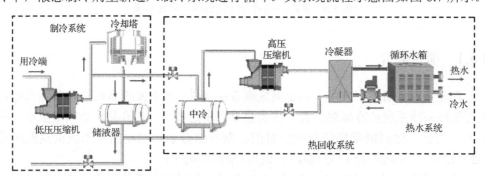

图 8.7　冷凝热余热回收(氨)高温热泵系统

2. 各温区热负荷制取方案

(1)低温热水。30℃的低温热水负荷要求为 6kW，需求量少且洗手和车间清洁的时间不固定，因此无须增加专门的热回收设备来生产 30℃的热水，采用中温水和冷水混合来制取。

(2)中温热水。由于厂区冬季才需要供暖,属于季节性热负荷,因此将中温热水热泵系统设计为两个独立的单元。采用 LG12R 热回收系统从螺杆制冷系统中回收冷凝热,热泵机组的额定热容量大于表 8.8 中列出的所需热负荷。在大多数情况下,实际热负荷小于设计值,因此可以增加水箱起到调峰作用,采用容积为 40m³ 的水箱来储存 60℃ 的热水。

(3)高温热水。采用 LG16R 高温活塞式热泵机组用于产生 80℃ 的热水。这部分冷凝热被完全回收,回收率为 100%,制冷-供热综合 COP 约为 5.1。全热回收系统可以降低中间冷凝温度,并降低压缩机的排气压力。厂区所需高温热水负荷只有200kW,该热泵单元产生的大部分 80℃ 热水用作产生蒸汽的热源,需配置 120m³ 的水箱。

显热回收系统连接到 4 台活塞式制冷压缩机的排气管,由低压换热器、水箱、工质泵等组成。在 30℃ 冷凝时,排气温度最高为 112℃。在低压热换器中,将 80℃的水加热到 90℃。将热水送回 120m³ 的水箱,混合温度约为 83℃。

(4)蒸汽。采用以水为工质的水蒸气高温热泵产生 125℃ 的蒸汽,以 83℃ 的水为热源,输出 125℃ 的高压热水,在闪蒸罐中闪蒸产生蒸汽。

8.3.3　经济性分析

本项目的余热回收系统最大可提供的热负荷为 1610kW(约合蒸汽 2.3t/h),因此,与其他方案对比时,负荷均按照 1610kW 计算。本章比较了 6 种蒸汽发生系统的效率、运行(1 年,按 300 天算)成本(包括人工、维护、维修、燃料费等)以及初投资,结果见图 8.8。

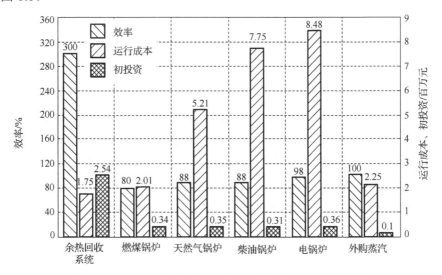

图 8.8　6 种蒸汽发生系统的效率、运行成本、初投资比较

从图 8.8 中的比较可知，余热回收系统的效率非常高，达到 300%，远超其他系统，通过热泵对余热品位进行进一步提升，提高了能量的利用率，进而节省了一次能源消耗。通常来说，蒸汽发生系统的初始投资费用一般会远低于其运行维护费用，因此尽管余热回收系统的初投资最高，但其运行成本是最低的，与燃煤锅炉的运行成本相当，且远低于其他方式。但燃煤锅炉会造成严重的环境污染问题，面临被取缔的现状。因此，高效节能环保的余热回收系统是替代现有的燃煤锅炉的最佳方案。

在上述 6 种系统经济性对比的基础上，将余热回收系统与成本最接近的燃煤锅炉进一步地对比，余热回收系统、燃煤锅炉运行费用如表 8.9 所示。余热回收系统的中间冷却器代替了原有的制冷系统冷却塔，而使用燃煤锅炉制热时，制冷系统仍需要冷却塔运行，因此在计算余热回收系统的运行费用时要减去节省的冷却塔运行费用。

表 8.9　余热回收系统与燃煤锅炉详细费用对比

蒸汽发生系统	费用		数值
余热回收系统	初投资 a/万元		253.8
	运行费用	运行天数/天	300/120 b
		每天耗电量 c/(kW·h)	7758/1680
		平均工业电费/[元/(kW·h)]	0.75
		运行费用/万元	175.45/15.12
		维护、维修费用/万元	5
	制冷系统冷却塔节省费用	耗电量/kW	52
		每天运行时长/h	16
		冷却水流量/(t/天)	88.4
		节省费用/万元	20
	总费用/万元		174.67
燃煤锅炉	初投资 d/万元		34.2
	运行费用	煤热值 e/(kJ/kg)	28215
		效率/%	80
		每日耗煤量/t	6
		煤单价/(元/t)	1060
		燃料费用/万元	190.8
		维护、维修费用/万元	5
		污染物排放处理费用/万元	5
	总费用/万元		200.8

a. 初投资包括设备、改造、安装、水箱和增加电力容量的成本。

b. 余热回收系统分为其他热回收系统和供暖热回收系统。"/"的左侧是其他热回收系统，右侧是供暖热回收系统。

c. LG12R 系统每天运行 22h；LG16R 系统每天运行 10h；显热回收系统每天运行 20h；LG12R 系统(用于加热)每天运行 24h。

d. 初投资包括 2 台燃煤锅炉(蒸汽流量 2t/h)、安装和水箱的成本。

e. 消耗的煤炭是无烟煤，6t 无烟煤等价于 5.84t 标准煤。

8.3.4　环境效益分析

为了直观地比较余热回收系统与其他 5 种蒸汽发生系统的环境效益,表 8.10 计算了当热源全部由锅炉提供时,运行一天(20h)所需的电能、一次能源消耗以及污染物排放。燃煤锅炉每天消耗 5.84t 标准煤;天然气锅炉每天消耗 3412m³ 天然气;柴油锅炉每天消耗 3520kg 柴油;电锅炉不需要额外的燃料消耗;外购蒸汽以 300元/t(包括运输、人工)的价格从电厂购买。为了直观地比较它们的能源消耗,将耗电量和燃料消耗转换为标准煤。根据计算,电锅炉能耗最多,余热回收系统最少。虽然外购蒸汽不需要额外消耗电能,但是购买蒸汽的费用较高,一般厂家难以承受。

表 8.10　运行一天能源消耗与污染物排放比较

比较项目	余热回收系统	燃煤锅炉	天然气锅炉	柴油锅炉	电锅炉	外购蒸汽
耗电量/(kW·h)	7706.0	500.0	81.1	81.1	35270.0	—
燃料消耗	—	5.84t[a]	3412m³	3520kg	—	25t[b]
标准煤消耗量/t	2.51[c]	6.00	4.55[d]	5.61[e]	11.50	—
CO_2 排放量/t	6.53	15.60	11.83	14.59	29.90	—
SO_2 排放量/kg	20.24	144.00	109.20	134.64	276.00	—
NO_x 排放量/kg	17.57	42.00	31.85	39.27	80.50	—

a. 标准煤的热值为 29.27MJ/kg。
b. 外购蒸汽每天要购买约 25t 蒸汽。
c. 发电煤耗率为 326g 标准煤/(kW·h)。
d. 天然气的转化系数为 1.33kg 标准煤/m³。
e. 柴油的换算系数为 1.57kg 标准煤/m³。
注:CO_2、SO_2、NO 的排放量分别为 2.6t/t 标准煤、24kg/t 标准煤和 7kg/t 标准煤。

按照标准煤耗产生的污染物排放(主要是 CO_2、SO_2、NO_x)进一步比较 6 种蒸汽发生系统的污染物排放量,余热回收系统的标准煤耗分别比燃煤锅炉、燃气锅炉、柴油锅炉和电锅炉低 58.2%、44.8%、55.3%和 78.2%,CO_2、SO_2 和 NO_x 的排放减少了相同的百分比。从图 8.9 可以看出,余热回收系统比其他 4 种蒸汽发生系统对环境更友好。对于外购蒸汽的方式,虽然在用热场合中没有其他任何的能源消耗,但在电厂中仍然通过能源消耗产生蒸汽。

经过以上分析,余热回收系统在效率、运行费用、环境效益方面都优于其他蒸汽发生系统,相对于其他方式,余热回收系统的成本回收期都在两年以内,因此其高初投资的问题也在可接受的范围内。

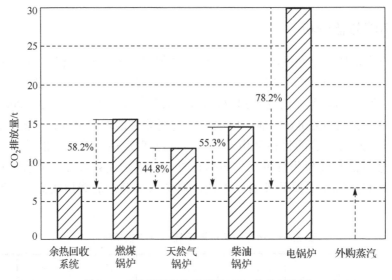

图 8.9　6 种蒸汽发生系统的 CO_2 排放量比较

8.4　基于吸收式热泵的电厂冷却塔余热回收供暖

在我国北方,热电厂承担着冬季集中供热的社会责任。通常通过高温蒸汽与换热管网热水换热将热能输送给供热系统。由于蒸汽与热水的换热温差较大,这样的供热方式会造成热能品位的浪费。溴化锂-水吸收式热泵可以有效回收低温位的热能,通过消耗部分蒸汽,可以回收低品位热能(如电站冷却塔余热),用热泵来提升供热回水温度,不足的部分再用蒸汽进一步加热提升。吸收式热泵用于热电厂的余热供热节能改造具有良好的节能、环保、社会和经济效益。

8.4.1　项目简介

大唐甘肃发电有限公司西固热电厂(以下简称西固热电厂)位于甘肃省兰州市西固区,是国家“一·五”期间 156 个重点建设项目之一,并且第一台机组于 1957 年投产发电。目前电厂总装机容量为 101.5 万 kW,其中 330MW 和 165MW 的机组各两台,25MW 的机组一台。用于供暖的机组为两台 330MW 的机组。机组设计的采暖抽汽供热能力为 960 万 km^2。西固热电厂 2016 年的供热面积需增加至 1200 万 km^2,2017 年的供热面积需增加至 1400 万 km^2。因此,西固热电厂面临着增加供暖能力的压力。

西固热电厂原有的供暖系统流程如图 8.10(a)所示。从汽轮机抽取了 0.25MPa 的高温高压蒸汽,接着这部分蒸汽进入汽水换热机组,与供热管网的热水换热后,变成 95℃的凝水之后，再返回锅炉，进行循环利用。管网的热水通过与蒸汽换热之后，从 50℃加热至 105℃以上，满足供热管网的输送温度要求。若 0.25MPa 的蒸汽为饱和蒸汽，其对应的饱和温度约为 128℃，因此这样的供暖系统形式会造成热量的品位浪费。从 T-Q 分析图来看，蒸汽与管网热水换热温差很大，算术平均换热温差约为 51℃，因此其换热存在着较大的不可逆损失，使得系统整体效率不高。此外，从图 8.10 中可看出来，电厂的凝汽器需要冷却，因此有着大量的低品位冷凝余热。

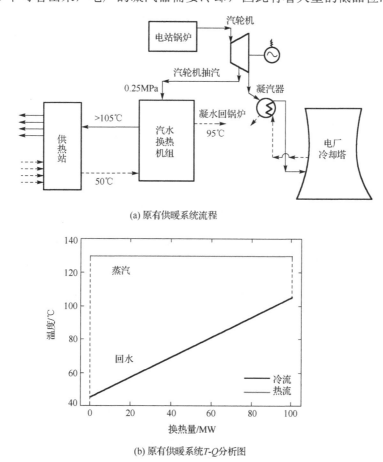

(a) 原有供暖系统流程

(b) 原有供暖系统 T-Q 分析图

图 8.10　西固热电厂原有供暖系统分析

为了实现供暖能力的增加和回收低品位余热，西固热电厂进行了供暖的节能改造，通过溴化锂-水吸收式热泵回收一台 330MW 机组的冷凝余热。

8.4.2　流程原理

西固热电厂的余热供暖节能改造项目的系统分析如图 8.11 所示。汽轮机抽取的蒸汽分两路:一路进入吸收式热泵,作为驱动热源,之后变成 95℃的凝水,再返回锅炉;一路进入换热机组,将吸收式热泵制取的 80℃热水提升至 105℃,满足供热管网的输送温度要求。吸收式热泵在高温蒸汽的驱动下,回收凝汽器的冷凝余热,将35.5℃的冷却水冷却至 30℃,同时将 55℃的热水提升至 80℃。通过吸收式热泵的作用,系统将一部分低品位余热(30~35.5℃的冷凝余热)变为品位更高的有用热量(80℃的供暖热量),达到了供暖能力增加和能源效率提高的目的。因此该吸收式热泵为第一类热泵,即增量型热泵。图 8.11(b)为改造后的系统 T-Q 分析图(G1、G2:发生器;A1、A2:吸收器;C1、C2:冷凝器;E1、E2:蒸发器),高温蒸汽与发生器内溶液、管网回水与吸收器内溶液、管网回水与冷凝器内冷剂以及冷却塔废热水与蒸发器内冷剂的换热温差较小(小于 10℃),蒸汽与管网热水的换热温差约为 36℃。与改造前相比,采用吸收式热泵之后,换热温差得到有效减少,使得换热过程的不可逆损失大大减少,从而获得更高的系统效率。此外,由于冷凝余热得到有效的回收利用,可以减轻电厂冷却塔的负担,减少冷却水的用量,有效节省水资源。

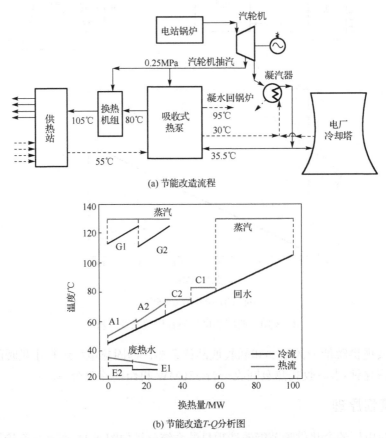

(a) 节能改造流程

(b) 节能改造T-Q分析图

图 8.11　节能改造项目的系统分析

8.4.3　吸收式热泵

从上述流程的描述可知，吸收式热泵是整个系统的核心。吸收式热泵需要实现余热约 45℃ 的温升。根据项目的需要，热泵输出热量的容量要求为 290MW。因此本项目共采用了六台吸收式热泵，单台吸收式热泵的设计容量为 50MW。同时为了达到更好的节能效果，需要吸收式热泵有着更高的制热 COP。该项目采用的吸收式热泵的设计制热 COP 为 1.75。因此，该项目采用的吸收式热泵有着容量大、温升大、效率高的要求。

传统吸收式热泵的热输出温度较为稳定。若被加热流体所需要达到的温度提升范围较宽，则会在吸收式热泵与被加热流体的换热过程中产生较大的不可逆损失，使得系统效率下降。针对该问题，可通过分段流程实现温度对口和梯级利用，降低热力循环的不完善度并提升系统总体效率。图 8.12 为第一类吸收式热泵的两段流程原理图，$t_{R1} \sim t_{R5}$ 为不同位置的回水温度；$t_{W1} \sim t_{W3}$ 为不同位置的废热水温度，其中左侧的发生器、吸收器、蒸发器和冷凝器构成低温段，而右侧的相应部件构成高温段，低温余热热源先进高温段，后进低温段；热水先进低温段，后进高温段。通过这样的流程一方面充分利用余热，另一方面热水依次经过低温段的吸收器、高温段的吸收器和冷凝器、低温段的冷凝器，这样热水与每个部件之间的换热温差小，最终实现热水总体的大温升并提升循环效率。本项目采用的吸收式热泵正是这种两段流程的第一类吸收式热泵。

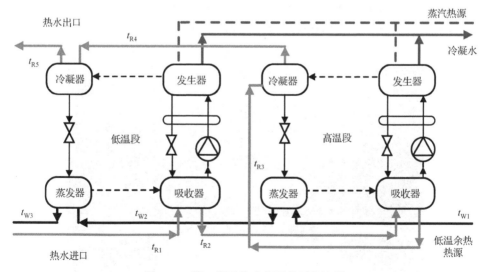

图 8.12　第一类吸收式热泵的两段流程

为了增加可靠性、减少体积并提升系统效率，吸收式热泵机组采用了紧凑化设计和蒸汽凝水热回收结构。发生器采用了专有的传热管管型和排列形式,获得良好的蒸汽和溶液换热流场,增强传热效果。蒸发器和吸收器设置了真空隔热结构,减少了内部漏热损失。蒸发器和吸收器均采用了特有的淋激式布液结构,使得布液更加均匀且充分利用了传热面积,减小了传热管表面的液膜厚度并提高了传热效果。溶液换热器采用了新型高效换热管及专有支撑结构从而大幅度提高了换热效果。此外这种结构的溶液流动阻力小,不需要增加高温浓溶液工质泵,减少了机组的运动部件。吸收式热泵机组通过上述优化设计,实现了紧凑化的结构,从而减小了体积和重量,减少了内部漏热损失,进而降低了驱动热源的消耗。

除以上紧凑优化设计之外,吸收式热泵还通过工作蒸汽凝水高效利用和冷剂蒸汽凝水热回收达到提高系统效率的目的。机组增设了工作蒸汽凝水热回收器,采用溶液回收工作蒸汽凝水热量。与传统采用热水回收相比,机组凝水热量利用效率提升了70%,故降低了蒸汽消耗并提升了系统COP。在冷剂蒸汽凝水热量的回收中,机组增设了冷剂凝水热回收器,回收冷剂凝水热量,减少蒸汽消耗,总循环效率提升了3%左右。

8.4.4　运行情况

西固热电厂的余热供暖节能改造项目于2016年开始建设,并于2017年完成建设。图8.13为项目机房内部图,六台吸收式热泵分两侧安装,每侧三台机组。经合肥通用机电产品检测院有限公司的现场检测,在余热热水进出口温度分别为36.30℃和30.81℃以及供暖热水进出口温度分别为53.22℃和82.43℃的条件下,单台吸收式热泵的热输出功率为50.194MW,制热COP为1.77。

图8.13　项目机房内部图

项目于 2017 年 11 月开始正式运行供暖。首个供暖季(2017 年 11 月～2018 年 3 月)的运行数据如图 8.14 所示。从图 8.14 可看出,回收的热量与气温呈现相反的趋势,即气温越低,回收的热量越多。经统计,在首个供暖季,项目共回收冷凝余热 127 万 GJ,减少冷却塔耗水 52.8 万 t。折算成标准煤,项目首个供暖季实现了标准煤消耗量减少 4.82 万 t 和 CO_2 减排 12.2 万 t。兰州当地的采暖价格为 34.4 元/GJ,项目首个供暖季实现了经济收入 4370 万元和净收益 3500 万元。以此推算,项目的投资回收期仅为 3.7 年。因此项目有着良好的环境和经济效益。

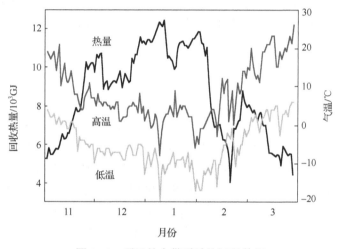

图 8.14 项目首个供暖季的运行数据

8.5 基于离心式压缩式热泵的余热供暖

在钢厂有着大量的 30～40℃的冷凝余热,这些余热通常是通过冷却塔耗散到环境中,造成极大的能量浪费和水资源消耗。与此同时,我国北方积极推行供暖煤改电政策,鼓励采用压缩式热泵替代燃煤锅炉满足供暖需求。结合此背景,若通过压缩式热泵回收低品位的冷凝余热,输出满足供暖需求的热水,可达到良好的节能环保效果。

8.5.1 项目简介

鞍山钢铁集团有限公司位于辽宁省鞍山市,是我国重要的铁路用钢、无缝钢管、特殊钢生产基地。鞍山钢铁集团有限公司在钢材的生产过程中,会产生大量的 30～40℃的冷凝余热。与此同时,鞍山钢铁集团有限公司在冬季时,需要给厂区供暖和提供生活热水。为了积极响应国家节能环保的号召，鞍山钢铁集团有限公司通过利用一台压缩式热泵，在热泵蒸发器侧回收冷凝余热，在冷凝器侧输出用于供暖和生活的热水，从而提高整体的能源利用效率，实现节能环保的目的。鞍山钢铁集团有限公司要满足的供暖面积在 10 万 m^2 以上，因此对压缩式热泵有着大容量的使用需求。供暖的热水要求温度为 60℃，而余热热水温度约 30℃，故要满足约 30℃ 的温升要求，因此压缩式热泵要满足大温升的使用要求。因为要实现更高的能源利用效率，所以对压缩式热泵又有高效率的使用要求。鞍山钢铁集团有限公司灵山余热供暖改造项目中成功采用了大容量和大温升的高效压缩式热泵(永磁同步变频离心式热泵机组 LSBLX2600SVP)，获得了良好的节能、环保、社会和经济效益。

8.5.2　压缩式热泵

为了满足压缩式热泵大容量、大温升和高效率的要求，鞍山钢铁集团有限公司灵山余热供暖改造项目采用了独立逆流双系统的流程结构，如图 8.15 所示，其中，$T_{c,1}$、$T_{c,2}$、$T_{e,1}$ 和 $T_{e,2}$ 分别为冷凝器 1、冷凝器 2、蒸发器 1 和蒸发器 2 的温度。两个压缩循环完全相互独立，各自具有一个独立的热泵循环系统，冷媒经过双级压缩、冷凝、双级节流，最终回到蒸发器。机组整机相当于将两台离心式冷水机组组合在一起，对水侧实现串联梯级加热。从 T-Q 分析图来看，由于独立逆流双系统分别具有两个蒸发器和冷凝器，因此可以分别具有两个不同的蒸发温度和冷凝温度。相比于单一的蒸发器和冷凝器，独立逆流双系统的整体换热温差更小，因此在换热过程的不可逆损失更小，系统有着更高的效率。

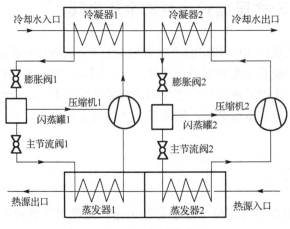

(a) 系统流程

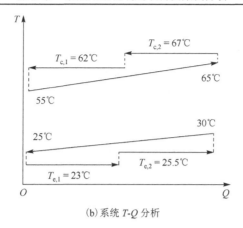

（b）系统 *T-Q* 分析

图 8.15　压缩式热泵系统流程分析

独立逆流双系统的每台离心式压缩机独立使用一套供油、回油系统，各自具有能量调节装置，运行时独立控制互不干扰，一套系统的故障不会影响另一套系统的正常运行，因此相对而言具有更高的可靠性。该流程结构中，蒸发器、冷凝器的管程串联贯通，进行梯级加热或降温，并在水系统流动方向上形成逆流；壳程冷媒系统则是通过位于壳体中间的隔板完全分开、相互独立。由此，两个独立系统运行在不同的蒸发温度和冷凝温度下，然而低蒸发压力侧系统冷凝压力也较低，高冷凝压力侧蒸发压力也相对较高，达到了运行压比相对接近的效果，故可选用配置完全相同的压缩机，使得设计及控制方案均更简单。

压缩机是压缩式热泵系统的核心部件。该项目采用了高效的永磁同步变频直驱双级离心式压缩机，如图 8.16 所示。压缩机采用了低稠度叶片扩压器，提高扩压器压力恢复系数，提升压比和扩压器效率。压缩机使用的回流器为串列叶片回流器，其能够抑制前列叶片尾部边界层分离，改善流动，提升效率。压缩机的电机采用高速永磁同步电机，其直接驱动双级叶轮做功，因此没有增速齿轮，可使得机械损失减少 70%。

图 8.16　永磁同步变频直驱双级离心式压缩机

8.5.3　运行情况及节能分析

鞍山钢铁集团有限公司灵山余热供暖改造项目于 2017 年建成。检测结果表明在热源侧进水温度为 32.5℃和使用侧出水温度为 62.5℃的条件下，压缩式热泵的耗电功率为 1451.6kW，制热量为 9657kW，制热 COP 为 6.65。具体测试参数如表 8.11 所示。

表 8.11　现场测试运行参数

测试项目	单位	实测值
制热量	kW	9657
耗电功率	kW	1451.6
COP		6.67
热源侧进水温度	℃	32.5
热源侧出水温度	℃	25.9
热源侧水流量	m^3/h	1089.4
使用侧进水温度	℃	50.7
使用侧出水温度	℃	62.5
使用侧水流量	m^3/h	705.0
平均电压	V	10180.81
平均电流	A	82.1

　　截止到 2019 年 4 月，鞍山钢铁集团有限公司灵山余热供暖改造项目已经运行了 2017 年(2017 年 12 月 15 日至 2018 年 3 月 15 日)和 2018 年(2018 年 11 月 15 日至 2019 年 3 月 15 日)两个采暖季，其节能情况如表 8.12 所示。从表中可以看出来，鞍山钢铁集团有限公司灵山余热供暖改造项目每年可节省运行费用超过 200 万元，节省标准煤大于等于 3500t，二氧化碳减排大于等于 9450t。以 2017 年采暖季为例，鞍山钢铁集团有限公司灵山余热供暖改造项目的投资回收期仅为 2.3 年，因此其有着较好的环保和经济效益，所以压缩式热泵的余热供暖项目在我国北方有着良好的推广价值。

表 8.12　鞍山钢铁集团有限公司灵山余热供暖改造项目运行的节能情况

项目	2017 年采暖季	2018 年采暖季
消耗电能/(万 kW·h)	242.9	296.8
电费/万元	145.7	178.1
年节省运行费用/万元	250	218
节省标准煤/t	3500	4200
二氧化碳减排/t	9450	11500

8.6　ORC 发电与吸附式制冷余热梯级利用

　　烧结工序作为长流程钢铁生产的重要一环,其能耗占钢铁企业能源消耗的9%~12%,烧结工序节能是钢铁企业节能减排的重点环节之一。在烧结矿生产过程中,占烧结过程总热量近 45%的烧结矿显热在冷却机内由空气冷却，冷却机排出的热废气温度随冷却部位的不同而不同，平均温度约 250℃的废热占烧结总能耗的 29%左右[3]，充分利用这些热量是提高烧结能源利用效率、显著降低烧结工序能耗的途径之一。

目前，国内烧结环冷机废气余热回收利用主要聚焦在环冷机一段和二段 280℃以上的中高温废气，其回收利用方式主要有 3 种形式[4,5]：①直接将废烟气经过净化后作为点火炉的助燃空气或用于预热混料，以降低燃料消耗，这种方式较为简单，但余热利用量有限，一般不超过烟气量的 10%；②将废烟气通过热管装置或余热锅炉产生蒸汽，并入全厂蒸汽管网，替代部分燃煤锅炉；③利用余热锅炉产生蒸汽用于驱动汽轮机组发电。

为充分利用环冷机高温段废气余热，降低工序能耗，大部分钢厂采用双压余热锅炉加补气式蒸汽轮机发电方式回收环冷机中高温段的余热，部分钢厂将环冷机高温段双压余热锅炉产生的低压蒸汽送入管网供用户其他工序使用，这时双压余热锅炉产生的 0.5MPa 以下的次低压蒸汽由于没有合适的用户而得不到利用。此外，在环冷机第三段的 150℃以上低温废气余热，除北方部分钢铁企业用于冬天采暖外，大部分钢铁企业将它直接排放大气中。

为了降低烧结工序能耗、提高烧结能源利用效率，需要对 0.5MPa 以下的次低压蒸汽和环冷机第三段的 150℃以上低温废气余热等低品位余热进行高效的回收利用。考虑到制冷和供热需求在空间和时间上的局限性，利用上述低品位余热进行发电，是一种更优的余热利用方式。结合余热的品位以及目前余热发电技术的成熟程度，采用 ORC 发电技术是一种比较好的方式。余热经过 ORC 发电系统一次利用后，其温度品位仍足够驱动吸附式制冷系统，产生的空调冷水满足电气室和控制室的空调使用，从而实现低品位余热的高效梯级利用。

8.6.1　项目简介

为了提高国内某大型钢厂烧结工序的低温余热利用效率，设计采用的低品位余热梯级回收利用的流程如图 8.17 所示，余热回收工艺由闭式循环热水系统、ORC 发电-吸附式制冷机组、冷却水循环系统三部分组成。烧结矿显热经过冷却机前两段双压余热锅炉回收后，至第三段时产生的废气温度为 150~220℃，进入闭式循环热水系统的热水换热器加热热水，然后引风机送回至烧结机台面参与热风烧结。为保证闭式循环热水在换热器内过热（>100℃）不被汽化，在闭式循环水泵进口设置定压补水装置。ORC 发电系统内有机工质吸收来自环冷机中高温段双压余热锅炉的次低压蒸汽(5t/h)和热水换热器的高压热水(220t/h)的热量，次低压蒸汽将潜热传递给有机工质后冷凝成凝结水，这部分凝结水余热可以由凝结水泵送给热水用户或者供给吸附式制冷机作为驱动热源产生冷量供电气室和控制室的空调使用。

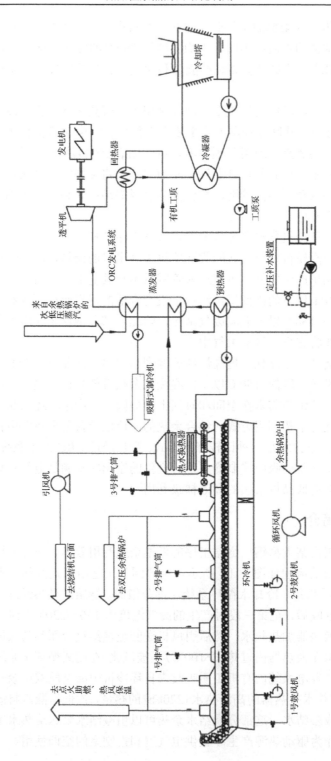

图 8.17 环冷机低品位余热梯级回收利用流程[6]

8.6.2 ORC 发电系统

该项目的 ORC 发电系统由透平机、发电机、回热器、冷凝器、预热器、蒸发器及工质泵等组成。ORC 发电系统的工质为 R245fa 有机工质。工质首先在预热器内经热水预热，再到蒸发器内进一步吸热蒸发形成高温高压的有机蒸气驱动透平机带动发电机发电，经透平机后的工质蒸气在回热器内加热来自冷凝器的液体工质以提高机组的热效率，降温后的工质蒸气在冷凝器内进一步降温冷凝成液体，然后由工质泵升压后进入回热器升温，再依次进入预热器和蒸发器内被加热蒸发，完成有机工质的循环。在冷凝器内的冷却水吸热升温后进入外部连接的冷却塔冷却，冷却后的冷却水由冷却水泵送回至冷凝器内再次冷却工质蒸气，维持透平机出口压力，使透平机旋转将热能转换为电能。ORC 发电系统的设计参数如表 8.13 所示。

表 8.13 ORC 发电系统的设计参数

参数	数值
设计发电量/kW	2400
回收低温废气温度/℃	150~220
回收低温废气流量/(m³/h)	约 300000
回收次低压蒸汽温度/℃	180
回收次低压蒸汽流量/(t/h)	5
回收次低压蒸汽压力/MPa	0.5
循环冷却水温度/℃	33
循环冷却水流量/(t/h)	1700
系统自耗电量/kW	700

8.6.3 吸附式制冷系统

该项目的吸附式制冷系统(图 8.18)采用回热回质循环和硅胶-水工质对。吸附式制冷系统的设计参数如表 8.14 所示。由于现场制冷量的需求不大，吸附式制冷系统所需的余热热水流量不高，仅为 21t/h。而 ORC 发电系统的余热热水流量为 225t/h，因此 ORC 发电系统与吸附式制冷系统对于余热热水流量的需求相差较大，故只能对钢厂烧结工序的低温余热进行部分的梯级利用。

表 8.14 吸附式制冷系统的设计参数

参数	数值
制冷量/kW	50
热水进口温度/℃	85
热水流量/(t/h)	21

参数	数值
冷却水进口温度/℃	30
冷却水流量/(t/h)	30
冷冻水出口温度/℃	10
冷冻水流量/(t/h)	9
制冷 COP	0.4

图 8.18　吸附式制冷系统[7]

文献[7]给出了吸附式制冷系统在 5 个工况下的性能测试实验结果，如表 8.15 所示。在与设计工况参数相近的条件(工况 3)下，吸附式制冷系统的实测制冷量为 42.8kW，制冷 COP 为 0.51。

表 8.15　吸附式制冷系统性能测试实验结果

工况序号	热水进口温度/℃	冷却水进口温度/℃	冷冻水进口温度/℃	冷冻水出口温度/℃	制冷量/kW	制冷COP
1	61.8	29.4	14.7	13.2	17.1	0.36
2	75.8	30.3	15.0	11.9	33.3	0.47
3	85.5	29.5	15.0	11.1	42.8	0.51
4	85.4	30.3	11.8	9.1	29.6	0.34
5	82.2	32.1	19.5	14.7	52.0	0.65

8.6.4　运行情况

该工业余热 ORC 发电与吸附式制冷余热梯级利用项目于 2018 年初建成投产。项目的建成图如图 8.19 所示。项目 ORC 发电系统的装机容量为 2.4MW，年发电量可达 1191 万 kW·h，节约标准煤 9528t。

图 8.19　工业余热 ORC 发电与吸附式制冷余热梯级利用项目

8.6.5　理论分析

文献[8]针对余热梯级利用的 ORC-吸附式复合系统，采用数值模拟方法，进行了理论分析。如图 8.20 所示，相比于单一 ORC 发电系统，ORC-吸附式复合系统在保证发电量不变的前提条件下，可获得额外的制冷量，且制冷量约为发电量的 3 倍。如图 8.21 所示，相比于单一吸附式系统，ORC-吸附式复合系统热水先进入 ORC 发电系统再进入吸附式系统，因此其制冷量小于单一吸附式系统。但随着余热热水温度的增大，两个系统的制冷量差值逐渐减小。当余热热水温度小于 80℃时，ORC-吸附式复合系统的输出总值(制冷量和发电量之和)小于单一吸附式系统的制冷量，但当热水温度大于等于 80℃时，其大于单一吸附式系统的制冷量。随着余热热水温度的增大，ORC-吸附式复合系统的性能逐渐优于单一吸附式系统。从㶲效率的对比可看出，ORC-吸附式复合系统的㶲效率明显大于单一吸附式系统。随着余热热水温度的增大，

ORC-吸附式复合系统的㶲效率逐渐增大，而单一吸附式系统的㶲效率逐渐减小，两者的差值进一步增大。这充分说明了，在高余热热水温度工况下，ORC-吸附式复合系统的性能更佳，且相比于单一 ORC 发电系统和单一吸附式系统更具性能优势。

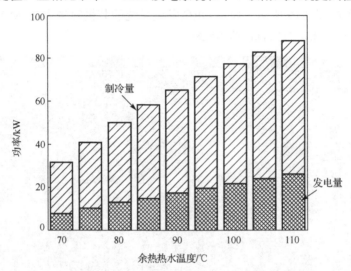

图 8.20　ORC-吸附式复合系统与 ORC 发电系统性能对比

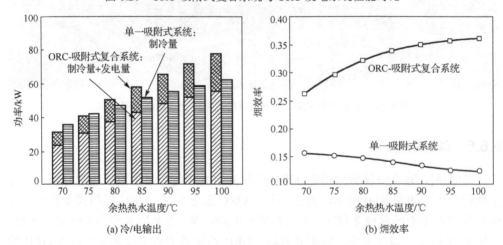

(a) 冷/电输出

(b) 㶲效率

图 8.21　ORC-吸附式复合系统与单一吸附式系统性能对比

8.7　分布式工业供热的空气源热泵蒸汽锅炉

《山东省人民政府办公厅关于严格控制煤炭消费总量推进清洁高效利用的指导意见》要求，在济南等七个城市，蒸汽产量在 35t/h 以下的燃煤锅炉要于 2019 年底前基本淘汰。大型热电联产机组供热半径 15km 范围内的工业生产企业一般可采用热电厂废热作为热能来源,然而更多更分散的工业生产单位,亟待寻求一种相对经济的清洁用热替代方案。采用同样利用电能的热泵技术,提取空气中的热量,用于分布式的工业供热,则可兼顾环保效益与经济效益。

8.7.1　项目简介

力诺科技园位于山东省济南市历城区经十东路,该工业园区内设有宏济堂酒坊,如图 8.22(a)所示,采用古法酿造自有品牌的白酒。传统白酒的酿造方法包含研磨、搅和、制曲块、培曲、堆曲、磨曲、加入粮食发酵等多个步骤。首先需将浸泡后的粮食置于甑锅进行蒸煮糊化,而后方可冷却发酵,此过程需要大量特定温度(约 120℃)的高温蒸汽。即将发酵好的粮食需再度掺杂谷壳进行蒸煮,需两次蒸馏过程,这一过程也需要大量的高温蒸汽。图 8.22(b)所示为宏济堂酒坊的一口蒸酒锅,其每次工作大约需 100kg/h 的蒸汽供应,由 72kW 的电热锅炉供应。

(a)　　　　　　　　　　　　　　　　(b)

图 8.22　力诺科技园宏济堂酒坊及蒸酒锅

为扩大生产,宏济堂酒坊拟新增两口蒸酒锅,由此共需要 120℃的饱和蒸汽 300kg/h。考虑到电热锅炉高昂的运行成本,其希望利用热泵技术减少蒸汽供应的电能消耗。由此,上海交通大学和山东力诺瑞特新能源有限公司、上海汉钟精机股份有限公司通力合作，提出并设计了可以从空气中取热并供应蒸汽的空气源热泵蒸汽锅炉系统，该系统简单地说就是由复叠式热泵、闪蒸罐、水蒸气压缩机和辅助加热设备组成，其中复叠式热泵可以有效提取空气源中的热量，生成 80℃ 以上的高温热水，经由闪蒸罐闪蒸生成水蒸气，并在双螺杆水蒸气压缩机中升温增压，最后直接供给宏济堂酒坊。该空气源热泵蒸汽锅炉系统可以在低至 −5℃ 的空气环境条件下工作，生产 0.5t/h 温度超过 110℃ 的高温水蒸气，平均锅炉效率可达 160%。

8.7.2 空气源热泵蒸汽锅炉系统介绍

如图 8.23 所示，空气源热泵蒸汽锅炉系统可分为复叠式空气源热泵系统与热水闪蒸-再压缩标准蒸汽发生系统。其中，复叠式空气源热泵系统包括低温级蒸发器、低温级压缩机、复叠换热器、高温级压缩机、高温级冷凝器和两个膨胀阀等部件，热水闪蒸-再压缩标准蒸汽发生系统包括闪蒸罐、水蒸气压缩机、补水管路和水泵、阀件、循环水泵等部件。

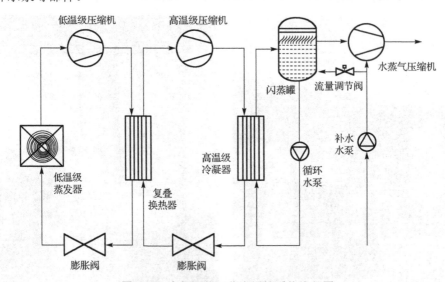

图 8.23 空气源热泵蒸汽锅炉系统流程图

复叠式空气源热泵系统分为高低温两级热泵机组，低温级热泵机组的冷凝器充当高温级热泵机组的蒸发器，两个热泵系统分别选用不同的制冷剂。低温级热泵机组主要由低温级冷凝器（复叠换热器）、膨胀阀、低温级蒸发器和低温级压缩机组成；高温级热泵机组主要由高温级冷凝器、膨胀阀、高温级蒸发器（复叠换热器）和高温级压缩机组成。

热水闪蒸-再压缩标准蒸汽发生系统由补水水泵、循环水泵、流量调节阀、水蒸气压缩机和闪蒸罐组成。补水水泵通过流量调节阀接在闪蒸罐的热水入口上，高温级冷凝器的加热出口连接在闪蒸罐的入口上，闪蒸罐的蒸汽出口连接在水蒸气压缩机的蒸汽入口上，经过水蒸气压缩机可将蒸汽增压成所需的标准蒸汽，闪蒸罐的热水通过循环水泵返回高温级冷凝器进行重新加热。

通过前期分析，认为空气源热泵蒸汽锅炉系统在运行成本上相比于电热锅炉和燃气锅炉具有明显的应用优势。为此，本书设计了一款直接面向酿酒应用的空气源热泵蒸汽锅炉系统。考虑到实际应用中，系统输出随环境温度变化较大，为了确保系统的稳定性，本系统同时补充了电加热器和二氧化碳热泵热水器作为辅助设备。同时本系统将应用于食品加工，因此也配备了相应的水质净化装置，形成了如图 8.24 所示的空气源热泵蒸汽锅炉示范机组。

图 8.24　空气源热泵蒸汽锅炉示范机组

8.7.3　节能环保效益评估与经济性分析

为了进一步衡量空气源热泵蒸汽锅炉的环保效益，以生产每吨蒸汽所排放的二氧化碳为指标，来比较不同锅炉种类的排放情况，如图 8.25 所示。

由于用户侧不需要承担发电侧的排放指标(这一部分通常由发电侧承担，已经涵盖在电价内)，空气源热泵蒸汽锅炉和电热锅炉是二氧化碳排放最少的。此外，燃气锅炉每生产 1t 蒸汽，需排放 163.8kg 的二氧化碳，生物质锅炉将排放 197.2kg 的二氧化碳，而燃煤锅炉更是要排放超过 330kg 的二氧化碳。在我国，目前有试点城市开始尝试出售碳排放额度。根据 2018 年度的碳市场报告[9]，目前中国平均碳交易价格为 30 元/t CO₂，部分地区可以高达 50 元/t CO₂，也有如天津等地区低至 13 元/t CO₂。如图 8.26 所示，本书根据不同的补贴情况进一步衡量了不同类型锅炉生成 1t 蒸汽的成本，以减少燃煤锅炉的碳排放为基准进行衡量。可见，空气源热泵蒸汽锅炉生产 1t 蒸汽的成本一般不超过 300 元，最低可至 246 元。燃煤锅炉和生物质锅炉尽管价格更低，但污染情况相对严重，不适宜用于分布式的供热(权威研究表明，生物质燃料工作过程中将排放大量 NO_x[10]和 $PM_{2.5}$[11]，并倾向于在生物质使用中配备碳捕捉系统[12]）。

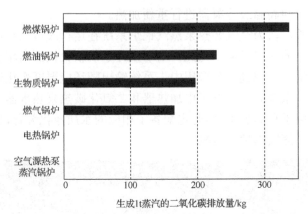

图 8.25　各种锅炉二氧化碳排放情况

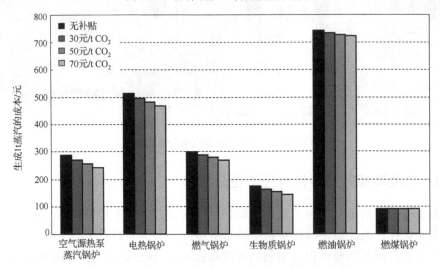

图 8.26　各种锅炉的运行成本

由此，综合节能性与环保性，就目前合适的锅炉替代方案，初步认为电热锅炉、燃气锅炉相对争议较少，且具备一定的经济性。为了进一步评估空气源热泵蒸汽锅炉的经济性，本书以 0.5t/h 的产气量为输出工况，并假设一天供应 20h，一年供 200 天，对比了空气源热泵蒸汽锅炉与电热锅炉、燃气锅炉的运行成本和投资成本。

从表 8.16 可以看出，空气源热泵蒸汽锅炉的年运行费用低于电热锅炉和燃气锅炉，具有良好的节能效益。但相比于电热锅炉和燃气锅炉，空气源热泵蒸汽锅炉的初投资成本相对过高，因而还需进一步评估随着年份增长的总运行成本。图 8.27 为空气源热泵蒸汽锅炉与电热锅炉、燃气锅炉的运行成本比较，从图中可以明显看出，相比较于电热锅炉和燃气锅炉，尽管空气源热泵蒸汽锅炉的初投资较大，但随着使用周期的增长，空气源热泵蒸汽锅炉具有明显的经济优势。使用第二年后，空气源热泵蒸汽锅炉的运行成本就开始低于电热锅炉，使用第六年后，空气源热泵蒸汽锅炉的运行成本开始低于燃气锅炉。而且随着使用周期的增长，其优势愈发明显。经计算，在运行 10 年时，相比燃气锅炉，空气源热泵蒸汽锅炉可节约 76.5 万元的运行成本。相比电热锅炉，空气源热泵蒸汽锅炉可节约 365 万元的运行成本。以 15 年的运行年限计，相比燃气锅炉，空气源热泵蒸汽锅炉可节约 7158.5 万元的运行成本。相比电热锅炉，空气源热泵蒸汽锅炉可节约 602.8 万元的运行成本。

表 8.16　空气源热泵蒸汽锅炉与电热锅炉、燃气锅炉的运行情况评估

对比项目	电热锅炉	空气源热泵蒸汽锅炉	燃气锅炉
锅炉效率/%	95	160	90
初投资/万元	6	40	15
一天耗电或气量	7900.3kW·h	4690.8kW·h	833.9m^3
能源单价	0.57 元/(kW·h)		4.0 元/m^3
年运行费用/万元	88.5	52.5	66.7

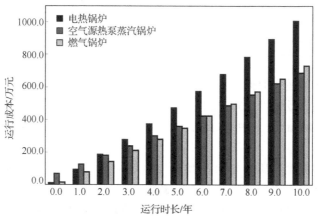

图 8.27　空气源热泵蒸汽锅炉与电热锅炉、燃气锅炉的运行成本比较

由此，即使从市场应用的角度看，空气源热泵蒸汽锅炉也显现了良好的竞争力，有望成为分布式电力供热的最优解决方案。

8.8　ORC 用于轧钢厂余热回收

8.8.1　项目简介

ORI Martin Group 是一家意大利钢铁公司。它在意大利布雷西亚有一家轧钢厂，

主要生产连铸坯、线材、钢筋、卷钢棒等。该工厂有一个电弧炉,用于熔化钢屑。电弧炉的能量利用效率只有 25%～30%,大量的余热通过排气的方式耗散到环境中。为了提高能量的利用效率,该工厂进行了节能改造。通过回收电弧炉的余热,采用 ORC 进行发电,再用于电弧炉。同时部分电弧炉余热还用于城市热网的供暖。文献[13]对这个项目进行了报道。

8.8.2　余热回收系统

该项目整个余热回收系统如图 8.28 所示。电弧炉采用电能驱动,排放的废气进入热回收装置,进行热量回收,接着尾气进入冷却塔进行处理。热回收装置产生的蒸汽进入储汽罐,蒸汽有两方面用途:①进入供热站,加热城市热网的水,给城市供暖使用;②驱动 ORC 机组,产生的电再用于电弧炉。

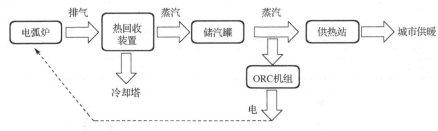

图 8.28　ORI Martin Group 轧钢厂余热回收系统示意图

电弧炉每年的运行时间为 6500h,产生的废气温度高达 500℃。尾气进入和排出热回收装置的温度分别为 500℃和 200℃。热回收装置产生的蒸汽温度为 204～224℃(1.7～2.5MPa)。热回收装置换热功率为 9.1MW,每年可回收的热量为52000MW·h。

储汽罐工作温度和压力分别为 185～224℃和 1.1～2.5MPa,储热量为 6MW·h,主要是用于保证蒸汽供应的连续性和稳定性。

供热站的热水供应温度为 95～120℃,换热功率为 10MW,每年用于供暖的热量为 26500MW·h。ORC 机组发电功率为 1.9MW,每年发电量为 4200MW·h。因此,回收的余热用于供暖和发电的量分别约占 50%。

余热回收系统不同时供暖和供电,即 ORC 机组和供热站不同时工作,每年各自运行半年左右。ORC 机组从每年 4 月中旬运行至 10 月中旬,其他时间段则蒸汽直接用于供热站。

8.8.3　ORC 机组

该项目采用了 Turboden 生产的 ORC 机组。该机组以六甲基二硅氧烷

(hexamethyldisiloxane)为工质，具体的技术参数如表 8.17 所示。从表中数据可知，该 ORC 机组的发电效率为 18.1%，而净发电效率为 17.5%。

表 8.17　ORC 机组技术参数

参数	值	参数	值
输入热量/kW	10420	膨胀机进出压力/MPa	0.780/0.018
输入蒸汽压力/MPa	1.5	漏热损失/kW	133
输入蒸汽温度/℃	204	发电功率/kW	1885
辅助电耗/kW	57	净发电功率/kW	1828
输出热量/kW	8460	净发电效率/%	17.5
冷却水进出温度/℃	32.0/42.2		

8.8.4　运行情况

该项目于 2016 年建成。ORC 机组从 2016 年 9 月开始运行，并于 10 月 15 日停止运行，余热回收系统进入供暖模式。

由于工艺要求，电弧炉的排气呈现波动性并会出现周期性的停顿，一般 20min 周期内出现数分钟的停顿。但储汽罐的存在，克服了余热间歇性的缺点并使得 ORC 机组获得持续和稳定的蒸汽输入。

为了试验部分余热工况下的性能，对 ORC 机组进行了近 100h 的调试运行。通过对调试运行情况的数据进行整理，文献[13]发现 ORC 机组的发电功率与输入热量呈现线性关系，而发电效率与输入热量关系不大，较为平稳，如图 8.29 所示。从图 8.29 也可以看出，在部分热量输入的条件下，ORC 机组也能平稳地运行。在整个运行期间，ORC 机组的平均净发电功率为 2.1MW，平均净发电效率为 21.7%。

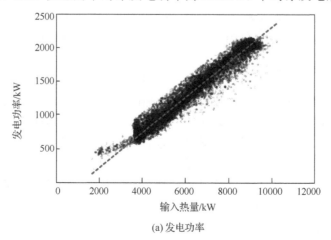

(a) 发电功率

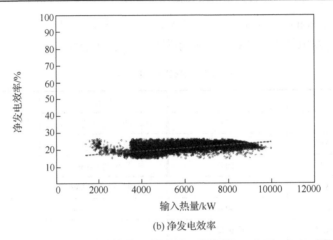

(b) 净发电效率

图 8.29　ORC 机组发电功率和净发电效率

通过对 598h 的运行数据进行采集,可得余热回收系统运行参数的平均值,如表 8.18 所示。与表 8.17 的参数相比,ORC 机组由于输入热量仅为设计值的 60%,因此其净发电功率低于设计值,仅有 1283.5kW。但 ORC 机组净发电效率为 21.7%,高于设计值。

表 8.18　余热回收系统运行参数情况

参数	平均值	参数	平均值
尾气进/出温度/℃	504.5/194.6	膨胀机进/出压力/MPa	0.51/0.02
尾气流量/(Nm³/h)	49830	蒸发器换热功率/kW	5906.8
蒸发器蒸汽进口温度/℃	181.3	ORC 电耗/kW	26.6
蒸发器蒸汽进口压力/MPa	0.81	净发电功率/kW	1283.5
膨胀机进/出温度/℃	162.2/44.3	净发电效率/%	21.7

N 代表标准条件,即空气的条件为一个标准大气压,温度为 0℃,相对湿度为 0%。

在整个 598h 的数据采集期,热回收装置共回收热量 13964GJ。ORC 机组的输入热量为 10040GJ,总发电量为 605MW·h。漏热损失为 3924GJ。

8.8.5　经济环境效益情况

文献[13]基于该项目的运行数据,对余热回收系统的经济环境效益进行全生命周期的推算。项目每年可减少 7990t 的 CO_2 排放和节约 40360MW·h 一次能源,其总收益在整个生命周期大于项目的投资和运行维护费。余热回收系统各个部件的贡献度分别为:热回收装置 67%,储汽罐 12%,ORC 机组 20%,供热站 1%。该项目的投资回收期并没给出。而另一篇文献[14]总结了 Turboden 公司 ORC 机组的所有项目,对于钢厂余热回收 ORC 发电的项目,平均投资回收期为 8.8 年。对于具有 20 年生命周期的 ORC 机组,该投资回收期是可以接受的。

8.9　吸附式制冷用于数据中心余热回收

截至 2018 年，全球数据中心的耗电量约为 205TW·h，约占全球耗电量的 1%[15]。随着大数据时代的来临，数据中心的数量和规模均急速增大，数据中心能耗会进一步增大。数据中心的核心为服务器，服务器的计算能耗几乎全部转化为热能，导致服务器温度升高，影响其正常运行。为此，需要采用制冷设备，将这些废热输送到环境中。由于废热量比较大，因此数据中心的制冷设备需要消耗大量电能。目前制冷设备的能耗占数据中心的 30%～50%[16]，随着电子元件的集成度升高和服务器计算量增大，制冷设备的能耗会进一步增大。

目前服务器的散热方式以风冷为主，经过散热后的热风温度通常为 20～30℃。这种情况下，服务器的余热是难以回收利用的。水冷方式因可高效地换热而被逐渐应用于服务器的散热。服务器传统的水冷散热，通常也只产生 20～30℃的热水，因此其余热也无法被回收利用。近年来，由于高温水冷的散热方式成功应用于服务器，其余热热水温度可达 60℃[17]。此时，可利用这部分余热驱动吸附式制冷系统，产生的冷量再用于数据中心冷却，减少甚至替代现有制冷设备的使用，从而大大降低数据中心的能耗，提高能量利用效率。

8.9.1　项目简介

莱布尼茨超算中心位于德国，是欧洲排名第一的超算中心，主要为德国的科研和非营利组织提供计算资源。该数据中心于 2012 年就建成了当时欧洲最快的 SuperMUC 超级计算机。

该数据中心于 2016 年 6 月建成了 CooLMUC-2 超级计算机(当时位于高性能计算机 500 强的第 356 位)。该超级计算机采用了 6 组 Lenovo 的 NeXtScale 服务器，总计 384 个节点。该服务器主要产热部件(CPU、内存和网络适配器)均采用高温水冷方式进行冷却。服务器产生的余热用于驱动吸附式制冷机，所产生的冷量用于超级计算机存储模块的冷却。该项目是第一个利用吸附式制冷技术对服务器余热进行回收利用的项目。

8.9.2　余热回收系统

服务器余热回收系统如图 8.30 所示。服务器产生的余热热水，不直接通入吸附式制冷机组，而是通过一个二次换热回路，对吸附式制冷机组进行加热。吸附式制冷机组的冷却采用冷却塔和二次换热回路。吸附式制冷机组产生的冷冻水进入存储模块的风机盘管，产生的冷风再对存储模块进行冷却。因此 CooLMUC-2 综合采用了高温水冷和风冷两种冷却方式。为了保证设备的运行安全，计算模块和存储模块分别设置了备用冷却源。

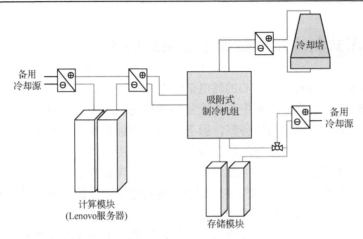

图 8.30　服务器余热回收系统示意图

　　吸附式制冷机的热水进口温度为 55℃，产生的冷冻水温度为 20℃，冷却塔冷却水供应温度为 25℃。吸附式制冷机的名义制冷量约为 50kW。

8.9.3　吸附式制冷机

　　该项目采用了 6 台 SorTechAG（现为 Fahrenheit）公司的 eCoo 2.0 硅胶-水吸附式制冷机，如图 8.31 所示。该吸附式制冷机由两个吸附床、一个冷凝器和一个蒸发器组成。吸附和解吸的控制由内部真空止回阀切换来实现。吸附床采用涂层技术，硅胶颗粒黏附在

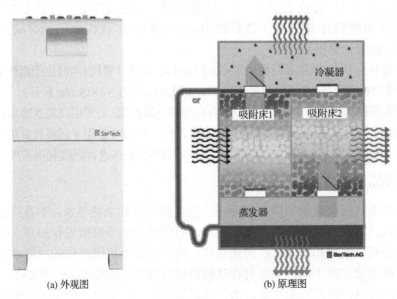

(a) 外观图　　　　　　　　　(b) 原理图

图 8.31　eCoo 2.0 硅胶-水吸附式制冷机

吸附床换热翅片表面。每台吸附式制冷机的名义制冷量约为 8kW。eCoo 2.0 硅胶-水吸附式制冷机的技术参数如表 8.19 所示。吸附式制冷机组在现场的安装如图 8.32 所示。

表 8.19　eCoo 2.0 硅胶-水吸附式制冷机的技术参数

参数	平均值	参数	平均值
热水温度/℃	50～95	热水流量/(m³/h)	1.6～2.5
冷却水温度/℃	22～40	冷却水流量/(m³/h)	4.1～5.1
冷冻水温度/℃	8～21	冷冻水流量/(m³/h)	2.0～2.9
热力 COP	≤0.65		

图 8.32　吸附式制冷机组的项目现场图

8.9.4　运行情况

文献[18]对该项目的吸附式制冷机组现场测试性能进行了报道。CoolMUC-2 的总电耗为 125kW。研究人员对吸附式制冷机在 40℃、45℃、50℃、55℃余热热水温度以及 25℃、30℃冷却水温度条件下的性能进行了现场测试。每组工况保持 5h 以上的稳定运行。吸附式制冷机组平均制冷量如图 8.33 所示。随着余热热水温度的升高，平均制冷量不断增大，而冷却水温度升高，平均制冷量会减小。在标准工况(55℃余热热水温度以及 25℃冷却水温度)下，吸附式制冷机组平均制冷量为 43kW。

吸附式制冷常用热力 COP(COP$_{th}$)来衡量其性能，COP$_{th}$ 为制冷量与加热量的比值。此外，为了与电驱动的制冷方式对比，可定义吸附式制冷的电力 COP(COP$_e$)。COP$_e$ 为制冷量与耗电量的比值。对于该项目，吸附式制冷系统耗电量包括热水、冷却水和冷冻水三个循环水泵以及冷却塔的耗电量。COP_{th} 和 COP_e 随余热热水温度的变化如图 8.34 和图 8.35 所示。余热热水温度越高，COP_{th} 和 COP_e 越大，而冷却水温度越高，COP_{th} 和 COP_e 越小。在标准工况（55℃余热热水温度、25℃冷却水温度）下，吸附式制冷 COP_{th} 和 COP_e 分别为 0.6 和 18.3。因此，吸附式制冷的电力 COP 远高于压缩式制冷。

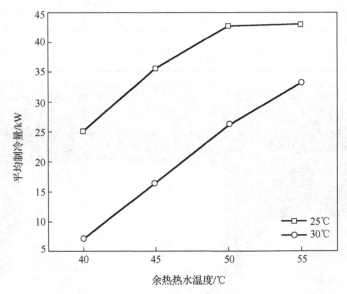

图 8.33　吸附式制冷机组平均制冷量

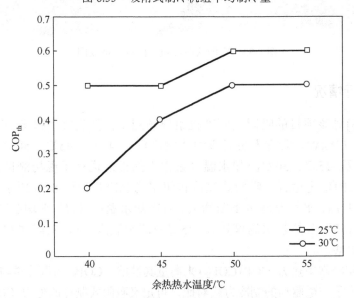

图 8.34　吸附式制冷 COP_{th} 随余热热水温度的变化情况

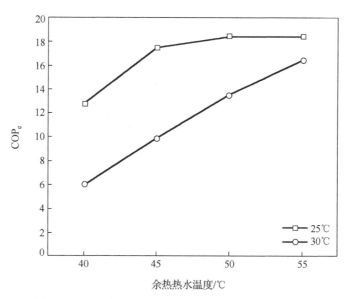

图 8.35　吸附式制冷 COP$_e$ 随余热热水温度的变化情况

8.9.5　节能效益分析及后续项目

　　文献[18]并未对该项目的经济性进行分析，而 FAHRENHEIT 公司报道项目的投资回收期为 4.9 年。本章根据吸附式制冷机的现场运行性能，对该项目进行了简单的节能效益分析。

　　若不对服务器进行余热回收，那么计算模块和存储模块的散热都需要电驱动的压缩式制冷方式。本章分析中，将全年的工况约定为标准工况(55℃余热热水温度、25℃冷却水温度)，吸附式制冷的 COP$_{th}$ 和 COP$_e$ 分别为 0.6 和 18.3，压缩式制冷的 COP 为 4。因此该项目的节能效果如表 8.20 所示。从表中可看出，该项目每年节约电能 230609kW·h，节约电费约 71489 欧元，折合成标准煤约为 75.18t，CO$_2$ 减排195.47t。

表 8.20　该项目节能效果

参数	平均值	参数	平均值
制冷功率/kW	43	年节约电能/(kW·h)	230609
余热功率/kW	71.7	电价/[欧元/(kW·h)]	0.31
年运行时间/h	8760	节约电费/欧元	71489
吸附式制冷年耗电量/(kW·h)	20584	年节约标准煤/t	75.18
压缩式制冷年耗电量/(kW·h)	251193	年 CO$_2$ 减排量/t	195.47

　　注：发电煤耗率为 326g 标准煤/(kW·h)。二氧化碳的排放量分别为 2.6t/t 标准煤。

由于项目的顺利实施和良好的节能效果,莱布尼茨超算中心于 2019 年建成了一个后续项目。后续项目是针对 SuperMUC 超级计算机的余热进行回收利用,采用的吸附式制冷机组的名义制冷量为 608kW,是前期项目的 12 倍,项目资金投资回收期也是 4.9 年。因此后续项目的节能效果预计为前期项目的 12 倍。

8.10　吸收式热泵用于压缩式热泵和空压机余热回收

8.10.1　项目简介

SEIDEL Electronics 是一家电子和机电产品生产商,其位于奥地利德意志兰茨贝格的工厂拥有 7200m² 的厂房和 350 名员工。电子和机电产品生产过程需要压缩空气和工艺冷却,分别由空压机和压缩式热泵提供。该工厂每年消耗 450MW·h 的电用于驱动压缩式热泵进行供冷,同时消耗相当于 460MW·h 热量的天然气用于供暖。为了提升能源利用效率,减少电和天然气的消耗,该工厂进行了节能改造,采用一台溴化锂-水吸收式热泵(图 8.36)和一台高温型压缩式热泵(图 8.37)。压缩式热泵用于制冷时,其冷凝器侧产生 75℃ 的余热。同时空压机在运行过程中会产生大量的余热,其余热温度可达 80℃。这些余热可用于驱动吸收式热泵或直接用于供暖,从而提升了能源的利用效率。该节能改造项目于 2011 年建成并开始运行。

图 8.36　溴化锂-水吸收式热泵

图 8.37　高温型压缩式热泵

8.10.2　运行策略

　　压缩式热泵和吸收式热泵在夏季、过渡季节和冬季的运行策略如表 8.21 所示。在夏季时，压缩式热泵用于制冷，其产生的余热和空压机余热全部用于驱动吸收式热泵进行制冷。在过渡季节时，压缩式热泵用于制冷，其产生的余热和空压机余热一部分用于供暖，另一部分用于驱动吸收式热泵进行制冷。在冬季时，压缩式热泵用于制冷，其产生的余热和空压机余热全部用于供暖，供暖需求不满足的由天然气锅炉提供，吸收式热泵不工作。

表 8.21　压缩式热泵和吸收式热泵的运行策略

热泵	夏季	过渡季节	冬季
压缩式热泵	制冷	制冷、供暖	制冷、供暖
吸收式热泵	制冷	制冷	不工作

8.10.3　运行效果

　　据报道[19]，该项目每年可节约 40%的天然气消耗、约节约 168627kW·h 的能量，经济效益为 16000～18000 欧元，投资回收期为 7.9 年。

8.11　总结与展望

本章介绍了余热网络化利用思想和一些典型的余热回收利用案例。余热回收利用场合涉及电厂、钢厂、屠宰场、数据中心、电子厂等，余热回收利用技术包括压缩式热泵、吸收式热泵/制冷、ORC 发电和吸附式制冷等。尽管余热网络化利用有诸多好处，但实际应用案例由于供应侧和需求侧等诸多原因，更多的是点对点地采用了单一或两种余热回收利用技术，未能充分实现余热的综合高效利用。

对于未来的余热回收利用，一方面，需要关注余热量较大的工业场合(电厂、钢厂等)，还要注意到新兴快速发展的余热存在场合(数据中心)。另一方面，结合余热网络化利用思想，对于余热回收利用的供应侧和需求侧更多地需要从规划层面着手，合理调配余热资源，满足多方面的能量需求。

参 考 文 献

[1] 牛俊皓, 吴华根, 于志强, 等. 新型宽温区高效制冷供热耦合集成系统的开发[J]. 制冷与空调, 2017, 17: 1-3.

[2] Jiang J T, Hu B, Wang R Z, et al. Multi-function thermal system with natural refrigerant for a wide temperature range[J]. Applied Thermal Engineering, 2019, 162: 114-189.

[3] 赵斌, 杜小泽, 崔健, 等. 烧结旋冷机余热梯级发电技术研究[J]. 中国电机工程学报, 2012, 32: 37-43

[4] 李大伟, 张晓敏. 烧结余热技术在钢铁企业的应用[J]. 节能, 2011, 30(6): 59-61.

[5] 李振玉, 焦勇, 孔令凯. 济钢烧结余热发电技术与变频节能[J]. 变频器世界, 2011(7): 68-71.

[6] 陈志良, 曹先常. 烧结低温冷却废气余热多级利用技术探讨[J]. 冶金能源, 2017, 36(1): 41-44.

[7] 潘权稳. 采用模块化吸附床的硅胶-水吸附式系统制冷性能研究及优化[D]. 上海: 上海交通大学, 2015.

[8] 潘权稳, 王如竹. 热驱动的双模式冷电联供系统的性能分析[J]. 化工学报, 2018, 69(S2): 373-378.

[9] Slater H, de Boer D, Shu W, et al. China carbon pricing survey[C]. China Carbon Forum(in Chinese), Beijing, 2018.

[10] Xu J, Li M, Shi G, et al. Mass spectra features of biomass burning boiler and coal burning boiler emitted particles by single particle aerosol mass spectrometer[J]. Science of the Total Environment, 2017, 598: 341-352.

[11] Li Y, Liu J, Han H, et al. Collective impacts of biomass burning and synoptic weather on surface

PM$_{2.5}$ and CO in Northeast China[J]. Atmospheric Environment, 2019, 213: 64-80.

[12] Sanchez D L, Kammen D M. A commercialization strategy for carbon-negative energy[J]. Nature Energy, 2016, 1(1): 15002.

[13] Ramirez M, Epelde M, de Arteche M G, et al. Performance evaluation of an ORC unit integrated to a waste heat recovery system in a steel mill[J]. Energy Procedia, 2017, 129: 535-542.

[14] Forni D, Rossetti N, Vaccari V, et al. Heat recovery for electricity generation in industry[C]. ECEEE Summer Industrial Study, San Jose, 2012.

[15] Masanet E, Shehabi A, Lei N, et al. Recalibrating global data center energy-use estimates[J]. Science, 2020, 367(6481): 984-986.

[16] Zhang H, Shao S, Tian C, et al. A review on thermosyphon and its integrated system with vapor compression for free cooling of data centers[J]. Renewable and Sustainable Energy Reviews, 2018, 81: 789-798.

[17] Zimmermann S, Meijer I, Tiwari M K, et al. Aquasar: A hot water cooled data center with direct energy reuse[J]. Energy, 2012, 43(1): 237-245.

[18] Wilde T, Ott M, Auweter A, et al. CooLMUC-2: A supercomputing cluster with heat recovery for adsorption cooling[C]. Thermal Measurement, Modeling & Management Symposium(SEMI-THERM), 2017: 115-121.

[19] IEA Heat Pump Centre. Application of Industrial Heat Pumps[R]. Borås: IEA Heat Pump Centre, 2014.